宁夏大学生态学丛书

荒漠草原生态系统碳水循环特征与规律

杜灵通 等 著

科 学 出 版 社

北 京

内 容 简 介

陆地生态系统碳循环和水循环是陆地表层系统物质和能量循环的核心，也是两个相互耦合的基本生态学过程，是当前生态系统生态学的核心研究领域。本书在概述生态系统碳水循环监测与模拟的理论基础上，基于气象、遥感、涡度相关、站点观测和模型模拟等系列技术，以宁夏盐池荒漠草原为案例，详细研究了气候变化和人类活动影响下的荒漠草原生态系统碳水循环的特征与规律。本书在荒漠草原生态系统碳水循环的过程与机理研究方面具有较高的理论价值，在荒漠草原区人工灌丛林碳水循环规律方面也具有一定认识，可为地方政府制定适宜的水资源供需调控和可持续经营策略提供科学依据。

本书可供生态学、环境科学、地理学、林学、草业科学等领域的教学和科研人员参考，对林草、国土、农业等部门的管理人员也有参考价值。

审图号：宁 S[2022]第 002 号

图书在版编目（CIP）数据

荒漠草原生态系统碳水循环特征与规律/杜灵通等著. —北京：科学出版社，2022.6

ISBN 978-7-03-072361-1

Ⅰ. ①荒…　Ⅱ. ①杜…　Ⅲ. ①荒漠–生态系统–研究–中国 ②草原生态系统–研究–中国　Ⅳ. ①P941.73 ②S812

中国版本图书馆 CIP 数据核字（2022）第 091160 号

责任编辑：岳漫宇　尚　册 / 责任校对：郑金红
责任印制：赵　博 / 封面设计：图阅盛世

科学出版社出版
北京东黄城根北街 16 号
邮政编码：100717
http://www.sciencep.com

北京凌奇印刷有限责任公司印刷

科学出版社发行　各地新华书店经销

*

2022 年 6 月第　一　版　开本：720 × 1000　1/16
2025 年 1 月第三次印刷　印张：20
字数：403 000

定价：218.00 元

(如有印装质量问题，我社负责调换)

《荒漠草原生态系统碳水循环特征与规律》
著者名单

主要著者 杜灵通

其他著者 潘海珠 张 祎 乔成龙 马龙龙

丹 杨 王 乐 宫 菲 刘 可

朱玉果 郑琪琪 米丽娜 薛 斌

吴宏玥 袁洪艺 田 静 易志远

序

全球气候变化正在并将持续影响全球生态环境和社会经济发展。联合国政府间气候变化专门委员会发布的《气候变化 2022：影响、适应和脆弱性》报告强调，气候变化的影响和风险正日益增长，升温形势会让全世界在今后 20 年面临多重气候危害，而全球气候行动的机会窗口正在关闭。2030 年前碳达峰、2060 年前碳中和的“双碳目标”是中国应对气候变化的郑重承诺。陆地生态系统中碳循环和水循环格局的变化既是气候变化的原因，也是气候变化的结果，已成为气候变化科学研究的核心问题。

荒漠草原生态系统是干旱区人类活动干扰相对强烈的区域，也是对全球气候变化较为敏感的生态系统。尽管碳水交换强度弱，但荒漠草原生态系统占陆地面积较大，因此，它在全球碳水循环中的重要性不可小觑。在我国内蒙古、宁夏、陕西北部集中连片分布着大面积的荒漠草原，与北方农牧交错带在空间上或多或少有重叠，农牧活动曾引起严重的沙漠化。过去几十年里，该区域建立了大量的人工植被，包括荒漠草原上种植的大量用于防治沙漠化的灌木植被，这些人工植被的建立改变了荒漠草原生态系统结构、功能及碳水循环格局，打开了区域变绿的可喜局面，遏制了土地沙漠化的势头。系统了解荒漠草原碳水循环格局、过程及相互作用机制，不仅是全球碳水循环研究的科学需要，也是荒漠草原生态建设和保护的迫切需求。

《荒漠草原生态系统碳水循环特征与规律》一书针对荒漠草原区生态恢复与重建所面临的问题，在对草原生态系统碳水循环观测和模拟理论系统梳理的基础上，通过站点观测、遥感监测、涡度相关技术应用和生态过程模拟等手段，较系统地研究了宁夏近十几年荒漠草原生态系统碳水循环及其耦合规律，定量评价了人工灌丛化对荒漠草原碳水循环过程的影响。该书的出版不仅对深化认识变化环境下荒漠草原生态系统碳水循环的特征与规律有重要参考价值，也为荒漠草原区生态建设和生态系统管理提供了科学依据。

该书是宁夏大学杜灵通研究员及其团队十余年来对荒漠草原生态系统碳水循

环研究的成果总结。我非常敬佩他这种兀兀穷年、潜心学术、坚持努力、勇于探索的科学精神，也十分高兴分享他的成长进步。期待他持之以恒、不断创新，取得更多的研究成果。

赵文智
宁夏大学省部共建西北土地退化与生态恢复国家重点实验室培育基地学术主任
中国科学院西北生态环境资源研究院研究员
国家杰出青年科学基金获得者
2022年4月

前　言

陆地生态系统碳循环和水循环是陆地表层系统物质和能量循环的核心，也是两个相互耦合的基本生态学过程，是当前生态系统生态学的核心研究领域。陆地生态系统碳循环和水循环受气候变化与人类活动的共同影响，并对其有强烈的反馈作用。一方面，气候变暖与水资源短缺已严重影响到陆地生态系统的物质和能量循环过程，特别是对干旱半干旱区草原生态系统水循环过程的影响更为明显。另一方面，人类活动引起的全球性地球变绿已成为当前学术界关注的热点，特别是农业活动和土地利用变化所引起的植被变绿现象更为突出。中国生态治理活动中的大面积植树造林是驱动区域变绿的因素之一，其中西北荒漠草原区种植灌木防沙治沙已引起干旱半干旱区的变绿，但这种变绿背景下的陆地生态系统碳水循环反馈机制尚需深入研究。

荒漠草原是宁夏重要的陆地生态系统类型之一，其在宁夏东部毛乌素沙地南缘广泛分布，但在20世纪中叶发生严重退化。为遏制草原生产力下降和土地严重退化的趋势，宁夏在中部干旱带的盐池等县域实施大量生态治理工程，在荒漠草原区种植柠条等灌木用于防风固沙，造成大面积的人工灌丛入侵荒漠草原，极大地改变了区域植被结构和功能。加之全球气候变化的复合驱动，荒漠草原这一地带性生态系统类型的碳水循环过程势必发生深刻变化。目前，我国关于人工灌丛化对生态系统碳水循环影响方面的研究较少，关于人工灌丛化对区域尺度碳水循环的影响还缺乏定量研究，特别是科学界尚未得出荒漠草原人工灌丛群落碳水耦合特征的统一认识。因此，本书以宁夏为研究区开展荒漠草原生态系统碳水循环特征与规律研究意义重大，不仅能够揭示气候变化和人类活动背景下荒漠草原生态系统碳水循环的响应机制，还能为区域生态治理提供科学依据。

本书共10章，各章内容如下。

第1章为草原生态系统碳水循环研究进展，主要综述了当前草原生态系统碳水循环所聚焦的科学问题，分析不同研究方法的优缺点，指出宁夏荒漠草原在生态恢复和重建背景下所面临的碳水循环研究挑战。

第2章为生态系统碳循环监测方法与技术，主要介绍了生态系统碳循环各过程的概念，概述了常用生态系统碳循环模拟模型的理论基础、算法过程和实现途径及涡度相关等生态系统碳循环监测的方法与技术。

第3章为生态系统水循环监测方法与技术，主要介绍了陆地生态系统水循环的基本概念，概述了蒸散相关估算模型的理论基础、计算原理和实现方法，以及遥感技术估算蒸散、涡度相关技术监测水通量和土壤水储量监测的技术与方法。

第 4 章为宁夏草地生产力时空特征，主要介绍了利用遥感产品和气象要素驱动模型模拟的宁夏近十几年总初级生产力（GPP）与草地净初级生产力（NPP）时空变化特征，分析了宁夏草地生产力对气候因子变化的敏感性。

第 5 章为盐池荒漠草原带的人工灌丛分布及其生物量，主要介绍了基于遥感方法提取的盐池荒漠草原人工灌丛的地理分布和景观特征，估算了人工柠条灌丛的生物量，分析了盐池荒漠草原人工灌丛化的过程。

第 6 章为气候变化和人工灌丛化对盐池荒漠草原碳循环的影响，主要介绍了盐池荒漠草原生态系统在气候变化及灌丛种植背景下的碳交换变化规律。

第 7 章为基于遥感蒸散产品的宁夏草地蒸散特征分析，主要介绍了近十几年基于遥感蒸散产品监测的宁夏草地蒸散时空格局与演变规律，分析了影响宁夏草地蒸散的可能影响因素。

第 8 章为盐池荒漠草原蒸散观测模拟与特征分析，主要介绍了采用气象法、遥感法、涡度相关法和定位监测等不同技术方法获取的盐池荒漠草原潜在蒸散和实际蒸散特征，分析了其耗水规律。

第 9 章为人工灌丛化对盐池荒漠草原蒸散的影响，主要介绍了荒漠草原生态系统人工灌丛入侵前后盐池植被变化，及其蒸腾、蒸发组分的变化特征，分析了荒漠草原人工植被重建与区域蒸散的关系及其对区域生态水文循环的影响。

第 10 章为宁夏荒漠草原生态系统碳水耦合特征，主要介绍了生态系统碳水耦合国际研究进展、宁夏陆地生态系统碳水耦合特征及盐池荒漠草原人工灌丛群落的碳水耦合特征。

本书研究内容是在国家自然科学基金项目（41661003、41967027）、宁夏优秀人才支持计划（RQ0012）、宁夏自然科学基金重点项目（2022AAC02011）、宁夏重点研发计划（2021BEG02010）、中央引导地方科技发展专项和宁夏回族自治区“双一流”建设项目（生态学）的共同资助下，由宁夏大学生态环境学院杜灵通研究员课题组完成，特此感谢各项目的资金支持和参与此项工作的课题组师生。

特别指出，限于作者水平，书中不妥和疏漏之处在所难免，敬请广大读者不吝指正！

杜灵通

2022 年 3 月于银川

目　录

图 目 录

表 目 录

第1章　草原生态系统碳水循环研究进展

陆地生态系统碳水循环是全球变化生态学研究的核心科学问题，在全球变化愈加激烈的当前，全球陆地生态系统碳水循环的研究也蓬勃发展，国内外学者已在不同生态系统类型区利用不同的观测与模拟技术开展了陆地生态系统碳水循环研究，且取得了卓有成效的进展。本章重点以草原生态系统为例，综述当前碳循环和水循环所取得的最新研究进展，总结当前草原生态系统碳水循环研究所聚焦的重点科学问题，分析不同研究方法的优缺点。在此基础上，以期指出宁夏荒漠草原在生态恢复与重建背景下所面临的碳水循环研究挑战。

1.1　草原生态系统碳循环研究进展

1.1.1　净初级生产力研究进展

（1）*净初级生产力研究进展*

净初级生产力（net primary productivity，NPP）的测定始于19世纪80年代，埃伯迈尔（Ebermayer）对巴伐利亚森林生产力进行了测定和研究。20世纪60年代，联合国教育、科学及文化组织（简称联合国教科文组织）开展的国际地圈生物圈计划（International Geosphere-Biosphere Programme，IGBP），对全球范围内的植被NPP进行了测定和调查，当时研究植被NPP主要以站点实测为主要研究方法，基于不同植被类型区实测数据建立的样本数据库，进行陆地生态系统生产力的评估研究（IGBP Terrestrial Carbon Working Group，1998）。通过此次测定，不仅对全球植被NPP有了宏观的调查研究，而且在数据的对比分析中发现了植被NPP在土壤条件和气候带等环境因素差异的影响下，其测定值呈现出强烈的区域差异性，进而引发了各国学者对模型构建及NPP估算的关注，并运用模型对生态系统的碳循环及生态平衡进行了分析研究（Cao and Woodward，1998b）。IGBP直接推动了植被NPP在全球范围内的研究深度和广度，不仅在NPP的研究理论上有了跨越式的探究，而且在NPP的模型估算及模型运用上有了深远的发展。20世纪70年代，德国学者利特（Lieth）首次提出并构建了全球第一个NPP回归模型——迈阿密（Miami）模型，并根据植被NPP的地理分布模拟出了全球首张NPP分布图（Lieth and Whittaker，1975）。

相较国际上的陆地 NPP 的研究，国内植被 NPP 的相关研究略显滞缓。20 世纪 80 年代，中国科学院建立了中国生态系统研究网络（Chinese ecosystem research network，CERN），在不同生态系统类型区建立野外实验站，长时间地定位监测植被生产力（赵俊芳等，2007）。1978 年，李文华给出了生物生产量的基本定义，区别了第一性生产力与第二性生产力的概念，以森林生态系统为研究对象，强调了生物生产力研究的迫切性，指出植被生产力在社会发展中的实践指导意义（李文华，1978），从此我国植被 NPP 的研究开始快速发展。1986 年，贺庆棠依据世界植被产量与气候因子之间的响应关系，定量计算了全国范围内的植物产量，绘制出了植被气候产量图，并在此研究的基础之上开展了农业、林业光能利用率及估产等相关研究（贺庆棠，1986；贺庆棠和 Baumartner，1986）。1993 年，张宪洲（1993）较早地将 Miami 模型、桑思韦特纪念（Thornthwaite Memorial）模型和内岛（Chikugo）模型引入我国，对比了三种模型在我国植被 NPP 研究中的估算精度。方精云等（1996a）利用森林蓄积量推算森林生物量的方法，估算出我国森林的总生物量为 9.1×10^{9} t，并指出我国森林生产力低于世界平均水平，但 NPP 较高。周广胜和张新时（1995）在区域蒸散模型的基础之上建立了植被 NPP 估算模型，该模型为我国宏观监测地带性植被的生产潜力奠定了模型基础，也对我国建模研究手段的发展影响深远。

由于实地监测数据的匮乏及模型开发技术的落后，我国早期的植被 NPP 研究主要借助国外监测模型，多开展模型本土化应用与实践相关的研究，并以农业估产、森林生态系统生产力监测为主要研究方向。而随着卫星遥感技术的发展，特别是中低空间、高时间分辨率遥感数据的大量应用，我国在植被 NPP 模型改进与开发方面取得了极大的发展，其中在草地 NPP 研究中表现尤为明显。20 世纪 80 年代中期，国内学者开始利用美国国家海洋和大气管理局（National Oceanic and Atmospheric Administration，NOAA）系列卫星结合地面监测数据，建立基于遥感影像的草地 NPP 估算模型，估算内蒙古草场产草量，并验证了 NOAA 系列卫星遥感影像在我国草地 NPP 估算中的适用性（徐希孺等，1985；邢琦，1989）。在早期尝试性应用遥感数据估算草地草产量研究的基础上，金丽芳等（1986）进一步将生长季实测草地光谱特征与草地产草量结合，建立基于遥感影像光谱反射数据的锡林郭勒草原草地产草量估算模型，为草地 NPP 估算提供了新的技术手段。在 20 世纪末至 21 世纪初，有大量学者利用 NOAA 卫星遥感数据估算我国不同地区和不同草场的草地 NPP，并建立了不同的估算方法和模型（黄敬峰等，1999；王江山等，2005）。21 世纪初，随着美国国家航空航天局（National Aeronautics and Space Administration，NASA）地球观测系统（earth observation system，EOS）计划的发展和中分辨率成像光谱仪（moderate resolution imaging spectroradiometer，MODIS）的发射，极大地推动了 MODIS 影像在草地 NPP 监测应用中的发展。姜立鹏等（2006）利用 MODIS 数据驱动光能利用率模型，估算了我国逐月的草地 NPP；也有学者针对内蒙古和我国南方不同的草地类型，建立了基于 MODIS 遥感数据的草地 NPP 估算模型（渠翠平等，2008；姚兴成等，2017）。时至今日，遥感技术已成为草地 NPP 监测分析领域的重要手段，除生产力估算之外，还包括生产力动态研究、草畜平衡、草地 NPP 影响因子分析及草地生态服务等领域。

（2）NPP 估算模型研究进展

NPP 估算方法主要有站点实测和模型估算两类，其中站点实测包括直接收获法、CO_2 测定法、pH 测定法、同位素示踪法及叶绿素测定法等（Alexandrov et al.，2002；Ni，2004）。在实测中常用抽样直接收获法来估算草地 NPP，由于简单易行、测定精度高，直接收获法在小区域草地监测中应用广泛，但直接收获法对草地具有一定的破坏性，草地地下生物量测定困难，且仅能获得单一时刻的静态草地 NPP 数据，在大区域草地 NPP 估算及时间动态监测上其弊端显而易见，而模型估算则能够高效便捷地进行时空连续的 NPP 估算，在大尺度草地 NPP 监测中应用广泛（Parton et al.，1993；Gao et al.，2013）。植被 NPP 受气候因素、土壤类型、植被自身的生理特性及人类活动等诸多因素的影响，因此不同植被 NPP 估算模型在输入参数、运算机制、模型复杂程度及影响因素的侧重点上有很大差异。自 20 世纪 70 年代 Lieth 提出全球植被 NPP 估算模型以来，经过了近半个世纪的发展，目前应用广泛的 NPP 估算模型可划分为气候相关统计模型、生态系统过程模型、光能利用率模型及生态遥感耦合模型等 4 种类型（张美玲等，2011）。

1）气候相关统计模型

气候相关统计模型是将植被 NPP 与温度、降水量等气候因子联系起来，进行回归分析并建立模型。此类模型出现在 20 世纪 70 年代，由于植被 NPP 监测刚刚起步，实地监测数据及研究方法均有限，因此，一些学者基于植被 NPP 与气温、降水等因子之间存在相关关系的假设，将气候因子引入到 NPP 估算模型中，进行简单的回归分析建模。气候相关统计模型有 Miami、Thornthwaite Memorial 和 Chikugo 等。

Miami 模型是由 Lieth 提出的全球首个用环境变量来估算植被 NPP 的数学模型。此模型建立在植被 NPP 与年均温度与年总降水量之间的经验关系之上，采用最小二乘法将 NPP 与两个气候因子之间的关系定量化（Lieth and Whittaker，1975），根据利比希最小因子定律（Liebig's law of the minimum），该模型取温度或降水二者计算的植被 NPP 的最小值为 NPP 估算值（林慧龙等，2007）。Lieth 收集了全球 1000 多个气象站的实地监测数据，利用 Miami 模型估算了全球植被 NPP 并绘制成图（刘洪杰，1997）。陈国南（1987）利用 Miami 模型在 1987 年对我国植被 NPP 进行了估算，由于实测数据的缺乏及监测手段的落后，在北京、陕西、长白山等地的估算结果与实测值悬殊较大，而在山西、广东等地的模拟值较好。由于 Miami 模型是完全建立在统计关系之上的经验模型，因此其推广应用的限制性较大，国内利用该模型开展的研究也较少。

Thornthwaite Memorial 模型是 Lieth 基于气候因子（气温、降水）和蒸散（evapotranspiration，ET）量对植被生产力的影响作用建立起来的 NPP 估算模型，它的创新之处在于考虑了生态系统的蒸散量，并将其作为生态系统生产力形成的驱动因素，能进一步体现生态系统碳累积和水分消耗的关系。该模型将蒸散量对植被 NPP 的影响进行定量化，包含的环境因子较 Miami 模型全面，因此估算的植被 NPP 更为合理。吴战平（1993）采用 Thornthwaite Memorial 模型对贵州植被 NPP 的估算值为 1200～1500 kg/(亩[①]·a)；杨泽龙等（2008）以 Thornthwaite Memorial 模型为估算指标对内蒙古东部气候变化和草地 NPP 进行了分析；包学锋等（2015）在内蒙古西乌珠穆沁旗采用 Thornthwaite Memorial 模型估算了牧草 NPP，并分析了草地 NPP 与气候因子的响应机制。

Chikugo 模型是由日本学者利用植被二氧化碳通量和水汽通量的比值来计算植被对水分的利用效率，并基于植被气候生产力与净辐射之间的统计关系建立了 Chikugo 模型（Uchijima and Seino，1985）。候光良和游松才（1990）在对我国植被气候生产力进行估算中指出，Chikugo 模型是建立在生理生态基础之上的，利用了全球的植被 NPP 数据，结合了主要气候因子的影响，其估算结果与实际相符。但该模型在植被 NPP 估算中以理论蒸散量计算，然而干旱地区蒸散量与理论蒸散量相差甚远，因此该模型在干旱半干旱地区应用误差较大。朱志辉（1993）发现已有的植被估算模型均未包含草原及荒漠等植被类型的研究数据，因此在 Chikugo 模型基础之上建立了北京模型。公延明（2010）采用北京模型估算了巴音布鲁克高寒草地的草地 NPP，其估算值与实测值相关性高达 0.857。除以上模型之外，周广胜和张新时（1995）根据植物生理生态特点、水量平衡方程和能量平衡方程建立了一种气候相关统计综合模型，其包含的气候相关因子包括年降水量、年净辐射量及辐射干燥指数。

目前，针对不同气候相关统计模型之间的对比研究较多，如张宪洲（1993）在我国自然植被 NPP 估算中指出，Miami 模型在干旱半干旱地区的估算值与实测值偏差大；而孙善磊等（2010）在浙江省植被 NPP 研究中发现，Miami 模型与 Thornthwaite Memorial 模型的估算值均能模拟出植被 NPP 的纬向分布性，而 Thornthwaite Memorial 模型的估算值则与实际情况较为相符，但是与综合模型相比仍有差距。闫淑君等（2001）在以上两种模型的基础之上，采用直接搜索法改

① 1 亩≈667m^2

进了植被 NPP 的估算模型，并指出以降水量为依据的 Miami 模型估算的植被 NPP 偏差较小，而在 Thornthwaite Memorial 模型中蒸散量受到太阳辐射、温度、降水、饱和汽压差及风速等多种环境因子的影响，其估算值偏差较 Miami 模型估算值小，改进的模型估算值的精度最高。在农牧交错带的草地NPP估算中，何玉斐等(2008)在 Thornthwaite Memorial 模型中同时引入了气温及降水对草地 NPP 的影响，改进模型的估算结果优于 Miami 模型。总体来看，气候相关统计模型仅仅应用于植被 NPP 与环境因子之间的相关性估算上，其生态生理机制并不清楚，忽略了很多其他复杂的环境因子及生态系统过程与功能的综合影响，缺乏理论依据。

2）生态系统过程模型

生态系统过程模型是通过模拟植物生理生态过程，进而进行NPP估算的模型，这类模型通常将碳、水与其他营养物质在土壤、植被及大气之间的流动和循环过程，通过物理机制公式定量表达，其更接近于自然界植物积累 NPP 的实际情况。相较于气候相关统计模型，生态系统过程模型的模拟机制及系统性更强（Ito and Oikawa，2002）。生态系统过程模型通常以植物的光合作用过程为基础进行模拟，模拟步长可设置为 1 天或小于 1 天的尺度，更长时间尺度的模拟结果可将逐日模拟结果进行累加获取。由于生态系统过程模型将影响光合作用的温度、光合有效辐射、大气 CO_2 浓度、土壤水分、大气含水量等环境条件及植被生长生理过程等因子加入到模型构建中（孙鋆和朱启疆，1999），因此其估算的 NPP 比简单统计模型更具科学性。目前应用广泛的生态系统过程模型有 CARAIB、CENTURY、BIOME-BGC 和 BEPS 模型等。

CARAIB 模型是建立在植物的基本生理生态过程之上的，用来估算及预测潜在碳储量的分布格局，该模型与大气环流模式（general circulation model，GCM）相耦合，在生物圈与大气相互作用、预测植被对气候变化响应机制的相关研究中发挥重要的推动作用（黄康有等，2007），并应用到全球和区域尺度上的植被 NPP 空间分布研究及生物群区分布等方面。

CENTURY 模型是以土壤的功能结构为基础，结合温度、降水等气候因子，对植被 NPP 进行估算，该模型侧重于模拟碳、氮、磷的生物地球化学循环对植物生理生态过程的影响（黄忠良，2000）。郝博和闫文德（2017）等运用 CENTURY 模型对湖南杉木林生态系统生产力进行估算，得出该模型估算值与实测值变化趋势一致，能够反映杉木林的 NPP 变化情况。张存厚等（2013）运用 CENTURY 模型对呼伦贝尔草原地上 NPP 估算，得出模拟草地季节及年际的 NPP 值与实测值相关性达 0.53。

BIOME-BGC 模型以天为步长模拟生态系统中植被、土壤中的能量流动与存储，主要包括碳、水、氮三个循环（White et al.，2000），是目前重要的植被 NPP

估算手段。胡波等（2011）通过改进 BIOME-BGC 模型进行了黄淮海地区 NPP 估算，其估算值能够反映黄淮海地区植被 NPP 南高北低的空间分布状况。孙国政等（2015）将 BIOME-BGC 模型应用于我国南方不同草地类型的 NPP 估算中，结果显示低山丘陵草甸、典型草山草坡和典型山地草甸样地的 NPP 与净生态系统生产力（net ecosystem productivity，NEP）在 10 年间的变化趋势不同，其估算值能够代表三类草地的实际情况。

BEPS 模型是由 Chen 等（1999）开发的生态过程模型，该模型同样基于植物的生理生态过程，模拟植物的光合作用、呼吸作用、冠层蒸腾及土壤蒸发，进而探索生态系统碳水循环的耦合关系。孙庆龄等（2015）采用森林样点实测数据验证了 BEPS 模型在武陵山区植被 NPP 估算中的适用性。陈奕兆等（2017）通过改进 BEPS 模型中的光合最大羧化速率和自养呼吸算法过程，估算了欧亚大陆 1982～2008 年的草原的植被 NPP。

生态系统过程模型在生态系统生产力估算中得到了广泛的应用，相较于静态模型，动态的生态系统过程模型通过对 CO_2 的表面涡流、水和能量的传递，以及土壤、植物生理过程的变化情况的描述，模拟生态系统中碳循环的动态变化过程（马良等，2017）。此类模型在研究陆面过程、植被与气候的相互作用等方面发挥了重要作用，在草地 NPP 估算当中也有较为广泛的应用，但由于模型设计复杂，输入参数多且参数获取难度大，给广泛的推广应用带来了一定难度。

3）光能利用率模型

光能利用率模型建立在光能利用率原理和能量守恒原理之上，模型中引入了植物光合作用过程和光能利用率的概念，认为植物会调节自身的特性来响应环境条件变化，在极端或者环境因子突变的情况下，植被 NPP 受到最紧缺的资源限制，因此模型通过一个转换系数，将水分、温度及太阳辐射等因素联系起来（Field et al.，1995）。20 世纪 70 年代初，Monteith（1972）认为植被积累的干物质即为植被冠层所吸收及转化的太阳入射辐射的能量，进一步研究发现了植被 NPP 与吸收的光合有效辐射（absorbed photosynthetically active radiation，APAR）有正相关关系，在此基础之上提出 NPP 的估算公式。

$$NPP = APAR \times \varepsilon \tag{1-1}$$

式中，NPP 为植被净初级生产力，APAR 为吸收的光合有效辐射，ε 为光能利用率。光能利用率模型将植物的光合作用及影响植物生长的环境因子通过转换因子联系起来，将转换因子表达为一个比率常数，即模拟了植物的生态生理过程，又将这个过程进行了简化，易于计算。常用的光能利用率模型有 GLO-PEM 和 CASA 模型等。

GLO-PEM 模型又名全球生产力效应模型，将遥感数据和植物生理生态特性结合，并考虑了气温、土壤水分条件、大气水汽压等因素对植被 NPP 的影响（Goetz et al.，1999）。该模型以 10d 为研究步长，其时效性强，且在对潜在光能转化效率的取值上，根据 C_3、C_4 植物的不同光合作用途径而取值不同，因此该模型在不同植被类型的 NPP 估算中应用性较强。王磊等（2009）运用 GLO-PEM 模型研究了 1981～2000 年中国陆地生态系统 NPP 的时空变化特征。李登科等（2011）在陕西省植被研究中采用 GLO-PEM 模型估算 NPP 并研究了植被 NPP 的时空变化。杨亚梅等（2008）在贵州省陆地 NPP 的季节变化研究中，佐证了 GLO-PEM 模型在中小区域尺度上的良好适用性。

CASA（Carnegie-Ames-Stanford approach）模型是 Potter 等（1993）提出的光能利用率模型，该模型是在 Heimnna 和 Keeling（1989）提出的全球植被 NPP 估算模型的基础上改进而形成的。CASA 模型将归一化植被指数（normalized difference vegetation index，NDVI）、植被类型等资料和气温、降水等气象数据作为输入参数，将遥感数据与地面观测数据相结合，是植被 NPP 监测中将模型与 3S 技术结合紧密的主流模型之一。在 CASA 模型提出的早期，不同学者对光能利用率等问题进行了深入研究，Field 等（1995）首先从算法、使用范围及空间尺度上对 CASA 模型进行改进，使估算精度进一步提高，而 Potter 和 Klooster（1997）从土地利用类型的变化上对 CASA 模型进行了更为可靠的改进，也对人类活动、植被吸收等相关土壤碳循环及总生态系统氮量进行了研究。Lobell（2002）在美国各州植被的光能利用率研究中得出了植被类型不同其光能利用率不同的结论，并将这一发现考虑进模型估算中。Bradford 等（2005）则将 C_3 与 C_4 植物的光合作用差异带来的光能利用率的差异引入模型中。CASA 模型广泛应用于陆地植被 NPP 估算及监测当中，被认为是目前估算精度最高的模型之一。朴世龙等（2001）首次运用 CASA 模型对我国植被 NPP 进行了研究，其估算结果显示，1992 年我国植被 NPP 总量占全球陆地植被 NPP 总量的 4%。柯金虎等（2003）在对长江流域 1982～1999 年植被 NPP 时空格局的研究中采用 CASA 模型进行估算。除此之外，CASA 模型还被用于诸如西北干旱区、黄土高原、陕西省等中小范围的植被 NPP 研究中，并逐渐表现出适用于估算中小尺度区域 NPP 的趋势。而在草地研究中，CASA 模型也在中小尺度上得到了广泛的应用。杨勇等（2015）对 CASA 模型的最大光能利用率及水分胁迫系数的相关算法进行了改进，采用实测数据进行验证发现 CASA 模型的估算值与实测值的相关性为 0.83，且相关性达到显著水平。杨红飞等（2014）对近 10 年的新疆草地 NPP 进行了估算，并研究了其时空格局。李猛等（2017）运用 CASA 模型对三江源草地 NPP 与气候因子及载畜量之间的关系进行了探究。

光能利用率模型简单实用，其中气候、土壤等参数容易获得，在获取模型参数时无需耗费大量人力、物力，且可直接采用全球遥感数据，具有较好的时空分辨率，适用于区域及全球估算，可进行季节及年际尺度的 NPP 的时空变化特征研究。但也有学者在研究中指出，此类模型在解释植被生产力的变化机制及植被指数提取等方面仍存在不确定性（王莺等，2010）。

4）生态遥感耦合模型

生态遥感耦合模型充分整合了生态系统过程模型的机理性强和光能利用率模型的参数处理时效性高、数据源丰富的优点，借助实地样地监测的生态系统参数与遥感监测数据之间的相关关系进行空间尺度转换，用样地监测数据推演大尺度的生态参数，进而实现遥感数据的降尺度及样点数据的空间转化（Matson et al.，1997）。该类模型结合了两类模型，避免了某一种模型的估算缺陷，能够充分地将遥感监测数据与实地监测数据相结合，是新型植被 NPP 估算模型（崔霞等，2007）。此模型按照整合方式分为两种。第一种是利用叶面积指数（leaf area index，LAI）将光能利用率模型与生态系统过程模型相结合，从而简化植物的生理生态过程。在此类模型中采用入射太阳辐射量及植被冠层吸收系数来量化植被的辐射吸收效率，而自养呼吸的消耗量则由 LAI 来确定，因此 NPP 值取总初级生产力（gross primary productivity，GPP）与自养呼吸消耗的部分的差值。例如，王军邦等（2009）在青海三江源地区利用的 GLOPEM-CEVSA 模型就属于这一类，该研究在光能利用率及植被吸收的光合有效辐射估算的植被 GPP 基础上，除去植被维持性呼吸和生长性呼吸消耗量，获得三江源植被群落的 NPP。此类模型的模拟机制从植被 NPP 的定义出发，加入了植被对太阳辐射的吸收差异，且加入了植被参数，使得模型在实现上更加便捷、简单。第二种是基于生态系统过程模型的扩展模型，其将生态系统过程模型与遥感数据结合，在模型中加重了 LAI 对于模型估算结果的影响，从而拓展了此类模型的使用范围及时间尺度。例如，前人为改进 BEPS 模型引入了 FOREST-BGC 的生理生态原理，加入了植被 LAI 来估算植被 NPP。

1.1.2 草地碳循环及模型模拟研究进展

20 世纪 60 年代，国外逐步开展了构筑草原群落碳循环分室模型的工作，草原碳通量的研究自此展开，其中在美国蒙大拿州中南部草地生物量测定时，首次设计了一个具有 5 个分室、1 个库的碳循环分室模型（Innis，1978）。20 世纪 70 年代，国际生物学计划（International Biological Programme，IBP）草地生物群系研究项目（Grassland Biome Study）实施期间建立了著名的陆地成分模型（ELM）（Innis，1978）。此后发展起来的大量草原生态系统碳循环模型都是基于 ELM 进行改进和完善。Jenkinson 等（1991）以土壤有机组分数据作为状态变量，建立了第一个草地土壤有机质模型（SOM）。这个概念性框架在后期发展起来的土壤模型（SM）中被广泛采用（Parton et al.，1987；Mcgill，1996），Parton 等（1993）在 SOM 的基础上增加了一些变量，增加了土壤质地对有机碳动态的影响，并建立了 CENTURY 模型。利用这些全球和区域大尺度的模型与科学观测实验，科学家开展了不同尺度的草原生态系统碳循环研究，大量结果表明，草原生态系统在全球碳循环中表现出碳汇的特征（于贵瑞和孙晓敏，2006）。陈智等（2014）对全球陆地生态系统的研究发现，草地是碳汇，欧洲草地的碳固定能力居于全球首位，显著高于亚洲与北美洲，除欧洲外的其余地区草原生态系统碳汇的作用较为微弱；Soussana 等（2007）针对欧洲 9 个草原生态系统的研究依然表明，草地表现为弱碳汇；Hunt 等（2004）研究发现新西兰稀疏草原呈碳汇格局。但也有研究表明，北半球草原生态系统的碳通量呈现出空间异质性，随纬度的变化而变化（Kato et al.，2006；Yu et al.，2013）；亦有研究发现全球草地碳通量的变化存在明显的季节特征，南北半球变化规律相反，且北半球的碳通量变化受纬度的影响更大（安相，2017）；而 Ojima 等（1993）认为草原生态系统在未来几十年中有变为碳源的趋势。近 30 年来，我国草地退化面积进一步扩大，退化草地约占可利用草地面积的 1/3（苏大学，1994；中华人民共和国农业部畜牧兽医司，1994），而有关草原生态系统碳循环的研究却相对薄弱，尤其草原生态系统碳的源汇关系持续恶化，使得我国草原生态系统碳循环的研究急需加强。其主要问题有：人类活动对草原生态系统碳循环的影响不明确；对于草原生态系统碳循环研究的核心问题——草地碳库的动态变化及草地碳储量的估测尚缺乏系统的理论与适用的模型（陈晓鹏和尚占环，2011）。有研究表明内蒙古温带草原碳储量约为（226.0±13.27）Tg，且由于草地类型众多，不同类型草地的碳储量存在很大差异，草地类型碳密度依次为草甸草原 > 草甸 > 典型草原 > 荒漠草原（马文红等，2006）。对于青藏高原高寒草甸草原，田玉强等（2008）结合第二次全国土壤普查的土壤剖面数据和实测数据估算，其土壤有机碳储量约为 18.37 Pg，由于地上植被碳储量所占比例很小，可大致估算其总碳储量为 20 Pg。此外，方精云等（1996b）、王根绪等（2002）、陶贞等（2006）等不同的学者利用不同的方法对青藏高原土壤有机碳储量分别进行了估算，发现其碳储量分布在 19.23～49.00 Pg。一般认为，草地的碳吸收能力大于碳排放能力表现为碳汇（Matthias，1998；Tenhunen，1996）。在未考虑家畜 CO_2 和 CH_4 排放的情况下，退化严重的草地由于植被流失造成的碳流失量巨大，土壤中理化性质和结构的改变使草原生态系统碳排放的模式发生改变（王俊峰等，2003），进而可能失去碳汇的功能，甚至转变为弱碳源（李玉强等，2006）。基于中国科学院海北高寒草甸生态系统定位研究站的青藏高原高寒矮嵩草草甸的土、草、畜整体碳收支研究，张金霞等（2003）指出，青藏高原高寒矮嵩草草甸生态系统为一个小的碳源，而退化高寒草甸生态系统为一个小的碳汇，它们源汇关系的确定取决于当年水热状况影响下的植物初级生产力。由此可见，国内有关草地碳通量观测和控制的实验多集中在内蒙古温带典型草原和青藏高原高寒草甸，有关干旱及半干旱过渡区荒漠草原碳循环方面的研究较少，特别是针对生态治理强干扰下的荒漠草原碳循环规律变化，尚需深入研究。同时有关荒漠草原碳储量对气候变化响应的研究结论还存在争议，故需要针对不同的区域及下垫面性质进行具有针对性的研究讨论。

自 20 世纪 80 年代以来，关于陆地生态系统结构功能及生理生态过程的研究不断深入，陆地生态系统的碳循环模型已经成为开展陆地生态系统碳循环研究的重要手段，也是进行大尺度、长时间序列碳通量估算的有效途径。现有的陆地生态系统碳循环模型主要分为三类：统计模型、光能利用率模型及生态过程模型（朱水勋和李新通，2014；潘天石，2018）。统计模型一般建立在气候因子与生态系统净初级生产力之间的统计关系之上，如 Miami 模型、Thornthwaite Menorial 模型（Lieth and Box，1972）等。这种模型简单，且多依赖于建模所用的观测数据，不具有普适性，无法推广应用，也不满足目前多样化的研究需求，大多已被逐步淘汰。光能利用率模型一般用来计算总初级生产力及净初级生产力，如 CASA 模型等（Potter et al.，1993）。生态过程模型是一种根据生态过程循环的机制所建立的模型，如 BIOME-BGC、CEVSA、CENTURY、InTEC、BIOME3、IBIS、DOLY、LPJ、BEPS 等模型（Liu et al.，1997）。与统计模型和光能利用率模型相比，生态过程模型对碳循环的影响因子的描述更为详细，同时也可以预测未来气候变化条件下陆地生态系统碳收支的变化，目前已被广泛应用于生态系统碳循环模拟研究中。特别是 BIOME-BGC 模型，经过几十年的发展和改进，目前已非常成熟，可以针对不同的生态系统类型和不同的气候区开展生态系统过程模拟，其也是模拟近几十年气候变化和灌丛进入对荒漠草原碳储量影响的最佳途径。

1.1.3 草地碳通量观测研究进展

1895 年，雷诺首先建立了涡度相关技术（eddy covariance technique）的理论基础，即雷诺分解法。然而由于当时的技术条件有限，直到 1926 年思克莱斯（Scrase）才利用简单仪器进行动量通量研究，即雷诺应力研究（舒海燕，2016）。随着风速仪、温度仪和数字计算机技术的发展，涡度相关的研究重点逐渐集中在大气边界层结构和动量、热量传输方面（郝彦宾，2006）。1955 年，斯威巴克（Swinbank）提出用涡度相关技术直接测量并计算蒸散量，但此后多年，测量生态系统 CO_2 等气体的涡度相关观测技术始终受制于传感器性能和数据采集系统的局限。直到 20 世纪 90 年代以后，商用超声风速仪和红外气体分析仪的研发取得突破，才推动通量观测研究的迅猛发展。此后欧洲通量网（EuroFLUX）和美国通量网（AmeriFLUX）相继建立，成为国际通量观测网络（FluxNet）的基础（Aubinet et al.，1999）。中国陆地生态系统通量观测研究网络（ChinaFLUX）于 2001 年正式创建，经过 10 多年的发展，构建了东北样带（NorthEast China Transect，NECT）、东部南北样带（North-South Transect of Eastern China，NSTEC）、中国草地样带（China Grassland Transect，CGT）、欧亚大陆东缘森林样带（Eurasian Continent Eastern Forest Transect，EACEFT）和欧亚大陆草地样带（Eurasian Continent Grassland Transect，EACGT）等，形成了亚洲区域通量观测和全球变化科学研究的样带体系，极大地推动了中国通量观测研究的发展（于贵瑞等，2006）。目前，随着 ChinaFLUX 的建立，基于涡度相关的草甸草原、典型草原、荒漠草原、高寒草甸草原碳通量研究广泛开展，极大地丰富了人们对草原生态系统碳通量规律的认识（曲鲁平，2016）。然而，涡度相关通量贡献源区的空间代表性有限，且荒漠草原碳通量存在明显的空间异质性，故需对不同的下垫面进行针对性的讨论分析。

利用涡度相关技术在碳通量观测时也会受一些因素影响。首先，是 CO_2 的存储效应，当大气比较稳定或者湍流作用比较微弱时，湍流层气体上下交换缓慢，从土壤或叶片中释放的 CO_2 出现滞留存储，不能达到仪器的测定高度，从而造成观测数据的不准确（查同刚，2007）。一般来说，在空间垂直尺度较高的森林生态系统中，仪器下方的气体体积较大且湍流运动较弱，所以 CO_2 的存储效应对高大乔木树种的碳通量测定结果影响较大。其次，是 CO_2 的水平平流效应，如果观测目标区域生态系统的下垫面具有一定的粗糙度和地形起伏，当下垫面的性质发生改变时，便会影响气流的平流效应，从而导致观测结果的偏差（殷鸣放等，2010）。再次，CO_2 的通量漏流也是一个重要的影响因素，当大气状态较为稳定且地形有一定的坡度时，一旦湍流作用减弱且风速降低时，一部分 CO_2 就不会通过冠层与大气的交界面，容易导致空气中的 CO_2 发生漏流，从而使观测的结果产生误差（张坤，2007）。然而，在荒漠草原地区，植被类型以草本和灌木为主，植被低矮，CO_2 存储效应很弱；草原地区的地形也往往比较平缓，能极大地减弱 CO_2 的水平平流效应，由此可见，涡度相关法是观测荒漠草原生态系统碳通量数据较为可靠和适宜的方法（李思恩等，2008）。

1.1.4　草地土壤呼吸研究进展

中国草地土壤呼吸作用的研究主要集中在内蒙古高原、东北松嫩平原和青藏高原，草原类型涉及草甸草原、典型草原、荒漠草原及亚高山草原等（鲍芳和周广胜，2010），主要开展土壤呼吸变化规律、自然因素及不同利用方式下对土壤呼吸的影响等方面的研究。孙伟等（2003）采用动态室红外气体吸收法对松嫩平原贝加尔针茅草甸草原进行了研究，结果表明其土壤呼吸日变化呈明显单峰曲线，随着昼夜温差增大，土壤呼吸昼夜间差异也变大，土壤呼吸空间差异的主要影响因素是地上及地下生物量。郭明英等（2011）对内蒙古呼伦贝尔地区温带草甸草原的研究表明，围封、不同利用方式下羊草草甸的土壤呼吸日变化与季节变化没有显著的差异，温度与水分的复合模型能更好地解释土壤呼吸速率的变化，刈割及放牧使日均土壤呼吸速率及其对水热因子的响应发生了变化。在草甸草原土壤呼吸及其对不同放牧强度的响应方面，邓钰等（2013）认为呼伦贝尔草甸草原不同放牧强度的土壤呼吸间有显著差异，放牧通过改变土壤呼吸的微环境使其发生变化。王旭等（2013）研究得出，总降水量对土壤呼吸的季节变异性影响并不大，而降水频率及平均降水强度与土壤呼吸的季节变异性密切相关。川西北高寒草甸土壤呼吸的日变化也呈单峰型，土壤呼吸与大气温度、表层土壤温度呈显著相关性，温度与土壤呼吸之间存在指数关系（张宏等，2011；徐洪灵等，2012a，b）。但锡林河流域不同针茅属草地类型的土壤呼吸对土壤水分变化更敏感，这与高寒草甸土壤呼吸与土壤温度显著相关的结论存在一定差异，在土壤温度适宜的条件下，温带草原区土壤水分成为限制土壤呼吸的主要因素（齐玉春等，2010）。在荒漠草原区，徐海红等（2011）对不同放牧制度下的短花针茅荒漠草原土壤呼吸进行了研究，结果表明，短花针茅荒漠草原在不同放牧制度下的土壤呼吸特征不存在显著差异，即放牧制度对该类型草原土壤呼吸的影响不大。尽管目前对草原生态系统的土壤呼吸研究已经十分深入，对影响不同类型草地土壤呼吸的自然和人为因子也认识比较明确，但现有报道很少涉及人工灌木种植对荒漠草原土壤呼吸的影响，而大量生态治理工程在荒漠草原上种植人工灌木后，其发达的根系和比草本更高的生物量势必影响土壤呼吸，进而对生态系统碳循环产生影响。

1.2 草原生态系统水循环研究进展

1.2.1 蒸散理论研究进展

（1）蒸散理论形成过程

蒸散（ET）是陆面水循环中最重要的水文过程之一（McCabe and Wood，2006），是联系土壤、植被和大气间关系的关键生态水文过程，对区域水循环和水量平衡有重要作用（Gao et al.，2016a），长期以来受到国内外学者的重点关注。对蒸散理论的研究至今已长达 200 多年，从 17 世纪后期有文献记载的水蒸气研究开始，人们对蒸发的认识始于定性描述，1802 年，道尔顿（Dalton）将蒸发与温湿度及风速联系起来，首次提出了道尔顿蒸发理论，这为近现代的蒸散理论研究奠定了基础（闵骞，2005）。之后，Bowen（1926）提出了波文比-能量平衡法，并首次将蒸发视为一个能量过程，由于波文比-能量平衡法的物理概念明确、计算简单，对大气层没有特别的要求与限制，这一蒸发算法得到了学者的认可并被推广使用。1939 年，桑思韦特（Thornthwaite）和霍尔兹曼（Holzman）提出了计算蒸发的空气动力学法，此后一直到 1948 年，蒸散研究始终停留在蒸腾或蒸发其中的单一过程阶段。Penman（1948）在综合考虑常规气象要素的基础上，依据能量平衡和水汽湍流扩散原理，提出了包含辐射项和空气动力项的潜在蒸散公式，再次将蒸散研究推上了一个新台阶。Thornthwaite 和彭曼（Penman）联合提出了基于湿润表面的蒸发公式，这为目前应用广泛的彭曼-蒙蒂思（Penman-Monteith）公式奠定了基础，他们对蒸散的研究贡献还在于提出了蒸发力的概念，同时，Penman 又首次提出了潜在蒸发蒸腾量的概念，被定义为 ET_0。Swinbank（1951）开始利用涡度相关的方法计算湍流通量，这一微气象学方法为之后涡度相关系统的开发提供了理论基础。Monteith（1965）根据 Penman 和柯维（Covery）的研究，在同时考虑能量平衡和水汽扩散理论的基础上，进一步引入冠层阻抗和空气动力学阻抗，在充分考虑非饱和下垫面的情况下，推导出耦合了植物蒸腾与下垫面蒸发的 Penman-Monteith 公式；与之对应，Priestley 和 Taylor（1972）在蒸发互补假设的基础上，提出了适用于湿润地区的且仅包含能量项的普里斯特利-泰勒（Priestley-Taylor）模型。Shuttleworth 和 Wallace（1985）在 Priestley-Taylor 模型的基础上提出了能够区分植被蒸腾和土壤蒸发，且适用于地表植被稀疏的夏特沃斯-华莱士（Shuttleworth-Wallace）模型，该模型单独考虑了土壤蒸发的过程，也更加适用于植被稀疏的下垫面。与此同时，Philip（1966）将土壤、植物、大气视为统一系统提出了土壤-植物-大气连续体（soil-plant-atmosphere continuum，SPAC）的概念，布德科（Budyko）根据平均蒸散量与水分供给和蒸发能力的平衡关系提出了 Budyko 水热耦合方程，得到了推广应用（Li et al.，2013），但该阶段的蒸散研究难以综合考虑下垫面地形效应、植被类型等因素，依然受到空间范围的限制。20 世纪 70 年代后期，卫星遥感技术的蓬勃发展将蒸散研究推进到大尺度多过程研究阶段，遥感技术高效率的优势在蒸散研究中得到充分发挥，并发展了遥感估算蒸散的经验统计模型、地表能量平衡模型、温度-植被指数特征空间法及陆面过程与数据同化等方法（张荣华等，2012），人们对陆地生态系统的大空间长时间蒸散变化规律的认识日益丰富。另外，有学者通过量纲分析和数学推导给出了 Budyko 假设的完整描述，为该假设的应用打下了坚实的理论基础；基于此，Yang 等（2006）统一解释了蒸发互补假设和蒸发正比假设，提出了蒸发能力与实际蒸发在水分控制条件下呈互补关系，在能量控制条件下呈正比关系的观点。此外，随着研究的深入，人们逐渐认识到不同下垫面冠层阻抗和空气动力学阻抗的差异，并在各个领域涌现出了多种潜在蒸散估算的经验公式（Allen，2011），并催生了参考作物蒸散的概念；最终在联合国粮食及农业组织（Food and Agriculture Organization of the United Nations，FAO）和美国土木工程师协会（American Society of Civil Engineers，ASCE）的推动下，学术界于1998年就参考作物蒸散的概念达成了共识，根据蒸发正比假设把实际蒸散看成是潜在蒸散量的一定比例，构建了基于作物系数法的实际蒸散计算方法（Allen et al.，1998）。

（2）我国蒸散理论研究进展

我国蒸散研究开始得相对较晚，前期的发展较为缓慢，近期才开始有了深入的研究，但新的研究仪器和方法应用实践的时间比较短等原因使我国蒸散研究的整体水平相对落后于国外。20世纪中叶，我国开始研究苏式土壤蒸发器的性能及其在农田中的应用，而当时还没有开始对陆地蒸散进行研究。自朱岗昆（1957）引用Penman-Monteith模型计算我国各流域蒸发量后，尤其是70年代中期以来，许多学者根据各自研究区的特征，针对性地提出了系列Penman-Monteith模型修正公式，用于计算各地区的蒸发量（林家栋和鹿洁忠，1983）。之后，卢其尧和林振耀（1980）等用水量平衡的方法研究了水稻的蒸散量；康绍忠和熊运章（1990）等综合考虑风速、空气温度及日照时数等气象因子，提出了适用于计算我国北方干旱半干旱地区蒸散的经验公式；20世纪90年代，刘昌明等（1997）对土壤-植物-大气连续体（SPAC）理论的机制进行了详细的解释，为我国蒸散的研究提供了新思路；吉喜斌等（2004）运用甘肃黑河流域山前绿洲灌溉农田的气象和土壤数据对Shuttleworth-Wallace模型进行参数修订，对春小麦生长期的土壤蒸发、植被蒸腾和总蒸散量进行模拟分析。段利民等（2018）基于液流法，以茎干截留和叶面积作为尺度扩展变量，对科尔沁沙地固沙植被小叶锦鸡儿和黄柳的蒸腾耗水尺度提升进行了研究，提出了适合该地区植被蒸腾尺度提升的方法。

（3）“蒸发悖论”及其诱因

在气候变化背景下，全球变暖和水资源短缺是人类共同面临的环境问题，蒸发作为水循环中最重要的环节之一而受到普遍关注。一般认为全球气温升高将降低大气水汽含量，强化水面蒸发能力，因此气候变化的预测研究一般会得到蒸发量上升的结论。Peterson 等（1995）根据美国和苏联境内的蒸发皿资料指出，过去50年蒸发皿的水面蒸发量持续下降，此后，这种现象在其他地区的蒸发皿资料中得到了进一步验证（Burn and Hesch，2007）。Roderick 和 Farquhar（2002）将这种水面蒸发量的实际变化趋势与预测变化趋势相违背的现象称之为“蒸发悖论”，然而对“蒸发悖论”现象持争议态度的研究也逐渐增多，从李敏敏和延军平（2013）涉及盐池县的“蒸发悖论”研究对比来看，关于盐池县“蒸发悖论”的结论依然不够明确。

围绕着“蒸发悖论”机制，国内外学者分别从太阳辐射、大气气溶胶、空气湿度、地表风速等气象要素展开探讨。Cong 等（2009）指出中国在 1956～2005

年总体存在“蒸发悖论”，但 1986 年以后这种现象逐渐减少，其中 1985 年之前的“蒸发悖论”是由辐射和风速减弱引起的；Wang 等（2017）基于大气环流模式（GCM）模型进一步指出，由于太阳辐射、风速和相对湿度的降低，1993 年前中国蒸发皿蒸发量以 2.66 mm/a 的速率下降，此后“蒸发悖论”在中国逐渐消失；McVicar 等（2012）综合大量文献指出，在全球风速减弱趋势的主导下，“蒸发悖论”是普遍存在的。总体而言，太阳辐射、饱和水汽压差和地表风速引起“蒸发悖论”是普遍达成的共识。

1.2.2　蒸散监测方法研究进展

蒸散的研究不仅在理论上不断取得进展，随着科学技术水平的提升，遥感技术的兴起和发展，仪器制造能力加强，测定蒸散的方法也取得重大进展，给蒸散监测提供了更多途径。蒸散监测方法整体经历了单一过程阶段、多过程耦合阶段和多过程大尺度综合监测阶段的发展，并基于水文学、微气象学、植物生理学和遥感理论等学科机制，发展出了液流法、稳定同位素法、水量平衡法、蒸渗仪法、波文比-能量平衡法、涡度相关法、闪烁仪法和遥感模型等蒸散监测方法。由于受经济适用性、仪器稳定性和参数获取难度等的影响，针对不同空间尺度的研究对象，其研究方法也不尽相同。针对叶片、植株、冠层、群落和区域等不同空间尺度估测蒸散的方法存在差异，但通过前人研究总结，已初步形成了不同时空尺度蒸散监测与估算的理论构架及方法体系（张宝忠等，2015）。

在叶片和植株尺度上，光合仪法、液流法、稳定同位素法和蒸渗仪法是比较通用的实际蒸散测定方法。在叶片尺度上，通常使用光合仪直接测量植被叶片的蒸腾速率，获取植被的蒸腾量。而对于单株植被常采用液流法和蒸渗仪法，这两种方法均可视为植物生理学方法。其中液流法是一种借助热量传递的蒸腾测量法，根据其原理，液流法可以分成热脉冲法、热平衡法和热扩散法。热脉冲法由德国科学家胡贝尔（Huber）于 1932 年提出，之后，Edwards 和 Warwick（1984）综合前人成果提出了较为完整的热脉冲理论与技术，研制出与之配套的热脉冲速度记录仪，随后，热脉冲法开始运用于估测植株蒸腾速率进而获得植被蒸腾量。热脉冲法利用植物体内放置的探针发射热脉冲，根据茎干液流的温度推算植物蒸腾量，对植物组织存在损伤。热平衡法是在茎外用加热套加热，使用温度传感器测量茎表面的温度，依据热量平衡原理通过热量变化来计算茎流测得植被蒸腾量。热平衡法的限制性较多，仅适用于直径小于 15 cm 的植物茎干，且测量小液流速率的植物时存在较大误差。热扩散法是在热脉冲法的基础上提出来的新方法，对植物组织的损伤依然无法避免，但该方法受植物茎干限制更小、使用范围更广。在蒸腾测量中，近年来发展起来的稳定同位素法具有准确、灵敏和安全的特点，能够区分生态系统净交换（net ecosystem exchange，NEE）中的光合和呼吸通量成分，在生态学研究中有着独特作用和不可替代性，被广泛应用于陆地生态系统碳循环和水循环的机制研究（于贵瑞和孙晓敏，2006）。蒸渗仪法操作简单，能够轻易测定土壤蒸发量，因而在田间需水管理方面应用广泛，但蒸渗仪的结构隔绝了土壤水分交换，使得蒸渗仪内外的土壤水分条件存在差异，带来了系统误差，而且蒸渗仪在测定深根系植物的蒸散时存在明显的限制（宋璐璐等，2012）。

冠层和群落尺度的蒸散测量方法较多，有蒸渗仪法、波文比-能量平衡法、涡度协方差法、闪烁仪法和水量平衡法等，其测定结果均包括植被蒸腾和土壤蒸发。其中蒸渗仪法和涡度协方差法为直接测量方法，而水量平衡法及波文比-能量平衡法为间接测量方法。蒸渗仪布设在植被分布较为均一的样地中，通过称量获得蒸散结果，该方法不宜用于有高大植被区域的蒸散测量，蒸渗仪的安装会限制植被的生长（Rana and Katerji，2000）。波文比-能量平衡法被视为微气象学方法，是基于地面能量平衡方程与近地层梯度扩散理论提出的蒸散监测方法，其理论成熟、物理概念明确、所需实测参数少、计算相对简便、时空尺度比较灵活，无需获取空气动力学相关信息，并能估算大面积或小时间尺度的潜热通量。但干扰准确计算蒸散的因素较多，观测场的实际条件往往导致热量交换系数和水汽湍流交换系数不相等，这严重限制了该方法的使用范围和测量精度（Ibáñez and Castellví，2000）。涡度相关法可对研究区冠层和群落的蒸散进行长期的连续观测，是一种通过测定和计算某物理量的脉动与垂直风速脉动的协方差求来算湍流通量的方法，该法在观测和求算通量的过程中几乎没有假设，理论基础坚实，可以实现长期、连续、高分辨率、非破坏性的定点观测，现今已被视为唯一能直接测量生物圈和大气间能量与物质交换通量的标准方法。但该方法的运用与实践主要依赖于涡度相关理论的提出和计算机、风速仪等相关硬件质量的提升，设备在使用中受下垫面的地形限制较大，且设备费用高昂，数据处理较为烦琐（于贵瑞和孙晓敏，2006）。大孔径激光闪烁仪法基于湍流大气中光波的传输理论，即光路上不同湍涡的温度、湿度差异将引起光的散射，接收端光强的脉动即可反映光路湍流交换的强弱。该方法可以实现 0.5～10 km 尺度通量的直接观测，不受复杂下垫面的地形限制，范围广、空间代表性强，可以在空间上和涡度相关法形成良好的互补关系（Wang and Dickinson，2012）。水量平衡法是通过水量平衡方程的收支间接测定蒸散的方法，适用于下垫面不均一、土地利用状况复杂的大面积蒸散测定，相比其他方法，水量平衡法原理简单、可操作性强，但以土壤水分渗透量为代表的其他分量的误差均集中到实际蒸散，实际应用中该法的精度难以保证，且计算时间偏长，不适合短期的研究（司建华等，2005）。

在区域或全球尺度上，遥感方法是一种快速、高效的蒸散测定方法。在多过程耦合阶段，传统的实际蒸散实测方法和模型模拟方法在实践中得到广泛应用，受制于下垫面几何结构与物理性质在空间上的高度异质性，传统方法只能在小区域获得较高的精度。遥感技术的区域性特点使得准确获取大空间尺度上的地表参数成为可能，在经验统计模型、地表能量平衡模型、温度-植被指数特征空间法和陆面过程与数据同化等几种方法的基础上涌现了大量应用于区域乃至全球的遥感蒸散模型，但遥感模型也存在诸如遥感参数与地表参数匹配、时空尺度拓展、阻抗计算和结果验证等方面的困难。然而，随着对水循环和生理生态学研究的不断深入，发展出了一系列基于生态过程并耦合先进遥感观测数据的蒸散模型。基于生态过程的遥感蒸散模型不仅可以通过所需的参数扩展尺度获得大区域的蒸散数据，还可以估算过去和预测未来的蒸散变化趋势。模型中常使用气象数据、环境因子数据、站点地理数据及植被的生理生态参数作为输入数据，用于构建光合作用、呼吸作用及蒸腾作用等生理生态过程，通过运行对应机制的算法对区域蒸散进行模拟。其中具有代表性的模型有 FOREST-BGC、BIOME-BGC、BEPS、SEBS、CEVSA、BESS 等（Running and Coughlan，1988；Thornton et al.，2002；Liu et al.，1997；Su，2002；Cao and Woodward，1998a；Ryu et al.，2011），这些模型在不同区域的蒸散研究中得到了广泛应用，近些年也有许多学者将模型与空间遥感数据产品结合，生产出区域或全球蒸散产品。拉巴等（2012）应用 SEBS 模型，利用 MODIS 遥感数据结合气象站地面观测数据，对藏北那曲地表能量通量和蒸散量进行估算。吴荣军和邢晓勇（2016）利用淮河流域 2001～2012 年气象数据、土壤数据、叶面积指数数据等，运用 BEPS 模型对淮河流域蒸散进行模拟，并使用通量数据进行验证，分析不同植被条件下实际蒸散的变化特征及其影响因子。

综上所述，不同研究尺度和研究需求情况下的蒸散观测要求有所差异，在蒸散研究走向物理机制与生理机制深层次综合的趋势下，选择遥感模型时应综合考虑结果的精度要求和模型的复杂程度（宋璐璐等，2012），协调使用多种蒸散测定方法，发挥各自的优势，如通量贡献源区的水汽通量特征采用涡度相关系统和大孔径闪烁仪交叉验证，全球遥感蒸散产品采用国际通量观测网络的涡度相关实测数据验证。

1.2.3　草原生态系统蒸散研究进展

在全球尺度上，蒸散演变规律的研究已取得系列进展。近 30 年来，陆面蒸散以 0.88 mm/a（$P < 0.001$）的速率增加，这主要受全球植被绿度增加（0.018%/a，$P < 0.001$）和大气蒸散需求增强（0.75 mm/a，$P = 0.016$）的驱动（Zhang et al.，2015），且蒸散变化速率存在较大的空间异质性；全球蒸散在年内分布不均，这一差异在季风气候区更为明显（Zhang et al.，2010）。但全球尺度的蒸散规律无法应用到区域尺度的实践工作。在区域尺度上，有关气候变化与蒸散关系的研究也取

得了一些进展，如持续的全球变暖使高寒草原的植被活动加强，导致青藏高原的蒸散增加，而蒸散的降温作用又衰减了夏季地表的增温幅度（Shen et al.，2015）。但现有研究多集中在森林、农田或典型草原等生态系统（路倩倩等，2015；Lei and Yang，2010；Wang and Dickinson，2012），针对荒漠草原生态系统的研究报道较少。且现有研究均基于单一时空尺度的研究方法（Wang and Dickinson，2012），无法满足多时空尺度的荒漠草原生态系统蒸散分异特征的识别和空间格局过程的重现。因此，开展荒漠草原蒸散多时空尺度演变特征和多过程驱动机制的研究将是对现有陆地生态系统蒸散规律认识的有益补充，也是当前全球变化生态学研究的热点（于贵瑞和于秀波，2014）。

在生态系统层面，周蕾等（2009）利用 BEPS 模型模拟了中国陆地生态系统蒸散的空间分布格局，并分析了时空变化特征及其对气候变化的响应，国内外学者进一步利用蒸渗仪法、涡度相关法、作物系数法、遥感模型模拟法在草原生态系统的蒸散动态特征、能量平衡闭合状况及其影响因素、作物系数率定等方面积累了大量的研究成果（Ruhoff et al.，2012；Schaffrath et al.，2013）。在蒸散理论方面，Ma 等（2015）评估了蒸散互补理论在青藏高原高寒草原的应用；在作物系数方面，范晓梅（2011）利用微型蒸渗仪模拟了高寒草甸不同植被覆盖度下的蒸散特征，发现采用环境因子率定的作物系数能够较好地模拟实际蒸散；有学者利用涡度相关法探讨了内蒙古荒漠草原的蒸散规律，指出经过环境要素修正的作物系数精度较高，10 cm 土壤水分是影响作物系数的主要因素（Yang and Zhou，2011；Feng et al.，2012）。在蒸散影响因素方面，Gang 等（2011）分析了春旱对松嫩平原草甸草原蒸散特征的影响，发现春旱虽然会增强松嫩平原草甸草原土壤蒸发，但减弱了草甸草原的年蒸散量，进而影响水分利用效率，甚至可能加剧土壤盐渍化；Miao 等（2009）重点分析了放牧和耕种对典型草原蒸散特征的影响，发现耕种会降低土壤水分，并在不同程度上减少草原的蒸散量，且耕种和放牧会强化干旱年份蒸散对土壤水分的敏感性；Hu 等（2009）利用 Shuttleworth-Wallace 模型在站点尺度上不仅模拟了中国高寒沼泽草甸、高寒草甸草原、高寒灌丛草甸和温带典型草原的蒸散特征，还实现了蒸散组分的分解，指出草原地区的土壤蒸发比较高，叶面积指数的变化对稀疏冠层草地蒸散的影响比茂密冠层草地的影响更强烈，生态系统的水文过程和植被生产力在干旱环境中更容易受到预计的气候变化的影响。在时空格局变化方面，MOD16 产品能够反映不同草原类型的蒸散差异、空间格局和时间变化趋势，年际尺度上降水是影响蒸散年际波动的主要因素，但该产品在反映部分草地类型的蒸散季节特征方面可能存在失真（刘可等，2018；佟斯琴等，2016）。在进行蒸散规律探索的同时，诸多学者基于涡度相关系统在草原生态系统的能量通量方面开展了大量工作（李辉东等，2014；李泉等，2008；倪攀等，2008；岳平等，2011；张果等，2010），涉及的草地类型包括温带草甸草原、荒漠草原、高寒草甸，研究内容包括能量通量各分量的日季动态、能量平衡闭合状况和影响能量平衡闭合的因素，对不同生境下的草原生态系统能量平衡特征有了基本认识。

然而，盐池荒漠草原正经历着退化—重建/恢复的过程，植被类型和景观格局均发生了深刻变化，对上述成果在盐池荒漠草原上的适用性存在很大疑问，对盐池荒漠草原这种特殊的灌草复合生态系统而言，蒸散规律的研究集中在以下这几个方面。其一，对不同草地类型、多种植物之间的蒸腾速率、叶水势和植物抗旱生理的研究相对较多（李凤民和张振万，1991b；赵奎等，2009；王兴鹏等，2005；张进虎，2008）；其二，从区域生态安全与水资源管理的角度出发，土壤水分动态、生态需水量和夜间凝结水量受到较多关注（刘凯，2013；温存，2007；段玉玺，2008；王兴鹏和张维江，2006）；其三，潜在蒸散的估算方法、时空变化特征和影响因素等本底信息相对比较明确（白一茹等，2015；李媛等，2016）。综合来看，气候变化背景下以水分为切入点的盐池荒漠草原蒸散研究较少，已有研究的空间代表性有限，受观测条件限制，相关规律的时间分辨率较低且延续性不强，实际蒸散特征方面的研究基本处于空白，草地蒸散的本底信息还不明确。

第 2 章　生态系统碳循环监测方法与技术

生态系统碳循环监测需要先进的方法与技术，而近些年发展起来的先进计算机模拟技术与 CO_2 分析设备，为生态系统碳循环研究提供了先进的技术手段。本章在理清生态系统碳循环概念和各环节基本理论与定义的基础上，阐述了总初级生产力、净初级生产力和生态系统净交换等碳循环概念，介绍了常用生态系统碳循环模拟模型的理论基础、算法过程和实现途径。同时，对涡度相关等生态系统碳循环监测的方法和技术进行了概述，重点针对荒漠草原生态系统及其面临的科学问题研究，介绍了相关实验监测方案，以期为科研工作者提供思想和方法启迪。

2.1　生态系统碳储量及碳通量

2.1.1　陆地生态系统碳循环

碳是地球上储量最丰富的元素之一，也是有机质的重要组成部分，广泛地分布于大气、海洋、地壳沉积岩和生物体中，并形成了大气碳库、海洋碳库、陆地生态系统碳库和岩石圈碳库等地球上的四大碳库。地球上的碳在不同的碳库中以不同的状态赋存，大气中的碳主要以 CO_2 和 CH_4 等气体形式存在，在水中主要为碳酸根离子，在岩石圈中是碳酸盐岩石和沉积物的主要成分，在陆地生态系统中则以各种有机物或无机物的形式存在于植被和土壤中（陶波等，2001）。同时，碳元素在大气、陆地和海洋等各大碳库之间不断地循环变化，作为有机化合物的基本成分和构成生命体的基本元素，碳与地球上的生命活动紧密相连，亿万年来在地球的生物圈和大气圈中，碳通过生命的新陈代谢往复循环（朱学群等，2008），地球规模的碳循环主要是指碳元素在大气、海洋、陆地之间的循环。在工业革命以前，大气与陆地和海洋间的碳交换基本处于平衡状态，但进入工业革命以后，人类活动便不断地改变着地球固有的碳收支平衡关系，新增了大气碳库的输入来源，如化石燃料燃烧、农业活动、森林破坏、土地利用覆被变化等都引起了大气 CO_2 输入的增加（王绍强等，2016）。

陆地生态系统碳循环主要指碳在生态系统和大气之间的交换，包括陆地生态系统的碳输入、转化和输出等过程。大气中的 CO_2 通过植物叶片的气孔，被光合作用吸收固定，以有机化合物的形式储存在植物体内，形成总初级生产力（GPP）。同时又通过在不同时间尺度上进行的各种呼吸途径或扰动，将大约一半的 GPP 转

化为 CO_2，再次释放回大气。其中一部分有机物通过植物自身的呼吸作用（自养呼吸）和土壤及枯枝落叶层中有机质的腐烂（异氧呼吸）返回大气，未完全腐烂的有机质经过漫长的地质过程形成化石燃料储藏于地下；另一部分则通过各种（包括人为和自然的）扰动释放 CO_2，这样就形成了大气—陆地植被—土壤—大气的一个陆地生态系统的碳循环链条（朱学群等，2008）。

2.1.2　总初级生产力

总初级生产力（GPP）指单位时间内生物（主要是绿色植物）通过光合作用途径固定的光合产物量或有机碳总量，又称为总第一生产力或总生态系统生产力（gross ecosystem productivity，GEP），负责初级生产的生物被称为初级生产者或自养生物，其构成食物链的基础。生物体通过有机化合物产生化学能并形成初级生产力，是驱动能量的主要来源是太阳辐射，只有小部分的生物初级生产是利用无机分子的化学能驱动的，其过程都是由较简单的无机化合物（CO_2）和水（H_2O）合成复杂的有机分子，光合作用的公式如下。

$$CO_2+H_2O+\text{光照}\rightarrow CH_2O+O_2 \tag{2-1}$$

光合作用的最终结果是生产出碳水化合物 CH_2O 的聚合物，如葡萄糖或其他糖类分子，随后植物进一步合成更复杂的分子，包括蛋白质、碳水化合物、脂质和核酸，同时植物的自养呼吸又消耗掉部分初级生产产物。然后，异养生物（动物）将初级生产者光合作用产生的有机物转移到生态系统物质循环链中。在陆地生态系统中，几乎所有的初级生产都是由维管植物来完成的，其中一小部分来自藻类和非维管植物。

陆地植被通过光合作用形成 GPP，这是生态系统将大气 CO_2 和太阳辐射能量转化为有机碳与生物能的能力，反映了陆地生态系统自身生产力的大小。GPP 是陆-气系统碳交换的最重要分量，它决定了进入陆地生态系统的初始物质和能量，是陆地生态系统碳循环的起始，也是陆地生态系统碳循环的基础。GPP 的大小主要取决于碳同化潜力、植物叶面积、群落结构等植被光合作用特性和光合有效辐射、温度、土壤水分、土壤养分等环境条件。GPP 的测定方法主要有收割法、O_2 测定法、CO_2 测定法、放射性标记物测定法等，随着生态系统模型的研究与发展，可用光合有效辐射（photosynthetically active radiation，PAR）、叶面积指数（LAI）、温度（T）、大气 CO_2 浓度等遥感与环境监测数据驱动生态系统模型来估算特定生态系统的 GPP。

2.1.3　净初级生产力

净初级生产力（NPP）是指植被光合作用固定的光合产物量（GPP）中，扣除植物自身呼吸消耗（R_a）之后的剩余部分，它是真正用于植被的生长和生殖的光合产物量，也称作净第一性生产力。NPP 反映了植物固定和转化光合产物的效率，也决定了可供异养生物（植食动物和人）利用的物质与能量，也是表示植物净固定 CO_2 能力的重要生态学指标。

$$NPP = GPP - R_a \tag{2-2}$$

式中，R_a 为自养生物本身的呼吸作用所消耗的光合产物。GPP 中大约有 1/2 的光合产物会通过植物的自养呼吸释放到大气中，所剩余的部分形成陆地生态系统的 NPP。

地球上所有陆地生态系统每年的净初级生产力的 40%直接或间接地被人类所利用或破坏，事实上 NPP 限定了地球上人口和经济的发展规模。CO_2 浓度增加可能会使植物的 NPP 增加，但是，气候变化及伴随而来的扰动规律的变化可能会使 NPP 波动，因此，测量和估算陆地生态系统 NPP 已成为当前人类应对气候变化响应的热点问题。

2.1.4 生态系统净交换

生态系统净交换（NEE）为大气-植被界面的净 CO_2 通量，它是气象学家的定义。NEE 为负值，负值表示生态系统从大气中吸收 CO_2，NEE 在符号上与净生态系统生产力（NEP）相反。生态系统除自养呼吸外，还有异养生物的呼吸（R_h），包括土壤有机质、枯枝落叶层和粗木质残体的呼吸，根际微生物和共生菌根菌的呼吸作为异养呼吸的一部分，但所利用的碳源主要是根系分泌物。生态系统的自养呼吸和异养呼吸共同构成了生态系统呼吸（R_e），即生态系统通过呼吸向大气中排出的总碳。在生态学中，将生态系统光合作用固定的碳与呼吸作用释放的碳之差定义为净生态系统生产力，其也是净初级生产力扣除异养呼吸后生态系统固定的碳量（王兴昌和王传宽，2015），具体关系如图 2-1 所示，NEE 的计算公式如下。

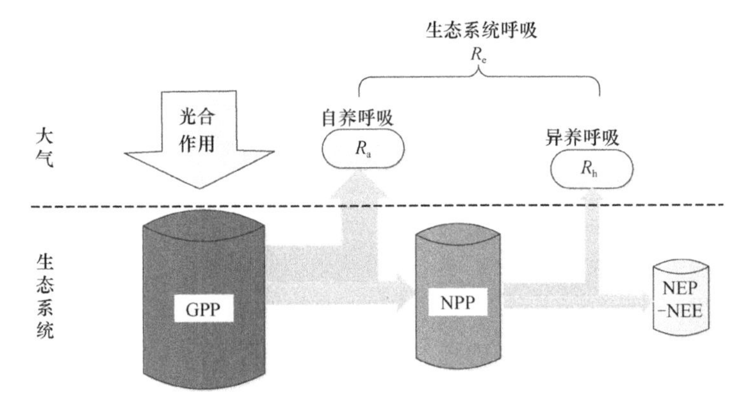

图 2-1 陆地生态系统碳循环概念图

GPP. 总初级生产力；NPP. 净初级生产力；NEP. 净生态系统生产力；NEE. 生态系统净交换

$$\text{NEE} = -\text{NEP} \tag{2-3}$$

$$\text{NEP}=\text{GPP}-R_{\text{e}}=\text{GPP}-(R_{\text{a}}+R_{\text{h}})=\text{NPP}-R_{\text{h}} \tag{2-4}$$

2.2　生态系统碳循环模型模拟

2.2.1　基于 CASA 模型的净初级生产力模拟

（1）CASA 模型机制

CASA 模型是一个基于过程的遥感模型（Potter et al.，1993），充分考虑环境条件和植被特征（Bao et al.，2016），以植被的生理过程为基础，将植被净初级生产力（NPP）的积累过程简化为植被吸收的光合有效辐射（APAR）与光能利用率（ε）两个主导因素的集成，运用遥感归一化植被指数（NDVI）和气温、降水、太阳总辐射等因子，通过整合计算来估算植被 NPP。CASA 模型中包括了土壤有机物、微量气体通量、养分利用率、土壤水分、温度、土壤结构和微生物循环等过程，以月为时间分辨率来模拟生态系统碳吸收、营养物质分配、枯落物分解、土壤营养物矿化和 CO_2 释放等（朴世龙等，2001），主要包括 NPP 模拟子模块、土壤水分子模块和土壤碳-氮循环子模块，其中 NPP 模拟子模块（图 2-2）已在国内外广泛应用，是当前大尺度估算草地 NPP 的主要模型，公式如下：

$$\text{NPP}(x,t)=\text{APAR}(x,t)\times\varepsilon(x,t) \tag{2-5}$$

式中，x 表示空间位置，t 表示时间，$\text{APAR}(x,t)$为植被吸收的光合有效辐射[g C/(m^2·月)]，$\varepsilon(x,t)$为实际光能利用率（g C/MJ），即植被将吸收的太阳辐射能转化为有机碳的效率。

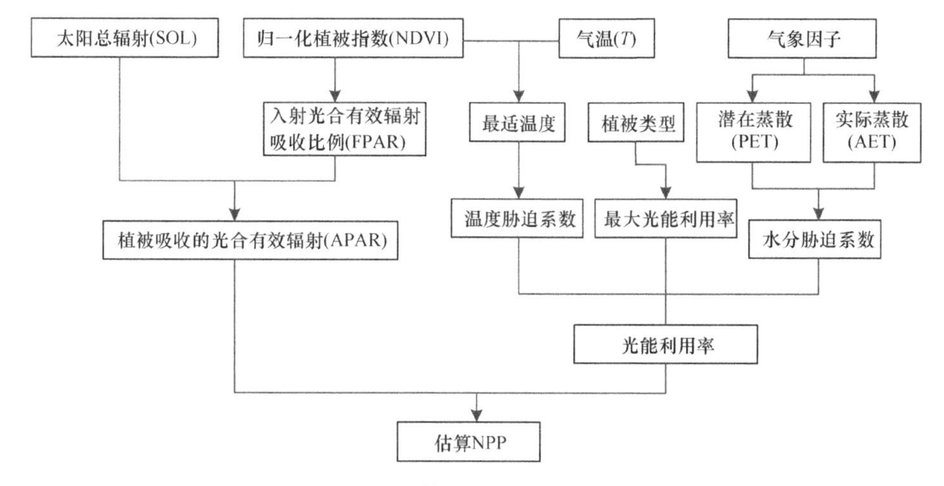

图 2-2　CASA 模型 NPP 模拟算法结构图

（2）植被吸收的光合有效辐射估算

APAR 是植物光合作用的能量基础，它是植被光合作用过程中吸收利用的那部分太阳辐射能，主要集中在可见光波段，这部分太阳辐射能通过植物光合作用，最终转换为生物能并以有机物的形式积累下来。由于植被的生理特性不同，对太阳辐射的吸收比例各异，因此，植被 APAR 量大小由太阳总辐射量和植物对入射光合有效辐射吸收比例（FPAR）共同决定，故 APAR 的计算公式如下：

$$\mathrm{APAR}(x,t)=\mathrm{SOL}(x,t)\times\mathrm{FPAR}(x,t)\times 0.5 \tag{2-6}$$

式中，$\mathrm{SOL}(x,t)$为太阳总辐射量[MJ/(m^2·月)]，$\mathrm{FPAR}(x,t)$表示植被对入射光合有效辐射的吸收比例，可通过 NDVI 估算。由于植被可利用的太阳有效辐射波长在 0.4～0.7 μm，这一波段间的太阳辐射约占太阳总辐射的一半，故需乘以常数 0.5。

植被对光合有效辐射的吸收比例取决于植被覆盖状况，由卫星遥感数据获取的 NDVI 能很好地反映植被覆盖状况，因此在 CASA 模型中利用 NDVI 来计算 FPAR。

$$\mathrm{FPAR}(x,t)=\frac{\left[\mathrm{NDVI}(x,t)-\mathrm{NDVI}_{i,\min}\right]}{(\mathrm{NDVI}_{i,\max}-\mathrm{NDVI}_{i,\min})}\times(\mathrm{FPAR}_{\max}-\mathrm{FPAR}_{\min})+\mathrm{FPAR}_{\min} \tag{2-7}$$

式中，$\mathrm{NDVI}_{i,\max}$ 和 $\mathrm{NDVI}_{i,\min}$ 分别为 i 类植被类型的归一化植被指数最大值与最小值。$\mathrm{FPAR}_{\max}$ 和 $\mathrm{FPAR}_{\min}$ 分别表示植被对入射光合有效辐射的吸收比例最大值与最小值，与植被类型无关，分别取常数值 0.950 和 0.001。

Field 等（1995）的相关研究表明 FPAR 与植被的 NDVI 的简单比率（SR）存在良好的线性关系，并将植被对 FPAR 的估算公式改进如下：

$$\mathrm{FPAR}(x,t)=\frac{\left[\mathrm{SR}(x,t)-\mathrm{SR}_{i,\min}\right]}{(\mathrm{SR}_{i,\max}-\mathrm{SR}_{i,\min})}\times(\mathrm{FPAR}_{\max}-\mathrm{FPAR}_{\min})+\mathrm{FPAR}_{\min} \tag{2-8}$$

$$\mathrm{SR}(x,t)=\frac{1+\mathrm{NDVI}(x,t)}{1-\mathrm{NDVI}(x,t)} \tag{2-9}$$

式中，$\mathrm{SR}_{i,\min}$ 和 $\mathrm{SR}_{i,\max}$ 分别指植被的归一化植被指数的简单比率的最小取值与最大取值， $\mathrm{SR}_{i,\min}$ 取值为 1.08，$\mathrm{SR}_{i,\max}$ 的取值根据植被类型不同而不同，草地的 $\mathrm{SR}_{i,\max}$ 为 4.46（朱文泉等，2007）。为了避免高估或者低估 FPAR 的值，减小与实测值之间的误差，朱文泉等（2007）建议计算 FPAR 时将如上两种方法估算出来的值进行平均，即：

$$\mathrm{FPAR}=\alpha\mathrm{FPAR}_{\mathrm{NDVI}}+(1-\alpha)\mathrm{FPAR}_{\mathrm{SR}} \tag{2-10}$$

式中，$\mathrm{FPAR}_{\mathrm{NDVI}}$ 为公式（2-7）所估算的结果；$\mathrm{FPAR}_{\mathrm{SR}}$ 为公式（2-8）所估算的结果；α 为两种方法间的调整系数，一般取二者的平均值 0.5。

（3）光能利用率估算

光能利用率（ε）是指在一定时期内单位面积上植被转化的有机碳中包含的化学潜能占同一时间该面积上接收到的光合有效辐射的比例，表征植被层吸收入射光合有效辐射并将其转化为有机碳的能力。Potter 等（1993）学者认为在理想情况下植被的光能利用率能够达到最大，而在实际情况中，温度和水分条件常限制植被的光能利用率，进而影响植被的光合作用，导致植被净初级生产力的波动。因此，在改进的 CASA 模型中，将光能利用率的计算加入了水分条件和温度的影响（朱文泉等，2007）。

$$\varepsilon(x,t) = T_{\varepsilon1}(x,t) \times T_{\varepsilon2}(x,t) \times W_{\varepsilon}(x,t) \times \varepsilon_{\max} \tag{2-11}$$

式中，$T_{\varepsilon1}(x,t)$和 $T_{\varepsilon2}(x,t)$分别表示极端低温或高温对光能利用率的胁迫作用，$W_{\varepsilon}(x,t)$表示水分胁迫影响系数，反映水分条件对光能利用率的影响，$\varepsilon_{\max}$ 是理想条件下的最大光能利用率（g C/MJ），不同植被类型的最大光能利用率不同，根据朱文泉等（2007）将草地的 $\varepsilon_{\max}$ 取值为 0.542。$T_{\varepsilon1}(x,t)$表示极端低温或高温环境下植被受到胁迫而降低的净初级生产力，而 $T_{\varepsilon2}(x,t)$表示的是温度从最适温度过渡为低温或高温时，光能利用率从高变低的趋势，因为高的呼吸消耗必将会降低光能利用率，生长在偏离最适温度的条件下，其光能利用率也一定会降低。地面干湿程度对于植物生长有着十分重要的作用。一般认为，土壤水分超过某一临界值时，蒸发速率不受土壤水分供应的限制，而只与气象条件有关；当土壤水分含量低于这一临界值时，蒸发速率除与气象条件有关外，还随土壤水分的有效性的降低而降低。因此，可用区域实际蒸散量与区域潜在蒸散量的比值来反映水分胁迫对光能利用率的影响。

$$T_{\varepsilon1}(x,t) = 0.8 + 0.02 \times T_{\text{opt}}(x) - 0.0005 \times \left[T_{\text{opt}}(x)\right]^2 \tag{2-12}$$

$$T_{\varepsilon2}(x,t) = \frac{1.184}{1 + \exp\left\{0.2 \times \left[T_{\text{opt}}(x) - 10 - T(x,t)\right]\right\}} \times \frac{1}{1 + \exp\left\{0.3 \times \left[-T_{\text{opt}}(x) - 10 + T(x,t)\right]\right\}} \tag{2-13}$$

$$W_{\varepsilon}(x,t) = 0.5 + 0.5 \times \text{ET}(x,t) / \text{PET}(x,t) \tag{2-14}$$

式中，$T_{\text{opt}}(x)$指植被生长的最适温度，为某一区域一年内植被 NDVI 值达到最大时的当月平均气温，当月均温小于或等于–10℃时，$T_{\text{opt}}(x)$值取为 0。在 $T_{\varepsilon2}(x,t)$的估算当中，若月均温 $T(x,t)$较最适温度 $T_{\text{opt}}(x,t)$高出 10℃或低出 13℃，该月份的 $T_{\varepsilon2}(x,t)$值则为月均温 $T(x,t)$为最适温度 $T_{\text{opt}}(x,t)$时的 $T_{\varepsilon2}(x,t)$值的一半（朱文泉等，2007）。水分胁迫因子 $W_{\varepsilon}(x,t)$随着环境中有效水分的增加而增加，其值在极度湿润的条件下为 1，极干旱的情况下为 0.5，$\text{ET}(x,t)$为区域实际蒸散量，$\text{PET}(x,t)$是区域潜在蒸散量。

2.2.2 基于 BIOME-BGC 模型的碳循环过程模拟

BIOME-BGC 模型是一个描述生态系统碳、氮、水生物地球化学循环过程的模型（Thornton et al.，2002），它广泛应用于模拟陆地生态系统碳、氮、水的储存和通量（Wang et al.，2005），由 FOREST-BGC 生态过程模型发展而来（Han et al.，2014）。BIOME-BGC 模型的设计遵循物质与能量守恒定律，即进入系统的物质和能量等于留在系统中的物质和能量加上离开系统的物质和能量（White et al.，2000）。BIOME-BGC 模型基于输入的气象数据模拟了生态系统的物候过程，借此可模拟出包括光合作用、植物蒸发蒸腾、呼吸作用（异养和自养）、分解及光合产物分配与死亡等生理过程，现已广泛应用于生态系统碳循环的模拟研究中。该模型具有一定的普适性，可模拟常绿针叶林、常绿阔叶林、落叶针叶林、落叶阔叶林、C_3 草地植物、C_4 草本植物和灌木林共 7 种植被类型的碳、氮、水的循环过程与交互影响（孙燕瓷等，2017）。BIOME-BGC 模型的驱动需要输入初始化文件、气象数据和生理生态参数文件，初始化文件定义模拟过程的一般信息，包括站点物理特性、时间框架描述、输入输出文件名称及输出变量列表等。气象数据包括日尺度的最高气温、最低气温、平均气温、降水量、平均饱和水汽压差、短波辐射强度和昼长。生理生态参数包括叶片碳氮比、最大气孔导度等 44 个参数。

BIOME-BGC 模型运行的第一步是利用同一套站点气象数据将模型运行优化到生态系统的稳定状态，即 Spin-up 模拟过程，以此获取被模拟生态系统的稳态初始条件，并确保模型输入和输出之间保持平衡。在此基础上，利用实际的气象数据和站点描述数据、生理生态参数驱动模型进行正常模拟（图 2-3）。BIOME-BGC 模型的中包含辐射能量传输分配模块、降水与水循环模块、生理过程模块（包括光合作用、呼吸消耗、光合产物分配、凋落物分解、死亡等生理过程），通过这些模块的模拟和耦合运算，可以对特定生态系统日、月和年等不同时间尺度的碳、氮和水的通量及储量进行模拟。BIOME-BGC 模型有几个前提假设，首先它是一个一维模型，即它所模拟的是一个 1 m^2 大小的点上的生态系统物质和能量的通量及储量，在空间尺度上的扩展中，每个点上的模拟结果独立，不受相邻点的运行结果影响；其次 BIOME-BGC 模型中忽略植被的自然演替过程，即无法模拟自然生态系统中的演替过程，且模型中将植被碳、氮和水的交换与储存简化成一个个独立的池，而不是具体植被类型的真实形态结构。

BIOME-BGC 模型的碳、氮循环过程由不同的功能模块程序实现，模型利用 C 语言将不同的碳、氮循环过程分别编写成了独立的功能模块，如物候模块、光合作用模块、生长呼吸模块、维持呼吸模块、光合产物分配模块、降解模块、死亡凋萎模块等，不同模块间通过参数调用和数据流传输，完成整个生态系统的碳、氮循环过程模拟，其碳循环过程框架见图 2-4。

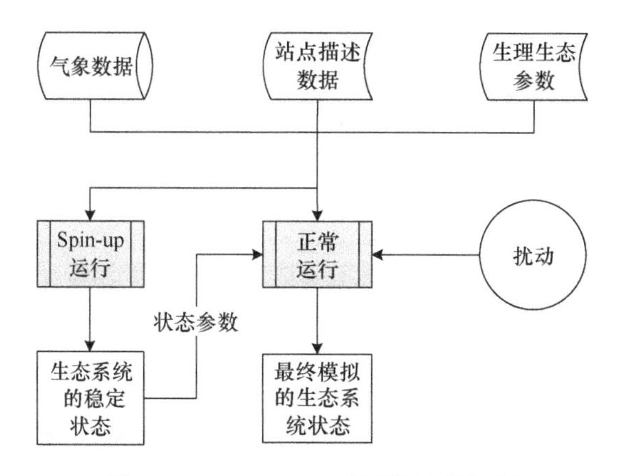

图 2-3　BIOME-BGC 模型概念框架图

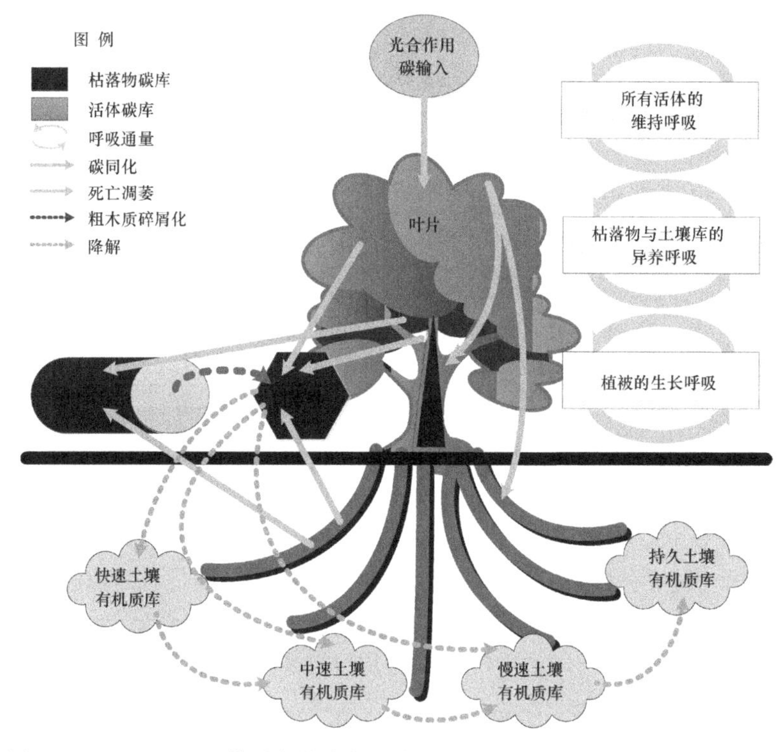

图 2-4　BIOME-BGC 模型中的碳库和碳通量框架图（彩图请扫封底二维码）

2.3　生态系统碳循环监测

2.3.1　生物量监测

地上生物量（aboveground biomass，AGB）是反映生态系统植被的生产力的重要指标，也是研究生态系统碳源和碳汇关系的基础（刘磊，2010）。早在 1876 年德国的埃伯迈耶（Ebermeryer）对几个树种的树枝、落叶量与林木干材重量之间的关系进行了研究。1929～1953 年，瑞士的伯格（Burger）研究了树叶生物量和木材生产的关系。1944 年，基特里奇（Kittredge）利用叶重和胸径的数量关系，成功拟合了白松等叶重的对数回归方程。这一阶段的研究热点主要集中于木材生产力问题，主要研究方法是通过建立不同树种的叶片生物量和胸径的回归方程来确定叶片生物量与木材生产的关系（杨存建等，2005）。全世界于 20 世纪 50 年代后开始重视对森林生物量的研究。由联合国教科文组织（UNESCO）倡导的国际生物学计划（IBP）标志着世界范围内的森林生物量开始被大规模研究。1972 年后又实施了人与生物圈计划（Manand Biosphere Programme，MAB），其总目标在于合理利用和保护自然资源并改善人类与环境的关系，其中生物产量的调查和调控研究占有重要地位。森林生物量的大尺度研究到 20 世纪 80 年代后，随着对全球碳循环研究的重视，开始重视研究区域森林生物量的估算（颜韦，2017）。森林在陆地生态系统碳循环中的作用，进一步推动了森林生物量和生产力的研究。遥感是 20 世纪 70 年代发展起来的关键空间技术之一，遥感技术的出现改变了采用森林资源清查数据来估测森林生物量与生产力的这一现状，因其宏观、综合、动态、快速的特点及其与森林生物量之间存在相关性，决定了基于遥感信息的森林生物量与生产力估测具有比传统方法更大的优势（刘磊，2010）。

一般情况下，生物量可通过直接测量和间接估算两种途径得到。直接测量途径为收获法，样地实测法是最传统的生物量测定方法，其按研究目的和研究对象不同主要分为收割法、皆伐法和平均木法（罗云建等，2009）。收割法主要适用于草本植被和低矮灌木，它的特点是结果精确，但费时费工、工作量极大（刘存琦，1994）。皆伐法一般适用于乔木或大灌木，是指乔木或大灌木全部伐倒后，测定其各器官（树干、枝、叶、果和根系等）鲜重，然后将干燥后的各器官重量加和，从而得到单个植株的生物量。虽然皆伐法的精度较高，但是对环境的破坏巨大，且费时费力，一般在检验其他测定方法精度时使用（Petrokofsky et al.，2012）。平均木法比较适用于人工林和同龄纯林，应用于异龄林或异质性较大的天然林时容易导致极大偏差。

间接估算途径包括模型法和遥感法，遥感法的宏观性、动态性和经济性等优点在一定程度上弥补了传统生物量测定方法的不足，在生物量估算方面得到了较为广泛的应用（董利虎等，2015）。遥感图像光谱信息具有良好的综合性和现势性，与生物量之间存在相关性（Melon et al.，2001；Manninen and Ulander，2001）。在各光谱波段中，红光、近红外尤其是短红外光谱波段对各类植被特征信息最为敏感。常见光学遥感数据源有：高空间分辨率星载或机载传感器影像、中空间分辨率传感器影像、低空间分辨率传感器影像及基于地面的光谱影像数据。综观当前国内外生物量遥感研究，发现生物量遥感估算主要是针对森林、草地等生态系统，对荒漠生态系统生物量遥感估算的研究较少（Thenkabail et al.，2004）。与多光谱遥感数据相比，采用基于高光谱数据构建的植被指数进行稀疏植被指数提取的精度明显较高（吴俊君等，2014）。

模型法包括经验模型、植被二向反射特性的物理模型、半经验模型、机制模型等（刘磊，2010）。经验模型是通过对观测数据经验性统计描述或是对遥感信息参数及地面观测的植被生物量统计分析，然后建立两者关系以估算生物量（张莉等，2013）。植被二向反射特性的物理模型能够克服经验模型的缺陷，如考虑辐射传输的 3D 模型、几何光学的间隙率模型（陈利军等，2001；黄金龙等，2013；李登秋等，2013）。半经验模型综合了经验模型与植被二向反射特性的物理模型的优点，参数较少。机制模型（或过程模型）是根据植物生理、生态学原理，通过对太阳能转化为化学能的过程和植物冠层蒸散与光合作用相伴随的植物体及土壤水分散失的过程进行模拟，实现对陆地植被森林生物量与生产力的估算。利用遥感法与模型法估算植被生物量不仅能有效地降低对植被的破坏，而且利于观测生物量的动态变化，是研究荒漠生态系统灌木生物量的最佳选择（杨宪龙等，2016）。

2.3.2　基于涡度相关技术的碳通量监测

近地边界层由于地面的强烈摩擦力，风速和风向在短时间内呈现不规则的变化，气流的流动在空间和时间上总是表现出毫无规则的湍流运动形式，这种运动形式可以理解为流体速度等属性在时空上的脉动现象。湍流不仅与随机的三维风场有关，而且还与由风场变化引起的随机标量（温度、CO_2 和 H_2O 等）场有关。在湍流的运动过程中，因上层和下层空气的混合作用，能够很好地在垂直方向上输送动量、热、CO_2 和 H_2O 等。这种湍流运动引起的物质和能量输送是地圈-生物圈-大气圈相互作用的基础，也是地圈-生物圈之间能量和物质交换的主要方式。涡度相关法正是通过测定和计算某一物理量（温度、CO_2、H_2O 及 CH_4 等）的脉动与垂直风速脉动的协方差来求算湍流通量的方法，根据其理论，某物理量 s 的通量 F_s 可以用下式定义：

$$F_s = \overline{w \cdot s} \tag{2-15}$$

式中，w 为垂直风速，根据雷诺分解法，涡度相关技术观测的净湍流通量可以表示为：

$$F_s = \overline{w' \cdot s'} \tag{2-16}$$

式中，w' 和 s' 分别为垂直风速和某物理量的脉动，当 s 代表不同物理量的时候，就可转化为不同物质或能量的通量。

当仅考虑物质和能量在垂直方向上的湍流输送时，CO_2 通量可以定义为在单位时间内湍流运动通过单位截面积输送的 CO_2 量，CO_2 的垂直湍流通量（F_c）可以简化表达为：

$$F_c = \overline{w \cdot \rho_d \cdot c} = \overline{\rho_d \cdot w' \cdot c'} + \overline{\rho_d} \cdot \overline{w} \cdot \overline{c} \tag{2-17}$$

式中，ρ_d 为干空气密度，c 为 CO_2 质量混合比，w 为三维风速在垂直方向上的风量，上划线“$\bar{}$”表示时间平均，撇号“$'$”表示瞬时值与平均值的偏差或者脉动。对于平坦均一的下垫面，可以认为 $\overline{w} \approx 0$。因此，上式可简化为 w 和 c 的协方差，即：

$$F_c = \overline{\rho_d \cdot w' \cdot c'} \tag{2-18}$$

式中，w' 为垂直风速的脉动，c' 为大气 CO_2 质量混合比的脉动。在实际的通量观测中，CO_2 分析仪通常直接测定的是 CO_2 在空气中的密度 ρ_c，其与干空气密度 ρ_d 间的关系为：

$$\rho_c = \rho_d \cdot c \tag{2-19}$$

因此，CO_2 的垂直湍流通量（F_c）可以进一步简化转换为：

$$F_c = \overline{w \cdot \rho_c} = \overline{w' \cdot \rho_c'} + \overline{w} \cdot \overline{\rho_c} \approx \overline{w' \cdot \rho_c'} \tag{2-20}$$

这一公式在实际通量计算中得到了广泛应用，水热通量的传输对 CO_2 密度的影响会导致通量传输没有达到干空气的垂直运动速度，因此实际计算中必须考虑并校正水热通量传输对 CO_2 通量的影响，即 WPL 校正（Webb et al.，1980）。

由于大气边界层内各种湍流的涡（eddy）起源不同，其内部的 CO_2 浓度也不同。一般情况下，在白天因植物进行的光合作用吸收固定 CO_2，导致其冠层内空气的 CO_2 浓度低，而冠层上部空气的 CO_2 浓度高。因此，在起源于冠层上部的高浓度 CO_2 涡与起源于冠层下部的低浓度 CO_2 涡进行交换时，即湍流交换，导致上部大气向冠层内传输 CO_2。相反，在夜间植被和土壤的呼吸作用会使植被冠层内空气的 CO_2 浓度升高，湍流交换导致冠层内向冠层上部的大气传输 CO_2（图 2-5）。

涡度相关技术的理论框架早在 1895 年就由雷诺提出，但受制于观测设备，直到 1926 年思克莱斯（Scrase）才开始进行动量通量的研究。第二次世界大战后，传感器与计算机的快速发展促进了涡度相关技术的进步，此后基于涡度相关通量观测的研究逐渐从大气边界层结构、动量和热量的传输扩展到不同生态系统 CO_2 的通量观测。但直到 20 世纪 90 年代之前，传感器性能和数据采集系统的局限性始终限制该技术在野外观测中的应用。以商用红外分光光度计的出现为标志，连续稳定、高频率的野外通量观测在北美、日本、欧洲得到一定应用；90 年代中后期，区域性的通量观测网络开始形成，相继建立的欧洲通量网和美国通量网构成了国际通量观测网络的基础；此后，亚洲、非洲和南美洲等疆域较大的国家逐渐建立了区域性的通量观测网络，并成为国际通量观测网络的重要组成部分。2001 年，中国陆地生态系统通量观测研究网络正式创建，经过十余年的发展，已形成覆盖或涉及中国东北样带、东部南北样带、中国草地样带、欧亚大陆东源森林样带和欧亚大陆草地样带的庞大观测体系。由于该方法在观测和求算通量的过程中几乎没有假设，理论基础坚实，还可进行长期定位观测，在短时间内大量获取生态系统高时间分辨率的通量数据，现今已被视为唯一能直接测量生物圈与大气圈能量和物质交换通量的标准方法，在中国通量网络的带动下，中国农业、林业、气象部门和部分高校的碳水通量观测站点建设也得到飞速发展。

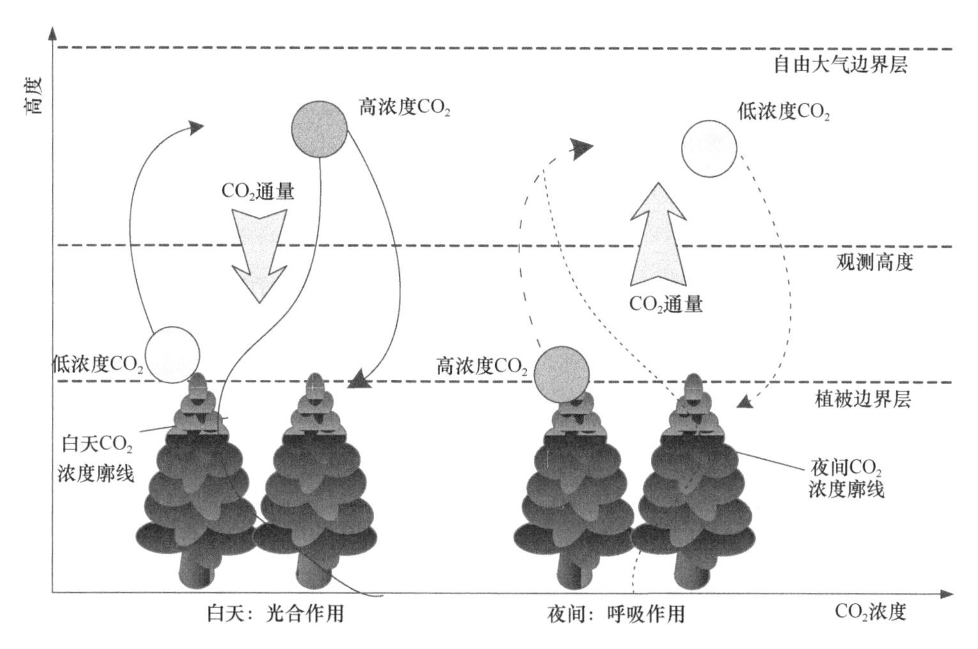

图 2-5　生态系统白天与夜间 CO_2 湍流交换示意图（彩图请扫封底二维码）

2.3.3　土壤呼吸监测

土壤是陆地生态系统中重要的碳库，碳储量约占生物圈陆地总碳储量的 2/3，土壤呼吸是陆地生态系统向大气释放 CO_2 的主要途径，据前人估算，全球土壤 CO_2 的释放量远远高于化石燃料燃烧所释放的 CO_2 量，所以土壤呼吸对大气 CO_2 的浓度变化有深远的影响（于贵瑞和孙晓敏，2006）。土壤呼吸是指未扰动土壤中的植物根系、食碎屑动物、真菌和细菌等通过新陈代谢活动消耗有机物并产生 CO_2 的过程，作为生态系统碳循环中的一个重要过程，土壤呼吸将植物光合作用固定下来的碳再以 CO_2 的形式返回大气，它是土壤与大气 CO_2 交换的主要过程，也是生态系统碳同化和碳异化平衡的结果，具有重要的指示意义。土壤呼吸是一个复杂的过程，主要包括植物根系呼吸（自养呼吸的一部分）、土壤微生物异养呼吸和土壤动物异养呼吸三个生物学过程，同时还有含碳矿物质的化学氧化作用释放 CO_2

的非生物学过程，其中植物根系自养呼吸消耗的底物直接来源于植物光合作用产物的地下分配部分，而异养呼吸则是利用土壤中的有机碳或无机碳，故土壤呼吸强度常用于衡量土壤微生物总活性，也被用于评价土壤肥力。土壤呼吸强度受多种因子的影响，其中土壤温度和土壤水分是两个相对重要的影响因素。现阶段包括土地利用和土地植被的改变在内的人类活动，在很大程度上改变了土壤呼吸，也改变了陆地生态系统中植物对 CO_2 的固定量。有研究表明，全球森林过度采伐和土地利用变化导致土壤 CO_2 释放的增加量，占过去两个世纪以来因人类活动释放的 CO_2 总量的一半。目前土壤呼吸已经成为陆地生态系统中向大气释放 CO_2 最大的源。人类活动致使土壤碳库渐成碳源，而生态系统的碳汇功能正在减弱。

直接测定土壤呼吸的方法基本可分为静态气室法、动态气室法和微气象法三种，其中静态气室法是将土壤排放的 CO_2 累积收集到收集容器中，经过一定时间对容器内的 CO_2 进行定量计算，得出土壤释放的 CO_2 量。动态气室法是将土壤表面覆盖气室中的空气，通过气路循环以一定速率将空气输送通过红外气体分析仪，测量其 CO_2 含量变化，据此计算出气室中的 CO_2 浓度差，进而计算土壤呼吸速率。目前，动态气室已成为流行的便携式野外土壤通量测量系统的一部分，便携式土壤呼吸仪一般由气室、气体抽样模块、气体分析模块（CO_2 分析仪）、数据采集器及存储模块等组成，除了气室，其他模块往往集成于一体式的便携箱内，便于野外携带和测试。

对于不同的研究目的，往往需要设置不同的土壤呼吸观测实验，为探究宁夏盐池县人工灌丛化对荒漠草原生态系统土壤呼吸的影响和生长季内的土壤呼吸规律，在盐池荒漠草原分别选择柠条灌丛和草地两类样地开展观测实验（图 2-6）。A 类样地为自然生草地（非阴影部分），B 类样地为人工种植的柠条林带（阴影部分）。浅色三角形标记所取数据是自然生草地土壤呼吸速率，深色圆点标记所取数据是人工柠条的土壤呼吸数据。如图 2-6 所示，在盐池荒漠草原选择 21 m×21 m 样地，这块样地中包括 3 条柠条灌丛行带和 3 条草地行带，在每一条行带上设置了 2 个采样点。在如图 2-6 所示的 12 个标记点处打入聚氯乙烯（PVC）土壤环（高出地面 5 cm 左右）用以固定位置。第一次测定之前，提前 1 d 将 PVC 环基座嵌入土壤中，因为这一过程会造成短期内土壤呼吸的波动，因此经过 24 h 的平衡避免了安装 PVC 环对土壤的扰动。同时，利用剪刀剪去地表植被排除掉植被光合呼吸作用对测量过程的干扰。从 5 月中旬开始利用 WEST 土壤通量测量仪进行野外观测实验，根据天气实时状况，大约每 15 d 测定一次，共 10 次。测量时间选择在天气晴好的中午 12:00，每个样点单次测量时间为 90～240 s 且重复测量 3 次，每次测量期间需要将密封圈打开让气室腔体中的 CO_2 逸散到大气中，以免影响下一次测量精度。最终处理数据时，求取每一个样点的 3 次测量均值。

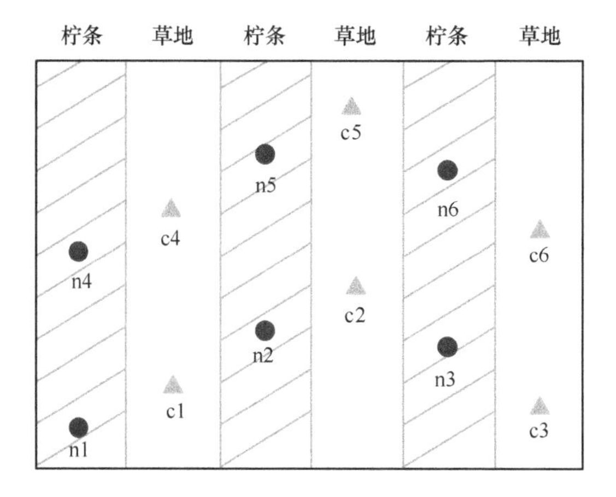

图 2-6　实验样地示意图

深色圆点（n）表示柠条采样点，浅色三角形（c）表示草地采样点

利用 WEST 土壤通量测量仪观测了 2019 年主要生长季的土壤呼吸。根据天气实时状况，大约间隔 15 d 测定一次，共测量 8 次。测量时间选择在天气晴好的中午 12:00，每个样点单次测量时间为 90～240 s 且重复测量 3 次，每个样点 3 次取样值的误差不超过 0.5，这一做法消除了由测量失误导致的问题。最终处理数据时，求取每一个样点的 3 次取样值的均值作为处理好的数据。由于该仪器版本较早，手持电脑（palmtop）中系统的默认测量单位 ppm[①]与其他通量值无法直接对比，因此在进行数据计算处理时，不能直接使用 WEST 通量测量仪直接导出的结果，需要进行单位换算。本实验中用到的气室是 A 型，根据仪器手册说明，若要将实测单位的通量值 X（ppm）转化为国际通用单位的通量值 Y[μmol/(m²·s)]，则需要通过以下转换公式完成：

$$Y = \frac{X \times 0.295 \times 10^6}{86\,400} \tag{2-21}$$

① 1 ppm=10^{-6}

第 3 章　生态系统水循环监测方法与技术

陆地生态系统水循环监测已发展出了相对成熟的理论与技术方法体系。本章在重点介绍陆地生态系统水循环、陆地与大气间水汽交换等基本水循环概念的基础上，总结了陆地生态系统水循环的形式、动力和主要环节。重点以蒸散过程为例，阐述了相关估算模型的理论基础、计算原理和实现方法，包括潜在蒸散和实际蒸散两个方面，从单点到区域的不同模拟技术和方法的优劣。针对陆地生态系统管理实践，介绍了基于遥感蒸散估算的区域生态需水量计算方法，为干旱半干旱区陆地生态系统水资源管理提供了技术支撑。同时，介绍了涡度相关技术在冠层和群落层面观测生态系统水通量的理论依据，分析了土壤水分及储量监测的技术与方法。

3.1　陆地生态系统水循环

3.1.1　水的性质与形态

水是地球上一种最普遍但又极其重要的物质，水不仅是生命的必须物质，也是动植物最重要的组成部分，是决定生态系统特性和演替的要素，还为生命诞生和进化提供重要动力。原始生命起源于水，通过进化从水生到陆生，生命体时刻都离不开水。水对植物的遗传、生理生化过程、生长发育及其生存环境都产生着深刻的影响。水是植物体内最多的成分，是植物生命活动所不可缺少的物质。植物的生长发育都离不开水，每个细胞都浸透着水，新陈代谢只有在水分相对饱和的状态下才能协调进行。不论是植物体内还是其生活的环境都需要保持一定的水分，水分缺乏往往会影响生命的正常活动，影响植物的生长发育甚至导致死亡。水不仅是生物体的组成成分，还是各种生物化学反应的基质，是各种无机物和有机物的溶剂与输送载体，维持着生物细胞和组织的膨压，调节生物组织的体态和运动。陆生植物一方面需要从环境中吸收水分以维持相当的水分饱和度，另一方面又要散失大量水分到空气中，这两个过程在植物体内保持着合理的动态平衡，以保证植物的正常生长发育。从生态学角度来看，水分状况不仅是气候、植物和生态系统地带性的决定要素，同时也是地带性特征形成的原因，水是生态系统物质、能量运动和信息传递的载体。

水（H_2O）是由氢、氧两种元素组成的无机物，在常温常压下为无色无味的透明液体。水有固态、液态和气态三种相态，在不同温度和大气压下，水能从一种状态转变为另一种状态。标准大气压下，水的凝固点为 0℃，沸点为 100℃，在 4℃时，水的密度最大，高于或低于 4℃时，其体积都要膨胀，而密度则相应地减小。地球水圈中的水以气态（水汽）、液态（水）和固态（冰）三种形态共存于水体、土壤、生物及大气之中，并通过不断的相变、传输进行着不同尺度的水循环。在水的相变过程中，还伴随着能量的转换，如水吸收蒸发潜热，发生液态到气态的相变；而当水汽凝结时，这部分潜热又会被释放出来，形成凝结潜热（于贵瑞和孙晓敏，2006）。水是很好的溶解媒介，有溶解物质的能力，水对物质的溶解有三种方式，一是将溶质电离，如各种无机离子；二是溶质在水中不电离，依靠氢键与水连接，如葡萄糖、蔗糖及氨基酸等；还有一种是碳氢化合物溶质，这些无极性物质占据了水溶液的非结构空间，穿插在水的结构中。

3.1.2　土壤-植被-大气间的水循环

陆地生态系统水循环为地球化学元素循环和能量流动提供动力与载体，在陆-气物质循环过程、生态系统和地球科学研究中占有重要的地位，是全球变化科学研究的核心，也是全球水循环过程中的最复杂的环节（Oki and Kanae，2006）（图 3-1）。气候变化会作用于植被，导致植被变化，而陆地植被覆盖状况的改变会通过地表反照率、粗糙度、土壤水热特性和水汽交换界面等方面的变化来影响气候系统，进而影响陆地水循环过程。其中，土壤-植物-大气连续体（SPAC）的水循环过程与机制是当前陆地生态系统水循环研究的重要科学问题，涉及生态学、气象学和水文学等学科。其中，通过大量的野外观测实验，确定 SPAC 水循环的生物和物理控制机制，建立不同时空尺度的 SPAC 能量和水分传输模型是该领域的研究重点，其涉及水在土壤-地下水、土壤-植物、土壤-大气、植物-大气等不同界面的传输，过程非常复杂，往往需要物理学、生物学和生态学等多学科的知识交叉。另外，陆地生态系统水文循环过程和生物地球化学循环过程的耦合也是当前生态学研究的前沿。植物的光合作用和蒸腾作用是生态系统能量流动与物质循环的两个最基本的生理生态学过程，光合作用是陆地生态系统碳固定的主要途径，也是植被碳汇功能形成的基础，蒸腾作用是伴随着植物光合作用而发生的生态系统水分散失过程。植物的光合作用和蒸腾作用共同受气孔行为控制，在叶片和植株尺度上，植物的生理生态过程以气孔行为为纽带，将碳循环和水循环耦合在了一起。然而，在区域尺度上，陆地生态系统的碳循环和水循环耦合又变得更为复杂，因此，理解不同尺度的生态系统碳水循环过程和机制仍是当前生态学研究的难点。

在陆地生态系统水循环的土壤-大气与植物-大气界面传输中，蒸散起着重要作用，也是当前陆-气界面水汽交换研究的重点。蒸散包括植被蒸腾和土壤、植被及水体的蒸发（Wang and Dickinson，2012），是地表向大气输送的水汽总通量，也是陆地生态系统水分、能量和碳循环间的纽带（Jung et al.，2010；Katul et al.，2012），决定着 SPAC 中水分和热量的传输（Katul et al.，2012），陆地生态系统通过蒸散来维持陆面过程中水和能量循环的持续性与稳定性（于贵瑞和孙晓敏，2006）。Oki 和 Kanae（2006）等指出每年全球陆地约有 59%的降水通过蒸散返回大气圈，草原蒸散量占整个陆地生态系统蒸散的 32.1%，仅次于森林；全球草原有 67.7%的降水通过蒸散返回到大气圈（图 3-1）。草原多为植被变化敏感区，特别是生态系统脆弱的荒漠草原，更易受气候变化和人类活动的影响。在这两种因素的双重作用下，荒漠草原的植被格局和土壤持水条件发生改变，导致其陆面蒸散过程发生变化（阳伏林和周广胜，2010）。反之，蒸散引起的水热循环过程改变又会影响到荒漠草原生态系统的稳定性和植被类型的演替。维护生态系统和物种多样性，恢复森林、水体和湿地生态系统的基本生态功能是生态保护与建设的主要内容，这种维持各生态系统健康所需要的水资源量称为生态需水量。在水资源匮乏的西北内陆地区，生态需水量是脆弱生态区恢复与重建过程中必须考虑的一个关键问题。蒸散作为植被水分最重要的输出项，蒸散量代表维持植被正常生长所必需的水分量，各植被类型生态需水量之和即构成区域植被生态需水总量。

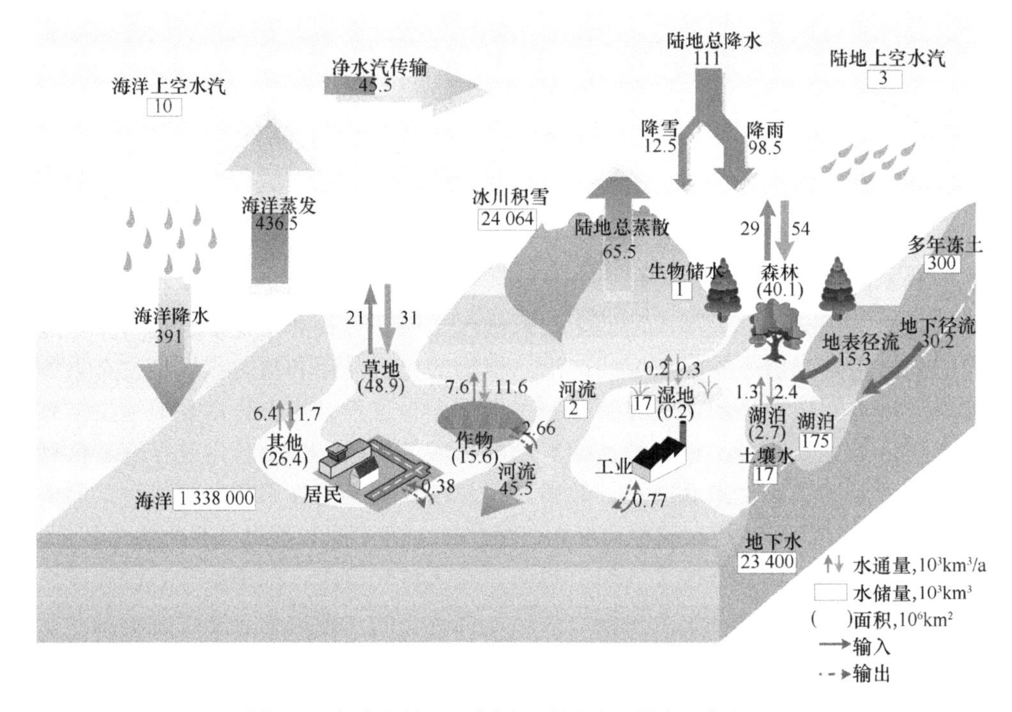

图 3-1 全球水循环示意图（彩图请扫封底二维码）

因此，通过研究荒漠草原生态系统的蒸散及其时空变化，不仅可揭示这类生态系统陆地水循环过程，而且能够探明生态系统的需水量，以及水分供需平衡关系，确定生态系统的水分循环持续性和生态系统的稳定性。

3.2　陆地与大气间的水汽交换

3.2.1　水汽交换的驱动能量

陆-气系统间的水汽交换需要能量的驱动。生态系统的能量输入主要来自太阳辐射，太阳辐射的能量主要集中在 0.3～4.0 μm 的波段内，由于波长较短，故也将太阳辐射称为短波辐射。同时，地球也在向外辐射能量，其辐射的能量主要分布在 4.0～100 μm 的波段内，由于波长较长，故也将地球辐射称为长波辐射。将太阳短波辐射的收入和地球长波辐射的支出相抵后，地表的净收入或净支出的辐射量就是地面净辐射。净辐射是驱动植被下垫面温度变化、显热和潜热交换的能量来源，也是地表生命活动的能量来源。在地表，净辐射可以被划分为显热通量（感热通量）、潜热通量和土壤热通量，并据此形成能量平衡方程：

$$R_n = H + \lambda E + G \tag{3-1}$$

式中，R_n 是地表净辐射，H 为感热通量，G 是土壤热通量，λE 是潜热通量，其中 E 为蒸散，$\lambda=2.5\times10^6$ J/kg，为水的蒸发潜热，通过蒸散过程，将地表的能量和水循环过程联系在了一起。

3.2.2　水汽交换的形式

陆-气系统间的水汽交换主要有两个过程，一是大气向陆地生态系统的下行水分输送，二是陆地生态系统向大气的上行水分输送，二者的交换过程构成了整个陆-气系统间的水循环。在陆地生态系统中，水多以液态水形式存在，而在大气中，水多以气态水形式存在。因此，陆-气系统间的水分交换常伴随着水的相态转换。其中，大气向陆地生态系统的水分输送以气态向液态转换为主，大气中的气态水达到或超过饱和状态后，遇到凝结核便会发生凝结现象，水汽凝结物在空气中进一步富集形成云和雾，然后通过雨、雪等形式的降水输送到地面，进入陆地生态系统。此外，大气水分还会通过凝露、霜、雾凇、雨凇等形式进入陆地生态系统，但在不同气候区这些类型的差异很大。陆地生态系统向大气的水分输送以液态向气态转换为主，地表水体和土壤中的液态水在太阳辐射能量的驱动下，以蒸发的形式进入到大气；同时，植物通过根系吸收土壤中的液态水分，传输到叶片气孔，在光合作用过程中以蒸腾的形式进入大气；蒸发和蒸腾共同构成了陆地生态系统的蒸散，即陆地生态系统向大气输送水分的主要形式和途径。

3.2.3 生态系统蒸散

陆地向大气系统的水汽输送主要通过蒸散形式完成，蒸散是生态系统中联系大气、植物和土壤三个圈层的关键过程，也是地表水分循环和能量循环的重要组成部分，全球陆地蒸散消耗了 50%以上的太阳辐射吸收能量。土壤-大气之间和植被-大气之间的水汽浓度梯度为生态系统蒸散提供驱动力，因为大气水分状况会直接影响到蒸散过程。蒸散分为植物蒸腾和地表蒸发，植被蒸腾的水分由叶片气孔扩散到大气中，地表蒸发的水分从土壤空隙扩散到大气中，两个扩散过程都依赖于扩散面的水汽压梯度差，气孔内和土壤水表面的水汽密度都可以看作是饱和状态，因此大气中的水汽密度就成了决定蒸散的水汽扩散过程的主要因素，即大气饱和水汽压差越大，越容易发生蒸发和蒸腾（于贵瑞和王秋凤，2010）。

蒸腾作用消耗了植物根部吸收的 99%以上的水分，在土壤-植物-大气连续体（SPAC）水热传输过程中占有极为重要的地位。蒸腾是指水分以气体状态，通过植物体的表面，从植株体内散失到大气中的过程，包括气孔蒸腾、角质层蒸腾和皮孔蒸腾三部分，其中以叶片的气孔蒸腾为主。蒸腾不仅是一个水分传输的物理过程，还是植物自身的一个生理过程。植物蒸腾是驱动其他元素地球化学循环的重要动力，蒸腾不仅能让植物从土壤中吸收维持生命活动的水分，土壤中的无机盐类营养物质也可随蒸腾的水分输送而到达植物的每一个所需部位，氮、磷、硫等元素依靠蒸腾作用提供的动力被输送到参与物质合成的细胞中。蒸腾作用控制着植物气孔的开合，也控制着光合作用原料 CO_2 的吸收，影响光合作用的进程，决定着生态系统的初级生产力。蒸腾还能调节植物叶片温度，随着水分从植物叶肉细胞表面扩散入大气，叶片冷却，植物体温度降低，使得植物在强光辐射下也不会被灼伤。综上所述，蒸腾是植物维持生理生态活动的重要过程。

蒸发是指发生在植物表面和植物立地环境中的水分散失过程，包括植物表面蒸发和土壤蒸发两部分，其中以土壤蒸发为主。土壤蒸发大体上可划分为三个阶段。第一阶段，土壤湿润，水分供应充足，土壤蒸发发生在表层，蒸发速率也相对稳定。蒸发导致土壤水分不断亏缺，当土壤水分减少到田间持水量左右时，土壤蒸发进入第二阶段。在第二阶段，由于供给蒸发的水分逐渐减少，土壤蒸发速率开始减慢，随着水分的逐渐消耗，土壤表层形成片状干化硬壳，此时毛细管断裂，毛细水不再上升，土壤蒸发进入第三阶段。在第三阶段，土壤水分的蒸发主要发生在土壤内部较深的土层中，蒸发是由下层土壤水分上升所致，在分子扩散作用的驱动下，水分子上升并通过表面的干涸层逸入大气，速度极其缓慢，此阶段土壤蒸发量小且大体稳定。当土壤含水量小于凋萎含水量时，土壤蒸发接近终止。

3.3　蒸散估算模型与方法

3.3.1　P-M 公式及潜在蒸散

潜在蒸散（potential evapotranspiration，PET）是指实际气象条件下，水分供应充足的下垫面的蒸散能力（Peterson et al.，1995），这是生态系统实际蒸散的理论上限值。潜在蒸散作为区域水分循环与能量传输的重要内容，在全球大气圈-水圈-生物圈的交互作用中发挥着关键作用，决定着区域降水和干湿状况，是生态需水量和农业灌溉管理的关键性因素（Yin et al.，2010）。

1998 年，联合国粮食及农业组织（FAO）基于 Penman-Monteith 公式，兼顾空气动力学过程和植物生理学过程，提出了假设均匀地表被矮秆作物全部覆盖且土壤充分湿润时下垫面潜在蒸散的计算公式，可靠性和准确性在国内外得到广泛认可，已成为估算潜在蒸散的标准方法（Peterson et al.，1995）。在此利用盐池气象站 1954～2017 年的气象数据计算潜在蒸散，公式如下：

$$\mathrm{PET}=\frac{0.408\varDelta(R_{\mathrm{n}}-G)+\gamma\dfrac{900}{T+273}\mu_2(e_{\mathrm{s}}-e_{\mathrm{a}})}{\varDelta+\gamma(1+0.34\mu_2)} \tag{3-2}$$

式中，PET 为潜在蒸散（mm/d），R_{n} 为地表净辐射[$\mathrm{MJ/(m^2 \cdot d)}$]，$G$ 为土壤热通量[$\mathrm{MJ/(m^2 \cdot d)}$]，一天甚至更长时间周期的 G 默认为 0，μ_2 为 2 m 高度处的日平均风速（m/s），T 为日平均气温（℃），e_{s} 为饱和水汽压（kPa），e_{a} 为实际水汽压（kPa），$\varDelta$ 为饱和水汽压与温度曲线的斜率（kPa/℃），γ 为干湿表常数（kPa/℃）。上式中各输入数据及参数计算如下：

$$\varDelta=\frac{4098\cdot\left[0.6108\cdot\exp\left(\dfrac{17.27\cdot T}{T+237.3}\right)\right]}{\left(T+237.3\right)^2} \tag{3-3}$$

$$\gamma=\frac{C_{\mathrm{p}}\cdot P}{\varepsilon\cdot\lambda} \tag{3-4}$$

式中，P 为大气压（kPa），λ 为汽化潜热，为常数 2.45 MJ/kg，C_{p} 为定压比热，为常数 1.013×10^{-3} MJ/(kg·℃)，ε 为水汽相对干空气的分子量，为常数 0.6220。

$$\mu_2=\mu_z\frac{4.87}{\ln(67.8z-5.42)} \tag{3-5}$$

式中，μ_z 为 z m 高度风速计的风速（m）。

$$R_n = R_{ns} - R_{nl} \tag{3-6}$$

式中，R_{ns}为净短波辐射收入[MJ/(m^2·d)]，R_{nl}为净长波辐射支出[MJ/(m^2·d)]。

$$R_{ns} = (1-\alpha)R_s \tag{3-7}$$

式中，α为冠层反照率，取平均值0.23，R_s为太阳辐射收入[MJ/(m^2·d)]。

$$R_s = (a + b\cdot n/N)\cdot R_a \tag{3-8}$$

式中，参数a、b分别为0.25和0.5，n为实际日照时数（h），N为最大可能日照时数（h），R_a为大气层顶太阳辐射[MJ/(m^2·d)]。

$$N = \frac{24}{\pi}\omega_s \tag{3-9}$$

式中，ω_s为日落时角。

$$\omega_s = \arccos\left(-\tan\phi\cdot\tan\delta\right) \tag{3-10}$$

式中，ϕ为当地纬度，δ为太阳磁偏角。

$$R_a = \frac{24(60)}{\pi}G_{sc}d_r(\omega_s\sin\phi\sin\delta + \cos\phi\cos\delta\sin\omega_s) \tag{3-11}$$

式中，G_{sc}为太阳常数[MJ/(m^2·d)]，d_r为日地距离（10^8 km）。

$$\delta = 0.409\cdot\sin(\frac{2\pi}{365}J - 1.39) \tag{3-12}$$

式中，J为年内的天数。

$$R_{nl} = \sigma\left(\frac{T_{max}^4 + T_{min}^4}{2}\right)\cdot\left(0.34 - 0.14\sqrt{e_a}\right)\cdot\left(1.35\frac{R_s}{R_{so}} - 0.35\right) \tag{3-13}$$

式中，T_{max}为最高气温，T_{min}为最低气温（K），R_{so}为经过海拔校正的太阳辐射[MJ/(m^2·d)]。

$$R_{so} = \left(0.75 + 2\cdot\text{Alti}\right)\cdot R_a \tag{3-14}$$

式中，Alti为当地海拔（m）。

$$e_a = e_s\cdot\text{RH} \tag{3-15}$$

式中，RH为相对湿度（%）。

$$e_s = 0.6108\cdot\exp\left(\frac{17.27\cdot T}{T + 237.3}\right) \tag{3-16}$$

敏感系数定义为潜在蒸散（PET）变化率与气象要素变化率的比值，公式（Yin et al.，2010；Hamby，1994）如下：

$$S_x = \lim\left(\frac{\partial \text{ET}_0/\text{ET}_0}{\partial x/x}\right) = \frac{\partial \text{ET}_0}{\partial x}\cdot\frac{x}{\text{ET}_0} \tag{3-17}$$

式中，S_x为潜在蒸散（PET）关于气象要素x的敏感系数，无量纲，其绝对值越大说明潜在蒸散对该气象要素越敏感，ET_0为参考作物蒸散。

3.3.2　基于 BIOME-BGC 模型的蒸散模拟

BIOME-BGC 模型将水循环功能模拟也设置了不同的独立模块，以实现从降水到蒸散的整个水循环过程模拟（图 3-2）。对于一个确定的陆地生态系统，在辐射收支情况模拟出来后，就可以开始水循环过程的模拟。在 BIOME-BGC 模型中，进入陆地生态系统的唯一水源是降水（降雨或降雪），模型模拟所需的每日降水量从每日气象输入变量中读取，该降水量被分配在不同的水储库中，如土壤水储库、雪水储库、冠层截流水储库。降水进入的第一个水储库是冠层截流水储库，其储量是使用者定义的冠层截留系数、降水量和叶面积指数的函数，BIOME-BGC 模型中不考虑降雪的冠层截流。当温度低于冰点时，模型模拟降雪积聚在雪水储库中的量；当温度高于冰点时，模型模拟积雪融化量；同时，根据所接受的太阳辐射能量状况，估算积雪升华量。当降水量大于冠层截流水储库的容量后，剩余的降水会进入土壤水储库。土壤水势是当前土壤水含量与土壤饱和持水量的函数，土壤饱和持水量和田间持水量根据模型输入参数中的土壤质地参数与土壤深度来估算，最后基于土壤水储库中的降水补给和蒸发消耗平衡来计算土壤水势。冠层截流蒸发、光合作用蒸腾和土壤蒸发通过改良的 Penman-Monteith 公式计算，蒸发速率与入射辐射量、大气饱和水汽压差（vapor pressure deficit，VPD）和气孔导度有关，最后通过累加各蒸发与蒸腾分量，模拟出该陆地生态系统的蒸散强弱（Thornton，2010）。

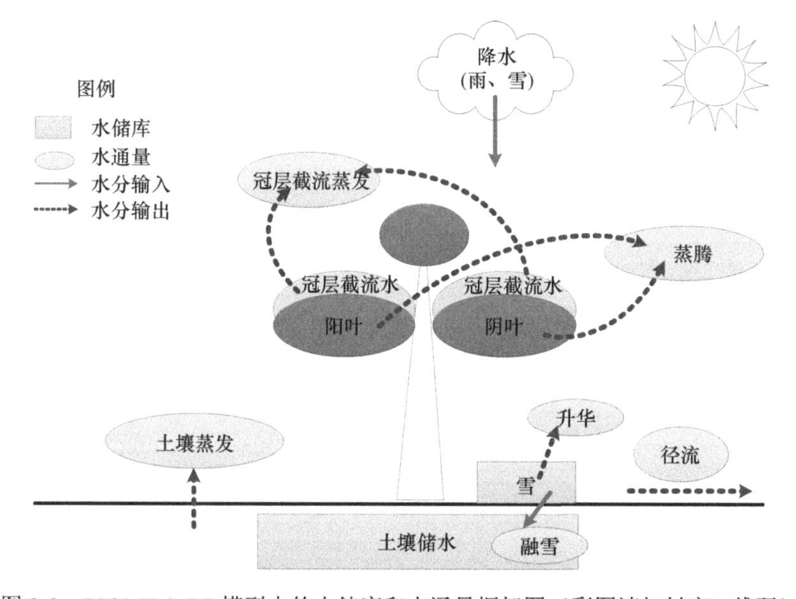

图 3-2　BIOME-BGC 模型中的水储库和水通量框架图（彩图请扫封底二维码）

3.3.3 基于 BESS 模型的蒸散模拟

（1）BESS 模型简介

植物吸收 CO_2 进行光合作用的过程中，会通过气孔行为影响水汽的扩散，因此综合考虑气孔行为控制的光合作用和蒸腾作用，并开发出基于气孔行为的光合-蒸腾耦合模型，应该是模拟植物的蒸腾作用及生态系统蒸散的有效方法（Yu et al.，2001）。20 世纪 80 年代，随着研究的深入和技术的发展，基于植物生理生化过程的光合作用模型逐渐成熟，其中以 Farquhar 等（1980）的 C_3 植物光合模型与 Collatz 等（1992）的 C_4 植物光合模型最具影响力和代表性（Bounoua et al.，2000）。在站点尺度上，基于法夸尔（Farquhar）光合作用模型的 FOREST-BGC 模型被初步应用于模拟加拿大北方森林的碳、水、氮循环过程（Running and Coughlan，1988），此后经过多次改进，结合遥感资料，发展为广泛应用于区域乃至全球生态系统过程模拟的 BIOME-BGC 模型（White et al.，2000）和 BEPS 模型（Chen et al.，1999；Liu et al.，2003）。然而，一方面，在全球尺度上，耦合考虑总初级生产力和蒸散的研究较少（Yuan et al.，2010）；另一方面，诸多全球模型的输入数据和中间参数采用了多源遥感产品，尺度不匹配对数据精度也构成了新的挑战。Ryu 等（2011）基于 Farquhar 光合作用模型，首次在同一时空分辨率上使用 MODIS 陆地产品和大气产品，发展了地球呼吸系统模拟器（breathing earth system simulator，BESS）。该模型高度简化，包含一个大气辐射传输子模型、一个双叶冠层辐射传输子模型和一个碳吸收-气孔导度-能量平衡子模型，可以在日、月、年多时间尺度上获得潜在蒸散、蒸散、蒸腾、土壤蒸发、净辐射、总初级生产力、生态系统净交换量等多种指标的模拟结果（图 3-3）。

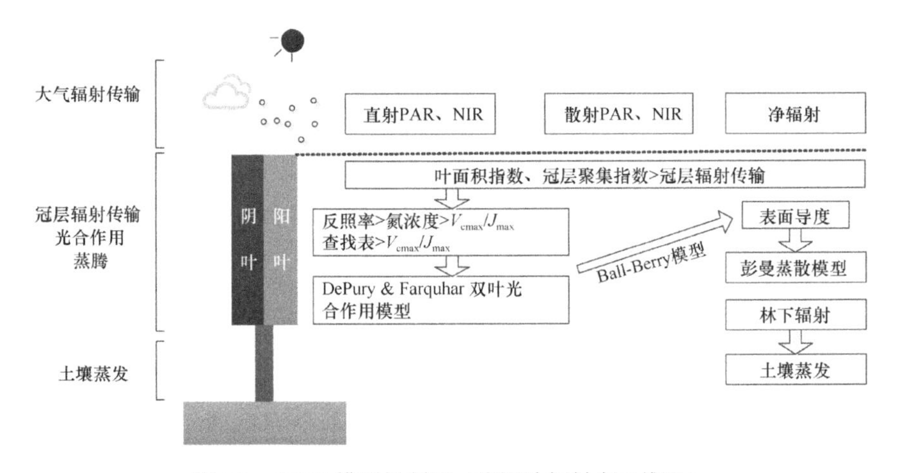

图 3-3 BESS 模型机制图（彩图请扫封底二维码）

PAR. 光合有效辐射；NIR. 近红外辐射；V_{cmax}. 最大羧化速率；J_{max}. 最大电子传递速率

（2）大气辐射传输子模型

BESS 模型首先采用基于蒙特卡罗法的 FLiES 大气辐射传输模型计算冠层顶部的太阳短波辐射、光合有效辐射（PAR）和近红外辐射（near infrared radiation，NIR）收入。为了将大气辐射传输子模型用于全球辐射的计算并减少计算冗余，BESS 模型分别针对太阳天顶角、气溶胶光学厚度、云层光学厚度及地表反照率、云层顶部高度、大气属性类型、气溶胶类型和云类型建立查找表（表 3-1）。其中气溶胶光学厚度来自 MOD04 数据产品，太阳天顶角、云层光学厚度和云层顶部高度来自 MOD06 数据产品，地表反照率来自 MCD43 数据产品。

表 3-1　大气辐射传输子模型查找表

输入变量	查找值
太阳天顶角（°）	5°、10°、……、85°
气溶胶光学厚度	0.1、0.3、0.5、0.7、0.9
云层光学厚度	0.1、0.5、1、5、10、20、40、60、80
地表反照率	0.1、0.4、0.7
云层顶部高度（m）	1000、3000、5000、7000、9000
大气类型	热带地区热带类型、中纬度温带干旱类型、高纬度冰原类型
气溶胶类型	大陆平均值，热带地区定义为城市气溶胶类型
云类型	无云、大陆性层云、大陆性积云（热带地区）

（3）双叶冠层辐射传输子模型

BESS 模型首先采用一个简单的冠层辐射传输模型分别计算阴叶和阳叶吸收的光合有效辐射、近红外辐射及长波辐射。由于阴叶和阳叶所接收的太阳辐射存在差异，并进一步影响冠层通量输送，因此有必要根据光斑透射率区分阴叶和阳叶的光合作用。其中冠层深度为 L 的聚集冠层的光斑透射率[$f_{\text{sun}}(L)$]为：

$$f_{\text{sun}}(L)=\frac{\exp(-kL\Omega)-\exp\left[-k\left(L+\mathrm{d}L\right)\Omega\right]}{k\mathrm{d}L}=\Omega\exp\left(-kL\Omega\right) \tag{3-18}$$

式中，k 为消光系数，d 为微分符，Ω 为叶片聚集指数，对于随机分布的叶片而言，Ω=1。

a. 阴叶和阳叶吸收的 PAR

$$Q_{P\downarrow}=\left(1-\rho_{\text{cbP}}\right)I_{\text{Pb}}\left(0\right)\left[1-\exp\left(-k'_{\text{Pb}}L_{\text{c}}\Omega\right)\right]+\left(1-\rho_{\text{cdP}}\right)I_{\text{Pd}}\left(0\right)\left[1-\exp\left(-k'_{\text{Pd}}L_{\text{c}}\Omega\right)\right] \tag{3-19}$$

式中，$Q_{P\downarrow}$为冠层吸收的全部光合有效辐射（PAR），L_{c} 表示冠层底部（0）到冠层顶部（L_{c}）的叶面积指数。ρ_{cbP}、ρ_{cdP} 分别是冠层对直射 PAR 的反射率和散射 PAR 的反射率，I_{Pb}、I_{Pd} 分别是直射 PAR 和散射 PAR，k'_{Pb} 是直射光束及光斑中 PAR

的消光系数，k'_{Pd}是散射光束及光斑中 PAR 的消光系数。

$$Q_{\mathrm{PbSun}\downarrow}=I_{\mathrm{Pb}}(0)(1-\sigma_{\mathrm{PAR}})\left[1-\exp(-k_{\mathrm{b}}L_{\mathrm{c}}\Omega)\right] \quad (3\text{-}20)$$

式中，$Q_{\mathrm{PbSun}\downarrow}$为阳叶吸收的直射光束中的 PAR，$\sigma_{\mathrm{PAR}}$为叶片对 PAR 的散射系数，$k_{\mathrm{b}}$是阴叶对直射光的消光系数。

$$Q_{\mathrm{PdSun}\downarrow}=I_{\mathrm{Pd}}(0)(1-\rho_{\mathrm{cdP}})\left\{1-\exp\left[-(k'_{\mathrm{Pd}}+k_{\mathrm{b}})L_{\mathrm{c}}\Omega\right]\right\}k'_{\mathrm{Pd}}/(k'_{\mathrm{Pd}}+k_{\mathrm{b}}) \quad (3\text{-}21)$$

式中，$Q_{\mathrm{PdSun}\downarrow}$为阳叶吸收的散射光中的 PAR。

$$Q_{\mathrm{PsSun}\downarrow}=I_{\mathrm{Pb}}(0)(1-\rho_{\mathrm{cbP}})\left(\left\{1-\exp\left[-(k'_{\mathrm{Pb}}+k_{\mathrm{b}})L_{\mathrm{c}}\Omega\right]\right\}k'_{\mathrm{Pb}}/(k'_{\mathrm{Pb}}+k_{\mathrm{b}})-(1-\sigma_{\mathrm{PAR}})\left[1-\exp(-2k_{\mathrm{b}}L_{\mathrm{c}}\Omega)\right]/2\right) \quad (3\text{-}22)$$

式中，$Q_{\mathrm{PsSun}\downarrow}$为阳叶吸收的直射光斑中的 PAR。

$$Q_{\mathrm{PSun}\downarrow}=Q_{\mathrm{PbSun}\downarrow}+Q_{\mathrm{PdSun}\downarrow}+Q_{\mathrm{PsSun}\downarrow} \quad (3\text{-}23)$$

式中，$Q_{\mathrm{PSun}\downarrow}$为阳叶吸收的全部 PAR。

$$Q_{\mathrm{PSh}\downarrow}=Q_{\mathrm{P}\downarrow}-Q_{\mathrm{PSun}\downarrow} \quad (3\text{-}24)$$

式中，$Q_{\mathrm{PSh}\downarrow}$为阴叶吸收的全部 PAR。

对于开阔冠层及明亮背景而言，透过冠层并被土壤反射的 PAR 依然是有意义的。因此，经土壤反射并被阳叶吸收的 PAR（$Q_{\mathrm{PSun}\uparrow}$）可定义为：

$$Q_{\mathrm{PSun}\uparrow}=\left\{\left[(1-\rho_{\mathrm{cbP}})I_{\mathrm{Pb}}(0)+(1-\rho_{\mathrm{cdP}})I_{\mathrm{Pd}}(0)\right]\text{-}(Q_{\mathrm{Psun}\downarrow}+Q_{\mathrm{Psh}\uparrow})\right\}\times\rho_{\mathrm{sP}}\times\exp(-k'_{\mathrm{Pb}}L_{\mathrm{c}}\Omega) \quad (3\text{-}25)$$

式中，ρ_{sP}为土壤对 PAR 的反射率。

$$Q_{\mathrm{PSh}\uparrow}=\left\{\left[(1-\rho_{\mathrm{cbP}})I_{\mathrm{Pb}}(0)+(1-\rho_{\mathrm{cdP}})I_{\mathrm{Pd}}(0)\right]-(Q_{\mathrm{PSun}\downarrow}+Q_{\mathrm{Psh}\downarrow})\right\}\times\rho_{\mathrm{sP}}\times\left[1-\exp(-k'_{\mathrm{Pd}}L_{\mathrm{c}}\Omega)\right] \quad (3\text{-}26)$$

式中，$Q_{\mathrm{PSh}\uparrow}$是经土壤反射并被阴叶吸收的 PAR。

最终，阴叶和阳叶全部吸收的 PAR 为：

$$Q_{\mathrm{PSun}}=Q_{\mathrm{PSun}\downarrow}+Q_{\mathrm{PSun}\uparrow} \quad (3\text{-}27)$$

$$Q_{\mathrm{PSh}}=Q_{\mathrm{PSh}\downarrow}+Q_{\mathrm{PSh}\uparrow} \quad (3\text{-}28)$$

b. 阴叶和阳叶吸收的近红外辐射

与光合有效辐射相比，近红外辐射（near infrared radiation，NIR）在冠层传输过程中，光量子被散射得更为严重。经过调整，近红外辐射中直射光束及光斑的消光系数k'_{Nb}和散射光的消光系数k'_{Nd}遵从比尔定律。

$$k'_{\mathrm{Nb}}=k_{\mathrm{b}}\sqrt{1-\sigma_{\mathrm{NIR}}} \quad (3\text{-}29)$$

$$k'_{\mathrm{Nd}}=0.35\sqrt{1-\sigma_{\mathrm{NIR}}} \quad (3\text{-}30)$$

式中，σ_{NIR}为叶片对 NIR 的散射系数。

$$Q_{\mathrm{NSun}\downarrow}=I_{\mathrm{Nb}}(0)(1-\sigma_{\mathrm{NIR}})\left[1-\exp(-k_{\mathrm{b}}L_{\mathrm{c}}\Omega)\right]+I_{\mathrm{Nd}}(0)(1-\rho_{\mathrm{cdN}})\cdot\left\{1-\exp\left[-(k'_{\mathrm{Nd}}+k_{\mathrm{b}})L_{\mathrm{c}}\Omega\right]\right\}$$

$$k'_{\mathrm{Nd}}/\left(k'_{\mathrm{Nd}}+k_{\mathrm{b}}\right)+I_{\mathrm{Nb}}(0)\cdot\begin{pmatrix}\left(1-\rho_{\mathrm{cbN}}\right)\left\{1-\exp\left[-\left(k'_{\mathrm{Nb}}+k_{\mathrm{b}}\right)L_{\mathrm{c}}\Omega\right]\right\}\\ k'_{\mathrm{Nb}}/\left(k'_{\mathrm{Nb}}+k_{\mathrm{b}}\right)-\left(1-\sigma_{\mathrm{NIR}}\right)\left[1-\exp\left(-2k_{\mathrm{b}}L_{\mathrm{c}}\Omega\right)\right]/2\end{pmatrix} \tag{3-31}$$

式中，$Q_{\mathrm{NSun}\downarrow}$为阳叶吸收的全部 NIR，$I_{\mathrm{Nb}}$、$I_{\mathrm{Nd}}$分别为直射光和散射光中的 NIR，$\rho_{\mathrm{cbN}}$、$\rho_{\mathrm{cdN}}$分别是冠层对直射 NIR 的反射率和散射 NIR 的反射率。

$$Q_{\mathrm{NSh}\downarrow}=\left(1-\rho_{\mathrm{cbN}}\right)I_{\mathrm{Nb}}(0)\left[1-\exp\left(-k'_{\mathrm{Nb}}L_{\mathrm{c}}\Omega\right)\right]+\left(1-\rho_{\mathrm{cdN}}\right)I_{\mathrm{Nd}}(0)\left[1-\exp\left(-k'_{\mathrm{Nd}}L_{\mathrm{c}}\Omega\right)\right]-Q_{\mathrm{NSun}\downarrow} \tag{3-32}$$

式中，$Q_{\mathrm{NSh}\downarrow}$为阴叶吸收的全部 NIR。

$$Q_{\mathrm{NSun}\uparrow}=\left\{\left[\left(1-\rho_{\mathrm{cbN}}\right)I_{\mathrm{Nb}}(0)+\left(1-\rho_{\mathrm{cdN}}\right)I_{\mathrm{Nd}}(0)\right]-\left(Q_{\mathrm{NSun}\downarrow}+Q_{\mathrm{Nsh}\downarrow}\right)\right\}\times\rho_{\mathrm{sN}}\times\exp\left(-k'_{\mathrm{Nd}}L_{\mathrm{c}}\Omega\right) \tag{3-33}$$

式中，$Q_{\mathrm{NSun}\uparrow}$是经土壤反射并被阳叶吸收的 NIR，$\rho_{\mathrm{sN}}$ 为土壤对 NIR 的反射率。

$$Q_{\mathrm{NSh}\uparrow}=\left\{\left[\left(1-\rho_{\mathrm{cbN}}\right)I_{\mathrm{Nb}}(0)+\left(1-\rho_{\mathrm{cdN}}\right)I_{\mathrm{Nd}}(0)\right]-\left(Q_{\mathrm{NSun}\downarrow}+Q_{\mathrm{Nsh}\downarrow}\right)\right\}\times\rho_{\mathrm{sN}}\times\left[1-\exp\left(-k'_{\mathrm{Nd}}L_{\mathrm{c}}\Omega\right)\right] \tag{3-34}$$

式中，$Q_{\mathrm{NSh}\uparrow}$是经土壤反射并被阴叶吸收的 NIR。

最终，阴叶和阳叶全部吸收的 NIR 为：

$$Q_{\mathrm{NSun}}=Q_{\mathrm{NSun}\downarrow}+Q_{\mathrm{NSun}\uparrow} \tag{3-35}$$

$$Q_{\mathrm{NSh}}=Q_{\mathrm{NSh}\downarrow}+Q_{\mathrm{NSh}\uparrow} \tag{3-36}$$

c. 阴叶和阳叶吸收的长波辐射

阴叶（$Q_{\mathrm{Lw,Sun}}$）、阳叶（$Q_{\mathrm{Lw,Sh}}$）及土壤（$Q_{\mathrm{Lw,Soil}}$）吸收的长波辐射采用 CABLE 模型（Kowalczyk et al.，2006）计算：

$$Q_{\mathrm{Lw,Sun}}=\frac{\left(\varepsilon_{\mathrm{s}}\sigma T_{\mathrm{s}}^{4}-\varepsilon_{\mathrm{f}}\sigma T_{\mathrm{f}}^{4}\right)k_{\mathrm{d}}\left(e^{-k_{\mathrm{d}}\mathrm{LAI}}-e^{-k_{\mathrm{b}}\mathrm{LAI}}\right)}{k_{\mathrm{d}}-k_{\mathrm{b}}}+\frac{k_{\mathrm{d}}\left(\varepsilon_{\mathrm{a}}\sigma T_{\mathrm{a}}^{4}-\varepsilon_{\mathrm{f}}\sigma T_{\mathrm{f}}^{4}\right)\left(1-e^{-\left(k_{\mathrm{b}}+k_{\mathrm{d}}\right)\mathrm{LAI}}\right)}{k_{\mathrm{d}}+k_{\mathrm{b}}} \tag{3-37}$$

$$Q_{\mathrm{Lw,Sh}}=\left(1-e^{-k_{\mathrm{d}}\mathrm{LAI}}\right)\left(\varepsilon_{\mathrm{s}}\sigma T_{\mathrm{a}}^{4}+\varepsilon_{\mathrm{a}}\sigma T_{\mathrm{a}}^{4}-2\varepsilon_{\mathrm{f}}\sigma T_{\mathrm{f}}^{4}\right)-Q_{\mathrm{Lw,Sun}} \tag{3-38}$$

$$Q_{\mathrm{Lw,Soil}}=\varepsilon_{\mathrm{f}}\sigma T_{\mathrm{f}}^{4}\left(1-\mathrm{e}^{-k_{\mathrm{d}}\mathrm{LAI}}\right)+\varepsilon_{\mathrm{a}}\sigma T_{\mathrm{a}}^{4}\mathrm{e}^{-k_{\mathrm{d}}\mathrm{LAI}} \tag{3-39}$$

式中，k_{d}为阴叶对散射光的消光系数，ε_{a}、ε_{f}、ε_{s}分别为空气、叶片和土壤的比辐射率，T_{a}、T_{f}、T_{s} 分别为空气、叶片和土壤的温度，σ 为斯特藩-玻耳兹曼（Stefan-Boltzmann）常数。

d. 净辐射

全部天气条件的净辐射计算方案见相应文献（Ryu et al.，2008）。短波辐射收入通过 FLiES 大气辐射传输模型计算，并结合反照率可计算短波辐射支出。晴天条件下，利用 Prata 模型计算长波辐射收入，利用 MODIS 地表温度和比辐射率计算长波辐射支出；多云天气下，利用美国国家环境预报中心/国家大气研究中心（National Centers for Environmental Prediction/National Center for Atmospheric Research，NCEP/NCAR）再分析数据替代 MODIS 空气温度和地表温度分别计算长波辐射收入与支出。

（4）碳吸收-气孔导度-能量平衡子模型

a. 光合作用

BESS 模型分别采用 C_3 植物和 C_4 植物的光合作用生理过程模型计算双叶冠层的光合速率 $A_{c,j}$。

$$A_{c,j} = \min\left(A_{l,j}, A_{v,j}, A_{s,j}\right) - R_{c,j} \tag{3-40}$$

式中，j=Sun 或 Sh，分别表示阳叶和阴叶，$A_{l,j}$ 为叶片同化 CO_2 的光限制速率，$A_{v,j}$ 为叶片同化 CO_2 的羧化限制速率。对于 C_3 植物而言，$A_{s,j}$ 为叶片对光合作用产物的利用和输出能力；对于 C_4 植物而言，$A_{s,j}$ 为叶片的 CO_2 限制通量。$R_{c,j}$ 为冠层呼吸。

$$A_{l,j} = J_{max,j}\frac{p_i - \Gamma_{*,j}}{4\left(p_i + 2\Gamma_{*,j}\right)} \text{（对 } C_3 \text{ 植物）} \tag{3-41}$$

$$A_{l,j} = 0.067 \times Q_{Pj} \text{（对 } C_4 \text{ 植物）} \tag{3-42}$$

式中，$J_{max,j}$ 为最大电子传输速率，p_i 为细胞间的 CO_2 浓度，$\Gamma_{*,j}$ 为 CO_2 的光补偿点，Q_{Pj} 为入射光量子通量密度。

$$A_{v,j} = V_{max,j}\left[\frac{p_i - \Gamma_{*,j}}{p_i + K_{c,j}\left(1 + O / K_{o,j}\right)}\right] \text{（对 } C_3 \text{ 植物）} \tag{3-43}$$

$$A_{v,j} = V_{max,j} \text{（对 } C_4 \text{ 植物）} \tag{3-44}$$

式中，O 为细胞间氧分压，$K_{c,j}$ 为 CO_2 的米氏常数，$K_{o,j}$ 为 O_2 的米氏常数，$V_{max,j}$ 为最大羧化速率限制，北方针叶林地区 V_{max} 根据叶片氮素与短波反照率的关系计算，其他地区基于柯本气候分类和植被分类构建查找表。

$$A_{s,j} = 0.5V_{max,j} \text{（对 } C_3 \text{ 植物）} \tag{3-45}$$

$$A_{s,j} = 0.7 \times 10^6 \times \frac{p_i}{P} \text{（对 } C_4 \text{ 植物）} \tag{3-46}$$

式中，P 为大气压强。

$$R_{c,j} = V_{max,j}^{25C} \times 0.015 \times \exp\left[E_{a\_}K_c\left(T_j - 298\right) / \left(298 \times R \times T_j\right)\right] \text{（对 } C_3 \text{ 植物）} \tag{3-47}$$

$$R_{c,j} = V_{max,j}^{25C} \times 0.025 \times 2^{\left[\left(T_j - 398\right)/10/\left\{1 + \exp\left[1.3 \times \left(T_j - 328\right)\right]\right\}\right]} \text{（对 } C_4 \text{ 植物）} \tag{3-48}$$

式中，$R_{c,j}$ 为双叶冠层的自养呼吸，$V_{max,j}^{25C}$ 为 25℃时叶片的最大羧化速率，$E_{a\_}K_c$ 为 K_c 活化能，R 为大气常数，T_j 为叶片温度。

b. 双叶冠层导度

植物在进行光合作用的过程中，植物体内的水分在能量的驱动下通过气孔散失，降低叶片表面温度，避免植物因高温而死亡。叶片温度对酶活性的影响通过叶片气孔的开闭联系植物的光合作用和蒸腾作用。因此，双叶冠层的气孔导度可以利用 Ball-Berry 方程计算模拟（Miner et al.，2017；Kyaw and Gao，1988）。

$$G_{c,j} = m\frac{A_{c,j}\mathrm{RH}}{C_a} + b \tag{3-49}$$

式中，$G_{c,j}$ 为冠层导度，RH 为相对湿度，C_a 为大气 CO_2 浓度，其中 Ball-Berry 方程斜率 m 和截距 b 根据物种类型不同而存在差异，对于 C_3 植物，m=10，b=10^4 μmol·m^2·s；对于 C_4 植物，m=4，b=4×10^4 μmol·m^2·s。

c. 蒸散与土壤蒸发

当叶片温度 $T_{f,j}$ 和气温 T_a 的差异较大时，Penman-Monteith 公式的传统一阶方程相比二阶方程会导致潜热通量低估 10%～20%，因此，BESS 模型采用 Penman-Monteith 公式的二阶方程分别计算阴叶和阳叶的潜热通量（λE_j），并采用二阶 Priestley-Taylor 公式展开计算叶片表面的饱和水汽压差。

$$aE_j^2 + bE_j + c = 0 \tag{3-50}$$

$$a = \frac{r_a^2}{2\left[p_a C_p \gamma\left(r_a + r_{c,j}\right)\right]}\frac{\mathrm{d}^2 e_s\left(T_a\right)}{\mathrm{d}T_a^2} \tag{3-51}$$

$$b = -1 - r_a\frac{\mathrm{d}e_s\left(T_a\right)}{\mathrm{d}T_a}\frac{1}{\gamma\left(r_a + r_{c,j}\right)} - \frac{R_{n,j}r_a^2}{\rho_a C_p \gamma\left(r_a + r_{c,j}\right)}\frac{\mathrm{d}^2 e_s\left(T_a\right)}{\mathrm{d}T_a^2} \tag{3-52}$$

$$c = \frac{\rho_a C_p D}{\gamma\left(r_a + r_{c,j}\right)} + \frac{r_a R_{n,j}}{\gamma\left(r_a + r_{c,j}\right)}\frac{\mathrm{d}e_s\left(T_a\right)}{\mathrm{d}T_a} + \frac{1}{2}\frac{\left(r_a \times R_{n,j}\right)^2}{\rho_a C_p \gamma\left(r_a + r_{c,j}\right)}\frac{\mathrm{d}^2 e_s\left(T_a\right)}{\mathrm{d}T_a^2} \tag{3-53}$$

$$R_{n,j} = Q_{p,j} + Q_{N,j} + Q_{Lw,j} - 4\varepsilon_s \sigma T_a^3\left(T_{f,j} - T_a\right) \tag{3-54}$$

式中，r_a、$r_{c,j}$ 分别是空气动力学阻抗和冠层阻抗，ρ_a 是空气密度，γ 是干湿球常数，$e_s(T)$是气温为 T 时的饱和水汽压差，$R_{n,j}$ 是阴叶或阳叶冠层的净辐射，阴叶的潜热通量计算同理。a、b、c 分别为 Penman-Monteith 公式二阶方程的系数，d 为微分符，D 为水汽压亏缺，C_P 为空气比热，λE_j 为冠层潜热通量，j=Sun 或 Sh，分别表示阴叶或阳叶，$Q_{P,j}$ 为阴叶或阳叶吸收的光合有效辐射，$Q_{N,j}$ 为阴叶或阳叶吸收的近红外辐射，$Q_{Lw,j}$ 为阴叶或阳叶吸收的长波效辐射。

土壤蒸发 λE_{soil} 采用考虑水分胁迫的蒸发平衡方程计算：

$$\lambda E_{soil} = \frac{s}{s+\gamma}\left(R_{n,soil} - G_{soil}\right) \times \mathrm{RH}^{D/1000} \tag{3-55}$$

$$R_{n,soil} = Q_{P,soil} + Q_{N,soil} + Q_{Lw,soil} - 4\varepsilon_s \sigma T_a^3\left(T_s - T_a\right) \tag{3-56}$$

$$G_{soil} = 0.35 \times R_{n,soil} \tag{3-57}$$

式中，s 为饱和水汽压与气温函数的斜率，RH 为相对湿度，$Q_{P,soil}$、$Q_{N,soil}$、$Q_{Lw,soil}$

和 $R_{n,soil}$ 分别为土壤吸收的光合有效辐射、近红外辐射、长波辐射和土壤净辐射，G_{soil} 为土壤热通量。

3.3.4 基于 SEBAL 模型的蒸散模拟

SEBAL 模型是基于地表能量平衡方程，利用晴朗天气下的遥感数据反演地表反照率、植被指数、地表反射率、地表温度等参数，结合气温、风速等地面气象观测资料，计算区域净辐射通量和土壤热通量，通过选取遥感影像中的冷热像元点，确定地表温度和温度梯度差的线性关系，通过莫宁-奥布霍夫（Monin-Obukhov）相似理论迭代计算显热通量，从而求得潜热通量（瞬时蒸散），再进行时间尺度扩展，求区域日蒸散量（李根，2014）。

$$\lambda E = R_n - G - H \tag{3-58}$$

式中，λE 为潜热通量，λ 为汽化潜热，通常取 2.45 MJ/kg；R_n 为地表净辐射（W/m^2）；G 为土壤热通量（W/m^2）；H 为感热通量（W/m^2）。

地表净辐射（R_n）反映了地表短波辐射和长波辐射的净收支，其计算公式为（阿布都沙拉木·吐鲁甫等，2018；李根，2014）：

$$R_n = (1-\alpha)R_{S\downarrow} + R_{L\downarrow} - R_{L\uparrow} - (1-\varepsilon)R_{L\downarrow} \tag{3-59}$$

式中，α 为地表反照率；$R_{S\downarrow}$为下行的太阳短波辐射；$R_{L\downarrow}$为下行的长波辐射；$R_{L\uparrow}$为上行的长波辐射；ε 为地表比辐射率。

土壤热通量（G）是指进入土壤和植被内部的热交换能量，计算公式为（阿布都沙拉木·吐鲁甫等，2018）：

$$G = \frac{T_s - 273.16}{\alpha} \times \left[0.0032 \times \frac{\alpha}{C_{11}} + 0.0062 \times \left(\frac{\alpha}{C_{11}}\right)^2\right] \times \left(1 - 0.0978 \times \mathrm{NDVI}^4\right) \times R_n \tag{3-60}$$

式中，T_s 为地表温度；C_{11} 为常数，卫星过境时间在地方时 12:00 以前，C_{11}=0.9；在 12:00～14:00，C_{11}=1.0；在 14:00～16:00，C_{11}=1.1。

感热通量（H）是指以对流和传导形式进入空气的那部分热能量，感热通量是由温度的梯度差异而造成的，计算公式为：

$$H = \frac{\rho_{air} C_p \mathrm{d}T}{r_{ah}} \tag{3-61}$$

式中，ρ_{air} 为空间密度（kg/m^3）；C_p 为空气热通量常数，C_p=1004 J/(kg·K)；dT 为高度在 Z_1 和 Z_2 处的温度差；r_{ah} 为空气动力学阻力（S/m），r_{ah}、dT 为未知量，它们与不同梯度的温度、地表粗糙度和风速有关。

因为卫星过境时所观测的是地面瞬时数据，我们只求得的是瞬时蒸散量（Λ_{ET}），要把瞬时蒸散量扩展到日蒸散量，需要计算蒸散比（Λ_{inst}），其计算公式为：

$$\Lambda_{inst} = \frac{\lambda E}{R_n - G} = \Lambda_{24} \tag{3-62}$$

式中，Λ_{24} 为一天 24 h 内的蒸散比。

日蒸散量（λE_{24}）的计算公式为：

$$\lambda E_{24} = \Lambda_{inst}(R_{n24} - G_{24}) \tag{3-63}$$

式中，R_{n24} 为一天内的净辐射量；G_{24} 为一天内的土壤热通量。

3.4　生态系统水循环监测

3.4.1　基于遥感技术的区域蒸散及生态需水监测

蒸散是陆地生态系统与大气上行水汽交换的主要途径，这种水分交换通常为水从液态到气态的相变，因此伴随着能量吸收和地表降温过程。正因为该过程吸收潜热，所以可用 λE 表示能量通量，可由能量平衡方程[公式（3-58）]计算获得。其中，地表净辐射（R_n）通过入射下行和上行的短波与长波辐射之和决定，公式如下：

$$R_n = S_{\downarrow} - S_{\uparrow} + L_{\downarrow} - L_{\uparrow} = S_{\downarrow}(1-\alpha) + L_{\downarrow} - L_{\uparrow} = S_n + L_{\downarrow} - L_{\uparrow} \tag{3-64}$$

式中，$S_{\downarrow}$和 $S_{\uparrow}$分别为太阳下行短波辐射和地面反射的上行短波辐射；$L_{\downarrow}$和 $L_{\uparrow}$分别为地面的太阳下行长波辐射和地面向外辐射的上行长波辐射；α 为地表反照率，S_n 为地表短波净辐射。

基于上述能量平衡和辐射测量原理，卫星遥感技术可以用来估算地表 λE，然而这种估算并非直接测量，目前多数的蒸散估算模型多利用 Monin-Obukhov 相似理论（MOST）或者 Penman-Monteith 公式将遥感获得的地面参数与 λE 联系起来。传统的蒸散估算方法多是基于气象观测站点的单点计算，虽然能提供相对准确的蒸散量，但无法满足区域研究的需求。与传统的蒸散计算方法相比，遥感技术经济、适用、有效，在非均匀下垫面的区域蒸散监测上具有明显的优势。目前，遥感估算区域蒸散的方法主要分为：经验统计模型、与传统方法相结合的遥感模型、地表能量平衡模型、温度-植被指数特征空间法、陆面过程与数据同化等。目前，区域蒸散的遥感估算模型涉及大量有关下垫面物理特征（如地表反照率、植被覆盖度、地表温度、净辐射等）的参数。因云、大气、太阳角、观测视角等外部因素的影响，遥感数据的有效性受到一定限制，加上地表参数反演误差的累积效应等，导致区域蒸散遥感估算精度不高。随着一系列新卫星的升空，新的传感器尤其是多角度热红外波段和微波波段的开发，为蒸散模型提供了更多的信息来源。不同时空分辨率和不同光谱分辨率的数据，将会加强遥感数据在地表能量平衡和水分循环研究中的应用。

生态需水是指生态系统达到某种生态水平或者维持某种生态系统平衡所需要的水量，或是发挥预期生态功能所需要的水量。它是生态系统在适宜的条件下，充分发挥其潜在功能时的耗水量，是一种理想状态下的潜在耗水量。对于一个特定的生态系统，其生态需水有一个阈值范围，具有上限值和下限值，超过上下限阈值都会导致生态系统的退化和受损。与生态需水量近似的还有“生态用水”概念，它指的是在生态系统特定的时空范围内，其生态系统维持一定的稳定状态时的实际耗水量，包括地表水、地下水、大气水和土壤水等。生态需水量的计算方法有直接计算法、间接计算法、水量平衡法和遥感计算法。直接计算法和植被类型关系密切，在一定区域内，这类植被的面积与其生态需水定额的乘积为这种植被的生态需水量，所有植被类型需水量的总和即为该地区的生态需水总量。间接法是以潜水蒸发量为基础，乘以植被类型的面积、地下水位潜水蒸发量和植被系数。水量平衡法将土壤和植被看成一个统一的系统，在某一时段内植被的蒸散量和该时段结束时土壤含水量二者之和便是此时段内植被的生态需水量，其中蒸散量是通过水量平衡公式计算得到。遥感技术的发展为生态需水的计算提供了有力工具，遥感和地理信息系统相结合对区域进行生态分区，根据不同生态分区的面积、植被覆盖度、植被蒸腾量和潜水蒸发量得到生态需水量（于贵瑞和王秋凤，2010）。利用卫星遥感技术估算出区域蒸散后，可结合土地利用类型或植被类型，开展区域生态需水量计算，可将某一植被类型的蒸散量表达为维持该植被类型正常生长所必需的生态需水量，各植被类型生态需水量之和即构成区域植被生态需水总量，计算公式为：

$$W = \sum_{i=1}^{n} A_i E_i \tag{3-65}$$

式中，A_i 为第 i 种植被类型的面积；E_i 为第 i 种植被类型的蒸散量；W 为区域生态需水总量（范亚云等，2018）。

3.4.2 基于涡度相关技术的水通量监测

基于涡度相关原理，当考虑大水在垂直方向上的湍流输送时，水通量可以定义为在单位时间内湍流运动通过单位截面积输送的水量，即生态系统蒸散，其公式如下：

$$E = \rho_{\mathrm{d}} \cdot \overline{w' \cdot q'} \tag{3-66}$$

式中，w' 为垂直风速的脉动，q' 为空气比湿的脉动，比湿为一团湿空气中水汽的质量与该团空气总质量（水汽质量加上干空气质量）的比值，ρ_{d} 为干空气密度。

对于陆地生态系统与大气间的水汽交换而言，在无雨的情况下，白天植被蒸腾和土壤蒸发释放出大量的水汽，因而冠层及其内部湿度较大，当上部大气的低比湿湍涡与下部冠层间的高比湿湍涡进行交换时，湍流向上输送水汽，且输送量较大。在夜间，水汽主要来自土壤的微量蒸发，冠层及其内部依然是比湿高值区，陆地生态系统与大气间的水汽交换仍为向上输送水汽。但由于夜间温度较白天低，因此水汽输送总量减弱，一旦冠层及其内部的水汽达到饱和，还会发生水汽凝结现象，所以会导致水汽通量为负值的现象发生，即大气向陆地生态系统向下输送水汽（于贵瑞和孙晓敏，2006）。这种白天和夜间的差异导致陆地生态系统蒸散过程不同，白天和夜间的比湿廓线也存在较大差异（图 3-4）。

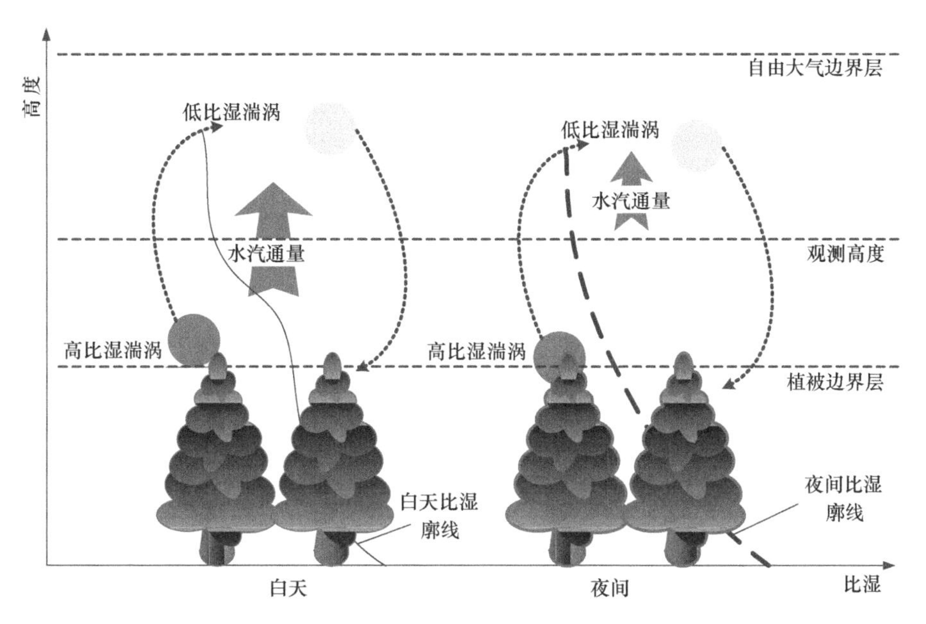

图 3-4 生态系统白天和夜间水汽湍流交换示意图（彩图请扫封底二维码）

利用涡度相关技术，能够高频率（10 Hz）地观测大气中的水汽浓度脉动和三维风速在垂直方向上的脉动，通过协方差技术解算出空气中的水汽输送量，进而得到陆地生态系统与大气间的水汽交换量，由此可见，利用涡度相关技术测定三维风速的脉动和 CO_2/H_2O 浓度的脉动至关重要。用于涡度相关测量的风速计要求具备以 10 Hz 以上频率测定风在三个方向（*u*、*v*、*w*）上的速度，特别是垂直风速（*w*）相对于水平风速（*u*、*v*）要小得多，因此对仪器的灵敏度要求很高，目前主流的仪器使用超声风速计，即利用超声波在空气中的传播速度随风速而变化的原理，根据超声发生器和接收器间的超声波变化，来测定和计算三维风速。同时，CO_2/H_2O 浓度脉动的测定也需要实现高频和高精度，目前主流的仪器使用红外线吸收原理，制作 CO_2/H_2O 红外分析仪，其利用大气中 CO_2 和 H_2O 对红外线的吸收差异（分别为 4.26 μm 和 2.59 μm 两个吸收波长），计算空气中瞬时的 CO_2 和

H_2O 浓度。

3.4.3 土壤水分及储量监测

土壤水分一般指保存在不饱和土壤层（或渗流层）的土壤孔隙中的水分。地表土壤水分主要指地表以下 5 cm 土壤层所含的水分，而根层土壤水分则指植被可用水分，一般指地表以下至 200 cm 深的土壤层所含的水分。土壤水分变化对理解整个陆地生态系统水循环具有重要意义，虽然与陆地生态系统水循环的其他环节相比，只是很小的一个部分，但土壤水分却是许多水文、生物和生物地球化学过程的重要基础。在陆地生态系统与大气交换水热过程中，土壤水分是最关键的变量之一，它会影响入射能量对显热通量和潜热通量的分配，并借此影响气候过程，尤其容易影响气温和大气边界层的稳定性，甚至影响到区域降水。当土壤水分限制了潜热通量时，显热通量就会增加，从而导致近地表气温的增加。

测量土壤水分的方法有直接和间接两种类型。直接测量法或者接触式测量法是利用直接的方式测量含水量，如烘干法通过测量鲜土和烘干土的重量，进而计算水分占土壤重量的比重，为重力含水量。接触式测量方法包括电容感应器法、时域反射法、电阻测探法、热脉冲感应器法、光纤传感器测量等，将土壤水分探头埋入土壤中进行测量，通常可以提供时间上连续分布的测量结果。间接测量法或无接触测量法首先测量受土壤水分影响的变量，然后建立这个变量与土壤含水量间的变化关系，进而通过观测这个间接变量的变化来估算土壤含水量的变化，如被动式微波辐射仪、合成孔径雷达（SAR）、散射仪及热红外测量方法等。土壤中不同状态物质（固态土壤、液态水分和气体）具有不同的介电常数，这种介电常数的巨大差异使其对于土壤水分含量的变化非常敏感，利用这种原理可开展遥感土壤水分监测（梁顺林等，2013）。

土壤储水量的变化可利用水量平衡方程估算（图 3-5）。根据水量平衡方程，在某一陆地生态系统中，输入的水量减去系统消耗和输出的水量便是土壤储水量。某一时段内降水和灌溉向生态系统中的输入水量，减去蒸散消耗量、径流变化（流出和流入差值）和地下水交换量，就可获取土壤储水量变化。

$$\Delta W = W_{in} - W_{out} = I + P - ET - W - R \tag{3-67}$$

式中，W_{in} 为陆地生态系统输入水量，W_{out} 为陆地生态系统输出水量，P 为降水量，I 为灌水量，ET 为蒸散总量，W 是地下水交换量（正值为地下水向土壤输入，负值为土壤向地下水输出），R 为径流量（包含地表径流和浅层径流，正值为该陆地生态系统径流的流出量大于流入量，负值相反），土壤储水量变化ΔW 为正值表示土壤储水量在增加，ΔW 为负值表示土壤储水量在减少。水量平衡法由于要求的系统输入、输出水量指标较多，系统获取较为困难，在一些区域往往对某些指标进行简化，如地下水埋深较深，且地下水与地上交换不甚频繁的地区，可以将地下水交换量 W 视为 0，干旱无灌溉条件的区域，其灌水量 I 为 0，地表产径流较少或不产径流的地区，可将径流量 R 视为 0。

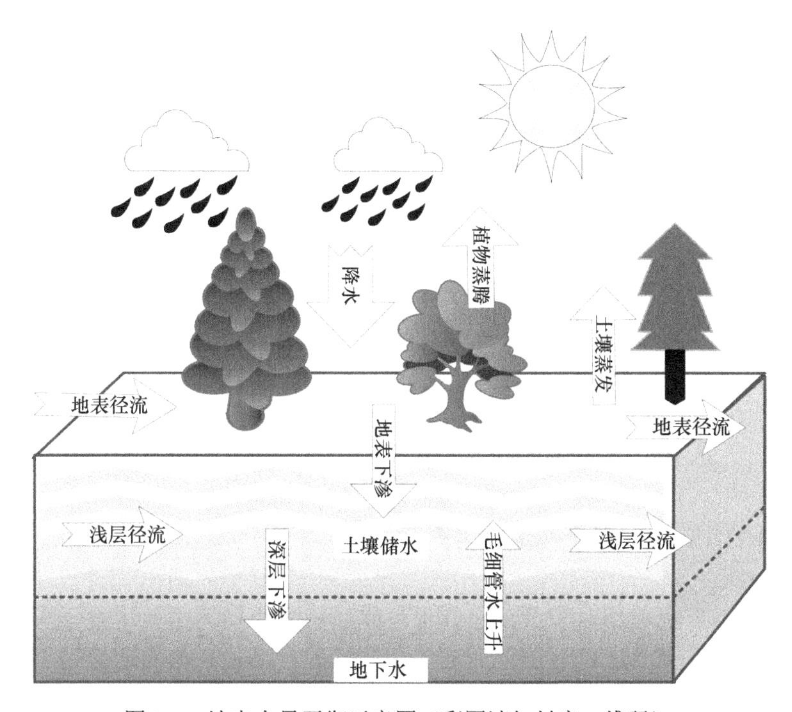

图 3-5　地表水量平衡示意图（彩图请扫封底二维码）

此外，为了简便估算土壤储水量的变化，还可利用土壤水分含量在时间上的变化进行估算。

$$\Delta W = \left(\mathrm{SM}_0 - \mathrm{SM}_1\right) \times h \tag{3-68}$$

式中，ΔW 为时段 t_0 至 t_1 内土壤储水量的变化；SM_0、SM_1 分别为时段初、末时刻的土壤体积含水量（%）；h 为土壤水量计算深度。

第 4 章　宁夏草地生产力时空特征

生产力是草原生态系统碳循环的一个重要方面，也是草地碳循环与农牧业生产实践结合最紧密的点。本章利用大尺度的陆地生态系统总初级生产力（GPP）遥感产品，从年际和年内变化两个维度对宁夏 GPP 的特征开展研究；利用气象要素驱动 CASA 模型，对宁夏草地 NPP 进行模拟；在对 NPP 模拟结果精度验证的基础上，利用遥感时空信息分析技术，对宁夏草地 NPP 时空变化特征进行研究，获取气候变化背景下宁夏近十几年草地生产力的变化趋势，分析草地生产力对气候因子变化的敏感性。

4.1　基于大尺度遥感产品的宁夏总初级生产力特征

4.1.1　MODIS 大尺度植被生产力产品

陆地生态系统总初级生产力（GPP）和净初级生产力（NPP）在实践与理论上都很重要，随着全球 CO_2 浓度的增加和气温的升高，碳循环的模拟和监测成为全球气候变化研究的热点，而研究陆地生态系统碳循环，必须监测碳在大气、植被、水和土壤中的循环过程，因此，通过遥感手段获取全球尺度的陆地生态系统 GPP 和 NPP 至关重要。GPP 是计算 NPP 的基础，GPP 是生物光合作用或陆地植被生长的年度吸收碳总量，而 NPP 则考虑了植物在光合作用期间通过呼吸释放了多少 CO_2，是生物净能量产生的过程。因此，NPP 可广泛应用到监视全球生态系统状况，如森林砍伐、荒漠化、污染损害、作物生产、野火干扰和和城市化等引起的生态系统生产力变化。此外，陆地生态系统 GPP 和 NPP 的监测亦可直接应用到经济社会的层面，如监测全球农作物产量、森林变化和牧草产量等，可对粮食供应、牧产品供给和林木资源供应等经济生产领域产生深远影响。

中分辨率成像光谱仪（moderate resolution imaging spectroradiometer，MODIS）是搭载在 TERRA 和 AQUA 卫星上的一种重要传感器，这两颗太阳同步极轨卫星是美国地球观测系统（earth observation system，EOS）的重要组成卫星，上午星 TERRA 于 1999 年 12 月 18 日发射，其过境时间为地方时 10:30 和 22:30，下午星 AQUA 于 2002 年 5 月 4 日发射，其过境时间为地方时 13:30 和 1:30，在两颗卫星的共同观测下，可获得全球大部分地区的 MODIS 观测数据。MODIS 传感器的扫描宽度为 2330 km，星下点空间分辨率有 250 m、500 m 和 1000 m 三个级别，在

0.4～14.4 μm 的光谱范围内，设置了 36 个波段，覆盖可见光到热红外。MODIS 在时间、空间和光谱分辨率上，都比上一代 NOAA-AVHRR 传感器有较大提升，堪称新一代图谱合一的中高光谱传感器。由于 MODIS 具有较高的光谱分辨率和时间分辨率，其原始观测数据被开发成各种用于监测陆地、大气和海洋的高级数据产品，由美国国家航空航天局（NASA）和美国地质调查局（USGS）共同组建的陆地产品分发中心（LP DAAC）负责 MODIS 高级数据产品的生产与发布，其中 MOD17 级产品为大尺度植被生产力产品。

目前已发布了第 6 版（version 6）GPP 产品 MOD17A2H，由 8 d GPP 累积值合成，具有 500 m 空间分辨率，可以为大量陆地生态系统模拟模型提供输入驱动数据，以模拟陆地生态系统碳水循环过程和生物地球化学过程。MOD17A2H 产品中包含 GPP 和净光合作用（net photosynthesis，PSN）两个数据层及对应的质量控制（QC）信息，其中 PSN 为 GPP 减去植被维持呼吸（R_m），而 NPP 为 GPP 减去植被的自养呼吸（R_a，包括维持呼吸 R_m 和生长呼吸 R_g），根据经验关系，R_g 约占 NPP 的 25%，基于以上关系，可以利用 MOD17A2H 产品中的 PSN 来计算 NPP。

$$\mathrm{NPP}=\mathrm{GPP}-R_a=\mathrm{GPP}-(R_m+R_g)=\mathrm{PSN}-R_g=\mathrm{PSN}-0.25\cdot\mathrm{NPP} \tag{4-1}$$

$$\mathrm{NPP}=0.8\cdot\mathrm{PSN} \tag{4-2}$$

MOD17 算法基于 Monteith（1972）的光能利用率模型，该模型认为在充足灌溉和施肥的条件下，一年生作物的生产力与吸收的太阳辐射呈线性关系，因此利用 MOD15A2H 产品的叶面积指数（LAI）/光合有效辐射吸收比例（FPAR）数据和美国国家环境预报中心/国家大气研究中心（NCEP/NCAR）大气再分析数据集，便可驱动模型计算 GPP。光能利用率模型中很重要的一个参数便是光能利用率参数 ε，它是将植被吸收的光合有效辐射（APAR）转换为实际生产力效率，并随植被类型和气候条件而变化。因此，MOD17 中建立了不同气候和植被类型条件下的生物群落参数查找表（BPLUT），结合 MCD12Q1 土地覆盖分类产品，查找不同的植被类型的生物群落参数，进行陆地生态系统生产力估算。

4.1.2　近十几年宁夏总初级生产力时空特征

2000～2017 年，宁夏陆地生态系统的 GPP 为 187.48～357.04 g C/(m^2·a)，在年际尺度上呈现波动上升的趋势（图 4-1），由 2000 年的 187.48 g C/(m^2·a)增至 2017 年的 327.99 g C/(m^2·a)，其中最小值在 2000 年，最大值为 2012 年的 357.04 g C/(m^2·a)，线性趋势分析结果表明其增长速率为 6.93 g C/(m^2·a)，其上升趋势显著（$P<0.01$）。在 2005～2009 年，宁夏陆地生态系统 GPP 保持较低值，并且波动不明显，从 2010 年开始增幅变大，虽在 2011 年有低谷，但依旧保持缓慢增加趋势。

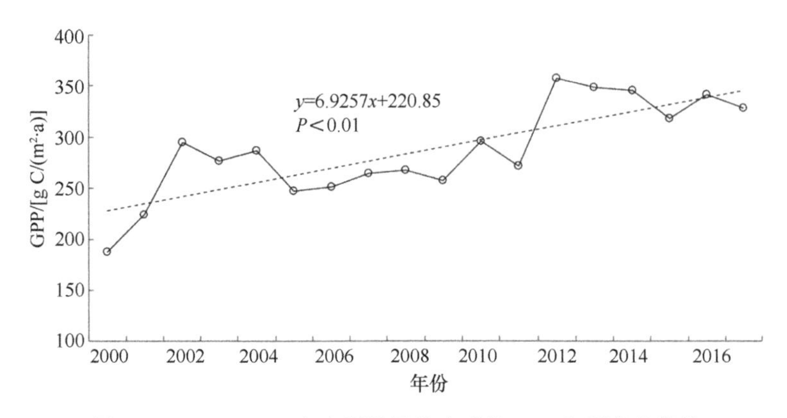

图 4-1 2000～2017 年宁夏陆地生态系统 GPP 年际变化趋势

对 GPP 年内变化趋势进行分析时，通过计算每个月 GPP 在 2000～2017 年间的平均值，得出逐月 GPP 在年内的变化动态，来反映陆地生态系统在年内的生产力变化规律。GPP 在年内分布不均，呈典型的单峰型变化（图 4-2），在冬季最寒冷的月份（1 月、2 月、12 月）无植被生长，这三个月的 GPP 的多年均值分别为 0.24 g C/(m^2·月)、1.61 g C/(m^2·月)、0.44 g C/(m^2·月)。在这些月份处于冬季阶段，气温低，天气寒冷，生态系统基本没有产生 GPP；初春 3 月 GPP 略有增加，为 6.28 g C/(m^2·月)；从 4 月开始天气回暖，GPP 逐渐增加，4 月的 GPP 多年均值为 14.38 g C/(m^2·月)；在 8 月达到最大值，为 60.90 g C/(m^2·月)；秋季气温降低，植被开始凋零；从 9 月开始，GPP 多年均值降至 43.17 g C/(m^2·月)，生态系统 GPP 开始骤减；一直到 12 月份 GPP 多年均值降为 0.44 g C/(m^2·月)。

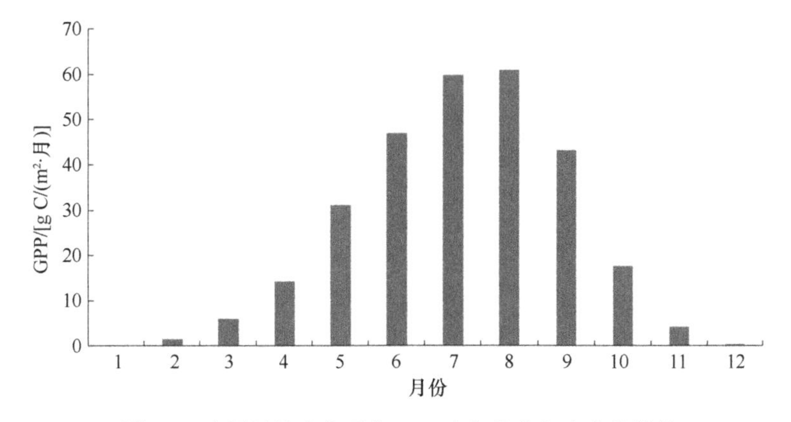

图 4-2 宁夏陆地生态系统 GPP 多年均值年内变化趋势

4.2　基于 CASA 模型的宁夏草地净初级生产力模拟及评价

4.2.1　驱动 CASA 模型的气象要素插值方法

（1）反距离权重法

反距离权重（inverse distance weighted，IDW）法认为插值点的权重与样点的距离成反比，即以插值点和样本点之间的距离作为权重进一步加权平均，样点与插值点的距离越近，其实测值对插值点的影响越大。反距离权重法是对距离进行加权平均，因此样点越密集，其模拟效果越好，插值效果最佳，算法如下（封志明等，2004）：

$$Z=\left[\sum_{i=1}^{n}\frac{1}{\left(d_i^2\right)}Z\left(x_i\right)\right]\bigg/\left[\sum_{i=1}^{n}\frac{1}{\left(d_i^2\right)}\right] \tag{4-3}$$

式中，Z 为待模拟的插值点的栅格值；$Z(x_i)$为第 i（i=1,2,3,⋯,n）个气象站的实测值；n 为样点数；d_i 为插值点到第 i 个站点的距离。

（2）样条函数法

样条函数法（spline）采用最小化表面总曲率的数学函数来模拟未知点，即通过实测样点生成恰好经过输入点的平滑表面，通常有规则样条函数和张力样条函数两种方法。本研究采用规则样条函数方法进行气象数据插值，采用此方法的权重越大，拟合表面越光滑，算法如下（牟乃夏等，2012）：

$$Z=\sum_{i=1}^{n}\lambda_i R\left(\gamma_i\right)+T\left(x,y\right) \tag{4-4}$$

$$R\left(\gamma_i\right)=\frac{\gamma^2/4}{2\pi}\left[\ln\left(\frac{\gamma}{2\pi}\right)+c-1\right]+\tau^2\left[k_0\left(\frac{\gamma}{\tau}\right)+c+\ln\left(\frac{r}{2\pi}\right)\right] \tag{4-5}$$

$$T\left(x,y\right)=a_1+a_2x+a_3y \tag{4-6}$$

式中，Z 为待模拟的插值点的栅格值；n 为样点数；λ_i 为线性方程确定的系数；γ_i 为模拟插值点到第 i 点的距离；τ^2 为权重系数；k_0 为修正贝塞尔函数，c = 0.577 215，a 为线性方程系数。以上两种插值方法均在 ArcMap 软件中进行模拟。

（3）Anusplin 插值法

Anusplin 插值法基于普通薄盘及局部薄盘样条函数插值理论，利用集成 Anusplin 软件包进行空间插值，该插值法可以将海拔等协变量引入模型以提高插值精度，算法如下（刘志红等，2008）：

$$z_i = f\left(x_i\right) + b^T y_i \rho + e_i \left(i = 1, \cdots, N\right) \tag{4-7}$$

式中，z_i表示空间 i 点的因变量；x_i为 d 维样条独立变量，$f(x_i)$是模拟 x_i的未知光滑函数；y_i为 ρ 维独立协变量；b 是 y_i的未知 ρ 维向量；T 表示向量 b 的转置向量；e_i是自变量随机误差，其期望值为 0。式中的 $f(x_i)$及 b 通过最小二乘法估计得出：

$$\sum_{i=1}^{N}\left[\frac{z_i - f\left(x_i\right) - b^T y_i}{w_i}\right]^2 + \rho J_m\left(f\right) \tag{4-8}$$

式中，$J_m(f)$是测度函数，用来监测函数 $f(x_i)$的粗糙度，其定义为函数 $f(x_i)$的 m 阶偏导，在 Anusplin 插值法中的应用为样条次数，在本研究中经过实验选择 2 次样条进行插值；ρ 为正的光滑参数，作为数据保真与曲面粗糙度之间的平衡（Franke，1982）。

4.2.2 不同气象要素的插值结果

（1）气象要素空间插值结果

采用三种不同的插值方法空间化的宁夏年均温在–3～13℃，气温北高南低，高值均出现在宁夏中北部地区，而西南部为低值区（图 4-3，图 4-4）。三种插值方法都能模拟出宁夏气温的基本空间分布特征，均表现出由北向南降水量递增的趋势。由于 Anusplin 插值法将高程作为协变量，根据气温直减率和 2 次样条函数进行气温空间插值，故其插值结果在局部特征上比样条函数法和 IDW 法的结果更为精确，即地温随海拔起伏而变化明显，特别是南部六盘山、南华山，中部罗山及北部贺兰山的高海拔区年均温较低；而在海拔较低的北部引黄灌区、清水河河谷等地，年均温形成高值区，这与宁夏的实际情况较为相符。而样条函数法及 IDW 法插值结果只反映出了宁夏年均温自南至北的梯度变化特征，将贺兰山山区插值成与引黄灌区相近的温度特征，这与实际情况不符。此外，IDW 法获取的气温空间分布还在银川、同心、海原等气象站点附近出现了“牛眼效应”，即以气象站为中心出现区域高值或低值中心。

三种不同的插值方法获取的年总降水量的空间变化特征基本相近，均表现出由北向南降水量递增的趋势，Anusplin 插值法及样条函数法获取的降水量空间上由北向南递增梯度基本一致，形成了有规律的降水递增梯度线，而 IDW 法仍然出现了较为明显的“牛眼效应”；此外，三种插值方法模拟出的 200 mm 等降水量线较宁夏多年实际情况发生了北偏，这可能是插值站点东多西少，西部缺少插值数据造成的结果。

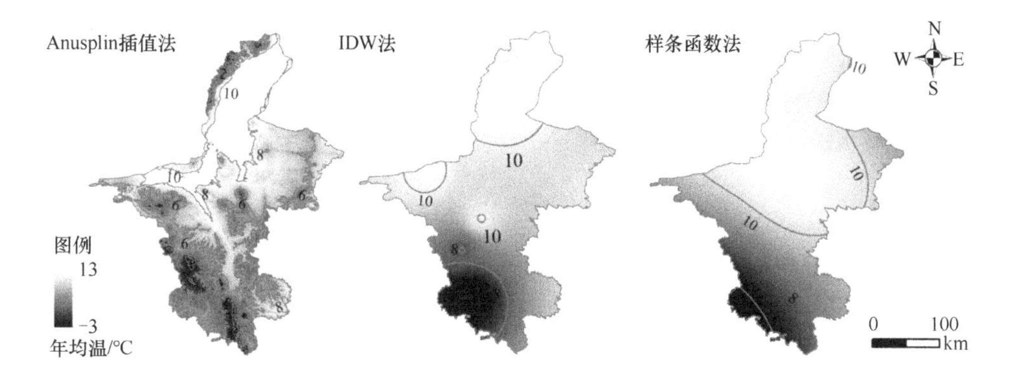

图 4-3　年均温在不同插值法下的空间分布图

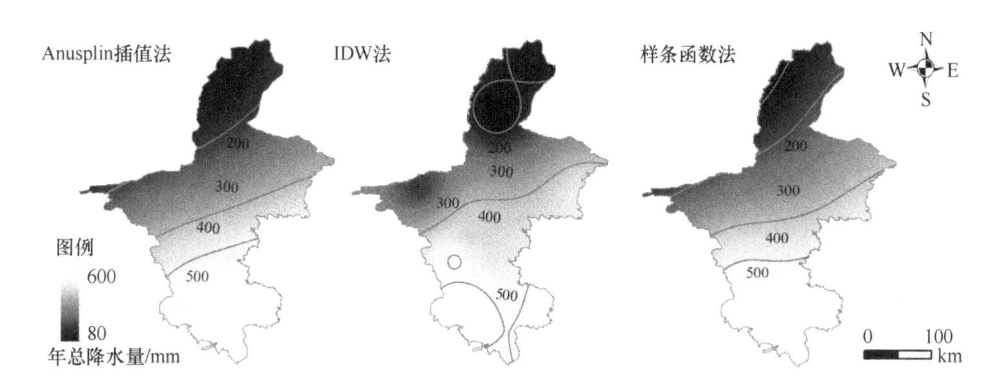

图 4-4　年降水量在不同插值法下的空间分布图

（2）气象要素空间插值精度检验

为评估三种插值方法的精度，选择 10 个气象站的数据进行插值，选择 4 个气象站的数据进行验证。通过不同插值算法的空间气象要素估算，在 ArcGIS 软件中提取 4 个验证站点的插值结果，通过平均绝对误差（MAE）、平均相对误差（MRE）和均方根误差（RMSE）等误差分析指标来对比其插值精度（表 4-1）。从拟合度来看，Anusplin 插值法和样条函数法的插值结果明显优于 IDW 法的插值结果，而 Anusplin 插值法的插值精度又略高于样条函数法的插值结果。三种插值法的空间插值效果及插值精度交叉检验结果显示，Anusplin 插值法在气温与降水的空间模拟值的 MRE、MAE 及 RMSE 均小于其他两种插值方法，其模拟精度较高。

表 4-1 气温与降水插值误差对比

指标	年总降水量/mm			年均温/℃		
	Anusplin插值法	IDW 法	样条函数法	Anusplin插值法	IDW 法	样条函数法
决定系数（R^2）	0.98	0.86	0.97	0.87	0.48	0.84
平均相对误差（MRE）	0.06	0.16	0.07	0.04	0.06	0.04
平均绝对误差（MAE）	20.08	62.10	26.58	0.37	0.59	0.38
均方根误差（RMSE）	4.48	7.88	5.16	0.61	0.77	0.62

4.2.3 宁夏草地净初级生产力模拟结果验证

（1）NPP 空间结果对比

在利用 CASA 模型估算区域 NPP 时，需要输入空间气象要素作为模型驱动变量，然而前文已述及不同插值方法获取的气象要素的空间插值结果精度不同，每种插值方法对 NPP 的估算结果有何影响，需要进一步深入研究。为此，本节选择以插值误差最小的 Anusplin 插值法获取的空间气象要素和以 IDW 法获取的空间气象要素分别来驱动 CASA 模型，并进行 NPP 估算，并将二者估算的 NPP 结果与 NASA 发布的全球 MOD17A3 NPP 数据进行对比分析，评估不同气象要素插值方法对草地 NPP 估算的影响。宁夏草地 NPP 估算结果如图 4-5 所示，两种不同插值方法获取的气象要素空间数据驱动的 NPP 估算值与 MOD17A3 NPP 数据在空间趋势上基本一致，均表现出南部山区 NPP 较高，北部 NPP 较低，而中部干旱带的 NPP 最低，这与宁夏草地的分布格局相符合。

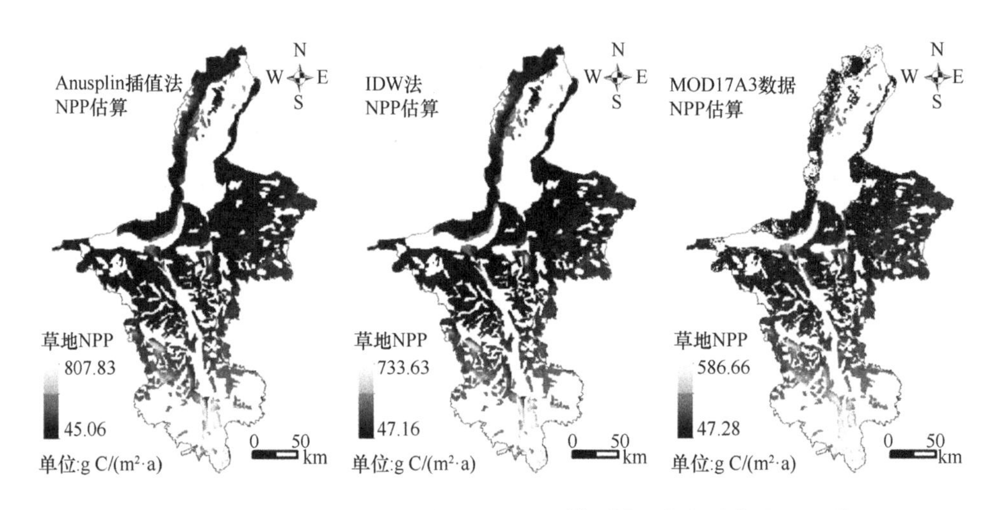

图 4-5 不同气象要素插值方法驱动 CASA 模型模拟的宁夏草地 NPP 结果

宁夏南部的六盘山、南华山地区主要以山地草原为主，黄土丘陵区主要以典型草原为主，加之南部山区降水较北部丰沛，故草地 NPP 为全区最高，而中部干旱带则以干草原、荒漠草原为主，其 NPP 也自然最低。基于 Anusplin 插值法的 CASA 模型与基于 IDW 法的 CASA 模型草地 NPP 估算值在量级上较为接近，草地均值分别为 149.42 g C/(m^2·a)与 150.45 g C/(m^2·a)，而 MOD17A3 NPP 数据的草地 NPP 均值为 147.65 g C/(m^2·a)，略低于 CASA 模型估算值。在草地 NPP 值域范围上，基于 Anusplin 插值法气象要素估算的 NPP 值为 45.06～807.83 g C/(m^2·a)，而基于 IDW 法气象要素估算的 NPP 值为 47.16～733.63 g C/(m^2·a)，二者的值域范围均大于 MOD17A3 NPP 数据的值域范围[47.28～586.66 g C/(m^2·a)]，特别是 NPP 像元最大值相差较大。

（2）基于实测 NPP 的验证

CASA 模型的 NPP 估算值为植被地上加地下的以碳为单位的生物量，各个草原站的多年均值监测数据为草地地上部分的干物质量，单位为 kg/hm^2，而全区的鲜草产量则为样方实测数据，单位为万 t。因此在本研究中参照前人研究成果，包括不同草地类型的草地干鲜比、干物质量到 NPP 的转换系数、不同草地类型地下与地上生物量的比例系数（表 4-2）（朴世龙等，2004；张美玲等，2014），利用转换方法将 CASA 模型估算 NPP 的地上部分及全区产草量求出，并将其与草地实测地上生物量进行对比。其转换关系表达如下：

$$\mathrm{NPP} = B_{\mathrm{g}} \times S_{\mathrm{bn}} \times \left(1 + 1/S_{\mathrm{ug}}\right) \tag{4-9}$$

式中，B_{g} 表示单位面积地上干物质的总量（g/m^2）；S_{bn} 表示草地干物质量到 NPP 的转换系数；S_{ug} 表示草地地上与地下生物量的比例系数。

表 4-2　不同类型草地干物质量与 NPP 的转换系数

	荒漠草原类	草原化荒漠类	干荒漠类	灌丛草原类	低湿地草甸类	干草原类	草甸草原类	山地草甸类	灌丛草甸类	沼泽类
S_{bn}	0.475	0.475	0.475	0.475	0.475	0.475	0.475	0.475	0.475	0.475
S_{ug}	7.89	7.89	7.89	4.42	6.31	7.89	5.26	6.23	5.26	15.68
干鲜比	0.516	0.516	0.516	0.461	0.454	0.516	0.465	0.458	0.465	0.355

根据草地干物质量与 NPP 的转换系数及不同草地类型的地上和地下生物量比，对基于两种不同气象要素插值方法和 CASA 模型的草地 NPP 估算数据进行转换，并用宁夏境内 16 个县市草地多年年均 NPP 实测值进行对比（图 4-6）。基于不同气象要素插值方法驱动 CASA 模型估算的 NPP 值均与实测 NPP 存在良好的

线性关系，且其决定系数（R^2）均在 0.82 以上，说明 CASA 模型在宁夏草地 NPP 估算中效果较为理想、实用性较强。基于 Anusplin 插值法估算的草地 NPP 值与实测值相关性达 0.86，优于 IDW 法估算的草地 NPP 值，说明 Anusplin 气象要素插值法更适宜于驱动 CASA 模型。此外，对比两种插值方法在 NPP 估算中的误差发现，基于 Anusplin 插值法估算的草地 NPP 的 MRE、RMSE 分别为 0.23、2.35，小于基于 IDW 法估算的草地 NPP 的误差（MRE=0.23，RMSE=2.37），这说明基于 Anusplin 插值法获取的气象要素驱动的 CASA 模型所估算 NPP 的精度略高，更接近实测数据，能够反映宁夏实际的草地 NPP 分布状况。

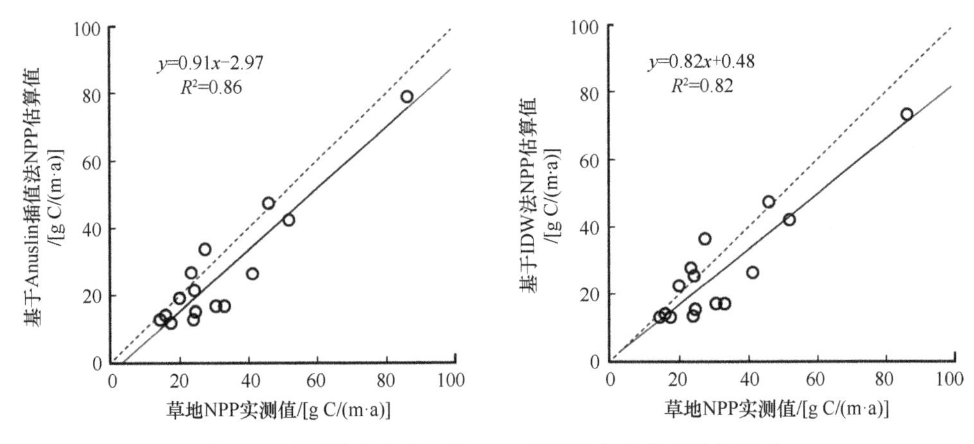

图 4-6　宁夏草地多年年均 NPP 模拟值与实测值的相关性

采用前人的研究成果，在宁夏草地 NPP 估算值到鲜草产量的数据转换中，草地植被含碳率取 0.475，草地地上生物量与地下生物量之比及草地植被干鲜比根据不同草地类型取值不同（表 4-2），完成数据转换后对全区 2002 年、2003 年、2008～2015 年的鲜草总产量进行了对比分析（表 4-3）。多年全区草地鲜草产量为 291.05～451.81 万 t，2012 年为记录年份的最高值，2002 年为产量最低的年份。基于 Anusplin 插值法的 CASA 模型估算值为 173.90～272.63 万 t，2012 年的全区鲜草产量为最高值，这与实测值变化趋势相同；而记录年份的最低值出现在 2008 年。基于 IDW 法的 CASA 模型 NPP 估算全区产草量为 154.41～274.20 万 t，最高值为 2013 年，最低值为 2002 年。虽然不同数据源显示草地产草量有所差异，但整体来看 CASA 模型的 NPP 估算值小于实测值，而基于 Anusplin 插值法的 CASA 模型估算值与实测值差异较小。相关性分析显示，基于 Anusplin 插值法的 CASA 模型估算值与实测值的相关性更高，R 为 0.55，而基于 IDW 法的 CASA 模型 NPP 估算值与实测值的相关系数为 0.48。

表 4-3　全区草地鲜草产量实测值与估算值对比

年份	基于 Anusplin 插值法气象数据的 NPP 估算值		基于 IDW 法气象数据的 NPP 估算值		全区产草量实测值	
	鲜草总产量/万 t	草地面积/km²	鲜草总产量/万 t	草地面积/km²	鲜草总产量/万 t	草地面积/km²
2002	226.37	30 010	154.41	30 010	291.05	24 242.08
2003	220.29	30 010	228.68	30 010	299.08	24 077.47
2008	173.90	30 010	202.33	30 010	350.69	22 673.20
2009	195.00	30 010	174.97	30 010	368.84	22 643.40
2010	219.26	30 010	179.10	30 010	400.02	22 643.40
2011	193.81	30 010	220.37	30 010	390.98	22 569.06
2012	272.63	30 010	185.54	30 010	451.81	23 345.37
2013	250.41	30 010	274.20	30 010	447.30	23 309.77
2014	271.35	30 010	263.41	30 010	445.51	23 309.77
2015	203.92	30 010	267.76	30 010	401.40	21 073.95

（3）基于 MODIS NPP 产品的对比验证

为对比不同气象要素插值方法在不同类型草地 NPP 估算中的应用效果，本研究分别计算不同插值方法驱动下的宁夏全区各草地类型的平均 NPP（图 4-7）。从三种模型估算的 NPP 平均值来看，两种基于 CASA 模型估算的 NPP 结果相近，与 MOD17A3 NPP 数据存在较大差异。在灌丛草原类、低湿地草甸类和山地草甸类，MOD17A3 NPP 数据明显比 CASA 模型估算的 NPP 低；在荒漠草原类、草原化荒漠类、干荒漠类、草甸草原类、灌丛草原类和沼泽类，MOD17A3 NPP 数据明显比 CASA 模型估算的 NPP 高；而三种模型对干草原类的 NPP 估算中结果非常接近。从 NPP 值来看，荒漠草原类的草地 NPP 最低，而山地草甸类的草地 NPP 最高。

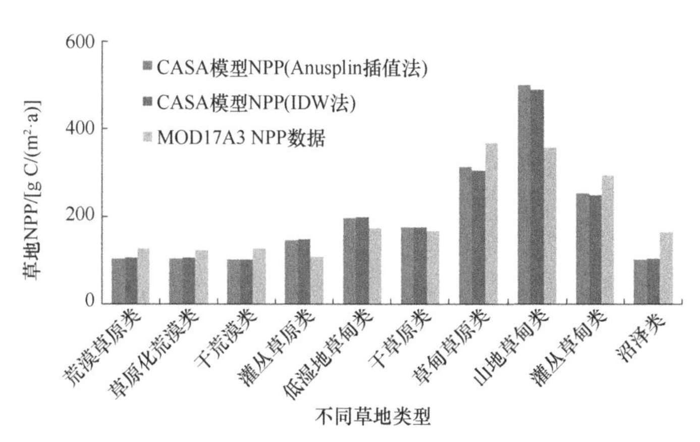

图 4-7　不同模型模拟的宁夏各草地类型平均 NPP 对比（彩图请扫封底二维码）

从不同模型估算的草地 NPP 近 15 年的变化曲线来看（图 4-8），CASA 模型估算的 NPP 和 MOD17A3 NPP 数据具有一致的变化趋势与波动特征，除灌丛草原类和沼泽类草地的变化趋势不明显外，其他 8 类草地 NPP 在近 15 年均为增高趋势，同时对于 2000 年、2005 年、2009 年和 2011 年等极端气象干旱年份，不同类型草地的 NPP 均有明显的波动响应。此外，Anusplin 和 IDW 法的气象要素空间数据驱动的 CASA 模型 NPP 比较接近，二者仅在灌丛草原、山地草甸、草甸草原和灌丛草甸等草地类型的个别年份存在较大差异，这与它们均为 CASA 模型模拟有关，但同时也看出不同气象插值方法对 NPP 估算结果还是有一定的影响，特别是一些极端气象年份。

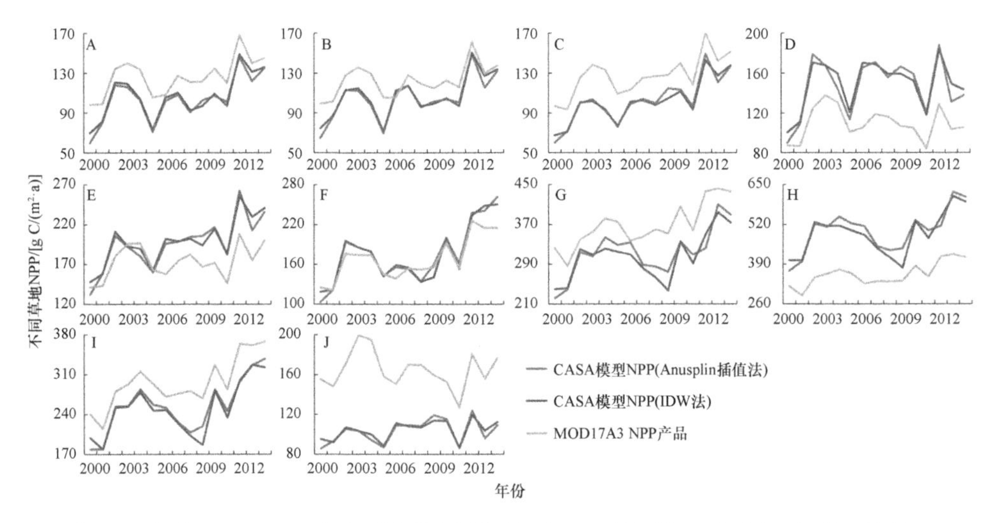

图 4-8　宁夏 2000～2014 年各草地类型不同模型 NPP 变化图（彩图请扫封底二维码）

A. 荒漠草原类；B. 草原化荒漠类；C. 干荒漠类；D. 灌丛草原类；E. 低湿地草甸类；F. 干草原类；G. 草甸草原类；H. 山地草甸类；I. 灌丛草甸类；J. 沼泽类

以 MOD17A3 NPP 数据为基准，对比分析 CASA 模型的估算误差，对 CASA 模型在宁夏草地 NPP 估算中的可靠性作进一步的研究。通过提取不同 NPP 图像中的对应像元值，逐像元制作散点图（图 4-9），对比发现基于 Anusplin 和 IDW 法获取的气象要素空间数据驱动 CASA 模型而估算的草地 NPP 值均高于 MOD17A3 NPP 值，线性拟合斜率分别为 1.34 和 1.30，与 MOD17A3 NPP 数据的决定系数（R^2）分别为 0.83 和 0.82，即基于两种气象插值方法驱动的 CASA 模型在宁夏草地 NPP 估算中的结果相近。二者的 R^2 仅仅相差 0.01，尽管优势微弱，但结果仍然显示基于 Anusplin 插值法获取的气象要素空间数据驱动 CASA 模型的效果要好于基于 IDW 法的气象要素空间数据。由此可以看出，在宁夏草地 NPP 估算中，选择精度较高的 Anusplin 插值法，能够提高草地 NPP 的估算精度。

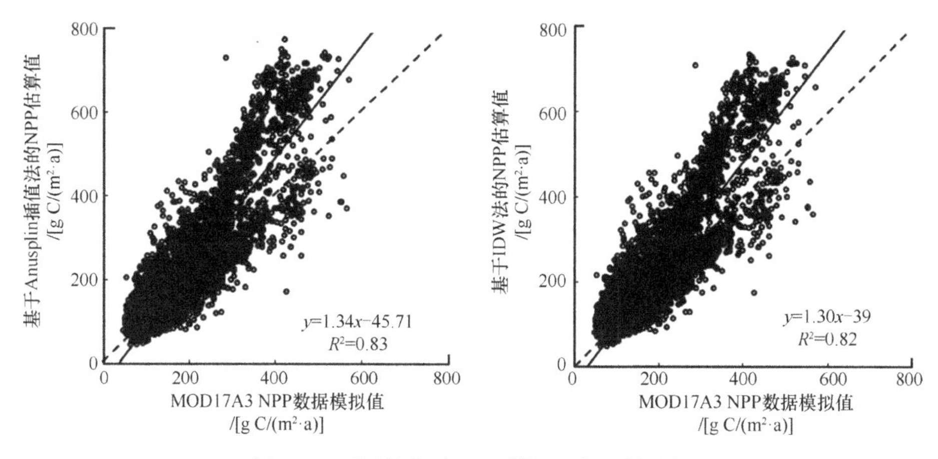

图 4-9　不同插值法 NPP 模拟逐像元散点图

基于以上研究，最终选择估算精度整体较高的基于 Anusplin 插值法的 CASA 模型对不同草地的 NPP 估算值进行深入对比研究。由于 MOD17A3 NPP 数据的获取有限，因此研究时段为 2000～2014 年，分析了基于 CASA 模型的 NPP 估算结果与 MOD17A3 NPP 数据间的误差（表 4-4）。10 类草地的总体相关性分析结果显示，基于 Anusplin 插值法的气象要素估算的 NPP 与 MOD17A3 NPP 数据的相关系数为 0.88（$P < 0.01$，$n = 150$）。从不同草地类型上来看，在干草原类、灌丛草甸类、干荒漠类及荒漠草原类的估算中 CASA 模型数据与 MOD17A3 产品数据相关系数最高，相关系数分别为 0.97、0.95、0.94、0.93，在沼泽类草地估算中效果欠佳，相关系数仅为 0.33，且未通过显著性检验，其他类型草地的相关系数整体在 0.7 以上，均通过了 $P < 0.01$ 的显著性检验。从估算结果 RMSE 分析来看，CASA 模型在干草原类的估算误差最小，草原化荒漠类估算误差次之，再者为荒漠草原类，这三类草原总面积占宁夏草原总面积的 89.4%，代表了宁夏大部分的草地生产力。

表 4-4　基于 Anusplin 插值法的 CASA 模型与 MOD17A3 估算结果误差对比

草地类型	R	RMSE	MRE	草地面积占比/%
荒漠草原类	0.93**	5.35	0.36	57.0
草原化荒漠类	0.87**	5.24	0.30	9.5
干荒漠类	0.94**	6.10	0.40	1.2
灌丛草原类	0.78**	7.46	0.36	4.7
低湿地草甸类	0.73**	6.40	0.20	0.4
干草原类	0.97**	4.45	0.11	22.9
草甸草原类	0.82**	9.12	0.28	0.5
山地草甸类	0.85**	14.64	0.42	2.3
灌丛草甸类	0.95**	7.97	0.27	1.3
沼泽类	0.33	9.63	0.92	0.3

注：**为 $P < 0.01$

本节利用Anusplin插值法的气象插值结果驱动CASA模型估算的宁夏年均草地NPP为148.28 g C/(m^2·a)，与朴世龙等（2004）、孙成明等（2015）的研究相近，但明显低于周伟等（2017）和赵传燕等（2009a）的研究结果。这可能存在两方面的原因，一是研究区域跨度的不同，二是所用模型及参数优化不同，周伟等（2017）研究的是全国尺度的草地NPP，而赵传燕等（2009a）基于植物生理及水热平衡理论估算的是我国西北地区NPP，采用了不同的模型及输入参数，即便对于相同的CASA模型，不同输入参数的优化也会造成估算结果的差异（李刚等，2007；郑中等，2013）。本研究虽然通过优化气象插值方法来改进CASA模型在区域尺度上的估算精度，但模型的改进和其他参数优化仍有提升空间，遥感数据的降尺度和估算更高空间分辨率的草地NPP是今后研究工作的难点。CASA模型是光能利用率模型，其估算的NPP取决于植被光能利用率和光合有效辐射，估算结果能够表征未受干扰天然草地的发育状况和演变过程，但该模型参数中并未考虑人类活动，如放牧强度和人工恢复等对草地NPP的影响，因此，在CASA模型的改进和NPP的定量化估算中，如何增加人为因素影响将是今后研究的方向之一。

4.3 宁夏草地净初级生产力时空特征及其气候响应

4.3.1 净初级生产力的时空分析方法

（1）趋势分析

为定量研究草地NPP的变化趋势，采用一元线性回归分析来模拟每个栅格的变化趋势，通过每个像元的线性变化斜率来判断长时间序列NPP的变化趋势，公式如下：

$$\text{Slope} = \frac{n \times \sum_{i=1}^{n} i \times \text{NPP}_i - \sum_{i=1}^{n} i \sum_{i=1}^{n} \text{NPP}_i}{n \times \sum_{i=1}^{n} i^2 - \left(\sum_{i=1}^{n} i\right)^2} \tag{4-10}$$

式中，Slope为线性拟合方程的斜率，NPP_i为第i年的年总NPP，n为研究年限，当Slope > 0时，表示NPP在研究时段内处于增长趋势，反之则为下降趋势。

（2）赫斯特（Hurst）指数

基于重标极差分析（R/S）方法的赫斯特指数是定量描述时间序列信息长期依赖性的有效方法，给定的时间序列变量$\xi(t)$，t=1,2,…,n，对于任意时刻$\tau \geqslant 1$，构建几种数据序列：

$$\langle\xi\rangle_\tau=\frac{1}{\tau}\sum_{t=1}^{\tau}\xi(t)\qquad \tau=1,2,\cdots \tag{4-11}$$

累计离差：$$X(t,\tau)=\sum_{u=1}^{\tau}\left[\xi(u)-\langle\xi\rangle_\tau\right]\qquad 1\leqslant t\leqslant\tau \tag{4-12}$$

极差：$$R(\tau)=X(t,\tau)_{\max}-X(t,\tau)_{\min}\qquad \tau=1,2,\cdots \tag{4-13}$$

标准偏差：$$S(\tau)=\left\{\frac{1}{\tau}\sum_{t=1}^{\tau}\left[\xi(t)-\langle\xi\rangle_\tau\right]^2\right\}^{\frac{1}{2}}\qquad \tau=1,2,\cdots \tag{4-14}$$

上列式中，$\langle\xi\rangle_\tau$为重新构建的均值序列，$X(t,\tau)$为累积离差序列，$R(\tau)$为极差序列，$S(\tau)$为标准偏差序列，在计算出 $R(\tau)$和 $S(\tau)$的基础上，定义 $R/S=R(\tau)/S(\tau)$，若 $R/S\propto\tau^H$，则说明分析的时间序列存在赫斯特现象，H 表示赫斯特指数。赫斯特指数的表征意义如下：①当 $0.5 < H < 1$ 时，表明该时间序列具有持续性，未来的变化趋势与过去变化趋势一致，且其值越靠近 1，持续性越强；②当 H=0.5 时，表明此时间序列为随机序列，未来变化趋势未知；③$0 < H < 0.5$，表明该时间序列具有反持续性，即未来变化趋势与过去变化趋势相反，其值越接近 0，反持续性越强。

（3）相关性分析

采用逐像元的皮尔逊相关系数分析对宁夏草地 NPP 与相关气象因素及草地 NDVI 之间的相关关系进行定量研究，并对其关系进行 F 检验，当 $P < 0.05$ 时，相关性显著。

4.3.2　宁夏草地净初级生产力时空变化特征

（1）空间分布特征

2000～2015 年宁夏草地年平均 NPP 的空间分布如图 4-10 所示，全区年均草地 NPP 为 148.28 g C/(m^2·a)，南部丘陵山区草地 NPP 主要在 200～300 g C/(m^2·a)，其中六盘山、南华山等山麓地区高于 400 g C/(m^2·a)；中部干旱带草地 NPP 主要集中在 100～200 g C/(m^2·a)，其中退化较为严重的草地不足 100 g C/(m^2·a)。由此可见，宁夏草地 NPP 分布存在较强的空间异质性，这与宁夏的地理气候特征有关。宁夏南部丘陵山区年降水量最高可达 600 mm 左右，发育了以山地草甸类和草甸草原类为主的草地类型，草地覆盖度高，NPP 强。中部干旱带西北部靠近腾格里沙漠，东部为毛乌素沙地，草地类型以干草原类、荒漠草原类和草原化荒漠类为主，草地覆盖度低，NPP 弱。北部引黄灌区西部的贺兰山山前平原和东部的鄂尔多斯台地边缘也发育了一些荒漠草原类、草原化荒漠类，其草地覆盖度低，NPP 弱。而在灌区农田与城市用地的边缘地带则零星分布着一些低湿地草甸类及沼泽类草地，贺兰山山麓分布一些灌丛草原，其草地覆盖度高，NPP 强。

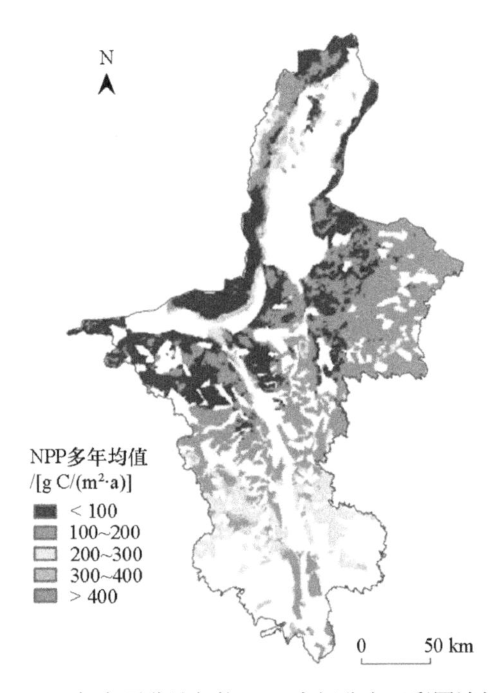

图 4-10 2000～2015 年宁夏草地年均 NPP 空间分布（彩图请扫封底二维码）

（2）时间变化特征

宁夏草地 2000～2015 年的年均 NPP 变化如图 4-11 所示，近 16 年的宁夏草地 NPP 处于波动上升的趋势，其上升趋势显著（$P < 0.01$），线性增长率为 3.84 g C/(m^2·a)。2000 年 NPP 均值最低，仅为 93.13 g C/(m^2·a)，2012 年 NPP 均值最高，达 197.95 g C/(m^2·a)。将宁夏草地 NPP 分布划分为 5 个等级，分别统计其分布面积比例（图 4-11），近 16 年宁夏草地 NPP≤100 g C/(m^2·a)的面积呈波动减小趋势，而 NPP 高值[NPP≥300 g C/(m^2·a)]的面积则在不断的波动增加。NPP 处于≤100 g C/(m^2·a)和 100～200 g C/(m^2·a)两个等级的草地面积占总草地面积的 65%以上，其中大部分年份 NPP 在 100～200 g C/(m^2·a)等级的草地面积超过总草地面积的 50%，但 2000～2001 年、2005 年、2008～2009 年和 2015 年等干旱年份，草地 NPP 处于 100～200 g C/(m^2·a)的面积明显减小。

NPP 多年均值在不同草地类型中的表现差异较大，其中山地草甸的 NPP 多年均值最高，达到了 518.34 g C/(m^2·a)，是宁夏 NPP 最高的草地类型，主要分布在南部山区；其次是草甸草原、灌丛草甸和低湿地草甸，NPP 多年均值分别为 331.62 g C/(m^2·a)、261.93 g C/(m^2·a)和 222.73 g C/(m^2·a)；其他草地类型的 NPP 多年均值在

200 g C/(m²·a)以下，其中宁夏中部干旱带分布广泛的荒漠草原类和干草原类草地的 NPP 多年均值仅分别为 110.44 g C/(m²·a)和 186.36 g C/(m²·a)。不同草地类型的 NPP 年内动态变化均呈典型的单峰特征（图 4-11），5 月草地生长期开始时 NPP 急剧增加，在 7、8 月达到最大，9 月以后随着草地生长季的结束，NPP 开始快速下降。

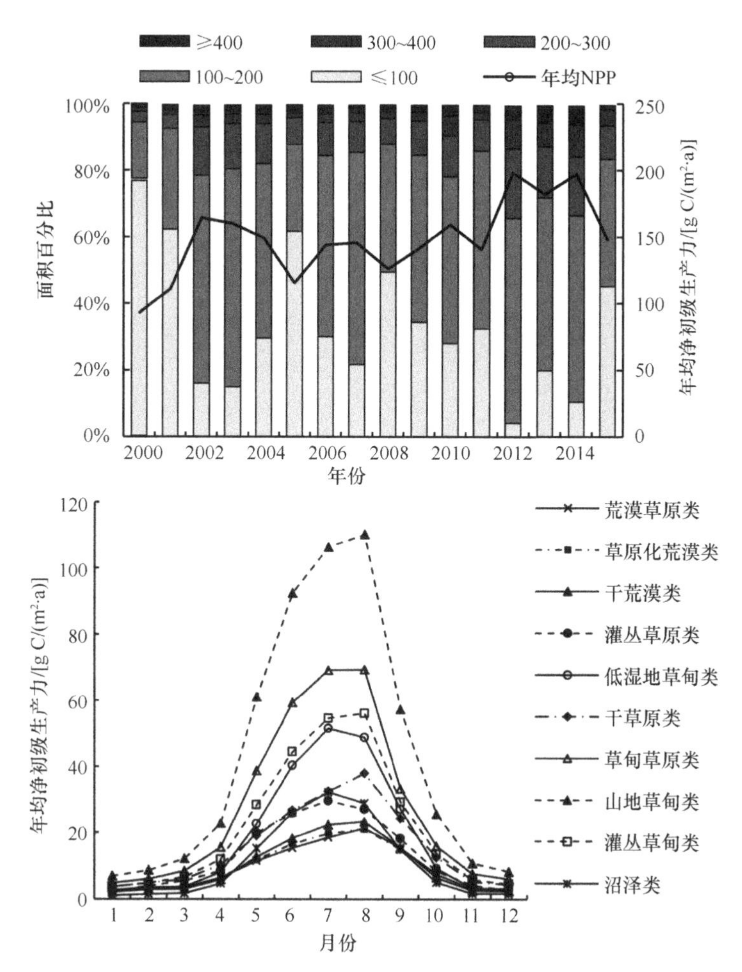

图 4-11　2000～2015 年宁夏草地 NPP 多年均值年际（上）及年内（下）变化

（3）空间变化特征

利用一元线性回归分析近 16 年来宁夏草地 NPP 的逐像元变化趋势，结果可以看出，全区草地有 98%的区域其 NPP 线性斜率大于 0，仅有 2%的区域其 NPP 线性斜率小于 0（图 4-12）。从空间来看，只有贺兰山地区的部分灌丛草原和中部干旱带的部分零星荒漠草原斑块 NPP 有减弱趋势，除此之外，宁夏大部分草地

NPP在近16年来均呈增长趋势。全区草地NPP的增长率自北向南逐渐增强，其中年增长率在0～5 g C/(m²·a)的草地分布最广，占全区草地面积的近61%，主要分布在中部干旱带及北部贺兰山山麓和鄂尔多斯台地边缘；而南部丘陵山区草地的年增长率多在5 g C/(m²·a)以上。草地NPP线性变化斜率的*F*检验结果显示（图4-12），宁夏草地中有61%的区域其NPP显著上升，包括宁夏中东部的荒漠草原、中南部的干草原及南部的灌丛草甸和草甸草原；呈上升趋势但并不显著的区域占全区草地面积的36%，主要集中在宁夏西北部的草原化荒漠、荒漠草原、灌丛草原及南部的部分山地草甸；下降不显著的区域主要分布在宁夏西北部贺兰山的部分灌丛草原及少部分草原化荒漠；呈显著下降的地区在全区分布不到3%，主要分散在宁夏北部。

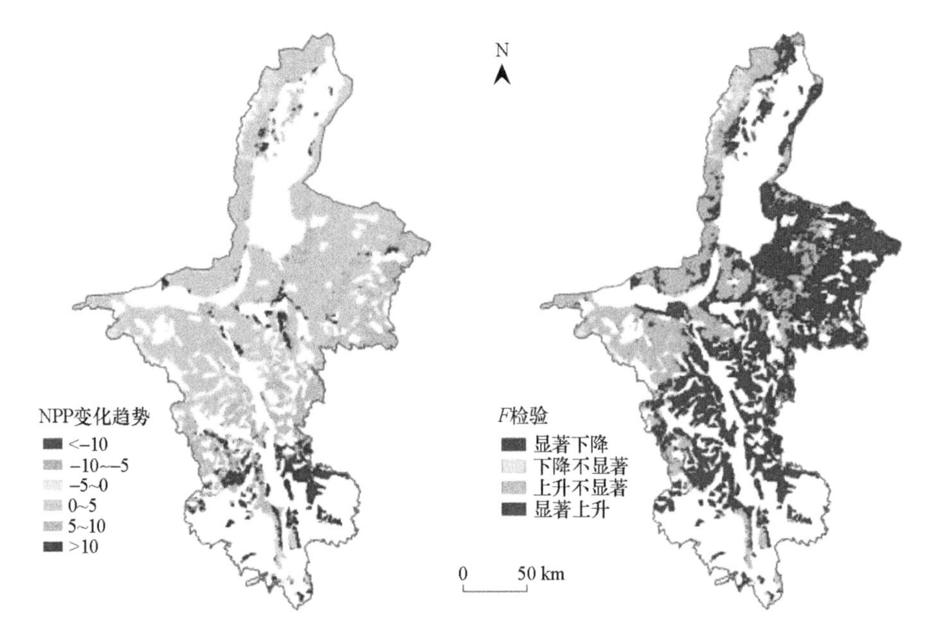

图4-12　宁夏年均草地NPP变化趋势与显著性检验（彩图请扫封底二维码）

为分析宁夏草地NPP变化趋势的可持续性，逐像元计算了草地NPP近16年的赫斯特指数（图4-13）。宁夏草地NPP的赫斯特指数在0.27～0.81，均值为0.53，赫斯特指数大于0.5的区域面积占宁夏草地面积的68%，而赫斯特指数小于0.5的区域面积仅占32%，说明宁夏大部分草地的NPP变化趋势具有较强的持续性，其变化的同向特征要高于反向特征。赫斯特指数高值主要分布在东部荒漠草原和北部银川平原边缘地区，其值在0.8左右；低值主要分布在中西部的荒漠草原类及草原化荒漠类草地。从不同草地类型来看，宁夏10类草地的平均赫斯特指数均大于0.5，其中沼泽类草地赫斯特指数均值最高，为0.64，其次为低湿地草甸类草地；赫斯特指数均值最低的草地类型为荒漠草原类，仅为 0.52。通过叠加分析当前草地 NPP 的变化斜率和赫斯特指数，获取宁夏草地 NPP 近 16 年的变化持续性特征（图 4-13）。从图 4-13 中可以看出，持续上升、上升转下降、下降转上升和持续下降 4 种变化特征的草地面积分别占全区草地面积的 66.3%、30.4%、1.2%和 2.1%，即宁夏草地 NPP 目前处于上升趋势的大部分地区未来依然会上升，而有 30.4%的区域其 NPP 上升趋势将在未来出现逆转。表现出持续上升趋势的草地主要分布在宁夏南部丘陵山区、东部荒漠草原及西北部贺兰山山前部分地区，包括草甸草原类、灌丛草原类、山地草甸类、干草原类、荒漠草原类、草原化荒漠类等多种类型近 16 年宁夏草地 NPP 以 3.90 g C/(m^2·a)的速率增长，这与李美君等（2016）、李柏延和任志远（2016）、张美玲等（2014）等对宁夏盐池、银川盆地及全国草地 NPP 变化趋势的研究结果相近，即 20 世纪末宁夏草地退化趋势基本遏制，自 21 世纪开始有所恢复，而宁夏东南部的草地 NPP 增长趋势较西北部明显，可能与这些区域实施的退耕还林、退牧还草等生态治理工程有关。此外，杜灵通等（2015b）和黄小燕等（2015）的研究均表明，宁夏近几十年气候有暖湿化的发展趋势，而 Chen 等（2015b）学者研究表明，气候变化对干旱区的植被水文过程影响较其他地区更为敏感，这可能也是导致宁夏草地 NPP 逐年增加的一个原因。

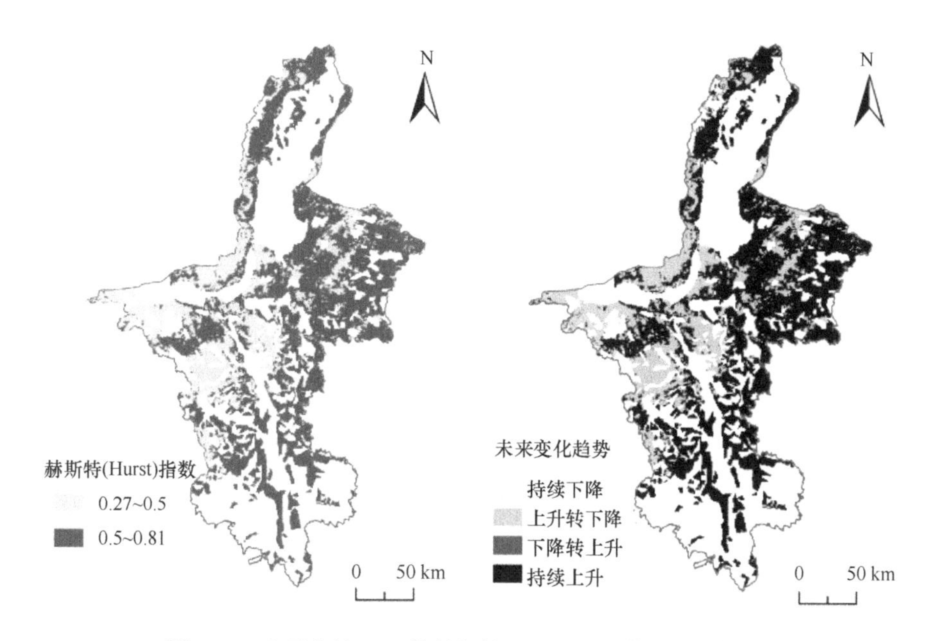

图 4-13　宁夏草地 NPP 的赫斯特（Hurst）指数及持续性特征

4.3.3 宁夏草地净初级生产力变化与气象因子的相关分析

（1）年草地 NPP 与年气象因子的响应分析

气象因子是影响草地生长的重要环境因子，本研究从像元尺度上计算了近 16 年草地 NPP 与同期气温、降水因子的相关关系，并进行了显著性检验（图 4-14）。结果显示，草地年 NPP 变化与年均温度变化的关系不大，整体呈不显著的负相关（图 4-14）。但宁夏草地年 NPP 变化与近 16 年的年降水量变化相关性较大，呈正相关的草地面积超过 90%（图 4-14）；二者的相关系数最高可达 0.87，从区域上来看，宁夏中部及南部的干草原和荒漠草原相关性较高，这些区域气候干旱、降水量少，且人工干预较弱，因此，草地 NPP 的强弱对大气降水的依赖性很高。显著性检验显示，草地 NPP 与年降水量的相关性达到显著水平（$P < 0.05$）的区域面积超过全区草地面积的 70%（图 4-14）。草地 NPP 与年降水量呈不显著正相关的区域主要分布在宁夏中北部的荒漠草原及灌丛草原区，这可能与该区域的草地受封育禁牧等人工干预较强有关。由此可见，在年际时间尺度上，气候降水条件为宁夏草地 NPP 变化的主要限制条件。

（2）生长季草地 NPP 对气象因子的响应分析

对生长季草地 NPP 与前 0～3 月的气象因子之间的相关分析结果表明，草地 NPP 与当月气温的相关性为 0.54，说明影响草地 NPP 变化的主要热量因素为生长季月均气温，而非年际尺度的气温变化。草地 NPP 与前 1 个月的气温相关性最高（$R = 0.80$），与前 2 个月的气温相关性次之（$R = 0.65$），与前 3 个月的相关性为 0.56，而与当月的气温相关性最低（$R = 0.54$）。从空间统计来看，草地 NPP 与前 1 个月的气温呈正相关的区域面积占全区草地面积的 97%，其中通过 $P < 0.05$ 显著性检验的区域面积占全区草地面积的 35%，均为 4 种情况中的最高，即宁夏草地 NPP 与气温的相关性表现出明显的滞后性，受前 1 个月的气温的影响最大。草地 NPP 与当月的降水量相关性最高（$R = 0.60$），与前 1 个月降水量的相关性次之（$R = 0.46$），与前 2 个月的相关性为 0.46，与前 3 个月的相关性最低（$R = 0.32$）。从空间统计来看，草地 NPP 与当月降水量呈正相关的区域面积占全区草地面积的 97%，且有 57%的像元通过了 $P < 0.05$ 的显著性检验，为 4 种情况中的最高，由此可见，生长季草地 NPP 对降水量的响应不存在月尺度上的时间滞后性。

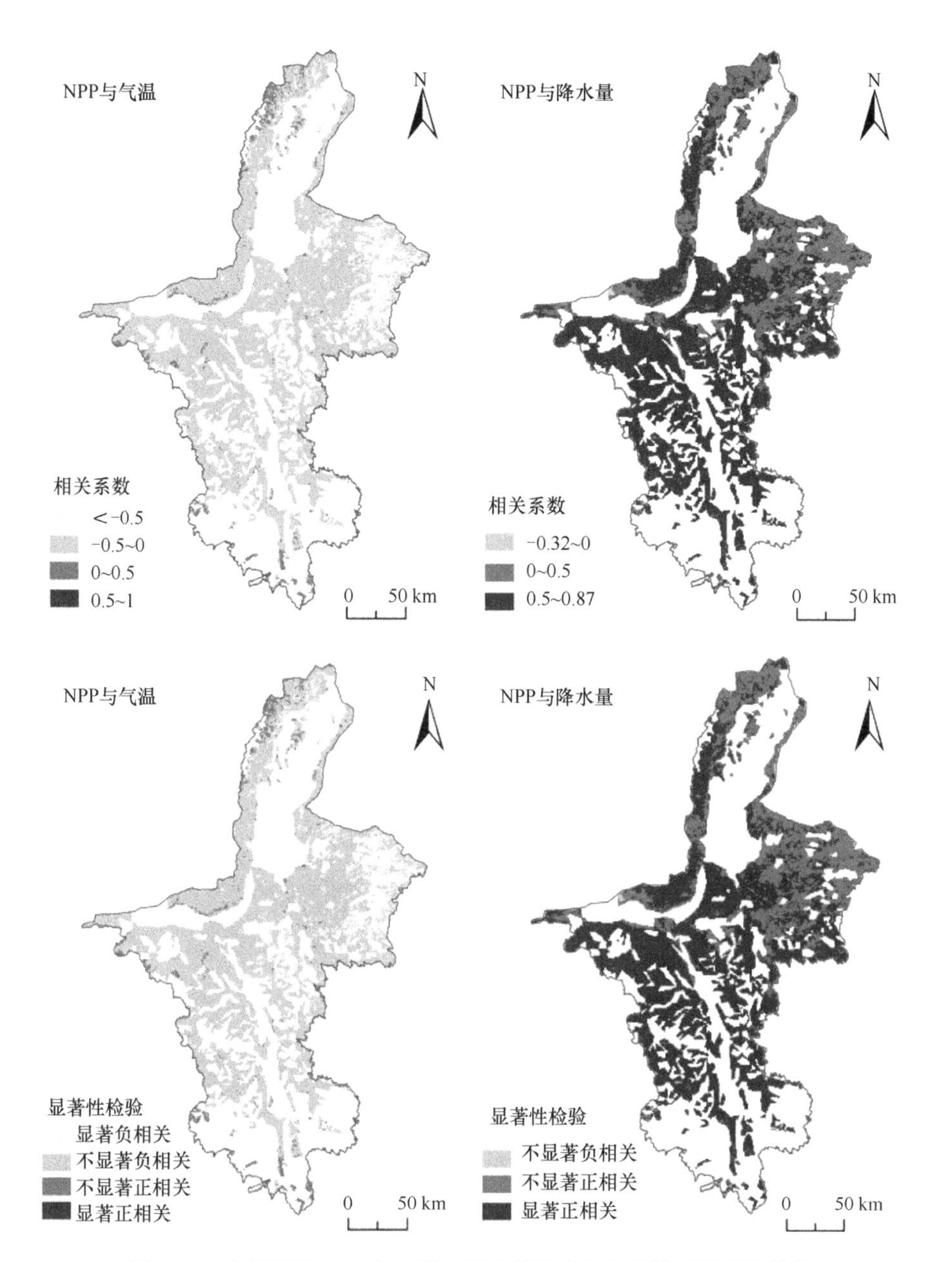

图 4-14　宁夏草地 NPP 与气温、降水量的空间相关性及显著性检验

（3）不同类型草地 NPP 对气象因子的响应分析

不同类型草地对于水热条件变化的响应不同，分析不同类型草地 NPP 与气象因子的相关性发现，NPP 与当月气温的相关性由高到低依次是沼泽类、草甸草原类、灌丛草原类、山地草甸类、灌丛草甸类及低湿地草甸类，这几类草

地与气温的相关系数随着时间滞后月份（0～3 月）的向前推移呈明显递减趋势（图 4-15）；而荒漠草原类、干草原类、草原化荒漠类及干荒漠类草地 NPP 受温度的影响则表现出与当月的相关性较低，而与前 1 个月的相关性最高，与随后的前 2 个月、前 3 个月的气温相关性也呈下降趋势（图 4-15）。因此，前文发现的生长季草地 NPP 对月均气温响应滞后 1 个月的现象，主要是由于宁夏大面积分布的荒漠草原类、干草原类及草原化荒漠类等草地类型对月均气温响应滞后所造成的。宁夏 10 种类型草地 NPP 均与当月的降水量相关性最高，其中与当月降水量相关性最高的 NPP 草地类型为荒漠草原类，其他依次为干草原类、低湿地草甸类、草原化荒漠类类、干荒漠类、沼泽类、灌丛草甸类、灌丛草原类、山地草甸类和草甸草原类，NPP 与降水量的相关性在各类型草地上没有表现出时间滞后性（图 4-15）。

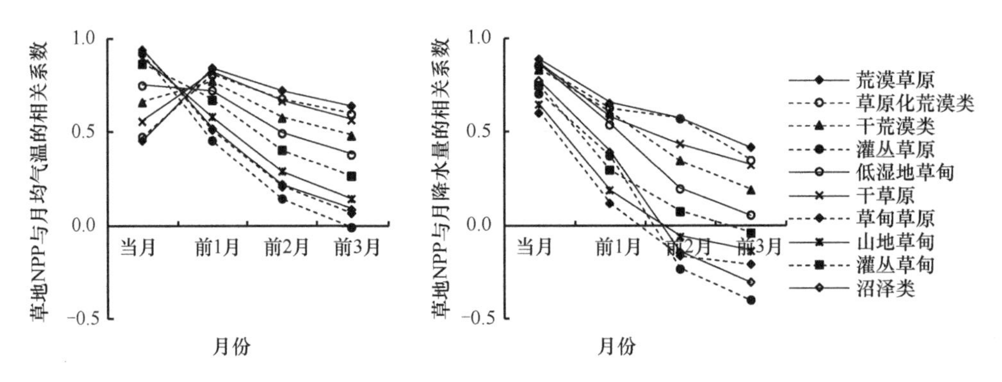

图 4-15　宁夏不同类型草地 NPP 与前 0～3 月气温、降水量的相关系数

与前人研究结果一致（施新民等，2008；穆少杰等，2013；史晓亮等，2016；焦翠翠等，2016），宁夏草地 NPP 变化的主要驱动因子为降水量，而与年均气温的相关性不大。但发现生长季不同草地类型对月均气温变化的响应存在差异，其中荒漠草原类、干草原类及草原化荒漠类草地与月均气温的相关性表现出较强的滞后性，而与月降水量的响应并未表现出滞后性，这与周伟等（2017）对我国草地与气象因素的滞后性响应分析有所差异。出现这一现象的原因可能有两方面，一是宁夏分布最多的荒漠草原、干草原中生长的大量短命植物对短期降水响应更为及时有关（孙羽等，2009）；二是宁夏中南部地区的草原受人为活动影响严重，其中气候和人为活动各自驱动着植被约 50%的变化（宋乃平等，2015），这在一定程度上干扰了草原生态系统 NPP 对气候的响应规律。

第 5 章　盐池荒漠草原带的人工灌丛分布及其生物量

草地灌丛化是全球草地退化中出现的一个重要变化过程，然而宁夏盐池在退化荒漠草原区人工种植柠条等灌木进行生态恢复与治理时，引起了荒漠草原人工灌丛化现象。本章利用遥感技术，对盐池人工灌丛化背景下的植被叶面积指数变化进行了监测，结合高分辨率遥感影像，对盐池人工种植的柠条灌丛进行了解译，并利用景观生态学的方法，研究了盐池荒漠草原人工柠条灌丛的地理分布及景观特征，通过样地尺度的人工柠条灌丛生物量实测与建模，推演至区域尺度的生物量遥感建模，并对盐池荒漠草原人工柠条灌丛生物量进行估算。研究定量化表达与分析盐池荒漠草原人工灌丛化的过程和影响。

5.1　草地自然灌丛化及人工灌丛化现象

5.1.1　草地灌丛化的概念及全球概况

灌丛入侵（bush/shrub encroachment）一词由 Van Auken（2000）提出，又被译为灌丛化，即干旱半干旱区草原生态系统中出现灌木/木本植物的植株密度、覆盖度和生物量增加的现象。Angassa 和 Baars（2000）在研究稀疏草原灌丛化时，将灌丛化定量为灌木覆盖度> 40%，后又提出每公顷灌木数量> 500 株时为灌丛化（Angassa，2014）。研究表明，有近 10%～20%的干旱半干旱区正经历着灌丛化，如南非、北美沙漠区、澳大利亚、地中海盆地及中国内蒙古草原都出现了这种现象（McKinley and Blair，2008）。灌丛化的发生常常与生态系统的功能和过程的变化紧密相关。荒漠草原地区大面积人工种植柠条也同样会造成灌丛化现象发生，在起到防沙治沙和增加植被覆盖度作用的同时，加速了土壤水分消耗，使土壤水分的空间异质性和破碎化程度加强（赵亚楠等，2018），进而导致生态系统结构和功能的改变，影响了草原生态系统的水文过程（李新荣等，2014，2016）。

灌丛化的生态效应是生态学、土壤学、水文学等学科的研究前沿与热点（王艺丹等，2017）。目前关于人工灌丛化对生态水文影响方面的研究较少，已有研究多集中在群落尺度（赵亚楠等，2018），重点关注植物多样性、土壤水分变化和水分的空间异质性等（郭璞等，2019；李小英等，2014；潘军等，2014；杨阳等，2014；杨治平等，2010）。Eldridge 等（2011）、Mlambo 等（2005）、熊小刚和韩兴国（2005）等研究了灌丛与邻近草地的植被特征及土壤性状；杨阳等（2014）

研究了灌丛密度对草原土壤养分的影响；王利兵等（2006）研究了灌丛冠幅大小与土壤粒径组成的关系。草原生态系统中植被与土壤之间构成一个相互作用、相互影响、相互制约、协调发展的统一系统。很多研究表明，灌丛入侵草地时，在群落尺度上，木本植物的密度、覆盖度、生物量增加；草本植物密度、覆盖度及生物量降低（Knapp et al.，2008）。而在斑块尺度上，草地灌丛化会影响土壤资源在空间上的分布（Knapp et al.，2008），改变了养分在灌丛及草地间的分配格局（Li et al.，2008），形成沃岛效应（彭海英等，2014），增强了土壤水分的异质性（张宏等，2001）。

5.1.2 盐池荒漠草原人工灌丛化现象

与前文草地灌丛化的概念略有不同之处，草原人工灌丛化并非草原生态系统中自然演替出灌木或木本植物的现象，也没有草地自然灌丛化过程中出现的非常明显的土地退化过程，实际上是草原地区开展的一种人工灌木种植现象，其主要目的是防风固沙、水土保持和增加生物量。从生态学角度看，实际上是对天然草地的一种人为干扰。我国在北方干草原、荒漠草原、草原化荒漠类地区的天然草地上，营造有大量的人工灌木林，在防沙治沙的同时，也起到了改良退化草地的作用。草原区种植人工灌丛的适宜灌木有岩黄芪属半灌木、锦鸡儿属灌木，如羊柴、花棒、柠条等。草地种植灌木后，具有显著的防风效果，据前人研究报道，平均高度为 79.8 cm 的人工羊柴草场与草群高度为 18.6 cm 的毗邻天然草场相比较，其距地面 100 cm 高度的风速降低了 17.7%；平均高度为 120.8 cm 的人工柠条草场与草群高度为 15 cm 的毗邻天然草场相比较，其距地面 200 cm 高度的风速降低了 16.6%。

盐池县位于毛乌素沙地南缘，草地在自然地带具有明显的半干旱与干旱、干草原与荒漠草原的过渡特点，植被类型以草原、灌丛、草甸和沙地植被为主，按地带性可分为干草原和荒漠草原两大类，干草原主要分布于南部麻黄山区，荒漠草原主要分布于广大中北部地区，其中，典型荒漠草原覆盖度 35%～50%；沙生植被主要分布在北部鄂尔多斯缓坡的平铺沙地、固定及流动沙丘，覆盖度 30%～40%；盐生植被主要分布在中、北部的盐渍化土壤上或轻度碱化的土壤上，植被以超旱生的盐生灌木为主，覆盖度约 40%。荒漠草原区主要草本植物包括短花针茅、绳虫实（绵蓬）、黑沙蒿、猪毛菜、芨芨草、胡枝子、蒙古冰草、老瓜头、盐爪爪等。盐池荒漠草原由于过度利用，从 20 世纪中叶开始发生非常严重的退化，2080 年代沙化面积占全县土地总面积的比例超过 80%。为遏制沙漠化和改善区域生态，20 世纪 70 年代末至 80 年代初，盐池县林业部门尝试进行“盐池县城郊地区建设万亩治沙样板林及其治沙造林技术研究”，成功地在毛乌素沙区建立样板林

666.7 hm^2，摸索出了一条沙区以灌木造林的模式。之后的几十年中，盐池县实施了退耕还林工程、三北防护林工程、天保工程等国家重点林业生态工程和各级各类中外防沙治沙援助项目，在荒漠草原区的沙化草地上营造沙柳、柠条、花棒、杨柴等灌木。据统计，截止到 2018 年盐池县灌木林地达 57 929.9 hm^2，取得了显著的防风固沙效益。

人们对盐池荒漠草原人工种植灌丛对原有草原生态系统演替、物种多样性和土壤质地演替等方面的研究已有一些认识。有学者对比了盐池沙地围封自然恢复草地和人工灌丛固沙林地两种模式下植被群落的差异，发现随着流动沙地固定和草本植被恢复，两种恢复模式下的植物群落存在差异，自然恢复草地中的一年生和多年生植物个体数与物种数均明显高于人工灌丛固沙林地，可见荒漠草原人工灌丛化对生物多样性的恢复能力较差。而荒漠草原的人工灌丛化对土壤质地演替起到了较为积极的作用，随着人工灌丛林建植年限的增加，灌丛内部、边缘到外部的土壤均逐渐得到改善，且灌丛发育显著增强了退化草原中土壤有机碳和全氮的空间异质性，产生“肥岛效应”。然而，人工灌丛化对盐池原来的荒漠草原生态系统的碳水循环过程的影响尚未得到充分研究，特别是对生态系统水循环过程的蒸散特征依然需要深入研究，对生态系统耗水量需要审慎评估，这也是本书揭示的人工灌丛化现象背后不容易发现的生态学规律，须在今后的生态治理中重视起来。

5.1.3　灌丛化背景下盐池县植被叶面积指数变化

叶面积指数（LAI）定义为单位地表面积上植物叶片总面积占地表面积的比例（Myneni et al.，2002），它是生态系统水文过程的关键参数（赵传燕等，2009b），也是表征植被结构特征的重要参数。LAI 与植物生理生态过程密切相关，影响着植物蒸腾、呼吸及光合等作用，因此，LAI 常被作为各种生态模型的输入参数，同时也被用来定量分析区域的植被结构变化。遥感数据因具有宏观性和周期性的特点，常被用于空间尺度 LAI 定量反演和时间序列变化的分析。基于遥感数据目前已开发了多种 LAI 数据产品，但是由于现有产品多为全球尺度数据，其空间分辨率不高，不适用于县域尺度的 LAI 变化定量分析。因此，本章通过在盐池县选取不同植被类型的样点，利用冠层分析仪（LAI-2200C）采集样点 LAI 数据，结合分辨率较高且时间序列较长的 Landsat 系列卫星影像，建立反演 LAI 的遥感经验模型算法，估算盐池荒漠草原长时间序列的 LAI 数据，定量评价人工灌丛化对盐池荒漠草原近 30 年来的植被结构影响情况。

（1）野外 LAI 测量与遥感数据处理

野外试验在 2019 年 7 月选择晴朗无云的天气进行。选择的样点较均匀地分布于盐池县境内（图 5-1），样点周围植被覆被类型均一且面积广阔，以最大限度地降低像元几何校正偏差导致的误差，选择样点的植被类型有林地、灌丛、农田及草地（表 5-1）。根据 Landsat 影像的像元大小，将样方设置为 30 m×30 m 大小，根据不同植被选择不同的测量方法。其中林地、灌丛和农田采用光学仪器观测法，仪器为 LAI-2200C 冠层分析仪，而草地采用样方框估算法。

植被类型为林地和灌丛的样点均为人工种植的行栽植被，其间隙明显。使用 LAI-2200C 冠层分析仪加装 45°视野帽，在阴天或晴天背对太阳直射的方向对样点进行测量。样线设置为两垄之间的对角线，选择 4 条对角线测量（图 5-2），即前一个样线测量时视角与垄平行，下一个样线测量时，则视角与垄垂直。农田使用 LAI-2200C 冠层分析仪加装 270°视野帽，采用十字测量法，即在样方 4 条边的中点和样方中心点测量。在使用 LAI-2200C 冠层分析仪时，每个观测点采用冠层上 1 次、冠层下 4 次的方式重复测量。测量的同时打开 LAI-2200C 冠层分析仪的全球定位系统（GPS）设置，对样点进行精确定位，获取经纬度信息。草地使用 1 m×1 m 的样方框估算 LAI，同样采用十字测量法，在样方 4 条边的中点和样方中心点各测量 3 次并使用 GPS 记录位置信息。

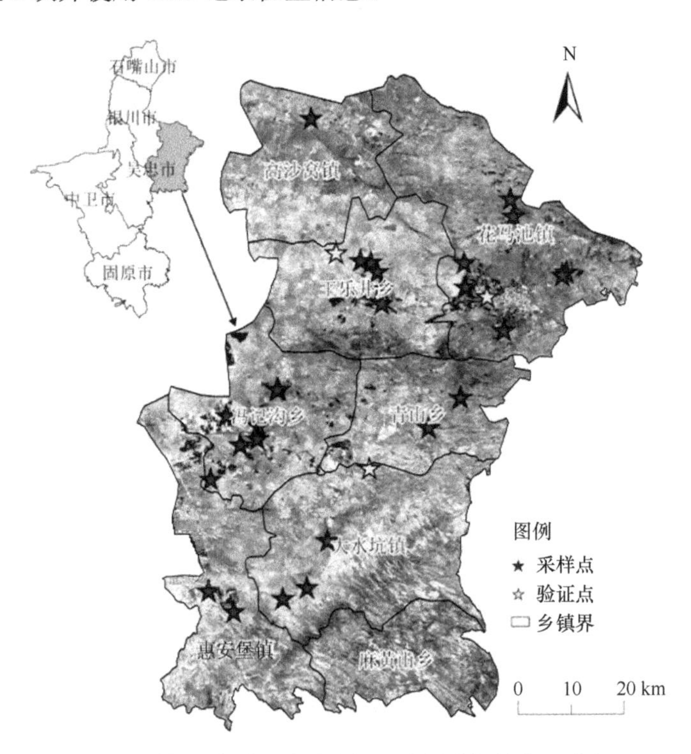

图 5-1 采样点与验证点分布图（彩图请扫封底二维码）

表 5-1　野外 LAI 采集样点信息表

序号	植被类型	LAI	纬度/°	经度/°	ID	植被类型	LAI	纬度/°	经度/°
1	灌丛	0.40	38.09	106.96	15	灌丛	0.52	37.83	107.49
2	农田	1.26	37.85	107.08	16	农田	2.09	37.82	107.48
3	农田	4.30	37.78	107.10	17	灌丛	0.43	37.63	107.26
4	农田	2.90	37.84	107.09	18	灌丛	0.36	37.85	107.28
5	林地	0.41	37.86	107.05	19	林地	0.29	37.58	107.19
6	灌丛	0.91	37.59	106.83	20	农田	6.52	37.65	106.87
7	草地	1.09	37.61	106.76	21	农田	3.34	37.81	107.28
8	农田	1.89	37.57	106.83	22	农田	4.84	37.43	106.65
9	农田	3.79	37.56	106.79	23	草地	0.60	37.28	106.77
10	灌丛	0.89	37.38	106.68	24	草地	0.43	37.32	106.92
11	林地	0.54	37.73	107.36	25	草地	0.38	37.39	106.97
12	农田	1.30	37. 30	106.87	26	草地	0.54	37.65	106.87
13	灌丛	0.65	37.95	107.38	27	草地	0.23	37.50	106.72
14	林地	1.45	37.92	107.38					

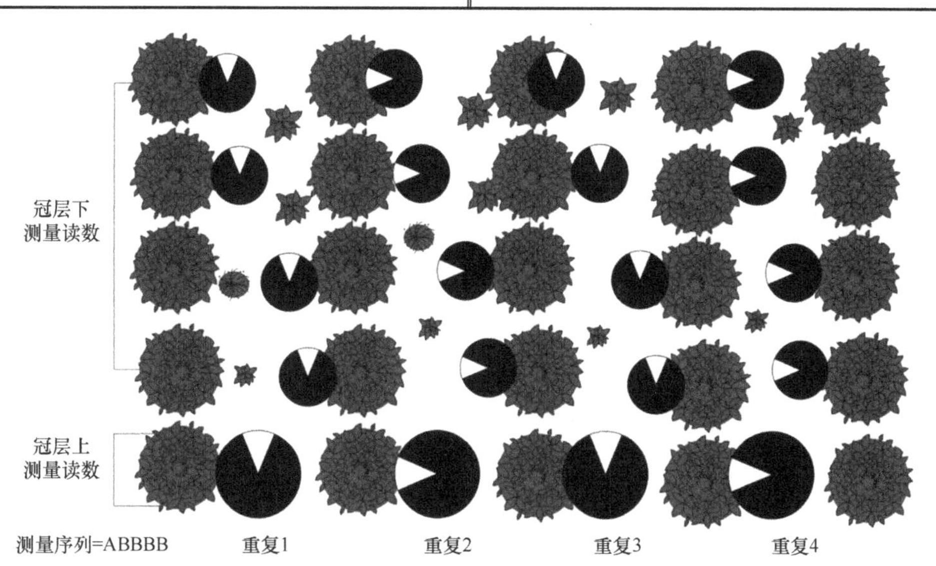

图 5-2　测量方法示意图

本研究使用历史存档的 Landsat 遥感数据估算 LAI。美国 NASA 的陆地卫星（Landsat）计划，从 1972 年 7 月 23 日以来，分别于 1972 年、1975 年、1978 年、1982 年、1984 年、1993 年、1999 年和 2013 年陆续发射了 8 颗卫星，其中第 6 颗发射失败，Landsat-1～4 均相继失效，Landsat-5 于 2013 年 1 月退役。Landsat-7 于 1999 年 4 月 15 日发射升空。Landsat-8 于 2013 年 2 月 11 日发射升空，经过 100 d

测试运行后开始获取影像。影像可以美国地质调查局（United States Geological Survey，USGS）的全球可视化查看器（global visualization viewer，GloVis）（https://glovis.usgs.gov/）中获取。本研究使用覆盖盐池全县轨道号为 129/34 的数据，并选择 1986～2019 年 6～9 月晴朗少云的影像，包含了由 Landsat-5、Landsat-7 和 Landsat-8 卫星获取的共 11 景遥感影像数据（表 5-2）。Landsat-5 搭载了专题制图仪（TM）传感器，重复周期为 16 d，其图像数据文件包含 7 个光谱带，波段 1～5 和波段 7 的空间分辨率为 30 m，波段 6（热红外波段）的空间分辨率为 120 m。南北的扫描范围大约为 170 km，东西的扫描范围大约为 183 km。Landsat-7 搭载的主要传感器为增强型专题制图仪（ETM+），重复周期也同样为 16 d，Landsat ETM+影像数据包括 8 个波段，波段 1～5 和波段 7 的空间分辨率为 30 m，波段 6 的空间分辨率为 60 m，波段 8 的空间分辨率为 15 m，南北的扫描范围大约为 170 km，东西的扫描范围大约为 183 km。Landsat-7 自 2003 年 5 月 31 日校正器突然发生故障，导致之后的所有数据都是异常的。Landsat-8 卫星上携带两个传感器，分别是陆地成像仪（operational land imager，OLI）和热红外传感器（thermal infrared sensor，TIRS）。Landsat-8 在空间分辨率和光谱特性等方面与 Landsat-1～7 保持了基本一致，卫星一共有 11 个波段，波段 1～7、9～11 的空间分辨率为 30 m，波段 8 为 15 m 分辨率的全色波段，卫星每 16 天可以实现一次全球覆盖。陆地成像仪有 9 个波段，成像宽幅为 185 km×185 km。

表 5-2　用于 LAI 时间序列反演的遥感影像

日期	云量	卫星	日期	云量	卫星
1986/7/31	0	Landsat-5	2010/7/17	0.37	Landsat-5
1994/8/6	2	Landsat-5	2011/6/18	2	Landsat-5
1999/8/12	0.11	Landsat-7	2014/7/28	0.02	Landsat-8
2002/7/19	4.73	Landsat-7	2017/9/6	0.03	Landsat-8
2003/8/15	0	Landsat-5	2019/7/26	0	Landsat-8
2004/8/17	6.84	Landsat-5			

Landsat 遥感影像预处理使用 ENVI 软件操作，主要步骤包括辐射定标、FLAASH 大气校正、几何校正及影像裁剪。首先对输入影像辐射定标，将影像像元值转换为对应像元的辐射率或者反射率等物理量；再对影像大气校正，目的是去除空气中水汽颗粒等因子的影响，使植被的波谱曲线趋于正常；之后对影像几何校正，利用地面控制点和几何校正数学模型校正非系统因素产生的误差；最后使用盐池县的矢量边界对处理过的影像裁剪，获得对应年份盐池县 30 m 分辨率的影像数据。遥感影像反演过程中的数值计算及制图采用 ArcGIS 软件与 Python 语言编程相结合的方法对影像数据进行处理。

（2）LAI 估算模型构建及评价

要建立 LAI 估算模型，首先需从遥感的波段及组合变量中优选出适合建模的变量，变量筛选使用了 Boruta 算法（Kursa and Rudnicki，2010），利用 R 语言编程实现。Boruta 算法是一种特征选择方法，使用特征的重要性来选取特征。Boruta 算法首先通过创建阴影特征（shadow feature）与真实特征拼接，构成新的特征矩阵。用新的特征矩阵作为输入数据并进行模型训练，以评估每个特征的重要性。在每次迭代中，判断真实特征是否比最高得分的阴影特征有更高的重要性，同时不断删除不重要的特征。最后，当所有特征得到确认或拒绝，或算法达到随机森林运行的一个规定的限制时，算法停止，获得各特征重要性的排序。

在优选变量的基础上，采用基于植被指数的经验关系的方法构建模型反演 LAI。遥感影像获取的植被指数与 LAI 密切相关，通过拟合构建回归模型的方法直接将地表反射率表示为 LAI 的模型（刘洋等，2013）。模型构建需要实测 LAI 数据、模型构建变量及经验关系类型。通过分析已有研究结果（谢巧云，2017），本文选取归一化植被指数（NDVI）、简单比值植被指数（simple ratio index，SRI）、大气阻抗植被指数（atmospherically resistant vegetation index，ARVI）、绿色叶绿素指数（green chlorophyll index，CIgreen）、改进三角植被指数（modified triangular vegetation index，MTVI）、优化的土壤调节植被指数（optimized soil adjusted vegetation index，OSAVI）、宽动态范围植被指数（wide dynamic range vegetation index，WDRVI）、改进比值植被指数（modified simple ratio index，MSRI）、改进土壤调节植被指数（modified soil-adjusted vegetation index，MSAVI）等 9 个植被指数（Broge and Leblanc，2001；Gitelson et al.，2003a，2003b；Gitelson，2004；Haboudane et al.，2004；Jordan，1969；Kaufman and Tanre，1992；Rondeaux et al.，1996；Rouse et al.，1974）为候选模型构建变量（表 5-3）。除此之外，还有 Landsat 的蓝色波段（blue）、绿色波段（green）、红色波段（red）和近红外波段（NIR）也将作为候选模型构建变量。

由于候选模型构建变量过多，因此在建模前使用 Boruta 算法对构建模型的变量进行筛选。首先，利用野外实测 LAI 的样点坐标，获取 2019 年影像中对应位置像元的波段信息，通过计算获取各候选模型变量的数值。将样点 LAI 数据与对应候选模型变量的数据作为 Boruta 算法的输入数据。输出结果表明这些候选模型变量经过筛选均为重要特征（图 5-3），可作为构建 LAI 模型的变量。候选模型构建变量的重要性从高到低依次为 MTVI、WDRVI、SRI、MSAVI、CIgreen、MSRI、NDVI、OSAVI、ARVI、red、NIR、blue、green。本文选取了其中重要性最高的特征变量 MTVI 用于建模，将其与 LAI 实测值建立模型经验关系，构建一元一次模型、一元二次模型、指数模型和对数模型，结果如图 5-4 所示。

表 5-3　植被指数及计算公式表

植被指数	计算公式
归一化植被指数（NDVI）	$(\rho_{NIR}-\rho_{red})/(\rho_{NIR}+\rho_{red})$
简单比值植被指数（SRI）	ρ_{NIR}/ρ_{red}
大气阻抗植被指数（ARVI）	$[\rho_{NIR}-(2\times\rho_{red}-\rho_{blue})]/[\rho_{NIR}+(2\times\rho_{red}-\rho_{blue})]$
绿色叶绿素指数（CIgreen）	$\rho_{NIR}/\rho_{green}-1$
改进三角植被指数（MTVI）	$1.2\times[1.2\times(\rho_{NIR}-\rho_{green})-2.5\times(\rho_{red}-\rho_{green})]$
优化的土壤调节植被指数（OSAVI）	$(1+0.16)\times(\rho_{NIR}-\rho_{red})/(\rho_{NIR}+\rho_{red}+0.16)$
宽动态范围植被指数（WDRVI）	$(0.1\times\rho_{NIR}-\rho_{red})/(0.1\times\rho_{NIR}+\rho_{red})+0.9/11$
改进比值植被指数（MSRI）	$(\rho_{NIR}/\rho_{red}-1)/(\rho_{NIR}/\rho_{red}+1)$
改进土壤调节植被指数（MSAVI）	$\left[2\times\rho_{NIR}+1-\sqrt{(2\times\rho_{NIR}+1)^2-8\times(\rho_{NIR}-\rho_{red})}\right]/2$

注：ρ_{NIR} 为近红外波段反射率，ρ_{red} 为红光波段反射率，ρ_{blue} 为蓝光波段反射率，ρ_{green} 为绿光波段反射率

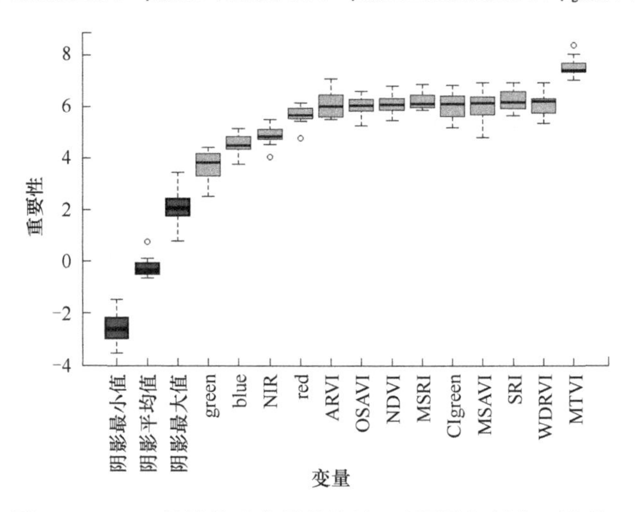

图 5-3　Boruta 算法筛选变量的结果（彩图请扫封底二维码）

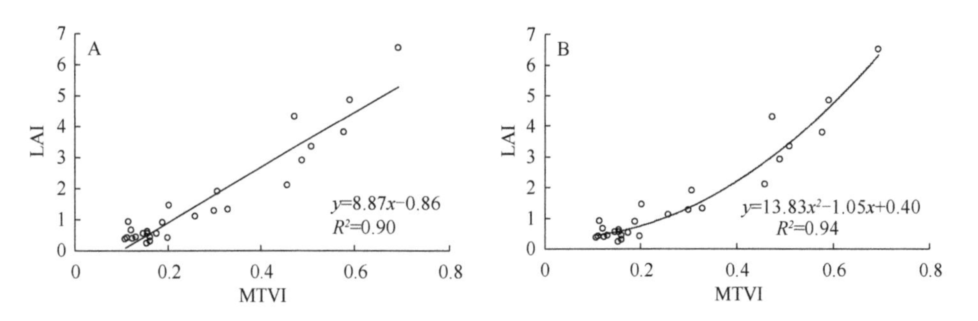

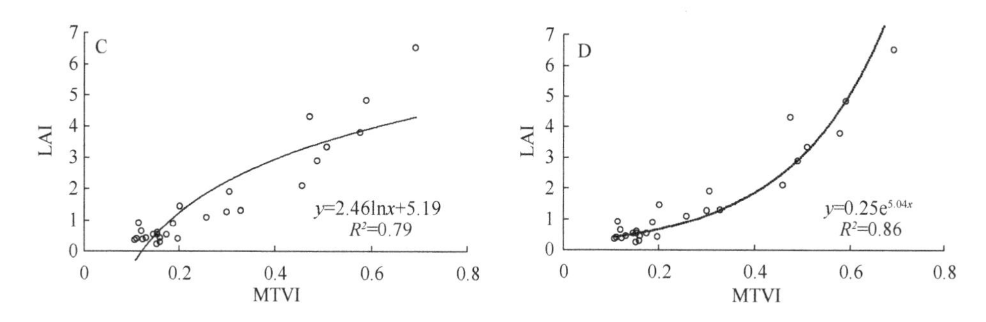

图 5-4　LAI 模型构建结果

A. 一元一次模型；B. 一元二次模型；C. 对数模型；D. 指数模型

将 2019 年 Landsat 影像中计算的 MTVI 与实测 LAI 构建回归模型，将验证点数据代入到回归模型中进行精度评估，通过决定系数（R^2）、平均绝对误差（MAE）和均方根误差（RMSE）三个指标来对模型进行评价，选取精度高的模型用于盐池 LAI 的反演。精度验证结果（表 5-4）表明，其中 R^2 最大的是运用指数模型模拟的结果，值为 0.94，模拟值与实测值的拟合程度最好。而一元二次模型模拟结果的 MAE 和 RMSE 最小，值分别为 0.32 和 0.35，表明这个模型求得的 LAI 值与实际值偏差最小。综合分析精度验证结果，选择一元二次模型用于建模，在其 MAE 和 RMSE 最小的同时 R^2 值为 0.91，略低于指数模型，但也表明其实测值和预测值有较高的拟合度。故将变量为 MTVI 的一元二次模型作为 LAI 反演模型，即：

$$\mathrm{LAI}=13.83\times\mathrm{MTVI}^2-1.05\times\mathrm{MTVI}+0.40 \tag{5-1}$$

用上述模型来模拟 1986～2019 年的盐池多年 LAI 值，通过 LAI 指标来定量评估盐池荒漠草原的植被变化。

表 5-4　各模型及其精度验证结果

统计模型	回归方程	R^2	MAE	RMSE
一元一次模型	$y=8.87x-0.86$	0.86	0.38	0.43
一元二次模型	$y=13.83x^2-1.05x+0.40$	0.91	0.32	0.35
对数模型	$y=2.46\ln x+5.19$	0.85	0.38	0.49
指数模型	$y=0.25e^{5.04x}$	0.94	0.35	0.42

（3）近 30 年盐池 LAI 变化分析

对 1986～2019 年夏季 Landsat 影像反演，分析数据计算盐池县各景影像 LAI 均值，获得年际间 LAI 的变化趋势（图 5-5），结果表明盐池县 LAI 呈显著上升趋势（$P<0.01$），即 1986～2019 年盐池植被覆盖度呈上升态势。盐池县自生态治理

以来，就被作为重点治理试验示范区（王黎黎，2016）。国家于 2001 年开始实施生态造林工程，自 2002 年开始在盐池实施围栏封育和全县禁牧政策，在封育区内补植的灌草主要有柠条和苜蓿（孙海军等，2006）。从图 5-5 中也可以明显看出，在 2002 年之前的 LAI 数据为下降趋势，当时并没有开始全县的生态治理工程，在 2002～2014 年这段时期虽然数据波动比较大，但与 2002 年前相比其 LAI 数值仍要高一些，综合分析表明，人工植被的种植增加了盐池的植被。2017 年和 2019 年均为雨水充沛的年份，导致植被生长比较好，也是其 LAI 增加的原因之一。

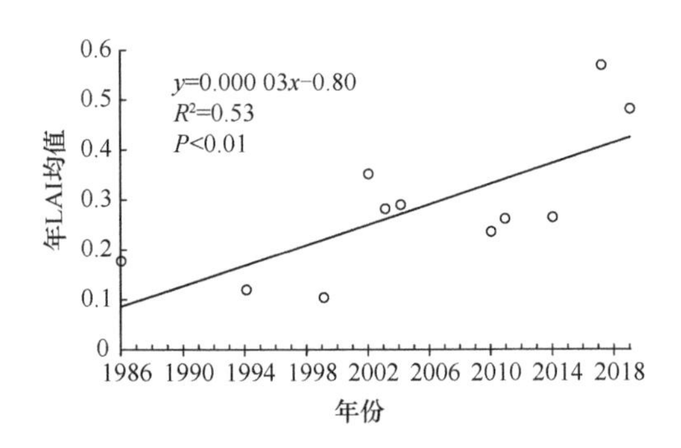

图 5-5 盐池县 LAI 均值的年际时间序列

分析历年 LAI 反演结果（图 5-6），发现数据中可以明显判断出公路、农田等斑块。一方面其反映出反演效果比较好，其中盐池县内有一些高亮的斑块，其形状较为规则，即为农田斑块，由于这些区域发展了灌溉农业，其植被密度和长势都比较好，因此在图上呈现为高值区。另一方面可以看出盐池受人为影响明显，虽然在城镇化发展中，一小部分区域的 LAI 减小了，但从多年影像对比中仍然可以明显看出盐池整体变得更“绿”了。这表明近几十年政府的生态治理工程取得了显著的成果，使盐池的植被覆盖度明显增加。

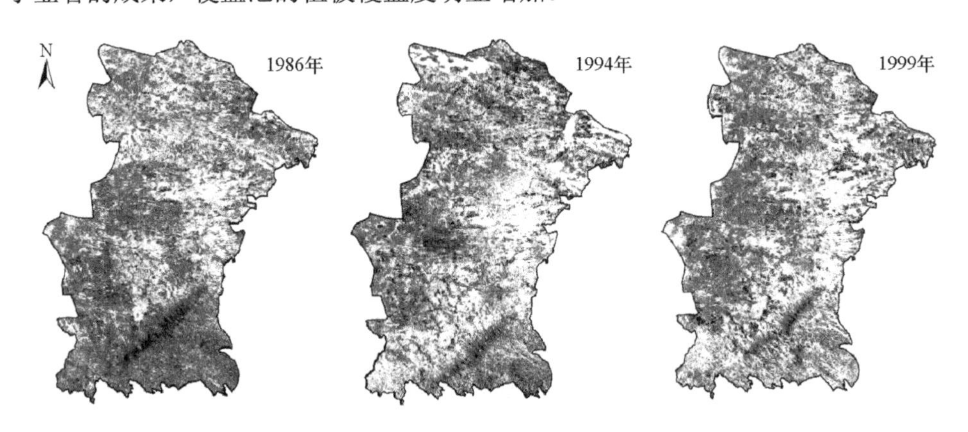

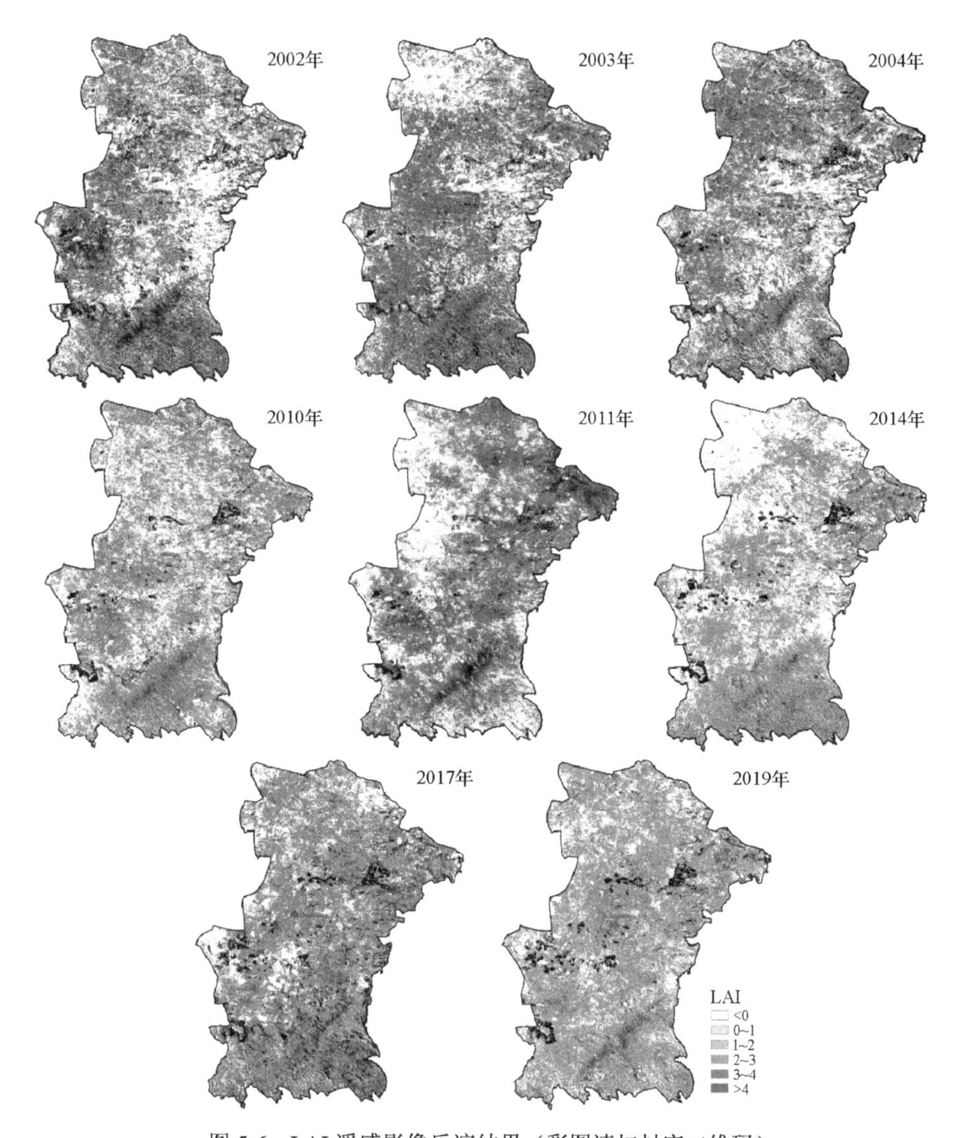

图 5-6　LAI 遥感影像反演结果（彩图请扫封底二维码）

分析盐池县 1986～2019 年 LAI 的空间变化趋势，LAI 呈上升趋势的区域面积占全县的 67.45%，其中 19.52%的区域为显著性上升（$P < 0.05$），17.60%的区域为极显著上升（$P < 0.01$）。在盐池县植被 LAI 呈下降趋势的区域面积占 32.55%，其中有 29.67%为不显著下降区域，显著下降的区域仅占 2.88%（$P < 0.05$）。由图 5-7 的变化趋势图可以看出，盐池县植被 LAI 明显增加的区域出现在盐池县的东北部，主要有花马池镇、青山乡和王乐井乡，这也正是大面积种植灌木进行生态治理的主要区域。由此可见，近 30 年来盐池县植被密度增加明显，在盐池荒漠草

原人工植被种植取得成效的同时，表明盐池荒漠草原人工灌丛化现象的发生。

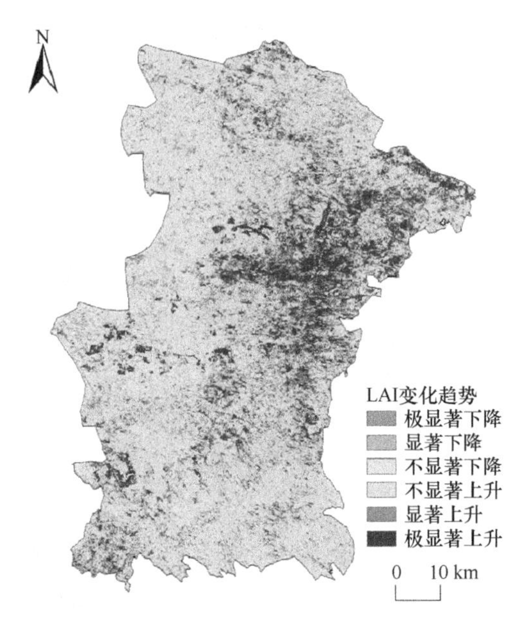

图 5-7 盐池县 LAI 变化趋势（彩图请扫封底二维码）

利用盐池县 Landsat 影像各波段辐射值计算多种植被指数，将他们与实测 LAI 输入 Boruta 算法，筛选出重要性最高的特征 MTVI 用于 LAI 反演建模，并反演获得 1986～2019 年 11 景影像的 LAI 数据。结果表明 MTVI 与 LAI 建立的一元二次模型 $LAI=13.83MTVI^2-1.05MTVI+0.40$，适用于盐池县 Landsat 影像的 LAI 反演，反演结果精度较高。从时间和空间序列分析结果来看，1986～2019 年盐池县植被 LAI 呈增加趋势，表明植被覆盖度在增加，植被叶面积结构发生了变化，荒漠草原实施的防沙治沙工程取得显著植被恢复效果的同时，导致荒漠草原发生了人工灌丛化现象，即草本向灌木的转变。人工灌丛化现象增加了植被覆盖度，增大了植被叶面积，改变了地表植被结构特征，这将影响草原生态系统的蒸散过程，进一步分析其产生的影响将会对该地区生态恢复提供理论指导。

5.2 盐池荒漠草原人工柠条灌丛地理分布及景观特征

5.2.1 人工柠条灌丛提取及景观分析方法

（1）人工柠条灌丛提取方法

使用 ENVI 5.1 版本软件对 GF-1 PMS 数据进行预处理。采用定标系数进行辐射定标，其定标参数均来自中国资源卫星中心；大气校正利用 FLAASH 模块，采用的是目前精度最高的大气校正模型 MODTRAN 4。由于选择的研究区尺度较小，在此基础上对全色波段与多光谱波段进行融合（祝佳，2016）。得到空间分辨率为 2 m 的高分辨率多光谱数据，采用假彩色合成显示进行盐池县人工柠条灌丛景观特征分析。

监督分类法。结合盐池县的乡镇划分，在融合遥感影像中，每个乡镇提取 2 个比较有代表性的训练样本（共 16 个样本），进行野外调查对比，确定人工柠条灌丛的训练样本，计算机依据人工柠条的光谱反射特征与训练样本信息进行自动解译分类。通过监督分类和人机交互式解译提取人工柠条灌丛的空间分布图。

目视解译法。研究区以人工种植的柠条灌丛为主，但也有非常少量的天然散生的柠条，为准确提取人工柠条灌丛的数据，需要人工目视经验判断。人工柠条灌丛具有明显的条带纹理特征，而天然柠条分布零散、大小不均一且不成林，在影像中无条带纹理特征。同时，结合谷歌地球影像的放大图，通过直接判读、对比分析、信息复合、综合推理和地理相关分析等方法（李石华等，2005），核查计算机分类处理的效果与精度，根据分类结果在盐池县各乡镇人工柠条灌丛地随机选取 1 个样点（共 8 个样点）进行野外勘探，进一步人工目视纠错，最终提取出覆盖整个盐池县的人工柠条灌丛斑块数据。

（2）人工柠条灌丛景观分析方法

地理分布格局分析方法。将高程、坡度等地理空间数据与人工柠条灌丛斑块进行叠加，利用 ARCGIS 10.1 软件进行空间分析，得到不同高程及坡度上的人工柠条灌丛斑块的分布情况，通过统计不同高程与不同坡度的人工柠条灌丛斑块的类型及其所占比重等，分析人工柠条灌丛景观的地理分布格局。

景观格局分析方法。利用 Fragstats 景观分析软件对盐池县人工柠条灌丛景观指数进行计算。本研究在借鉴前人研究成果（候静等，2016；陈文波等，2002）的基础上，选取景观单元特征类和景观斑块破碎化程度类共计 10 个指标（表 5-5），对盐池县人工柠条灌丛景观特征进行研究。

5.2.2　盐池荒漠草原人工柠条灌丛的地理分布特征

（1）人工柠条灌丛解译结果

通过监督分类法与目视解译法相结合的方法提取盐池县人工柠条灌丛区域，从解译结果中统计得出盐池县人工柠条灌丛斑块 1885 个，总面积为 89 234.24 hm²，约占县域面积的 13.18%。利用 ARCGIS 软件的空间分析功能，对盐池县的人工柠条灌丛斑块按面积进行等级划分，统计结果及空间分布分别见表 5-6 和图 5-8。在

表 5-5　景观指数及其生态学意义

类型	景观指数	公式	参数意义	生态学意义
景观单元特征类	斑块数量（NP）	$NP=n$	n：斑块数量	反映了某类型斑块在研究区的分布状况
	类型面积（CA）	$CA_i=\sum_{j=1}^{n}X_{ij}$	CA_i：某类景观斑块的总面积 X_{ij}：i 类景观中第 j 个斑块的面积	某种类型下所有斑块的总面积大小，表示斑块大小特征
	平均斑块面积（MPS）	$MPS=\frac{CA}{NP}$	CA：总斑块面积 NP：斑块总数量	指征景观的破碎程度，也是反映景观异质性的关键
	最大斑块指数（LPI）	$LPI=\frac{A_{max}}{A}$	A_{max}：景观类型中最大斑块面积 A：此类景观的总面积	某种景观类型里最大的斑块与景观总面积的百分比，表示大斑块优势程度
	景观形状指数（LSI）	$LSI=\frac{0.25E}{\sqrt{A}}$	E：景观内所有斑块周长 A：该景观斑块的总面积	用来表示景观内部斑块的复杂程度
景观斑块破碎化程度类	斑块密度（PD）	$PD=\frac{N}{A}$	N：斑块总数量 A：此类景观的总面积	与景观斑块破碎化程度密切相关，在一定程度上代表了景观空间结构的复杂性
	边界密度（ED）	$ED=\frac{E_i}{A_i}\times10^6$	E_i：i 类景观斑块的边界总长度 A_i：i 类景观斑块的总面积	与景观斑块的破碎化程度呈正相关，破碎化程度高，ED 值大，单位面积内斑块的边界总长度就会越长
	蔓延度（CONTAG）	$CONTAG=1-\frac{-\sum_{i=1}^{m}\sum_{j=1}^{m}P_{ij}\ln(P_{ij})}{2\ln m}$	m：景观中的斑块类型数 P_{ij}：面积加权的概率	表征景观中不同斑块类型团聚程度或蔓延趋势
	聚合度（AI）	$AI=\left(\frac{g_{ii}}{\max\rightarrow g_{ii}}\right)\times100$	g_{ii}：此类景观的总面积	从景观水平上描述同一类斑块的邻接关系
	分离度指数（SPLIT）	$SPLIT=\frac{1}{2}\sqrt{\frac{n}{A}}\bigg/\frac{m}{A}$	A：该景观斑块的总面积 m：该类型斑块数量 n：总斑块数量	某一景观类型中各斑块空间分布之间的分离程度

表 5-6　人工柠条灌丛斑块大小等级划分及统计

斑块划分标准		斑块数量/个	最小面积/hm²	最大面积/hm²	总面积/hm²	平均面积/hm²	数量比例/%	面积比例/%
斑块等级	斑块面积/hm²							
极小斑块	＜1	47	0.17	0.99	31.87	0.68	2.49	0.04
小斑块	1～10	618	1.01	9.98	3 044.85	4.93	32.79	3.41
中斑块	10～100	1 011	10.06	99.69	34 322.03	33.95	53.63	38.46
大斑块	100～1 000	206	100.59	980.41	47 366.60	229.93	10.93	53.08
极大斑块	＞1 000	3	1 451.00	1 529.74	4 468.89	1 489.63	0.16	5.01

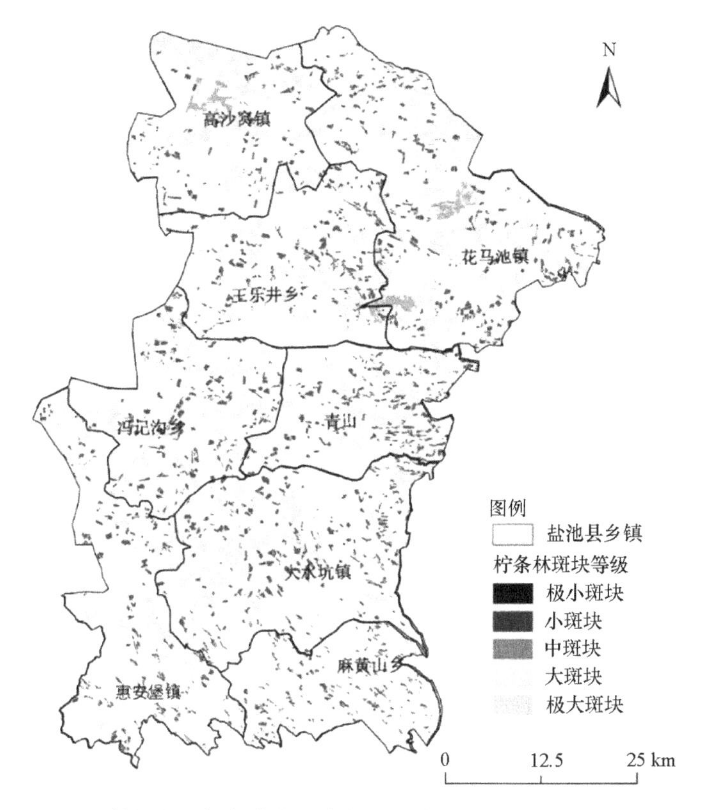

图 5-8　不同等级人工柠条灌丛斑块的分布情况（彩图请扫封底二维码）

划分的 5 个人工柠条灌丛斑块等级中，斑块数量最多的是中斑块，共有 1011 个，超过总斑块数量的一半；其次是小斑块，共有 618 个。中斑块和小斑块的数量占总斑块数量的 86.42%，表明盐池柠条种植多以 1～100 hm²的连续地块为单元，以适度成片种植为主。尽管大斑块数量仅占总斑块数量的 10.93%，但其面积却达到了总柠条种植面积的 53.08%；极大斑块虽然只有 3 个，但每个斑块的平均面积却达到了 1489.63 hm²。极大斑块分布于盐池北部的花马池镇、高沙窝镇和花马池镇与王乐井乡交界处，大斑块主要分布于中北部荒漠草原区，而南部黄土丘陵的麻黄山乡分布很少。这说明，盐池在荒漠草原沙化治理过程中，面积超过 100 hm²的大片柠条种植区对区域植被恢复和沙漠化防治起到了举足轻重的作用。小斑块和极小斑块的人工柠条灌丛分布也较为广泛，尤其在麻黄山较密集，但其总面积很小，多为退耕边角区域或丘陵破碎非连片区种植的柠条灌木，区域性生态效益不大。

（2）不同高程的人工柠条灌丛斑块分布

盐池县的高程范围在 1279～1954 m，分别统计了不同高程区段的人工柠条灌丛斑块数量和面积（表 5-7）。由统计结果可以看出，盐池县人工柠条灌丛主要分布在低于 1600 m 的高程区段，< 1400 m、1400～1500 m 和 1500～1600 m 高程区段的人工柠条灌丛面积占所在高程区段土地面积的比例均高于盐池县平均值，即这 3 个高程区段的人工柠条灌丛分布比较集中。同时，这 3 个高程区段的人工柠条灌丛平均斑块面积也较大，说明低于 1600 m 的区域也是盐池县柠条集中连片种植的区域。以上结果表明，盐池县人工柠条灌丛在种植时有一定的地理分布规律，即人为选择地势相对较低的地带集中连片种植，而地势较高的区域则小面积散乱种植。由于人为定义高程范围，割裂了部分跨 2 个以上高程范围的斑块，造成本节斑块数量统计总数和前节统计总数存在一定差异，但其不影响各高程区段的人工柠条灌丛地理分布格局特征。

表 5-7　不同高程区间的人工柠条灌丛斑块统计

斑块类型	< 1 400 m		1 400～1 500 m		1 500～1 600 m		1 600～1 700 m		> 1 700 m	
	数量/个	面积/hm²	数量/个	面积/hm²	数量/个	面积/hm²	数量/个	面积/hm²	数量/个	面积/hm²
极小斑块	29	17.77	6	4.89	9	6.99	3	2.20	0	0.00
小斑块	135	535.63	189	727.22	245	991.19	153	611.51	40	156.55
中斑块	250	7 132.35	602	10 741.50	480	10 983.91	247	4 700.98	61	1 195.76
大斑块	109	10 276.35	168	18 385.91	135	14 952.58	61	3 204.71	5	145.16
极大斑块	2	1 358.80	7	2 598.79	3	503.48	0	0.00	0	0.00
总计	525	19 320.90	972	32 458.31	872	27 438.15	464	8 519.40	106	1 497.47
斑块平均面积/hm²	36.80		33.39		31.47		18.36		14.13	
面积占比/%	21.65		36.37		30.75		9.55		1.68	

（3）不同坡度的人工柠条灌丛斑块分布

盐池县的整体地形比较平缓，坡度变化范围在 0°～25°，其中 0°～5°的缓坡面积占整个盐池县总面积的 85.8%。在 ARCGIS 软件中，通过叠加柠条遥感解译斑块矢量图和盐池县数字高程模型（DEM）数据，利用空间分析功能，统计分析不同坡度的人工柠条灌丛斑块数量和面积，统计结果见表 5-8。分析结果得出，0°～5°的缓坡人工柠条灌丛分布面积占该坡度范围总面积的 14.48%，而 5°～15°和 15°～25°缓坡的人工柠条灌丛分布面积分别占对应坡度范围总面积的 6.55%和 1.86%。从斑块类型来看，中斑块、大斑块与极大斑块在 0°～5°的缓坡均分布比例较高，但小斑块和极小斑块则分别在 5°～15°和 15°～25°坡度上分布较多（郑琪琪等，2019）。

表 5-8　不同坡度的人工柠条灌丛斑块统计

斑块类型	0°～5°			5°～15°			15°～25°		
	数量/个	面积/hm²	面积占比/%	数量/个	面积/hm²	面积占比/%	数量/个	面积/hm²	面积占比/%
极小斑块	41	0.270	0.00	6	0.035	0.00	4	0.014	0.02
小斑块	727	21.977	0.38	297	7.875	0.91	47	0.34	0.53
中斑块	1640	304.111	5.31	697	35.859	4.12	91	0.833	1.31
较大斑块	329	458.540	8.01	336	12.062	1.39	0	0	0.00
大斑块	7	44.508	0.78	20	1.181	0.14	0	0	0.00
总斑块	2744	829.406	14.48	1356	57.012	6.56	142	1.187	1.86

5.2.3　盐池荒漠草原人工柠条灌丛景观特征

（1）人工柠条灌丛景观单元特征

逐乡镇计算了人工柠条灌丛的斑块数量、类型面积、平均斑块面积、最大斑块指数和景观形状指数等 5 个景观单元特征类指数，具体结果见表 5-9。盐池县 8 个乡镇的人工柠条灌丛斑块数量范围在 132～315 个，其中花马池镇最多，高沙窝镇最少。虽然斑块数量在不同乡镇间的差异不是很大，但人工柠条灌丛斑块面积在各乡镇间存在非常大的差异，人工柠条灌丛斑块类型面积范围在 2601.76～21 394.57 hm²，面积最大的花马池镇是面积最小的麻黄山乡的 8.22 倍。

表 5-9　各乡镇人工柠条灌丛景观单元特征

乡镇名称	斑块数量/个	斑块数量占比/%	类型面积/hm²	斑块面积占比/%	平均斑块面积/hm²	最大斑块指数/%	景观形状指数
花马池镇	315	16.71	21 394.57	23.98	67.91	6.77	31.19
高沙窝镇	132	7.00	11 605.52	13.01	87.92	12.19	18.09
王乐井乡	237	12.57	10 149.18	11.36	42.82	3.94	24.06
青山乡	221	11.72	8 532.22	9.56	38.61	3.92	24.19
冯记沟乡	252	13.37	10 029.32	11.24	39.80	4.88	21.88
惠安堡镇	231	12.26	9 609.41	10.77	41.60	4.36	25.92
大水坑镇	285	15.12	15 312.26	17.16	53.73	4.53	27.27
麻黄山乡	212	11.25	2 601.76	2.92	12.27	4.86	23.72

从各乡镇斑块数量和斑块面积占全县总数的比例来看，花马池镇的人工柠条灌丛斑块数量占全县斑块总数量的 16.71%，斑块面积占全县斑块总面积的 23.98%，均为 8 个乡镇中的最高；麻黄山乡人工柠条灌丛斑块数量占全县斑块总数量的 11.25%，但斑块面积只占全县斑块总面积的 2.92%，斑块面积所占全县比例最低；高沙窝镇人工柠条灌丛的斑块数量比例和面积比例也差异较大，分别是

7.00%和 13.01%，斑块数量占比全县最低；除此之外，其他乡镇人工柠条灌丛的斑块数量比例和面积比例较为相近。

从平均斑块面积来看，整个盐池县的平均人工柠条灌丛斑块面积为 47.28 hm²，其中高沙窝镇的平均斑块面积最大，为 87.92 hm²，花马池镇的平均斑块面积次之，为 67.91 hm²，麻黄山乡的平均斑块面积最小，为 12.27 hm²。以上统计特征表明，高沙窝镇和花马池镇的人工柠条灌丛斑块面积大，以集中连片种植为主；麻黄山乡的人工柠条灌丛斑块面积小，但数量多，以破碎化种植为主。

最大斑块指数表示某乡镇中最大斑块的面积占该乡镇总斑块面积的百分比，即最大斑块在该乡镇的优势程度。在盐池县 8 个乡镇中，高沙窝镇的最大斑块指数最大，达到 12.19%，说明高沙窝镇人工柠条灌丛斑块中存在极大斑块，其单个人工柠条灌丛斑块面积大，容易达到集中连片的防沙治沙效果，也易形成比较复杂的生物网和生态链，由于人工柠条灌丛大斑块内的物种互作更为复杂，因此其稳定性和自我恢复能力更强。花马池镇人工柠条灌丛斑块的最大斑块指数次于高沙窝镇，只有高沙窝镇的一半左右，但相较其他乡镇仍较高，说明花马池镇较大面积的人工柠条灌丛斑块相对比较多，有利于保护生物多样性。而其他乡镇的人工柠条灌丛最大斑块指数均较小，在 3.92%～4.88%。

景观形状指数越大说明景观斑块形状越复杂，分割情况越严重。花马池镇的景观形状指数最高，说明该镇人工柠条灌丛的斑块景观内部分割较复杂；而高沙窝镇的景观形状指数最小，说明该镇的人工柠条灌丛内部斑块形状简单且分割程度小，种植规则均一，有利于发挥人工柠条灌丛防沙治沙的生态效应；其他 6 个乡镇景观形状指数差距不大，在 21.88～27.27，这些乡镇人工柠条灌丛斑块形状复杂度、分割度和破碎度等特征较为一致（表 5-9）。

（2）人工柠条灌丛景观斑块破碎化程度

景观生态学用不同的景观指数描述景观格局及变化，建立格局与景观过程之间的联系（Newton et al.，2009），其中景观斑块破碎化程度是指景观类型内部斑块的复杂程度和不连续程度，是景观格局研究的重点。使用景观斑块破碎化程度类型的指标可以定量分析景观斑块的复杂性、不连续性和破碎性等特征，为此，本研究设计采用了盐池县各乡镇人工柠条灌丛的斑块密度、边界密度、蔓延度、聚合度和分离度指数 5 个景观斑块破碎化程度指标，结果见表 5-10。

斑块密度是表征景观斑块破碎化程度的重要指标之一，定义为单位面积上的斑块数量与景观面积的比值，从盐池各乡镇的斑块密度来看，麻黄山乡的斑块密度最大，为 814.83 个/hm²，远比其他的乡镇的斑块密度高。主要原因是麻黄山乡为黄土丘陵沟壑区，大片整块土地较少，加之麻黄山乡人工柠条灌丛主要为退耕还林生态治理工程营造而成，而退耕还林主要退的是破碎零散的坡耕

表 5-10　各乡镇人工柠条灌丛景破碎化特征

乡镇	斑块密度 /（个/hm^2）	边界密度 /（m/hm^2）	蔓延度 /%	聚合度 /%	分离度指数 /%
花马池镇	149.68	7 088.07	58.93	92.71	54.20
高沙窝镇	111.78	22 144.07	61.54	94.42	23.49
王乐井乡	231.93	5 608.46	57.07	92.78	74.91
冯记沟乡	249.30	2 344.03	58.38	93.64	63.16
青山乡	263.18	3 440.68	56.46	91.83	72.04
惠安堡镇	240.84	569.06	56.83	91.74	72.88
大水坑镇	187.96	776.82	56.80	93.07	75.32
麻黄山乡	814.83	11 412.40	55.20	84.94	76.90

地等，导致该乡人工柠条灌丛景观斑块破碎化程度高。其他乡镇的斑块密度在 111.78～263.18 个/hm^2，这与其他乡镇地形地貌较为平缓且人工柠条灌丛主要为防沙治沙工程营造而成有关，所以整体破碎化程度较低。

斑块边界密度表征斑块边界是否平直、紧凑，斑块边界密度越大，说明斑块的边界越曲折蜿蜒。在盐池县 8 个乡镇中，边界密度较大的是高沙窝镇和麻黄山乡，分别为 22 144.07 m/hm^2 与 11 412.40 m/hm^2，这一结果说明高沙窝镇与麻黄山乡人工柠条灌丛的斑块边界规整性较差。蔓延度是通过景观中斑块的团聚程度和延展趋势来描述的。蔓延度指数高则代表斑块间连通性好，破碎化程度低。蔓延度指数的计算结果表明，高沙窝镇蔓延度指数相对较高，达到了 61.54%，说明人工柠条灌丛斑块形成了良好的连接性。聚合度基于同一类景观斑块间公共边界长度来表示。数据显示，麻黄山乡聚合度指数最低，只有 84.94%，人工柠条灌丛斑块的邻接关系较差，斑块连接度不高，斑块整体比较分散。景观分离度指数指某一景观类型中不同斑块分布的分离程度，分离度指数越大，人工柠条灌丛种植斑块越分散；相比之下，高沙窝镇的分离度指数最小，只有 23.49%，表明该镇人工柠条灌丛斑块种植分散程度较其他乡镇低，是大面积连片种植人工柠条灌丛的乡镇。

5.3　样地尺度人工柠条灌丛生物量实测与建模

5.3.1　人工柠条灌丛生物量实测

（1）实测数据采集

本研究在 2018 年 3～7 月对研究区（宁夏盐池县各乡镇）内人工柠条灌丛进

行样地调查与样品采集工作，发现各个乡镇人工柠条灌丛年龄、生长状况、生长密度均有差异。由于生物量每年都有所积累，这种积累是连续的，难以进行年度的划分，同时因为植株的大小和林龄差异，生物量也表现不同，以柠条样株的株高和冠幅为基本统计量，不同林龄柠条的个体差异较大。所以在测定时，首先应选择一种可接受的测量水平作为测定的基点。经过大量的样品采集与实地考察，我们通过柠条的株高将其划分为大、中、小 3 种株丛类型，即大株（> 2 m）、中株（1～2 m）、小株（< 1 m），便于柠条生物量的估算。

依据盐池县的地形地貌、人工柠条灌丛空间分布特点，本研究结合人工柠条灌丛影像解译结果，在各个乡镇选择具有代表性的、均匀性较好的人工柠条灌丛作为生物量实测样地（图 5-9）。在每个样地选取形态完整、发育健康的典型人工柠条灌丛，设置 20 m×20 m 的样方。选择的样方内须包含大株、中株、小株 3 种株丛类型，在样方内统计柠条株丛总数，以及大株、中株、小株的数量；选取大株、中株、小株 3 个代表性柠条灌丛作为调查样株（丛）。记录其基茎（R）、冠幅（A）、株高（H），并统计样株粗枝、中枝、细枝的数量及茎粗（D）与枝长（L）。采用直接收割法，在每个样地内选取 6 枝不同粗细程度（粗枝：> 20 mm，中枝：

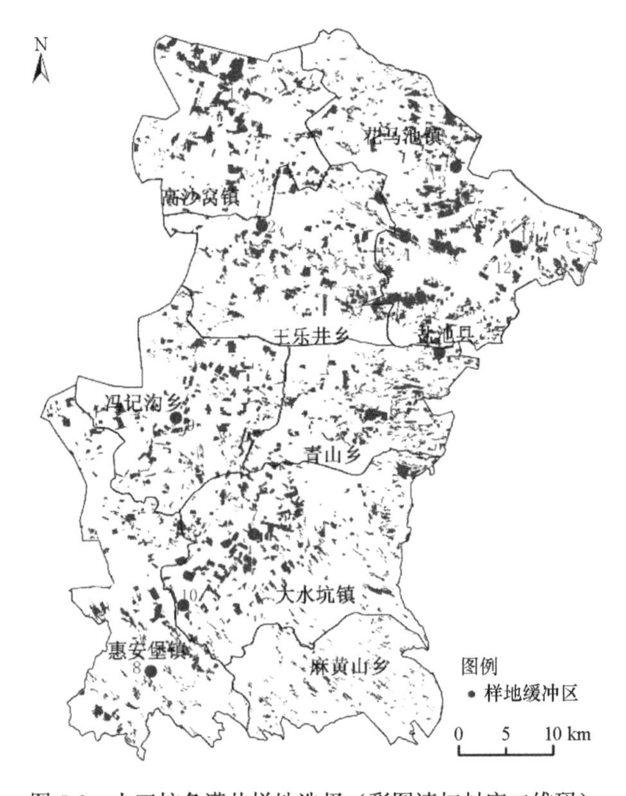

图 5-9　人工柠条灌丛样地选择（彩图请扫封底二维码）

10～20 mm，细枝：< 10 mm）的柠条样枝从基部剪取，分别记录样枝茎粗（D）、枝长（L）。65℃恒温烘干至恒重，48 h 后测干物质重量。并监测每个样点的坡度、坡向、土地利用状况及观测点的经纬度和海拔。

（2）柠条生物量估算方法

生物量是指某一时刻单位面积植被体内干物质的含量。具有破坏性的地面砍伐收割法对植被造成了不可恢复的破坏（崔清涛等，1994）。空间尺度的灌木林总体生物量的研究并不多，学者对生物量预测模型的最优结构及模型效果的研究也是各有千秋。正是由于灌木的这些特性及树种之间的差别较大，无需也无法建立一个能够代表整体研究区灌木林生物量的情况的模型，因此测定不同树种需要不同的生物量模型（刘欣等，1995）。本研究结合生态学调查与综合评价，将野外实测的生物量数据和相关性最强的测树因子建立数学表达式，建立生物量与测树指标之间的定量关系，根据二者的定量关系模型估算单位面积或区域的生物量。

测树因子的选取往往遵从方便测量且与植物生长特性相关的原则。灌木在二维结构上既不同于草本植物又不同于乔木，通常以灌木的株高、基茎、冠幅等作为其测树因子（陶冶和张元明，2013）。本研究以估算柠条的枝叶生物量为基础，进一步通过实地测量统计得到人工柠条灌丛样地平均枝条数量，从而估算人工柠条灌丛样地的生物量，研究所需的测树因子还包括柠条的枝长、茎粗、枝条数量、柠条株数等参数（李刚等，2014；杨明秀等，2013）。

5.3.2　样地尺度生物量估算建模

（1）柠条形态因子与生物量的相关性

采用 SPSS 22.0 的双变数相关（bivariate correlation）分析法对柠条样枝茎粗（D）、D^2、枝长（L）、DL、D^2L 与柠条枝叶总生物量进行相关性分析，得出柠条枝条干重与柠条 D、L、D^2、DL、D^2L 存在显著或极显著相关关系。对变量间进行相关分析（表 5-11），发现 D 和 L 间的联合因子 DL 与 D^2L 的相关性比单因子要高，并且 DL 比 D^2L 的相关性更高。通过以总生物量为被解释变量，DL 为回归模型的自变量建立生物量估测方程。由于每个样地的差异性较大，我们选择分样地进行对柠条枝叶生物量模型的构建。为了得到柠条枝叶生物量（W）最优预测模型，本研究选择了线性方程和 3 种曲线函数为拟合模型。①一元线性函数：$Y = aX+b$；②指数函数：$Y = ae^{bX}$；③对数函数：$Y = a\ln X+b$；④幂函数：$Y = aX^b$。

表 5-11　柠条茎粗、枝长与柠条枝叶生物量的相关性

	W	L	D	DL	D^2	D^2L
W	1					
L	0.806**	1				
D	0.879**	0.770**	1			
DL	0.940**	0.911**	0.933**	1		
D^2	0.896**	0.669**	0.955**	0.902**	1	
D^2L	0.940**	0.753**	0.913**	0.947**	0.971**	1

注：**为 $P<0.01$

（2）基于形态因子的生物量估算建模与拟合效果

以决定系数（R^2）、F 值（F 检验）及回归检验显著水平（$P<0.01$）评价模型的优劣，y 为灌木生物量，X 为自变量（$X=DL$）。结果得到以 DL 为自变量的一元线性函数模型 $Y=aX+b$ 或幂函数模型 $Y=aX^b$ 的生物量预测模型效果最佳，其模型的判定系数高，回归关系显著（表 5-12）。

表 5-12　基于形态因子的柠条生物量估算模型

样地编号	模型类型	模型	R^2	F	显著性
1	线性函数	$Y=-35.17+1.05\times DL$	0.98	235.57	0.000
	对数函数	$Y=175.31\ln(DL)-695.71$	0.88	29.13	0.006
	幂函数	$Y=0.26(DL)^{1.22}$	0.99	366.18	0.000
	指数函数	$Y=27.88e^{0.007(D^2L)}$	0.96	88.24	0.001
2	线性函数	$Y=-44.05+1.07\times DL$	0.94	61.83	0.001
	对数函数	$Y=234.16\ln(DL)-1016.74$	0.84	20.29	0.011
	幂函数	$Y=0.40(DL)^{1.14}$	0.97	122.83	0.000
	指数函数	$Y=48.44e^{0.005(D^2L)}$	0.96	103.31	0.001
3	线性函数	$Y=-12.71+0.68\times DL$	0.98	206.22	0.000
	对数函数	$Y=60.78\ln(DL)-202.36$	0.83	20.13	0.011
	幂函数	$Y=0.11(DL)^{1.33}$	0.98	164.10	0.000
	指数函数	$Y=8.41e^{0.01(D^2L)}$	0.85	22.62	0.009
4	线性函数	$Y=-12.24+0.95\times DL$	0.98	90.84	0.011
	对数函数	$Y=99.53\ln(DL)-342.68$	0.98	77.91	0.013
	幂函数	$Y=0.32(DL)^{1.19}$	0.99	187.59	0.005
	指数函数	$Y=16.80e^{0.011(D^2L)}$	0.99	136.15	0.007
5	线性函数	$Y=-14.13+0.65\times DL$	0.98	249.49	0.000
	对数函数	$Y=77.44\ln(DL)-276.48$	0.94	64.91	0.001

续表

样地编号	模型类型	模型	R^2	F	显著性
5	幂函数	$Y=0.043(DL)^{1.49}$	0.99	278.92	0.000
	指数函数	$Y=7.44e^{0.012(D^2L)}$	0.87	27.04	0.007
6	线性函数	$Y=-39.28+1.18\times DL$	0.99	264.45	0.000
	对数函数	$Y=167.90\ln(DL)-638.55$	0.84	21.02	0.010
	幂函数	$Y=0.16(DL)^{1.313}$	0.98	158.06	0.000
	指数函数	$Y=21.17e^{0.008(D^2L)}$	0.90	36.72	0.004
7	线性函数	$Y=-6.01+0.74\times DL$	0.99	543.35	0.000
	对数函数	$Y=49.03\ln(DL)-139.88$	0.93	53.43	0.002
	幂函数	$Y=0.13(DL)^{1.35}$	0.99	562.97	0.000
	指数函数	$Y=6.10e^{0.02(D^2L)}$	0.87	26.85	0.007
8	线性函数	$Y=-33.73+0.10\times DL$	0.97	151.32	0.000
	对数函数	$Y=159.93\ln(DL)-669.26$	0.93	51.87	0.002
	幂函数	$Y=0.21(DL)^{1.26}$	0.96	108.31	0.000
	指数函数	$Y=31.57e^{0.008(D^2L)}$	0.95	78.40	0.001
9	线性函数	$Y=-141.51+1.86\times DL$	0.96	91.55	0.001
	对数函数	$Y=286.80\ln(DL)-1248.74$	0.83	18.82	0.012
	幂函数	$Y=0.006(DL)^{1.95}$	0.95	76.60	0.001
	指数函数	$Y=13.25e^{0.012(D^2L)}$	0.93	52.77	0.002
10	线性函数	$Y=-44.46+1.12\times DL$	0.96	107.57	0.000
	对数函数	$Y=190.76\ln(DL)-797.51$	0.92	43.58	0.003
	幂函数	$Y=0.10(DL)1.39$	0.82	18.71	0.012
	指数函数	$Y=25.68e^{0.008(D^2L)}$	0.82	17.84	0.013
11	线性函数	$Y=-86.41+1.36\times DL$	0.92	75.93	0.000
	对数函数	$Y=234.82\ln(DL)-970.07$	0.66	13.72	0.008
	幂函数	$Y=0.12(DL)1.34$	0.91	69.81	0.000
	指数函数	$Y=22.31e^{0.006(D^2L)}$	0.88	50.35	0.000
12	线性函数	$Y=1.99+0.77\times DL$	0.68	14.61	0.007
	对数函数	$Y=124.21\ln(DL)-480.90$	0.74	20.39	0.003
	幂函数	$Y=0.25(DL)^{1.216}$	0.82	32.10	0.001
	指数函数	$Y=28.58e^{0.007(D^2L)}$	0.70	16.45	0.005

利用散点图对模型结果进行判断预测与合理性评价。在 SPSS 22.0 软件中做曲线拟合，图 5-10 分别是 12 个样地的 48 个模型的拟合效果图。从图 5-10 中可以看出，样本容量相差无几，样本数据的浮动在正常范围之内，模型的数据基本在合理范围之内，建立的模型对区域生物量研究很有意义。具体根据 R^2、F 值及回归检验显著水平（$P<0.01$）来评价方程的优劣，并选择每个样地拟合效果最佳的模型对样地生物量进行估算。

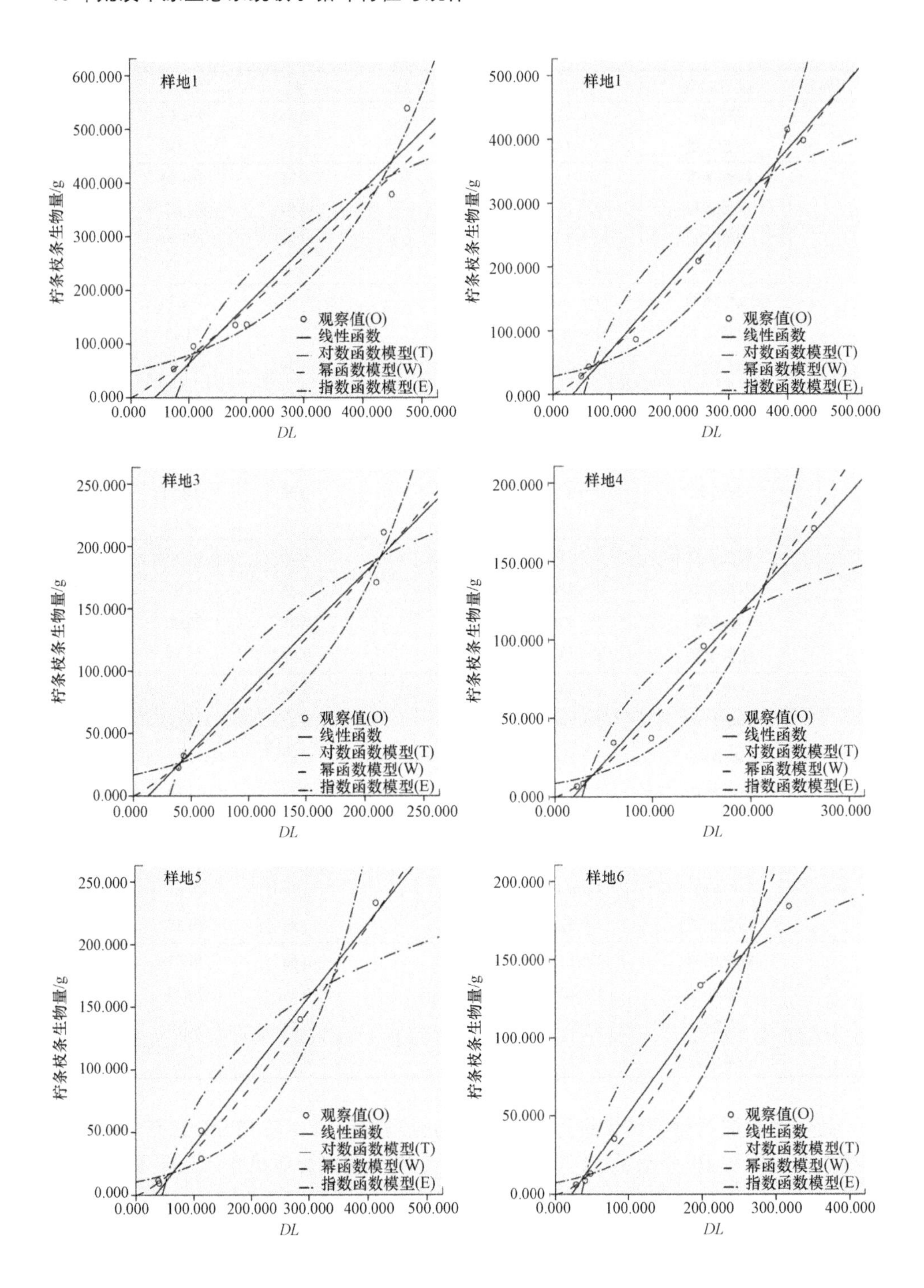
样地1
柠条枝条生物量/g
DL
观察值(O)
线性函数
对数函数模型(T)
幂函数模型(W)
指数函数模型(E)
样地1
柠条枝条生物量/g
DL
观察值(O)
线性函数
对数函数模型(T)
幂函数模型(W)
指数函数模型(E)
样地3
柠条枝条生物量/g
DL
观察值(O)
线性函数
对数函数模型(T)
幂函数模型(W)
指数函数模型(E)
样地4
柠条枝条生物量/g
DL
观察值(O)
线性函数
对数函数模型(T)
幂函数模型(W)
指数函数模型(E)
样地5
柠条枝条生物量/g
DL
观察值(O)
线性函数
对数函数模型(T)
幂函数模型(W)
指数函数模型(E)
样地6
柠条枝条生物量/g
DL
观察值(O)
线性函数
对数函数模型(T)
幂函数模型(W)
指数函数模型(E)

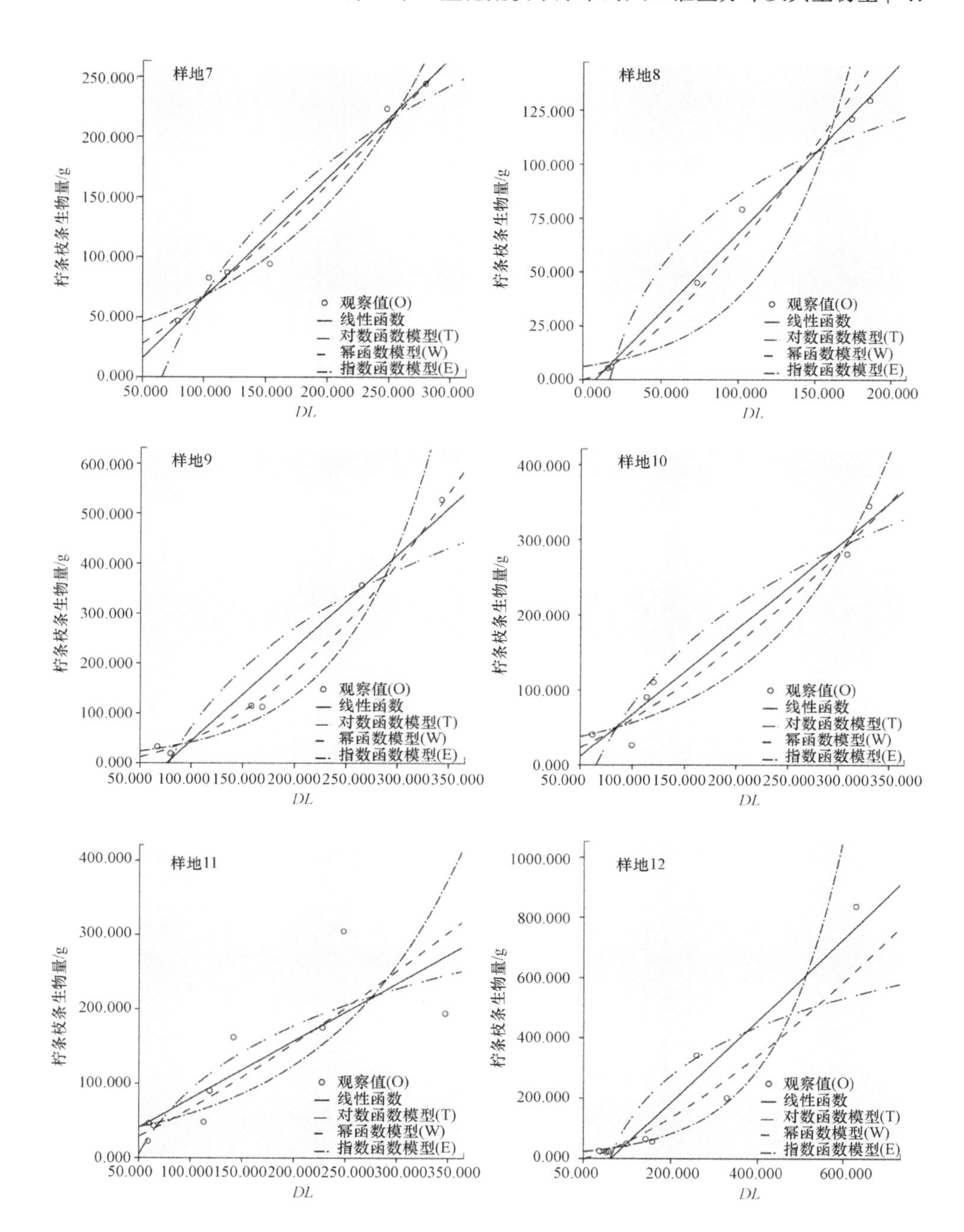

图 5-10　基于形态因子的生物量估算模型拟合效果

DL 为茎粗（*D*）×枝长（*L*）；图例分别对应的是线性函数、对数函数、幂函数和指数函数的拟合曲线，每个样地、每个类型的模型拟合方程、决定系数、*F* 值和显著性见表 5-12

5.3.3 样地尺度生物量估算结果

柠条灌丛主根入土深，地上生物量主要以枝叶生物量为主，所以我们在估算人工柠条灌丛地上生物量时，采用统计地上平均枝条数量与估算平均单枝生物量的方法获得（马媛等，2017）。地上平均枝条数量的统计是由野外实测标准株与记数的统计方法获得的。在样地内统计该地大、中、小株的株数，选定标准株与标准株上的标准枝，其茎粗（*D*）与枝长（*L*）作生物量估算模型的自变量参数。并分别统计标准株的大枝、中枝、小枝的枝条数量与样地柠条灌丛的大株、中株、小株的株数。采用平均法估算每个样地内人工柠条灌丛总平均枝条数量与枝条的平均茎粗、平均枝长，测量结果见表 5-13。

表 5-13 各样地柠条株数与枝条参数统计

编号			枝条数量	茎粗/cm	枝长/cm	编号			枝条数量	茎粗/cm	枝长/cm
样地 1	大株	大枝 1-1	12	2.048	186	样地 3	大株	大枝 1-1	13	2.12	190
		中枝 1-2	7	1.092	160			中枝 1-2	16	1.282	104
		小枝 1-3	17	0.334	94			小枝 1-3	10	0.978	64
	中株	大枝 2-1	6	1.582	82		中株	大枝 2-1	10	1.608	126
		中枝 2-2	7	0.806	109			中枝 2-2	15	0.858	87
		小枝 2-3	7	0.278	65			小枝 2-3	15	0.492	67
	小株	大枝 3-1	5	1.328	70		小株	大枝 3-1	7	1.058	67
		中枝 3-2	10	0.748	38			中枝 3-2	12	0.812	61
		小枝 3-3	10	0.432	36			小枝 3-3	11	0.328	35
	均值		27	0.961	93		均值		36	1.060	89
	株数	总株 53	大株 7	中株 18	小株 28		株数	总株 41	大株 7	中株 18	小株 16
样地 2	大株	大枝 1-1	14	2.922	182	样地 4	大株	大枝 1-1	15	2.56	156
		中枝 1-2	16	1.246	71			中枝 1-2	20	1.07	141
		小枝 1-3	19	0.578	52			小枝 1-3	30	0.71	55
	中株	大枝 2-1	11	1.736	111		中株	大枝 2-1	12	1.673	112
		中枝 2-2	15	1.058	52			中枝 2-2	23	0.88	70
		小枝 2-3	12	0.776	35			小枝 2-3	23	0.392	35
	小株	大枝 3-1	4	1.394	105		小株	大枝 3-1	8	0.714	34
		中枝 3-2	4	0.886	62			中枝 3-2	9	0.45	27
		小枝 3-3	5	0.538	25			小枝 3-3	9	0.386	21
	均值		33	1.237	77		均值		50	0.982	72
	株数	总株 49	大株 9	中株 24	小株 16		株数	总株 40	大株 9	中株 20	小株 11

续表

编号			枝条数量	茎粗/cm	枝长/cm	编号			枝条数量	茎粗/cm	枝长/cm
样地 5	大株	大枝 1-1	13	1.472	136	样地 8	大株	大枝 1-1	12	2.16	200
		中枝 1-2	19	0.982	121			中枝 1-2	23	0.812	159
		小枝 1-3	15	0.372	62			小枝 1-3	12	0.706	49
	中株	大枝 2-1	12	0.982	100		中株	大枝 2-1			
		中枝 2-2	10	0.88	90			中枝 2-2			
		小枝 2-3	18	0.58	64			小枝 2-3			
	小株	大枝 3-1	6	0.68	75		小株	大枝 3-1	9	0.766	128
		中枝 3-2	12	0.59	50			中枝 3-2	11	0.68	95
		小枝 3-3	12	0.394	45			小枝 3-3	10	0.302	37
	均值		39	0.770	83		均值		38.5	0.916	103
	株数	总株 48	大株 10	中株 18	小株 10		株数	总株 17	大株 5	中株 0	小株 12
样地 6	大株	大枝 1-1	12	1.452	145	样地 9	大株	大枝 1-1	8	3.94	230
		中枝 1-2	22	1.138	105			中枝 1-2	5	1.51	162
		小枝 1-3	21	0.53	65			小枝 1-3	5	0.6	100
	中株	大枝 2-1	8	1.53	160		中株	大枝 2-1	7	1.668	154
		中枝 2-2	15	0.94	117			中枝 2-2	13	0.988	112
		小枝 2-3	12	0.628	70			小枝 2-3	10	1.158	133
	小株	大枝 3-1	5	1.85	82		小株	大枝 3-1	7	1.934	120
		中枝 3-2	6	0.73	55			中枝 3-2	10	1.02	108
		小枝 3-3	5	0.32	40			小枝 3-3	18	0.512	55
	均值		35	1.013	93		均值		28	1.481	130
	株数	总株 22	大株 13	中株 7	小株 2		株数	总株 20	大株 5	中株 10	小株 5
样地 7	大株	大枝 1-1	12	1.822	102	样地 10	大株	大枝 1-1	12	1.77	174
		中枝 1-2	20	1.06	76			中枝 1-2	20	1.138	90
		小枝 1-3	10	0.83	50			小枝 1-3	10	0.66	70
	中株	大枝 2-1	10	1.88	103		中株	大枝 2-1	10	1.7	107
		中枝 2-2	13	0.97	80			中枝 2-2	13	0.922	85
		小枝 2-3	12	0.766	40			小枝 2-3	12	0.526	50
	小株	大枝 3-1	6	0.88	38		小株	大枝 3-1	6	1.756	87
		中枝 3-2	9	0.458	31			中枝 3-2	9	0.74	60
		小枝 3-3	10	0.206	15			小枝 3-3	10	0.51	45
	均值		34	0.986	59		均值		26	1.080	85
	株数	总株 60	大株 12	中株 33	小株 15		株数	总株 88	大株 20	中株 24	小株 44

续表

编号			枝条数量	茎粗/cm	枝长/cm	编号			枝条数量	茎粗/cm	枝长/cm
样地 11	大株	大枝 1-1	10	2.475	190	样地 12	大株	大枝 1-1	13	3.830	160
		中枝 1-2	18	0.875	130			中枝 1-2	21	1.650	138
		小枝 1-3	27	0.600	40			小枝 1-3	40	0.850	58
	中株	大枝 2-1	7	2.000	140		中株	大枝 2-1	10	2.140	90
		中枝 2-2	10	1.150	93			中枝 2-2	13	0.835	84
		小枝 2-3	8	0.600	52			小枝 2-3	17	0.510	40
	小株	大枝 3-1	5	0.935	46		小株	大枝 3-1	9	1.800	64
		中枝 3-2	10	0.710	52			中枝 3-2	12	0.740	52
		小枝 3-3	7	0.445	33			小枝 3-3	26	0.605	40
	均值		34	1.088	86		均值		34	1.440	81
	株数	总株 27	大株 8	中株 9	小株 10		株数	总株 27	大株 8	中株 10	小株 9

采用平均法估算每个样地内人工柠条灌丛的总枝条数量与柠条灌丛单枝的平均茎粗（*D*）、平均枝长（*L*）。根据各样地优选的人工柠条灌丛枝叶生物量估算模型的结果，分别计算每个样地人工柠条灌丛总生物量。将估算的样地生物量结果与谷歌地球实时影像及野外调查实况逐一进行比对，筛除不符合实际的样地估算模型，保留以下 9 个样地的人工柠条灌丛生物量估算结果，作为基于遥感影像的盐池县人工柠条灌丛生物量估算模型的基础（表 5-14）。

表 5-14　人工柠条灌丛样地生物量估算最优模型与估算结果

样地编号	最优模型	R^2	显著性	估算样地生物量/kg	生物量密度/（kg/m^2）
1	$Y=0.26(DL)^{1.22}$	0.950	0.011	86.38	0.216
2	$Y=0.32(DL)^{1.19}$	0.995	0.068	96.17	0.240
3	$Y=0.04(DL)^{1.49}$	0.985	0.002	38.35	0.096
4	$Y=0.13(DL)^{1.35}$	0.990	0.001	62.61	0.157
5	$Y=-33.73+0.10\times DL$	0.977	0.003	39.55	0.099
6	$Y=-141.51+1.86\times DL$	0.972	0.028	120.97	0.302
7	$Y=-44.46+1.12\times DL$	0.964	0.007	133.59	0.334
8	$Y=-86.41+1.36\times DL$	0.928	0.005	36.13	0.090
9	$Y=0.25(DL)^{1.22}$	0.972	0.005	72.97	0.182

5.4　区域尺度人工柠条灌丛生物量遥感估算

5.4.1　遥感影像的获取与处理

（1）数据来源

本研究采用 USGS 提供的 L1T 数据产品，于 USGS 官方网站（https://

glovis.usgs.gov/）下载，该网站可下载数据基本能覆盖全球，行列号采用 WRS2（卫星条带号的一个参考坐标系统），L1T 数据产品已通过地面控制点和数字高程模型数据进行了精确校正。本研究下载了 2018 年 8 月 24 日，行列编号为 129/34（覆盖盐池县）的 Landsat-8 卫星遥感数据，卫星过境时数据质量良好，云量为 0.16%，无明显云覆盖。

（2）数据预处理

对遥感数据进行有效的预处理，在一定程度上可以消除由遥感卫星传感器工作时的误差或地球自转与卫星运行速度和轨道产生偏差等外在因素产生的干扰影响。Landsat-8 的 L1T 产品数据文件包含多光谱数据、全色波段数据、卷云波段数据、热红外数据和质量波段数据 5 个数据集。

L1T 文件已经经过了 DEM 地形校正，所以坐标精度基本能满足中小比例尺的要求，但还未做辐射定标和大气校正。首先进行辐射定标，这是将记录的原始数字值（digital number，DN）转换为辐射亮度值的过程，未定标的 DN 图像需要通过辐射定标得到辐射亮度图像。采用 ENVI 中的 Radiometric Correction 工具，通过 Apply FLAASH Setting 操作自动读取元数据中的正射参数，定标完成后得到 1～7 波段的多光谱数据（图 5-11）。

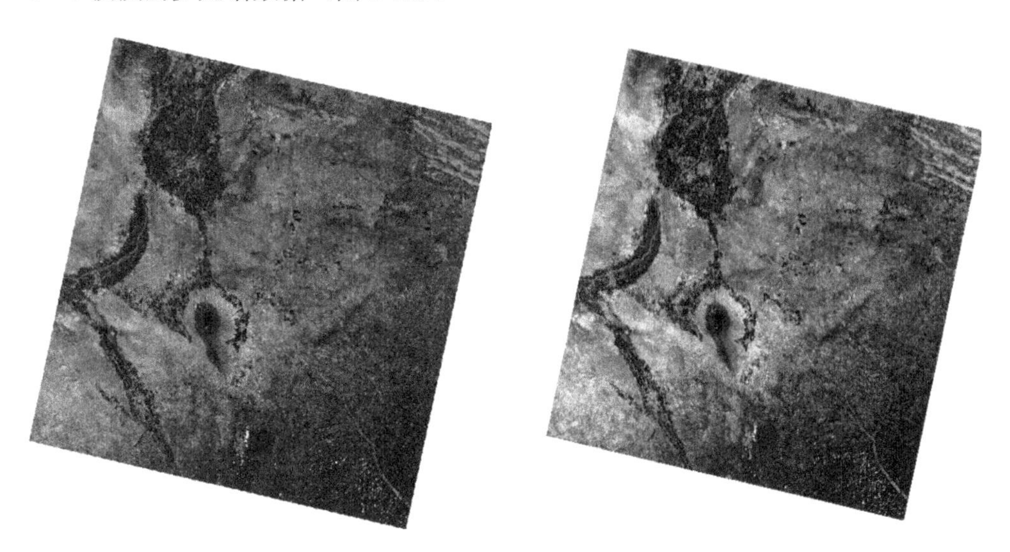

图 5-11　辐射定标前（左）、后（右）的 Landsat-8 影像变化（彩图请扫封底二维码）

将辐射亮度图像转成反射率图像从而对多光谱和高光谱图像数据进行定量分析，反射率图像包括：大气表观反射率（TOA reflectance）与地表反射率。本研究采取较为通用的大气辐射传输模型对 Landsat-8 数据进行大气校正。具体操作采用 ENVI 里的 FLAASH 模块。

具体操作与参数设置包括以下几方面。

1）文件输入与输出信息：在 Input Radiance Image 中选择上一步准备好的辐射亮度值数据，通过选择 Use single scale factor for all bands（Single scale factor：1.000 000）在辐射定标中对单位进行了转换，输出文件名和路径。

2）传感器与图像目标信息（图像信息来源于影像头文件）：

Lat：纬度，Lon：经度（FLAASH 自动获取）。

Sensor Type：Landsat-8 OLI。

Ground Elevation（km）：0.5。

Flight Date：2018-08-24。

Flight Time：03:30:53（格林尼治时间）。

3）大气模型（Atmospheric Model）：Mid-Latitude Summer。

4）气溶胶模型（Aerosol Model）：根据实验地状况选择 Rural。

5）气溶胶反演（Aerosol Retrieval）：2-Band（K-T）。

6）初始能见度（Initial Visibility）：40。

7）多光谱设置（Multispectral Settings）：

Defaults：Over-Land Retrieval Standard（660：2100）。

Filter Function File：选择 ldcm_oli.sli 波谱响应文件。

8）高级设置（Advanced Settings）：tile 设置为 100M。

9）执行 FLAASH，结果如图 5-12，植被波谱曲线图大致反映出大气校正后对大气散射影响的消除。

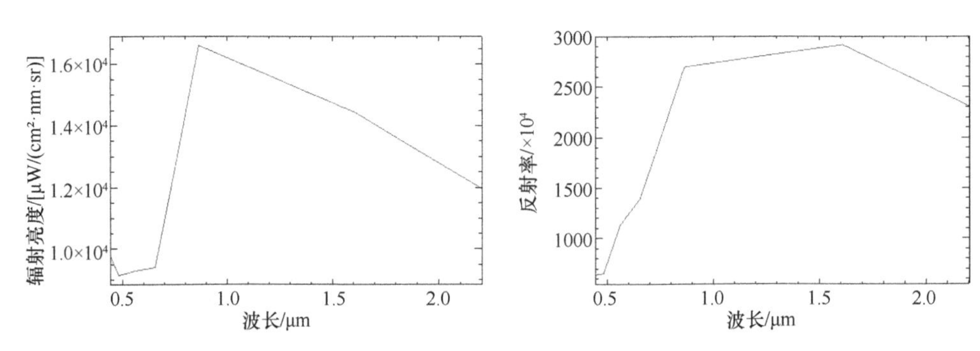

图 5-12　大气校正前（左）、后（右）人工柠条灌丛光谱曲线

5.4.2　生物量估算的遥感特征参数

（1）植被生物量遥感估测机制

植被生物量遥感估测主要通过建立植被生物量与植被指数间的关系来估

算，其中植被的光谱特征是植被指数与植被生物量遥感的基础（Ojoyi et al.，2016；Vermote et al.，1997）。大量地物光谱波段定量研究显示，植被红光波段与近红外波段的比值与植被的叶绿素含量、叶面积及生物量密切相关，因此可以借助卫星遥感数据定量分析植被的属性（王新云等，2013；王新云等，2014）。本研究在构建基于 Landsat-8 数据的生物量遥感估算模型时，将 Landsat-8 像元光谱数据与样地生物量实测数据进行空间关联，基于空间地理位置信息，以实测生物量为应变量，以遥感光谱及计算的指数为自变量，建立遥感建模基础数据集（张宏斌，2007）。因 Landsat-8 数据中包含丰富的光谱信息，有利于表现植被生长与不同植被类型之间的差异，可作为定量因子直接输入遥感模型来估测生物量（刘博，2015）。

（2）遥感特征参数的应用

遥感特征参数中，植被指数参数在估算地上生物量中的应用最为广泛（刘博，2015）。另外植被地上生物量估算模型的可靠性取决于地面样方数据采集时间与遥感影像数据获取时间是否相近。本研究数据集中采集于植被在一年之中生长最为茂盛的 7～9 月，与所使用的遥感影像时间吻合。本研究根据研究区地面资料和遥感信息特征，采用单波段变量与植被指数变量。Landsat-8 OLI 影像 band4 红光波段，可用于真彩色合成和地物识别；band5 近红外波段可以用于植被信息提取；Landsat-8 OLI 4、5 波段对植被信息的识别有很好地效果。参考前人研究成果，本研究分别提取了 1～7 影像波段及混合波段作为植被地上生物量和覆盖度的建模基础数据（Ramoelo et al.，2012）。

植被指数是构建植被地上生物量与覆盖度估算模型的常用波段，常用指标多光谱遥感数据经线性和非线性组合构成对植被有一定指示意义的指数，就叫植被指数（姚阔等，2016）。植被指数以红光波段和近红外波段组合为主，包含了 90% 以上的植被信息。与单波段相比，植被指数在探测生物量方面有更好的敏感性和抗干扰性，用来分析植被生长过程也具有优势。在生物量遥感估算中，应用不同植被指数所得的结果不同，所以在植被指数的选取方面需要结合实际情况。本研究选取的植被指数如下。

a. 归一化植被指数（NDVI）

NDVI 是目前应用较为广泛的植被指数，可以消除大气、地形等辐射条件的影响，也可以增强对植被的响应能力（姚阔等，2016）。NDVI 特别适用于全球或各大陆等大尺度的植被动态监测，且适用于植被发育中期或中等覆盖度（低至中等叶面积指数）的植被监测。

其计算公式为：

$$\mathrm{NDVI}=\frac{\rho_{\mathrm{NIR}}-\rho_{\mathrm{R}}}{\rho_{\mathrm{NIR}}+\rho_{\mathrm{R}}} \tag{5-2}$$

式中，ρ_{NIR}为近红外波段反射率，ρ_{R}为红光波段反射率。

b. 比值植被指数（RVI）

近红外波段与红光波段对植被的光谱响应的差异明显。该指数是近红外波段反射率和红光波段反射率的比值。公式如下：

$$\mathrm{RVI}=\frac{\rho_{\mathrm{NIR}}}{\rho_{\mathrm{R}}} \tag{5-3}$$

式中，ρ 为地表反射率，RVI 可提供植被反射的重要信息，是植被长势、丰度的度量方法之一。RVI 是绿色植物的一个灵敏的指示参数。

c. 差值植被指数（DVI）

DVI 被定义为近红外波段反射率与红光波段反射率的数值之差。

$$\mathrm{DVI}=\rho_{\mathrm{NIR}}-\rho_{\mathrm{R}} \tag{5-4}$$

DVI 对土壤背景的变化极为敏感，有利于对植被生态环境的监测，又称为环境植被指数。DVI 适用于植被发育早中期，或低-中覆盖度的植被监测。因本研究区植被覆盖度较低，所以 DVI 也可以起到植被监测的作用。

d. 土壤调整植被指数（SAVI）

SAVI 由近红外波段反射率、红光波段反射率和冠层背景调整因子（L）运算求得，其表达式为：

$$\mathrm{SAVI}=\frac{(\rho_{\mathrm{NIR}}-\rho_{\mathrm{R}})}{(\rho_{\mathrm{NIR}}+\rho_{\mathrm{R}}+L)}(1+L) \tag{5-5}$$

式中，L 是一个土壤调节系数，该系数与植被覆盖度有关。它由实际区域条件决定，用来减小植被指数对不同土壤反射变化的敏感性。对于中等植被覆盖度区，L 一般接近于 0.5，土壤亮度的差异降到最低程度，可以避免针对不同土壤的额外定标工作。

e. 转换型植被指数（TVI）

TVI 于 1974 年被提出，该指数由 NDVI 转化而来，即将 NDVI 加上 0.5，再进行开方即可得到。公式如下：

$$\mathrm{TVI}=\sqrt{\mathrm{NDVI}+0.5} \tag{5-6}$$

（3）遥感特征参数的提取方法

完成 Landsat-8 遥感影像的预处理之后，为了与地面的样方数据对应，需要将野外样地数据和遥感数据的空间位置进行叠加。在野外布设样地的过程中用 GPS

对每一个样地精准定位，记录相应的经纬度坐标，将实验样地地理位置对应的矢量图层与遥感数据进行叠加，在遥感影像中可直观地看到样地分布状况。本文在进行生物量空间尺度转换时，以 GPS 记录下来的样地中心点坐标为中心，建立 10×10（个）像元的样地缓冲区，计算像元平均灰度值，并将其作为该样地所对应的遥感影像值。单独提取每个样地 Landsat-8 影像的 7 个波段的灰度值作为单波段自变量因子（表 5-15）。

表 5-15　人工柠条灌丛像元生物量与影像反射率、植被指数

样地编号	像元生物量/（kg/像元）	band1 反射率	band2 反射率	band3 反射率	band4 反射率	band5 反射率	band6 反射率	band7 反射率	NDVI	TVI	SAVI	DVI	RVI
1	194.36	0.065	0.066	0.102	0.113	0.257	0.244	0.182	0.384	0.938	0.470	0.146	2.113
2	216.38	0.055	0.054	0.082	0.094	0.201	0.220	0.170	0.367	0.930	0.446	0.108	1.800
3	86.29	0.056	0.054	0.089	0.112	0.227	0.237	0.188	0.342	0.917	0.421	0.117	1.686
4	140.88	0.051	0.050	0.079	0.090	0.195	0.210	0.162	0.368	0.932	0.423	0.107	1.662
5	88.99	0.054	0.053	0.081	0.092	0.194	0.218	0.168	0.359	0.926	0.410	0.103	1.638
6	272.19	0.065	0.064	0.098	0.114	0.211	0.227	0.183	0.300	0.894	0.450	0.098	1.416
7	300.59	0.061	0.061	0.096	0.112	0.209	0.222	0.177	0.308	0.898	0.462	0.098	1.394
8	81.29	0.047	0.044	0.071	0.079	0.197	0.191	0.139	0.429	0.963	0.489	0.120	1.931
9	164.17	0.048	0.046	0.077	0.096	0.215	0.215	0.166	0.385	0.940	0.470	0.121	1.849

植被指数自变量因子的提取主要通过 ENVI 5.1 软件平台，由波段运算（bandmath）工具输入波段运算表达式，从而得到处理后的影像。将每个样地对应的矢量图层分别与植被指数影像叠加，计算各样地像元平均值，作为该样地对应的植被指数自变量因子（图 5-13）。因建模提取的遥感数据是每个像元的值（像元的平均值），由于每个像元包含（30 m×30 m = 900 m^2）区域的生物量，而样地生物量则以每面积（20 m×20 m = 400 m^2）为单位统计。即在对遥感影像生物量进行计算时，需要将样地每单位面积（400 m^2）生物量转换到单位像元（900 m^2）生物量。

5.4.3　区域尺度人工柠条灌丛生物量遥感模型

（1）遥感特征参数的选取

通过地面调查数据和遥感影像信息作相关分析，从中选择最优的自变量建立基于遥感影像的盐池县人工柠条灌丛生物量估测回归模型，再利用该模型计算生物量的空间分布。本研究分析了实验样地的生物量与 Landsat-8 OLI 数据中的 1～7 影像波段 band1、band2、band3、band4、band5、band6、band7（b_1、b_2、b_3、b_4、b_5、b_6、b_7）与 5 种植被指数 NDVI、RVI、TVI、DVI、SAVI 的相关性（表 5-16）。

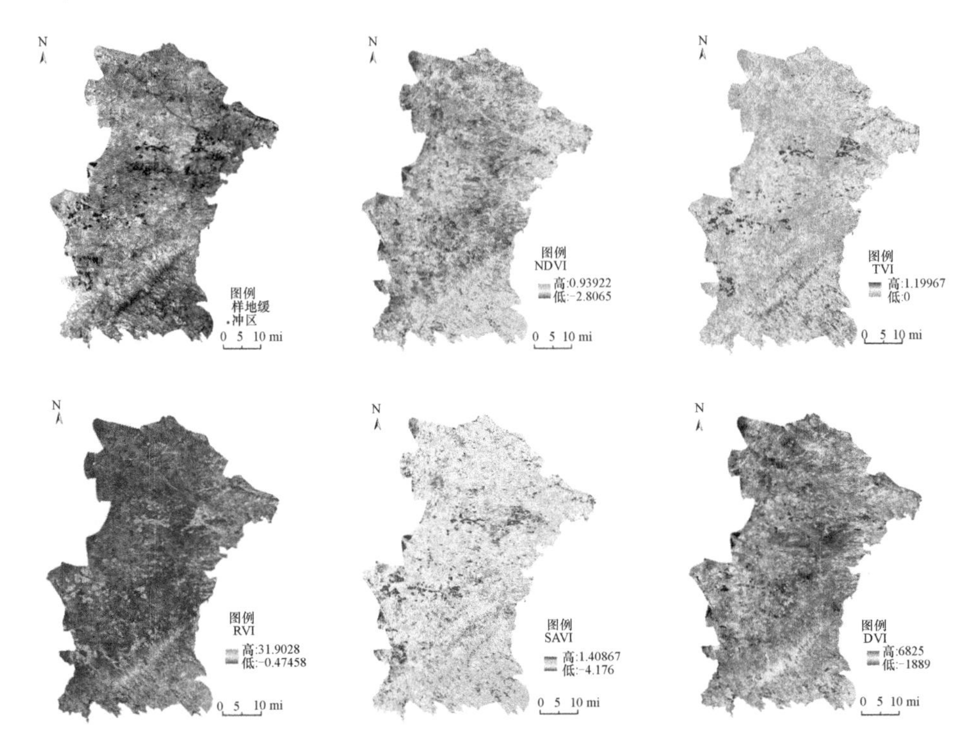

图 5-13　不同植被指数计算结果（彩图请扫封底二维码）

1 mi（mile，英里）＝1.609 344 km

表 5-16　人工柠条灌丛样地生物量与影像波段、植被指数的相关性

	b_1	b_2	b_3	b_4	b_5	b_6	b_7	NDVI	TVI	SAVI	DVI	RVI
柠条生物量	0.67*	0.67*	0.65*	0.59	0.18	0.34	0.44	–0.66*	–0.67*	0.28	–0.30	–0.46

注：*为 $P<0.05$

用 SPSS 统计软件对柠条灌木的生物量与各自变量因子及组合自变量作相关性分析，根据显著性差异分析，筛选相关性最强的自变量因子作为生物量估测模型的输入自变量，遥感影像波段及其组合与人工柠条灌丛生物量间的相关系数矩阵见表 5-17。在基于植被生物量遥感的研究中，学者为获得覆盖更多信息的回归模型，采用的相关程度的划分标准低于一般水平，以便能选择更多的因子进入到回归模型中。本研究 44 个自变量因子与生物量的相关性只有少数达到高度显著性，其余都属于显著线性相关。结合本文的实际情况，适当地降低相关系数的要求，增加参与建模的自变量因子，尽可能全面地概括与样地生物量间的相关信息，从而建立覆盖更多信息、结果较准确的模型。经过多次筛选后，本研究得出了 12 个与柠条灌木生物量显著相关性较高的指标，相关程度的顺序分别为 b_1、b_2、b_3、NDVI、TVI、b_1+b_2、b_1+b_3、b_2+b_3、$b_1+b_2+b_3$、b_1/b_2、$b_1\times b_2/b_3$、$b_2\times b_3/b_1$。

表 5-17　人工柠条灌丛样地生物量与影像波段组合的相关性

变量	柠条生物量	变量	柠条生物量
b_1+b_2	0.671*	b_1/b_3	–0.022
b_1+b_3	0.659*	b_2/b_3	0.404
b_2+b_3	0.663*	$b_1\times b_2/b_3$	0.666*
$b_1+b_2+b_3$	0.665*	$b_2\times b_3/b_1$	0.659*
b_1/b_2	–0.619*	$b_1\times b_3/b_2$	0.625

注：*为 $P<0.05$

（2）生物量遥感估算模型构建

植被地上生物量反演估算模型的构建方法以线性方程、非线性方程及学习机方法最为常见。本研究分别采用一元线性回归（univariate linear regression，ULR）、多元线性回归（multiple linear regression，MLR）及逐步线性回归（stepwise linear regression，SLR）方法建立回归方程。一般选取相关性较强的自变量因子构建回归模型。通过比较，构建出估算精度更高且稳定的植被地上生物量估算模型。

a. 一元线性函数

$$y=ax+b \tag{5-7}$$

式中，y 为生物量，x 为波段反射率或植被指数中的某一个调查因子，a、b 为待定系数。

b. 多元线性函数

$$y=b_0+b_1x_1+b_2x_2+\cdots+b_kx_k+e_i \tag{5-8}$$

式中，x_k 是自变量因子，y 是因变量，即依赖于自变量的随机变量，k 是自变量因子个数，b_k 为待定系数。

c. 逐步线性回归模型估算方法

逐步线性回归的基本原理是将自变量逐个引入模型，每引入一个自变量后都要进行 F 检验，并对已经选入的自变量逐个进行 t 检验，当原来引入的自变量由于后面自变量的引入变得不再显著时，则将其删除。这是一个反复的过程，直到既没有显著的自变量选入回归方程，也没有不显著的自变量从回归方程中剔除为止，以保证最后所得到的自变量集是最优的。

（3）模型检验

遥感特征参数与地上生物量的相关性越高，并不代表利用该参数所建立的模型精度就越高，通过高相关性的遥感特征参数所构建的估算模型有可能估测能力较低，增加估算模型中自变量的数量也很有可能会增加模型的不确定性，所以必须对模型的估测精度进行检验。回归模型的检验主要有：拟合优度检验、回归方程的显著性检验及自变量的显著性检验，统称为模型的统计检验。本研究中使用拟合优度检验和回归方程的显著性检验进行回归模型的检验（陈彦光，2011）。

a. 拟合优度检验（R^2 检验）

拟合优度检验是检验样本预测值拟合程度优劣的一种方法。运用判定系数和回归标准偏差，检验模型对样本预测值的拟合程度。对于有 k 个自变量的多元线性回归模型，对应的回归估计方程为：

$$\hat{y}_i = \hat{b}_0' + \hat{b}_1 x_{1i} + \hat{b}_2 x_{2i} + \cdots + \hat{b}_k x_{ki} \tag{5-9}$$

式中，$\widehat{y_i}$ 是模型预测值，k 是自变量的个数，x_k 是自变量，$\hat{b}$ 是多元回归系数，i 是回归拟合的应变量序号。

将 y_i 与其平均值 $\overline{y}$ 间的离差表达为：

$$y_i - \overline{y} = (y_i - \hat{y}_i) + (\hat{y}_i - \overline{y}) \tag{5-10}$$

得到如下总离差平方和：

$$\sum_{i=1}^{n}(y_i - \overline{y}) = \sum_{i=1}^{n}(\hat{y}_i - \overline{y})^2 + \sum_{i=1}^{n}(y_i - \hat{y}_i)^2 \tag{5-11}$$

用符号替代上述公式中的三部分，得到：

$$\text{TSS=RSS+ESS} \tag{5-12}$$

式中，TSS 为总平方和（total sum of square，TSS）；RSS 为回归平方和（regression sum of square，RSS），ESS 为误差平方和（error sum of square，ESS）。

因此样本决定系数为：

$$R^2 = \frac{\text{RSS}}{\text{TSS}} = 1 - \frac{\text{ESS}}{\text{TSS}} \tag{5-13}$$

公式（5-13）即是回归模型的拟合优度检验公式。

b. 回归方程的显著性检验（F 检验）

回归方程的显著性检验（F 检验）指在一定的显著性水平下，从总体上对回归模型中被解释变量之间的线性关系进行的统计检验。检验的原假设为：

$$H_0\text{：} b_1 = b_2 = \cdots = b_k = 0 \tag{5-14}$$

若原假设成立，模型中被解释变量与解释变量之间不存在显著性关系。

备选假设为：H_1：$b_1, b_2, \cdots, b_k$ 不同时为 0，被解释变量与解释变量间存在显著的线性关系，则拒绝 H_0，接受 H_1；反之，则接受 H_0。若 H_0 成立，则统计量为：

$$F = \frac{\text{RSS}/k}{\text{ESS}/(n-k-1)} \tag{5-15}$$

取自由度为（k，$n-k-1$），对于预先给定的显著性水平 α，可从 F 分布表中查出第一自由度为 k，第二自由度为 $n-k-1$ 的临界值 F_α（k，$n-k-1$）。将样本的观测值和估计值代入以上公式，如果计算结果 $F > F_\alpha$（k，$n-k-1$），则否定 H_0，说明模型的线性关系具有显著性，能通过检验；否则，接受 H_0，模型未通过显著性检验。

本研究利用生物量与遥感指标间的散点关系建立一元线性方程，通过决定系数（R^2）、F 值及回归检验显著水平（$P < 0.05$）来综合评价方程的优劣，选出拟合度最好、相关最密切的回归方程（图 5-14）。

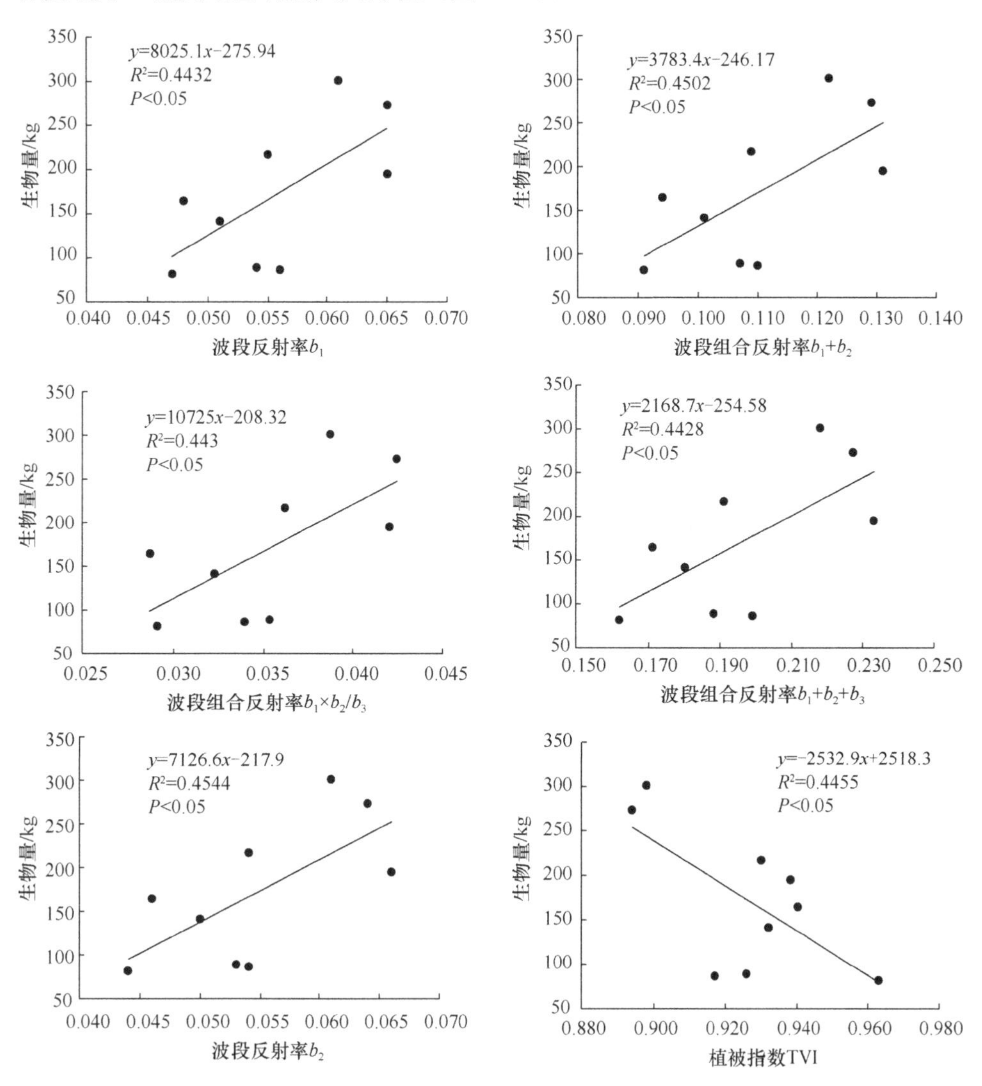

图 5-14　生物量与影像波段组合的线性回归模型

根据 R^2、F 值及回归检验显著水平（$P < 0.05$）的结果发现，自变量因子 b_1、b^2、NDVI、TVI、b_1+b_2、b_1+b_3、b_2+b_3、$b_1+b_2+b_3$、$b_1 \times b_2/b_3$、$b_1 \times b_3/b_2$ 拟合

度最好、相关最密切。选择以上自变量因子建立多元线性回归模型（表 5-18）。

表 5-18　基于遥感影像的盐池县人工柠条灌丛生物量多元线性最优估算模型

变量	多元线性回归方程	F	R^2	显著性
b_1、TVI	$y = 1301.80+4706.86\times b_1-1503.23\times \text{TVI}$	3.31	0.52	0.108
b_2、TVI	$y = 1308.67+ 4346.43\times b_2-1483.73\times \text{TVI}$	3.50	0.54	0.099
b_1+b_2、NDVI	$y = 183.64 +2377.49\times(b_1+b_2)-762.13\times \text{NDVI}$	3.36	0.53	0.105
b_1+b_2、TVI	$y = 1298.74+2272.10\times(b_1+b_2)-1487.40\times \text{TVI}$	3.41	0.53	0.103
NDVI、TVI	$y = 33415.44-44667.25\times \text{TVI}+22591.54\times \text{NDVI}$	4.10	0.58	0.076

c. 残差正态性检验

采用直方图和 P-P 正态概率图检验残差正态分布。当自变量取某一特定值时，对应残差值有正有负，呈正态分布并且残差分布在期望直线的周围。如果非正态分布，说明自变量缺乏代表性、方差不齐。根据拟合优度与显著性检验发现，由自变量因子 b_1、TVI，b_2、TVI，b_1+b_2、NDVI，b_1+b_2、TVI，NDVI、TVI 构建的多元回归模型显著性较高，对其进行残差正态性检验如图 5-15～图 5-24 所示。

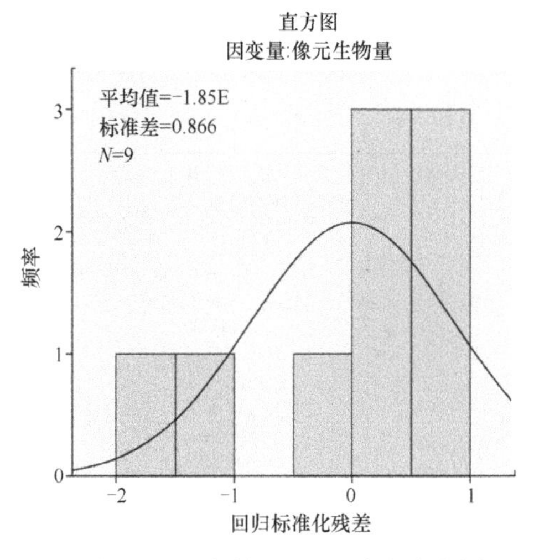

图 5-15　变量 b_1、TVI 方程直方图

E 表示服从正太分布，后同

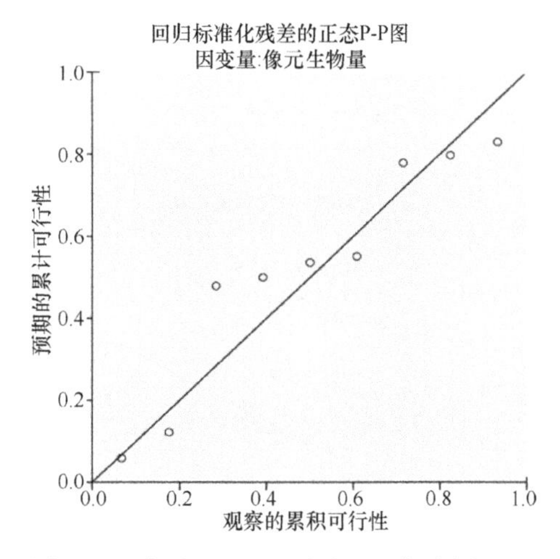

图 5-16　变量 b_1、TVI 方程 P-P 概率图

通过逐步线性回归估算的方法，本研究中使用 R 3.5.0 进行多元逐步线性回归分析，将与生物量相关性较好的自变量参数：b_1、b_2、NDVI、TVI、b_1+b_2、b_1+b_3、b_2+b_3、$b_1+b_2+b_3$、$b_1\times b_2/b_3$、$b_1\times b_3/b_2$，作为自变量逐一代入逐步线性回归模型进

行筛选，直到得到较高的检验精度为止（表 5-19）。得到逐步线性回归最后输出最高检验精度的模型是以 b_2 波段反射率为自变量的一元回归模型：

$$y = 7126.567 \times b_2 - 217.903 \quad (5\text{-}16)$$

模型的 $R^2 = 0.454$，$P = 0.046$，$F = 5.829$。对三种回归模型比较发现，通过多元逐步线性回归方法得到的方程检验精度高。本研究以多元逐步线性回归分析输出的模型结果作为基于遥感影像的盐池县人工柠条灌丛生物量估算的最佳模型。

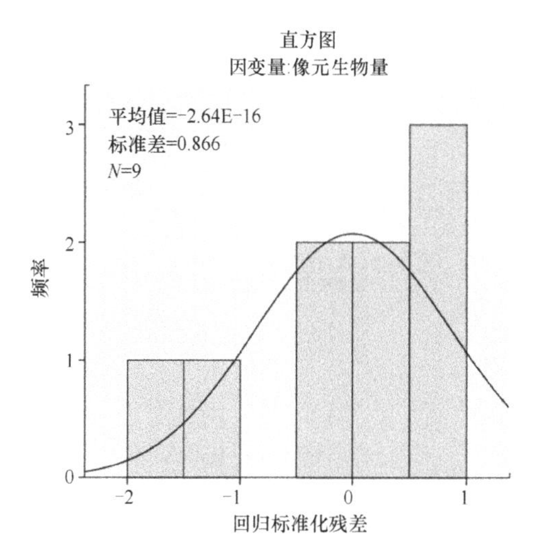

图 5-17　变量 b_2、TVI 方程直方图

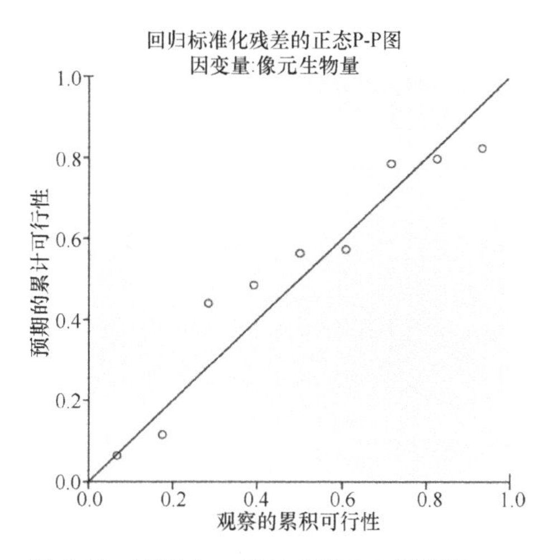

图 5-18　变量 b_2、TVI 方程 P-P 概率图

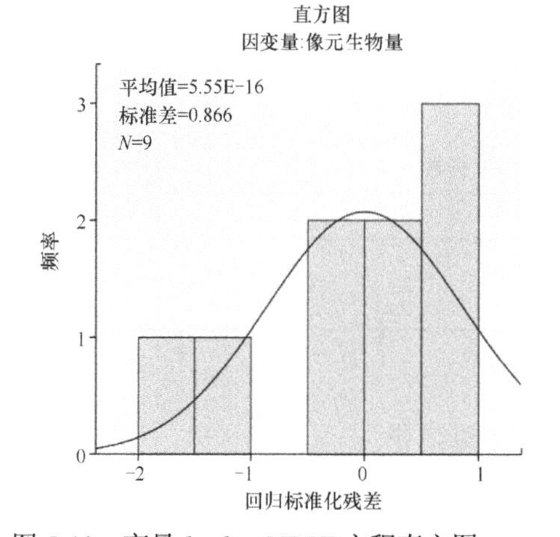

图 5-19　变量 b_1+b_2、NDVI 方程直方图

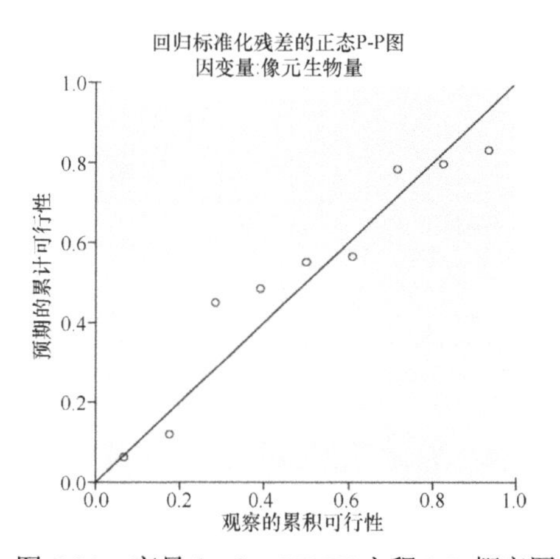

图 5-20　变量 b_1+b_2、NDVI 方程 P-P 概率图

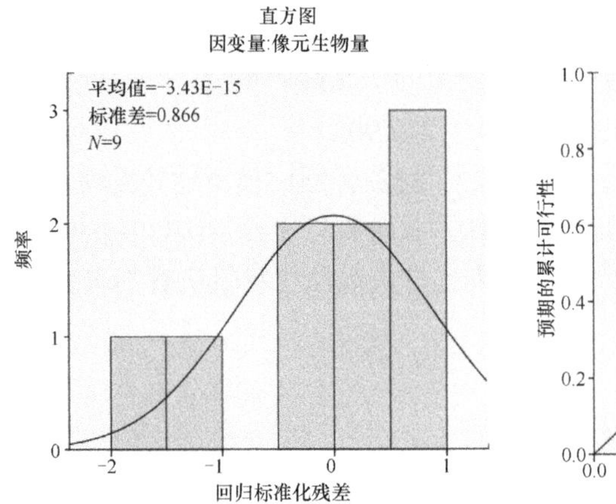

图 5-21　变量 b_1+b_2、TVI 方程直方图

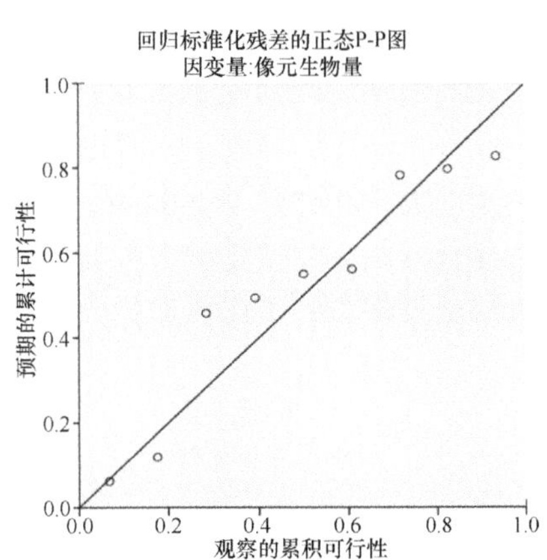

图 5-22　变量 b_1+b_2、TVI 方程 P-P 概率图

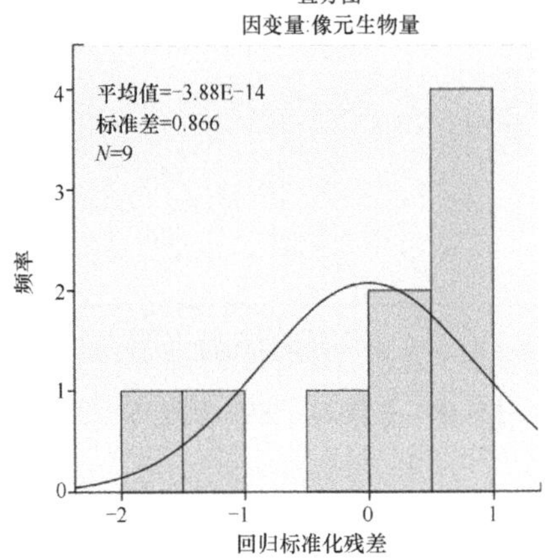

图 5-23　变量 NDVI、TVI 方程直方图

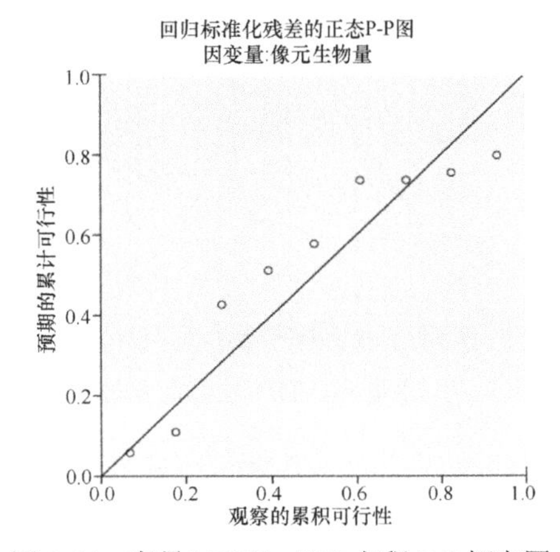

图 5-24　变量 NDVI、TVI 方程 P-P 概率图

表 5-19　模型与方差分析

模型	B	标准误	β	t	显著性
常量	−217.903	162.770		−1.339	0.233
b_2	7126.567	2951.825	0.674	2.414	0.046

注：B 为回归方程截距；β 为标准化系数；t 为统计量

5.4.4　盐池荒漠草原人工柠条灌丛生物量估算结果

（1）盐池县人工柠条灌丛生物量估算结果

在 ENVI 软件中，将多元逐步线性回归分析所得的柠条生物量估算模型结果，通过 bandmath 应用工具对预处理后的 Landsat-8 遥感影像进行计算，得到关于盐

池县整体人工柠条灌丛生物量影像。用 5.2 节中解译得到的盐池县人工柠条分布的矢量，裁剪盐池县整体人工柠条灌丛生物量影像，即得到盐池县人工柠条灌丛生物量分布图（图 5-25）。

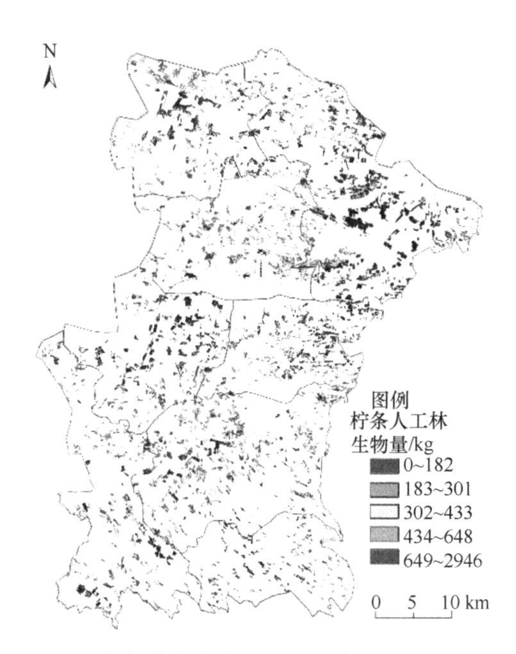

图 5-25　人工柠条灌丛生物量分布（彩图请扫封底二维码）

在 ENVI 中使用 Statistics Results 统计分析工具，并用掩膜工具剔除异常值，计算盐池县人工柠条灌丛像元个数，以及逐像元的生物量值，从而统计出整个盐池县人工柠条灌丛像元生物量的分布情况（图 5-26）。

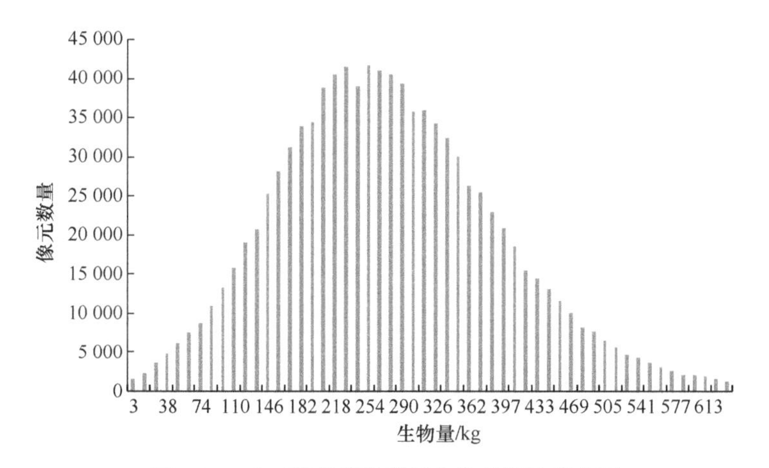

图 5-26　人工柠条灌丛像元生物量统计直方图

（2）各乡镇人工柠条灌丛生物量分布

通过 ENVI 5.1 与 ARCGIS 10.1 软件进行空间分析与统计，计算出盐池县逐乡镇人工柠条灌丛的生物量总量、单位面积平均生物量，具体结果见表 5-20。

通过模型估算结果得到盐池生物总量为 280 674.45 t。各个乡镇的人工柠条灌丛生物量有所差异，花马池镇的生物量最多，为 54 632.19 t，冯记沟乡和麻黄山乡的生物量较小，总量分别为 2 834.04 t 和 4 540.89 t，其他乡镇的生物量总量分布相对均匀。冯记沟乡柠条种植区的单位面积平均生物量只有 0.28 t/hm²，显著低于其他各乡镇，可见冯记沟乡虽然种植了较大面积的柠条，但均为单位面积生物量低下的幼林或退化灌木。根据乡镇占地面积统计各乡镇单位面积平均生物量，发现除麻黄山乡平均生物量低于盐池县平均水平，其他各乡镇的单位面积平均生物量与整个盐池县平均生物量水平相当。研究发现，盐池县各乡镇人工柠条灌丛生物量的分布结果与盐池县人工柠条灌丛斑块分布相似，南部麻黄山乡的破碎化种植使人工柠条灌丛的面积与生物量都较少，其他乡镇的人工柠条灌丛种植与生物量分布相对均匀，基本与全县人工柠条灌丛平均水平保持一致。

表 5-20　各乡镇人工柠条灌丛生物量统计

乡镇名称	总生物量/t	乡镇面积/hm²	柠条种植面积/hm²	柠条种植区单位面积平均生物量/（t/hm²）	乡镇单位面积平均生物量/（t/hm²）
盐池县	280 674.45	866 100	89 234.24	3.15	0.32
花马池镇	54 632.19	102 900	21 394.57	2.55	0.53
高沙窝镇	38 578.84	111 200	11 605.52	3.32	0.35
王乐井乡	40 772.02	83 500	10 149.18	4.02	0.49
冯记沟乡	2 834.04	72 700	10 029.32	0.28	0.04
青山乡	26 109.43	55 000	8 532.22	3.06	0.47
惠安堡镇	31 452.69	105 000	9 609.41	3.27	0.30
大水坑镇	54 225.56	122 700	15 312.26	3.54	0.44
麻黄山乡	4 540.89	60 000	2 601.76	1.75	0.08

第6章　气候变化和人工灌丛化对盐池荒漠草原碳循环的影响

气候和土地利用变化会影响陆地生态系统的物质与能量循环过程，人类活动引起的全球性地球变绿（global greening）已成为当前的研究热点，中国生态治理中的大面积植树造林是其驱动因素之一，但这种变绿背景的陆地生态系统碳水循环反馈机制尚需深入研究。盐池荒漠草原生态系统在人为生态治理过程中极大地改变了植被结构和功能，同时也在经历着全球气候变化过程的影响，这势必对荒漠草原这一地带性生态系统类型的碳循环产生深远影响。而研究气候变化与人工灌丛化对荒漠草原生态系统碳储量和碳交换的影响，不仅能够揭示这一背景下的陆地生态系统碳水循环的响应机制，还能为区域生态治理提供科学依据。为此，本章利用生态系统过程模型模拟和涡度协方差相关技术观测等方法，在长时间序列上探究盐池荒漠草原生态系统在气候变化及灌丛种植背景下的碳储量与碳交换变化规律。

6.1　气候变化和人类活动对草地碳循环的影响

6.1.1　气候变化对草地碳循环的影响

我国草地面积约为 400×10^6 hm^2，占世界草地面积的 12.5%，是陆地生态系统的重要组成部分，具有较高的固碳潜力，在吸收和固定大气 CO_2 及减缓气候变化方面发挥着重要作用。但草原生态系统对气候变化非常敏感，因此，在气候变化背景下，我国草地植被的动态变化将深刻影响区域碳平衡、气候反馈及生态系统的服务功能。全球气候变暖在一定程度上能提高陆地生态系统净初级生产力进而增加陆地植被碳库，其中气候变化中的气温增加和降水变化是影响陆地生态系统碳循环的主要气候因素。降水对草原生态系统碳循环的各个环节具有明显影响，已有研究表明，降水是中国北方温带草原生态系统生产力（地上生物量）最主要的限制因子，充足的降水可以减少植物生长过程中的水分胁迫，使草原生态系统发挥更大的光合生产能力。降水的年际波动及季节分配与草地植被地上初级生产力的动态变化关系非常密切，且这种影响作用表现出累积的效应，在干旱和半干旱地区还具有一定的放大效应。然而，较大的降水量又会使得土壤湿度大幅增加，从而增加土壤水溶性有机物的扩散率，加速土壤有机物的分解，综合影响草原生态系统的碳循环。降水对土壤呼吸的影响存在较大的差异，在湿润的生态系统或者有干湿交替季节变化的生态系统中，湿润季的降水会抑制土壤呼吸；但在干旱的生态系统或者有干湿交替季节的生态系统中，干旱季的降水导致土壤干湿交替，会使土壤团聚体崩溃，导致原本位于土壤团粒内部的有机碳失去保护而暴露在空气中，进而在降水后的短时间内增强土壤呼吸作用，加速了有机碳的矿化分解和增加了土壤向大气释放的 CO_2 量。

气温也是影响草原生态系统碳循环的重要气象因素，但对于草地生产力的影响没有降水明显。一些研究表明，干旱半干旱区的荒漠草原、典型草原、草甸草原中，草地地上生物量与年均温没有显著的相关关系；而在气温是限制因子的草地类型中，如高寒草甸类和山地草甸类等，其地上生物量与年均温呈显著正相关关系，即气温升高才会增强这类草地的生产力。另外，在北半球高纬度地区，气温升高会延长无霜期和植物的生长周期，进而促进草原生态系统净初级生产力的年内积累。然而，在干旱半干旱地区，气温升高会降低土壤水分含量，加重植被的水分胁迫，进而导致草原生态系统的固碳能力降低，对生态系统碳累积产生不利影响。同时气温升高也会增加植物自养呼吸，提高土壤微生物活性，改变土壤有机物质转化时间，进而加速土壤呼吸率，整体增强草原生态系统的呼吸消耗。

6.1.2 人类活动对草地碳循环的影响

气候变化和人类活动是陆地生态系统碳循环过程中两个最主要的影响因素。然而，二者的根本属性不同，很难采用同一指标对其进行量化，特别是人类活动包含的方面过于复杂多样，对生态系统碳循环过程的影响也更难定量化表达。对草地碳循环产生影响的人类活动主要包括过度放牧、土地垦殖、禁牧围封等，其中草地利用方式的转变对草原生态系统碳循环的影响最为明显。草原生态系统中的地上植被较为矮小，其碳储量主要为土壤碳，草地植物根系分解及植物残体进入土壤，以有机质的形式储存于土壤中，形成草原生态系统中最大的碳库。草原生态系统碳释放主要包括植物的自养呼吸、凋落物的异养呼吸及土壤呼吸过程，其中土壤呼吸是草原生态系统 CO_2 释放的重要途径。因此，人类对草地的垦殖是对草原生态系统碳循环影响最大的活动之一，开垦草地极大地改变了土壤的理化性质和生物性质，破坏了致密的根系层，使土壤深层的有机碳暴露于空气中，导致土壤呼吸增强，草原生态系统快速释放储存在土壤中的有机碳，并引起土壤有机碳库变化。已有研究表明，温带草原开垦为农田后土壤有机碳损失 20%～40%，内蒙古草甸草原的黑钙土开垦后有机碳损失 34%～38%。

放牧干扰是影响草原生态系统碳循环的重要人为因子之一，家畜对草地植被的践踏、采食与排泄物的输入等均会影响草地植被的繁育及整个草地植被群落的演替，进而影响到草地碳循环。然而，放牧对草地碳循环的影响有正、负两个方面，其中，适度的放牧有利于草地碳储存，平衡草原生态系统的碳循环过程，适时、适当的放牧干扰能促进草地植被更新，丰富草原生态系统的多样性，保持其稳定性，使草原生态系统的固碳能力增强。然而，过度放牧会降低草原生态系统的碳储量。一方面，过度放牧引起的践踏和采食，降低了草地植被的初级生产力，引起植被退化，使得植被向土壤输入的有机碳量下降；另一方面，过度放牧会改变草地土壤理化性质，引起土壤退化，而土壤退化也必然引起植被退化，形成恶性循环。草地土壤退化会增强土壤呼吸作用，加速微生物分解土壤腐殖层中的有机碳，使草原生态系统向大气释放的 CO_2 量增大。自然状态下，草原生态系统的碳收支基本保持平衡，而植被退化造成的植被生产力降低和土壤退化造成的土壤呼吸量增加，共同导致草原生态系统的碳储能力下降，并逐渐发展成为碳源。据统计，全世界约有 35%的退化草地是由过度放牧引起的，我国锡林浩特羊草草原经过 40 年的过度放牧，土壤有机碳的损失达 12.14%。

禁牧围封等生态治理工程也是影响草原生态系统碳循环的重要人为因子。生态治理工程的实施对草原生态系统的影响是多方面的，以往关于生态治理工程实施效果评价的研究中，多从植被生长状况、沙漠化控制、土壤理化性质变化、水循环和沙尘暴发生频率等方面开展，而针对生态治理工程对区域草原生态系统碳循环影响的研究尚存在空白。禁牧、休牧、轮牧、草原围封和退耕还草是主要的草地保护与恢复手段，这些措施可以在不同程度上使草地植被生产力得以恢复，土壤有机碳储量逐渐增加，从而增加对大气中碳的吸收和固定。前人对内蒙古锡林浩特地区草地的定位观测得出，围封 3 年、8 年、20 年和 24 年的草地地上部分生物量分别比过度放牧草地高 71%、162%、167%和 174%，土壤有机碳贮量分别增加 13%、15%、21%和 36%（阚雨晨等，2012）。在我国北方干草原、荒漠草原、草原化荒漠类地区的天然草地上，还有一种非常重要的生态治理工程，就是在退化草地上营造大量的人工灌木林，起到防沙治沙和改良退化草场的作用。宁夏盐池县自 20 世纪 70 年代起，为了防风固沙和生态治理，大面积在荒漠草原上种植柠条等灌木，这一举措显著地改变了该地区的植被结构，这种草本向灌木的结构转变势必会导致生态系统碳储量和碳交换规律的变化，而目前对这种生态系统碳循环变化特征和驱动机制缺少定量研究。为此，针对全球气候变化和人类生态治理干扰背景下的荒漠草原碳储量与碳交换问题，利用气候情景模拟和灌丛生长情景模拟，结合 BIOME-BGC 生态系统过程模型，研究盐池荒漠草原生态系统在近 60 年的长时间序列特征，揭示气候变化和人工灌丛化对荒漠草原生态系统碳循环的影响。利用涡度相关技术和样点土壤呼吸观测等方法，研究荒漠草原区人工灌丛群落的碳通量特征，揭示灌丛植被种植对荒漠草原土壤呼吸的影响。详细的研究框架结构如图 6-1 所示。

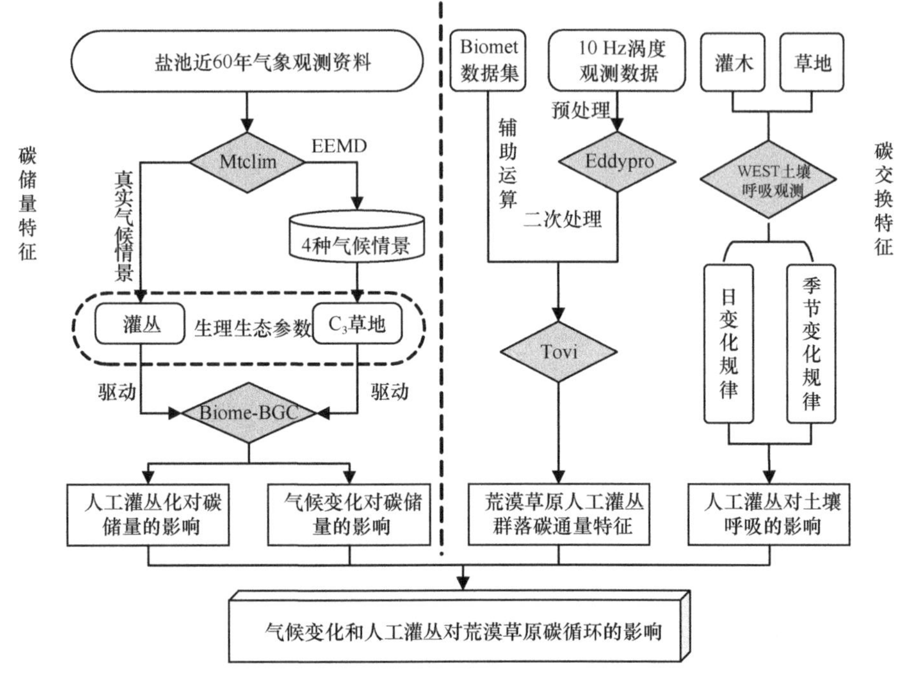

图 6-1 气候变化和人工灌丛化对荒漠草原碳循环影响的研究框架

Mtclim. 山地小气候模拟模型；EEMD. 集合经验模态分解；Eddypro. 涡度协方差数据处理软件；Tovi. 涡度协方差数据后处理软件

6.2 气候变化对盐池荒漠草原碳储量的影响

气候变化会对全球陆地生态系统碳循环产生深远的影响，而草地面积占全球陆地面积的 1/5，草地在全球陆地生态系统碳循环中发挥着重要作用。中国的草地碳储量占全球草地碳储量的 9%～16%，因此，研究气候变化对中国草地碳储量的影响具有重要的科学意义。盐池荒漠草原位于干旱区与半干旱区、草原与荒漠的过渡地带，这种地理上的过渡性使得其荒漠草原生态系统对气候变化的响应极其敏感，但目前尚未见到该生态系统对气候变化响应的研究报道。同时，由于该区域缺少生态系统长期定位监测数据，很难从长时间序列上对盐池荒漠草原的各类碳储量动态进行研究。鉴于此，本节基于 BIOME-BGC 模型和 1958～2017 年的气象观测资料，模拟 60 年间盐池县荒漠草原生态系统在 4 种气候情景下的土壤碳、植被碳、枯落物碳及总碳储量的动态变化，在此基础上定量分析气候变化对荒漠草原生态系统碳循环的影响，为地方政府制定应对气候变化的策略提供科学依据（王乐等，2020）。

6.2.1　气候情景设计与重建

（1）气候情景设计

根据史培军等（2014）对我国气候区划的研究，宁夏盐池存在着明显的气温增温和降水波动特征。为此，本研究设计了 4 种气候情景模式（表 6-1）。

表 6-1　不同气候情景设计

气候情景	气温特征	降水特征	情景模拟状态
情景 A	增温	降水波动增强	盐池县近 60 年经历的真实气候过程
情景 B	不增温	降水波动增强	模拟的是无气候变暖，但存在降水波动异常增强的气候情景
情景 C	增温	降水波动不增强	模拟的是气候存在变暖，但没有降水异常波动增强的气候情景
情景 D	不增温	降水波动不增强	模拟的是没有发生气候变化的基准情景

不同于以往单一的气温增温或简单的 CO_2 倍增情景模拟，本文假定盐池县 1958～2017 年存在着气候变化的内在过程，即降水与温度因子存在内在的波动和增减趋势，为剥离这种气候内在变化影响，本研究通过时间序列数据分析方法设计和模拟了 4 种气候情景，即当前真实经历的气候变化过程（情景 A）、只存在降水波动增强但无气温增温的情景（情景 B）、只存在气温增温但无降水波动增强的情景（情景 C）及没有发生气候变化的基准情景（情景 D）。其中，情景 A 是当前真实经历的气候变化过程，即经历了气温增温和降水波动增强两种变化过程，气象资料也真实记录了这一过程，故不需要对历史降水量和气温观测资料进行处理。其他三种情景均需模拟无气温增温或无降水波动增强的气候变化过程，为实现这一模拟，需对历史观测的气温和降水资料进行处理，剔除自然气候变化过程的影响，剥离降水的气候波动影响和气温的趋势变化影响，并通过重构后的降水和气温序列组合来驱动 BIOME-BGC 模型，模拟不同气候情景下盐池荒漠草原生态系统的碳动态。

（2）四种气候情景重建

本研究使用了集合经验模态分解（ensemble empirical mode decomposition，EEMD）方法，对 1958～2017 年的日最高气温、日最低气温及日降水量进行分解。从分解结果来看，原始气温与降水序列均存在内在残余趋势，如图 6-2 所示，因此将原始气温序列减去了 EEMD 的残余趋势变量，以重建无气候变化影响的气温序列。EEMD 还得到了多个固有模态分量，由于降水序列不仅存在内在变化趋势，更重要的是随着气候变化，极端洪涝事件增多，降水波动性增强。为还原无气候变化影响的降水过程，降水序列不仅减去了内在残余趋势变量，还减去了代表极端洪涝过程的第一高频分量（IMF1），从而重建没有气候变化影响的降水量序列，结果如图 6-2 所示。

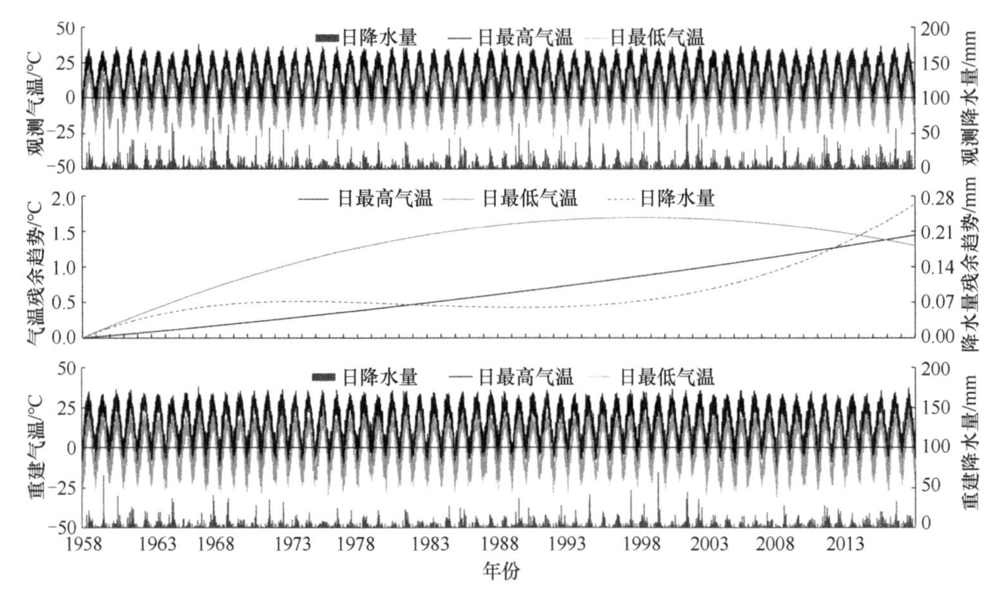

图 6-2　近 60 年盐池气温和降水序列、EEMD 残余趋势及气候重建结果

6.2.2　碳储量模拟结果验证

由于盐池县没有长达 60 年或较为连续的碳储量观测资料，本研究利用前人已经发表的 2000～2016 年宁夏草地的植被净初级生产力（NPP）数据，通过转换为对应的碳储量，来验证 BIOME-BGC 模型在本区域的模拟结果。朱玉果等(2019)报道的 NPP 数据为宁夏全部草地的平均 NPP，依据程积民等(2012)报道的典型草原和荒漠草原植被碳密度的比例，本研究将宁夏草地 NPP 数据乘以 0.8 的系数转换为荒漠草原生态系统当年植被净初级生产的碳储量。植被净初级生产的碳储量对应为 BIOME-BGC 模型模拟的植被碳储量与新增枯落物碳储量，因当年植被净初级生产的枯落物主要在生长季结束至下年初累积，且枯落物蓄积的同时也在分解，故将其次年 1/3 的枯落物总量作为当年植被生产的枯落物累积量。验证结果表明，BIOME-BGC 模型模拟的碳储量与 NPP 转换碳储量的相关性系数为 0.64（$P < 0.01$），模型估算的均方根误差（RMSE）为 0.0188 kg/m²，表明模型估算精度较高，能够表征盐池荒漠草原生态系统碳储量状况（图 6-3）。

6.2.3　不同气候情景下的盐池荒漠草原平均碳储量差异

利用重建的 4 种气候情景下的降水量和气温序列数据驱动 BIOME-BGC 模型，模拟 1958～2017 年盐池荒漠草原生态系统植被碳、枯落物碳、土壤碳和总碳储量

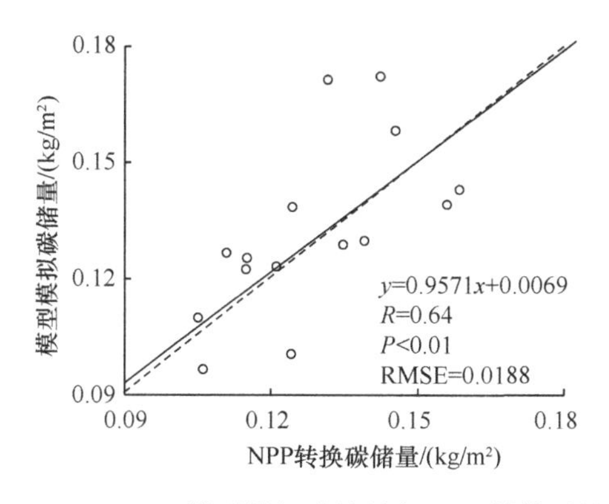

图 6-3　BIOME-BGC 模型模拟碳储量与 NPP 转换碳储量对比

的动态变化。从模拟结果可以看出，盐池荒漠草原生态系统的枯落物碳和植被碳在 4 种气候情景下普遍偏低。其碳储量主要来自土壤碳（表 6-2），4 种气候情景下土壤碳储量平均占生态系统总碳储量的 94.04%，枯落物碳储量占 4.03%，植被碳储量只占到了 1.94%。对比没有发生气候变化的基准情景（情景 D）和真实气候变化情景（情景 A）下的生态系统碳储量，可以看出气候变化导致近 60 年盐池荒漠草原生态系统年总碳储量平均增加了 0.0412 kg/m²，其中植被碳、枯落物碳和土壤碳储量各增加了 0.0093 kg/m²、0.0188 kg/m²和 0.0131 kg/m²，增幅分别为 22.63%、22.04%和 0.60%。这可能是由于气候变化引起区域植被活动增强（杜灵通等，2015b），植被覆盖度增高，生产力增强，导致生态系统植被碳储量和枯落物碳储量明显增加；气候变暖也增加了土壤呼吸作用（Xu et al.，2015），加速了土壤碳排放，因此土壤碳储量的增幅微弱；此外，由于荒漠草原植被稀疏，植被碳储量和枯落物碳储量占生态系统碳储量的比例较低，故整个生态系统的总碳储量只增加了 1.77%。对比气温增温情景（情景 C）、降水波动增强情景（情景 B）和基准情景（情景 D）可以看出，单独的气温增温会导致植被碳储量略微增加，但会导致枯落物碳储量和土壤碳储量略微降低，进而导致生态系统总碳储量降低。单独的降水波动增强会明显导致生态系统各类型碳储量的增加，进而导致生态系统总碳储量增加。由此可见，降水变化是导致荒漠草原生态系统碳动态变化的主要因素。

表 6-2　不同气候情景下模拟的近 60 年平均碳储量及其占总碳比例

气候情景	植被碳储量	枯落物碳储量	土壤碳储量	总碳储量
情景 A	0.0504（2.13%）	0.1041（4.40%）	2.2108（93.47%）	2.3652
情景 B	0.0490（2.07%）	0.1048（4.43%）	2.2107（93.49%）	2.3646
情景 C	0.0417（1.80%）	0.0835（3.60%）	2.1956（94.61%）	2.3208
情景 D	0.0411（1.77%）	0.0853（3.67%）	2.1977（94.57%）	2.3240

注：碳储量单位为 kg/m²，括号内为各类型碳储量占总碳储量的比例

6.2.4 各气候情景下近 60 年盐池荒漠草原碳储量时间变化特征

（1）年际变化规律

从 4 种气候情景下盐池荒漠草原 1958～2017 年生态系统植被碳、枯落物碳、土壤碳和总碳储量的动态变化来看，植被碳储量存在较强的年际间的波动特征，且与同期降水量的波动特征一致（图 6-4），这是因为荒漠草原地区的植被生长和碳积累主要受制于气象降水量，降水丰沛的年份植被生长丰茂，植被碳储量增加，干旱年份植被生长稀疏，植被碳储量降低。枯落物碳储量的波动特征与植被碳储量相似，但变化较为缓慢，这可能与枯落物碳储量有一定的蓄积和延迟效应有关（图 6-4）。枯落物碳储量在 1980 年前后表现出一个明显的趋势转折，以基准情景（情景 D）为例，1958～1980 年存在着–0.0011 kg/(m^2·a)的下降趋势（$P < 0.01$）；而在 1980 年以后则表现出 0.0007 kg/(m^2·a)的上升趋势（$P < 0.01$），但波动性更强。土壤碳储量有明显的累积效应，基准气候情景（情景 D）下，近 60 年以每年 0.0020 kg/m^2 的速度累积（图 6-4）。生态系统总碳储量为植被碳储量、枯落物碳储量与土壤碳储量的总和，故总碳储量在 60 年中呈波动性上升（图 6-4）。由以上结果可知，荒漠草原生态系统的地上生物量较少，植被碳储量与枯落物碳储量较低，且受降水波动的影响较大。荒漠草原生态系统的大部分碳储存于土壤之中，而土壤碳储量受降水波动的影响较小。从不同气候情景来看，真实气候变化情景（情景 A）与降水波动增强情景（情景 B）下的 4 种碳储量较为相近，气温增温情景（情景 C）与基准情景（情景 D）下的 4 种碳储量较为相近，4 种气候情景下各类型碳储量的年际波动形态较为一致。但不同气候情景下碳储量随时间的累积效应存在差异，对比情景 A 和情景 D 可以得出，植被碳储量不存在随气候变化而累积的效应，但枯落物碳储量、土壤碳储量和总碳储量随气候变化而累积的效应非常明显，即气候变化导致盐池荒漠草原生态系统的碳储量逐渐升高，且随着时间的推移累积效应逐渐增大（图 6-4）。

（2）年内变化规律

不同类型碳储量的年内变化差异较大，植被碳储量在冬季非常低，从春季（3 月）开始逐渐增加，在秋季（9～10 月）达到最大值，之后开始迅速降低，植被碳储量的年内变化与盐池荒漠草原的物候节律非常一致（图 6-5）。枯落物碳储量在 8 月底最低，随着生长季的结束，地上植物组织开始自然死亡和凋落，枯落物碳储量开始增加，到冬季 12 月底达到最大值；随着枯落物的逐渐分解，其碳储量从 1 月份开始逐渐下降，直至夏末秋初（图 6-5）。枯落物的累积受植物生命周期操控，一般在植物生命末期激增（李强等，2014），故导致枯落物碳储量的年内变

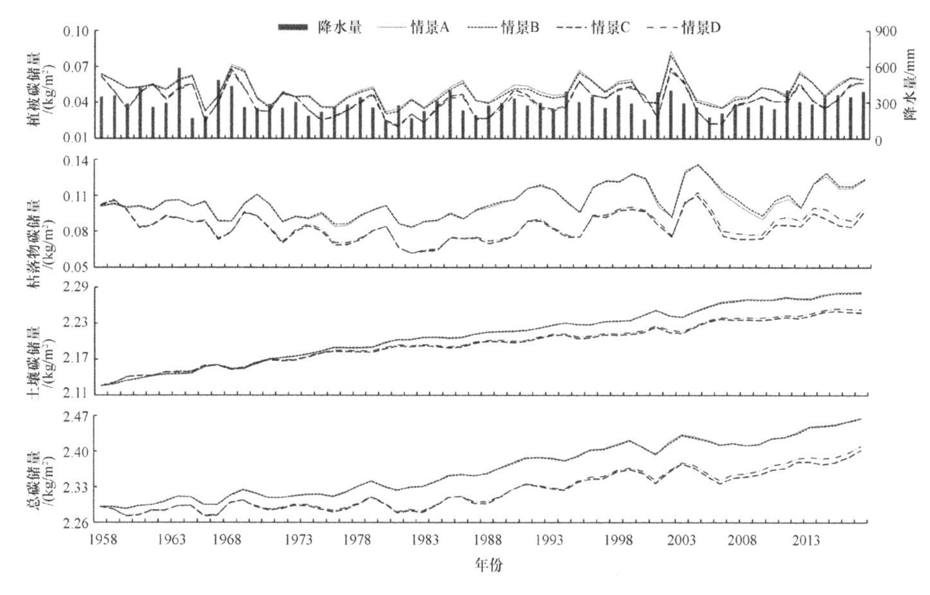

图 6-4　不同气候情景下的年际碳储量变化

化规律与植被碳储量呈相反态势。土壤碳储量在 4 月到 10 月期间降低，而 11 月到次年 3 月期间逐渐增高（图 6-5），其年内变化过程不仅与枯落物分解后的碳归还有关，还与气温的季节变化有关。土壤碳储量主要输入源为枯落物，枯落物通过物理淋溶、生物化学分解和破碎等过程，将 2/3 左右的碳以可溶解性碳或碎屑形式输入土壤（陈婷等，2016），因此在冬春季枯落物量大的时候，土壤的碳储量也开始增加。然而，4 月以后，随着气温的升高，降水的增多，可能土壤呼吸作用开始加大（马志良等，2018），土壤向大气排出的 CO_2 增多，导致土壤碳储量下降。由于荒漠草原生态系统中土壤碳储量占生态系统总碳储量的绝大部分，因此生态系统总碳储量的年内变化与土壤碳储量变化相似（图 6-5）。从不同气候情景间的差异来看，气候变化不会影响各类型碳储量的年内变化趋势，但对年内碳储量的大小有明显影响，真实气候变化情景（情景 A）与降水波动增强情景（情景 B）下的 4 种碳储量近乎一样，气温增温情景（情景 C）与基准情景（情景 D）下的 4 种碳储量较为相近，由此得出，降水波动性增强过程明显增强了荒漠草原生态系统的碳储量（图 6-5）。

6.2.5　气候变化对荒漠草原碳储量的影响

前述已得出气候变化对荒漠草原生态系统各类型碳储量及总碳储量在年际尺度上都有影响，但不同气候情景的气候变化对碳储量影响的强弱存在差异，且每种气候情景如何影响各类型碳储量尚不明确。本节以没有发生气候变化的基准情景

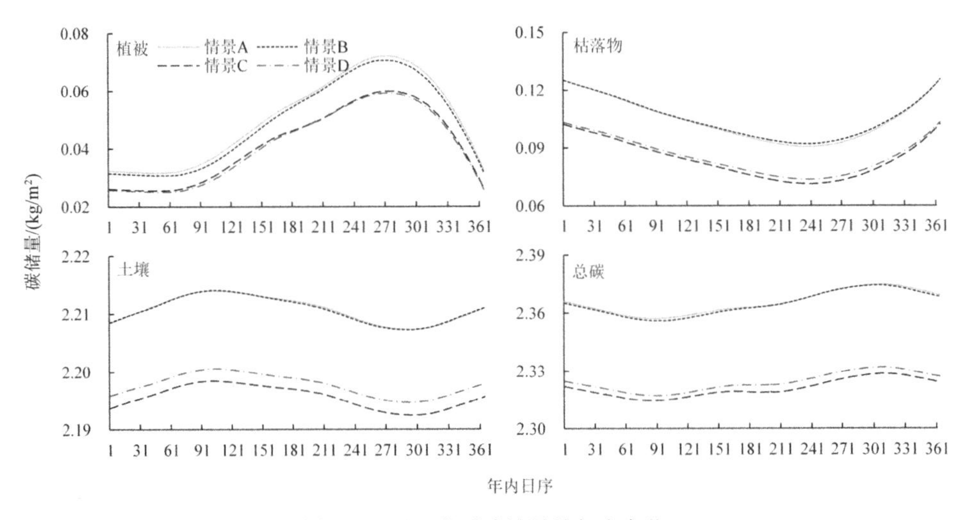

图 6-5　不同类型碳储量的年内变化

（情景 D）为基准，对比其与真实气候变化情景（情景 A）、降水波动增强情景（情景 B）和气温增温情景（情景 C）等 3 种不同气候情景下的植被碳储量、枯落物碳储量、土壤碳储量及总碳储量的变化。由结果可以看出，不同类型的气候变化过程对荒漠草原生态系统各类型碳储量的影响存在差异，降水波动增强普遍增强了荒漠草原生态系统的各类型碳储量，但气温增温对各类型碳储量的影响微弱。真实气候变化情景导致植被碳储量在低值部分增强明显，但在高值部分增强较弱；降水波动增强情景引起的植被碳储量变化规律与真实气候变化情景相同；气温增温情景下的植被碳储量与基准情景的碳储量散点靠近 1∶1 线，即单独的气温增温对植被碳储量的影响不大（图 6-6）。真实气候变化情景和降水波动增强情景均促进了枯落物碳储量的增强，但气温增温情景却略微降低了枯落物的碳储量（图 6-6）。土壤碳储量与植被碳储量的结果相反，真实气候变化情景导致土壤碳储量在低值部分略有降低，但导致土壤碳储量在高值部分增强明显（图 6-6）。对于荒漠草原生态系统总碳来言，真实气候变化情景和降水波动增强情景均明显增强了其储量（图 6-6）。由以上结果可以得出，在不考虑降水因素的作用下，气温升高会导致各类型碳储量的略微降低；在不考虑气温因素的作用下，降水波动增加会导致各类型碳储量的明显增高；而宁夏盐池荒漠草原生态系统近 60 年经历了气温增温和降水波动增加的复杂过程，降水与气温变化的综合作用导致生态系统的各种碳储量明显增高。同时，研究也发现，在各类型碳储量中，枯落物碳储量对气候变化的响应最敏感，其次是植被碳储量，土壤碳储量对气候变化的响应敏感度最低。

气候情景设计与模拟是本研究的基础，我国气候模拟总体分为两种，一种是未来气候变化的预测模拟（赵宗慈和罗勇，1998），一种是关于缺失观测数据的古

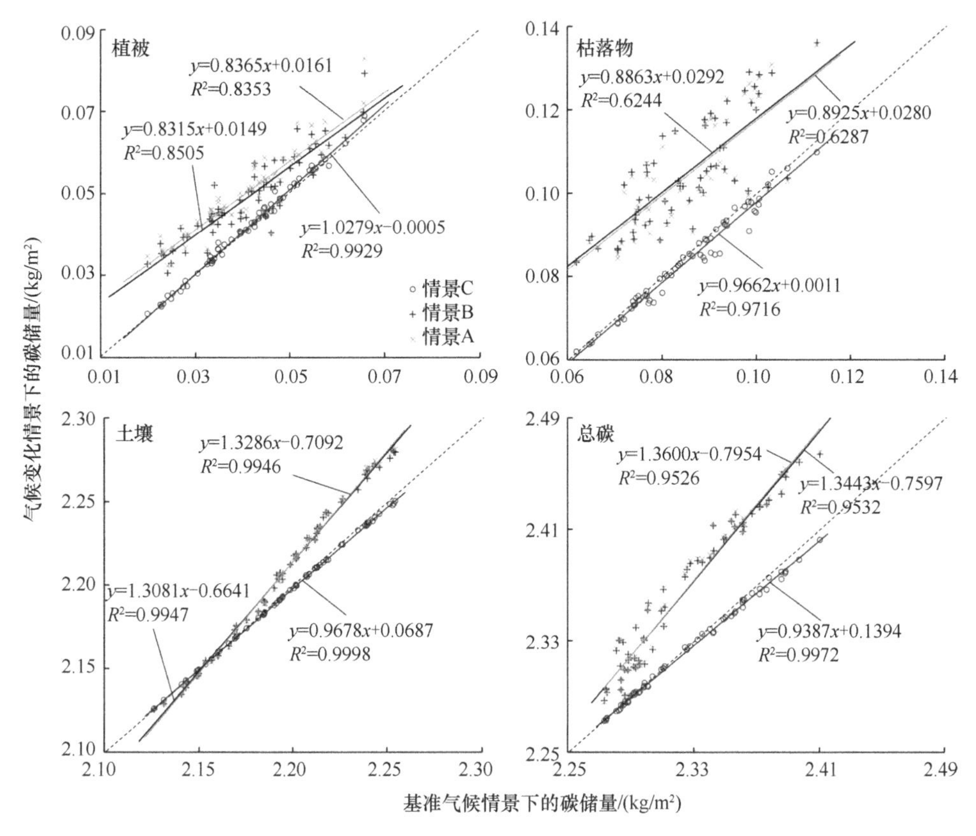

图 6-6　气候变化情景与基准情景下各类型碳储量的关系

气候重建（杨保等，2011），而本研究的气候情景设计则是基于过去 60 年的观测资料，模拟不发生气候变化或发生不同的气候变化过程对荒漠草原生态系统碳储量的影响。目前有关这类型的气候情景模拟大多是通过简单的气温线性抬升或降水按比例增加来实现的（韩其飞等，2014）。但气候变化过程复杂，气温升高或降水增多往往并非线性过程，因此要扣除气候变化的影响，需要做非线性的剥离。为此，本研究通过集合经验模态分解法，分离出宁夏盐池县过去 60 年间因气候变化引起的气温与降水量的残余趋势，对其剥离后重组不同的气候情景，使重建的气候情景更逼近事实。相对于联合国政府间气候变化专门委员会（IPCC）的未来气候情景模式（车彦军等，2016）和 RegCM3 等其他复杂的气候模式（高学杰等，2012），本研究所采用的模拟方法降低了气候情景重建的复杂性，又比其他复杂模型易于实现，这为今后不同气候变化情景模拟的相关研究提供了思路。

本研究模拟得出，盐池荒漠草原生态系统在 4 种气候情景下的年均总碳储量在 2.3208～2.3652 kg/m²，土壤碳储量在 2.1956～2.2108 kg/m²，植被碳储量在 0.0411～0.0504 kg/m²，枯落物碳储量在 0.0835～0.1048 kg/m²。其中植被碳储量接近于马文红等（2010）计算的中国北方草地地上生物碳储量，其平均值为 0.0490 kg/m²。植被碳储量和枯落物碳储量合计稍高于实测值，程积民等（2012）实测的荒漠草原草地植被（含枯落物）年均碳储量为 0.0477～0.0707 kg/m²。土壤碳储量接近于 CENTURY 模型模拟的近 30 年内蒙古草地表层平均土壤碳储量（1.99 kg/m²）（郭灵辉等，2016）。尚二萍和张红旗（2016）用 InVEST 模型模拟的新疆伊犁河谷草原生态系统的碳储量在 0.8450～1.2260 kg/m²，其中地上部分（不含死亡枯落物）为 0.0450～0.0900 kg/m²，与本研究植被碳储量较为一致。Han 等（2014）模拟的新疆干旱区草原的植被碳储量在 0.0411～0.1548 kg/m²，接近于本研究结果，但土壤碳储量为 5.0826～15.5237 kg/m²，高于本研究结果；其研究区涵盖新疆的典型草原、草甸草原和荒漠草原，同时对模型进行了放牧调整，这可能是导致土壤碳储量偏高的原因。

BIOME-BGC 是一种被广泛应用于陆地生态系统碳水循环过程模拟的模型，但关于荒漠草原生态系统的生理生态参数鲜有报道，因此，本章节的大部分生理生态参数只能采用模型中 C_3 类型草地的缺省值，这可能对模拟结果的数值有一定影响，但对不同气候情景下的差异影响较小。同时，本研究模拟的是不同气候情景下未受干扰的理想荒漠草原生态系统碳动态过程，未考虑放牧、封育禁牧、防沙治沙等干扰因素，而荒漠草原生态系统碳循环过程会明显受到人为干扰影响（程积民等，2012）。因此，今后应在模型生理生态参数本地化和考虑人为干扰方面开展深入研究，而卡尔曼滤波算法、模拟退火算法（张廷龙等，2013）等模型同化技术也为今后的荒漠草原生态系统碳循环模拟提供了思路。

6.2.6 小结

本节基于 BIOME-BGC 模型和 1958～2017 年的气象观测资料，模拟了宁夏盐池荒漠草原生态系统在 4 种不同气候情景下的碳储量变化。研究得出的主要结果如下：① 4 种气候情景下，盐池荒漠草原生态系统年均总碳储量在 2.3208～2.3652 kg/m²，土壤碳储量占总碳储量的 94.03%，枯落物碳储量与植被碳储量分别占 4.03%和 1.94%，比例较低。②近 60 年间，植被碳储量年际波动较为显著，且与同期降水量的波动一致，基准情景下的土壤碳储量以每年 0.0020 kg/m²的速率累积，总碳储量呈波动性上升趋势。③单独的气温升高会导致各类型碳储量的略微降低，而单独降水波动增加会导致各类型碳储量的明显增高，二者综合作用会导致碳储量的升高；此外，枯落物碳储量对气候变化的响应最敏感，其次是植被碳储量，土壤碳储量对气候变化的响应敏感度最低。研究结果揭示了荒漠草原碳储量随不同气候变化情景的变化规律，可为地方政府制定应对气候变化策略和生态恢复政策提供科学依据。

6.3　人工灌丛化对盐池荒漠草原碳储量的影响

盐池县近几十年实施了以防沙治沙为目的的系列生态治理工程，在荒漠草原带上大量种植人工灌木，这些灌木在起到固土防沙功能的同时，也对原有荒漠草原生态系统的碳水循环过程产生了影响。为定量评估其对生态系统碳循环的影响，本章节将利用结合逻辑斯谛（Logistic）生长模型和 BIOME-BGC 生态系统过程模型，模拟人工灌丛种植过程对荒漠草原生态系统碳储量的影响。因为荒漠草原的人工灌丛化交织着两种自然过程，一是柠条灌木种植后由幼苗到成熟林的生长过程，这一过程至少需要 15 年（牛西午，1998）；二是原有草地和人工灌丛的碳累积过程，这两种碳累积过程在人工柠条灌丛种植后同步持续进行。为将这两种过程在生态模型中描述清楚，本节首先基于植物生长的 Logistic 通用方程，利用前人的人工柠条种植后的生长观测数据，确定柠条生长模型的参数，假定以一块 1970 年种植的柠条林地为情景，模拟灌丛在草原上的生长和发育过程，确定灌丛与草地冠层覆盖占比关系。然后，利用 BIOME-BGC 模型分别模拟草地和灌丛植被类型下的生态系统碳累积过程，结合前述草原种植人工灌丛的生长模拟结果，换算出荒漠草原生态系统向柠条灌丛生态系统转变的碳储量变化，并与未种植柠条的原始荒漠草原生态系统的碳累积过程对比，以期揭示人工灌丛化这一过程对荒漠草原生态系统碳储量的影响。

6.3.1　人工柠条灌丛生长过程模拟及灌木-草本比例确定

（1）Logistic 理论模型

盐池自 20 世纪 70 年代开始大量种植中间锦鸡儿（*Caragana intermedia*）灌木进行生态治理，中间锦鸡儿在当地俗称柠条，为豆科锦鸡儿属植物。已有研究表明，植物生长过程通常可利用数学模型进行描述，经典生长方程有逻辑斯谛（Logistic）、贡佩茨（Gompertz）、贝塔朗菲（Bertalanffy）、米采利希（Mitscherlich）、理查德（Richard）、韦布尔（Weibull）等模型（赵龙等，2013），其中 1838 年由数学生物学家弗赫斯特（Verhulst）提出的 Logistic 生长模型是一种常用方法，它通过“S”形曲线模拟植物生长过程，又被称为自我抑制性方程（邱胜荣，2020），现已应用于包括生态学在内的多个领域（王建军和吴志强，2009；谢花林和李波，2008）。本节将利用经典 Logistic 生长模型，来模拟柠条灌木种植后，由幼苗到成熟林的生长过程。Logistic 生长模型的理论表达式如下：

$$y=\frac{b}{1+a\times \mathrm{e}^{-kt}} \tag{6-1}$$

式中，t 为时间，y 为生物量，b 表示一定时期内生长的上限，a 是与曲线位置有关的参数，k 表示内禀生长率。其中 k、a、b 为该方程参数，需要将实测值 y 带入上述公式计算得出。

（2）模型参数确定和盐池人工柠条生长过程模拟

因缺乏盐池荒漠草原地区在柠条灌木种植后的连续生长过程监测数据，本文便采用前人已发表的黄土高原区柠条逐年地径生长实测值来拟合出其生长曲线，解算 Logistic 生长模型的方程参数。程杰等（2013）公开发表了宁夏固原上黄村人工柠条种植后 23 年的连续定位监测数据，该研究中公开了黄土高原区坡上、坡中和坡下三种不同坡位的柠条地径生长数据，本研究将这三种坡位的柠条实测地径进行平均，得到 23 年的柠条逐年地径数据序列，之后利用这一数据序列进行 Logistic 生长模型的拟合，来解算方程参数，获得本研究柠条生长过程的 Logistic 生长模型。

根据程杰等（2013）发表的柠条生长 23 年间的实测值数据，采用莱文伯格-马夸特（Levenberg-Marquardt）方法（张鸿燕和耿征，2009）在 Matlab 软件中进行 Logistic 生长模型的拟合，可得柠条灌丛的生长模型参数分别为：a=11.51，b=1.534，k= 0.3518，即柠条地径的生长曲线方程如下所示：

$$y = \frac{1.534}{1 + 11.51\mathrm{e}^{-0.3518t}} \tag{6-2}$$

该模型能够较好地模拟柠条生长过程，其模拟值与实测值之间的决定系数（R^2）达到了 0.9608，模拟的均方根误差（RMSE）为 0.1062，误差明显小于地径实际测量值，表明用前述这套实测值建立的柠条灌丛 Logistic 生长模型具有良好的适用性。利用上述公式可模拟得到 1970～2017 年柠条地径的生长曲线（图 6-7），从图 6-7 可以看出，自盐池荒漠草原 1970 年种植柠条灌木起，柠条地径从种植当年的 0.17 cm 开始以非线性增长模式快速生长，直至 1989 年达到 1.5 cm 左右后，地径生长速率开始放缓，并逐渐变得较为固定，地径大小保持在 1.5 cm 上下，即柠条进入了成年阶段。

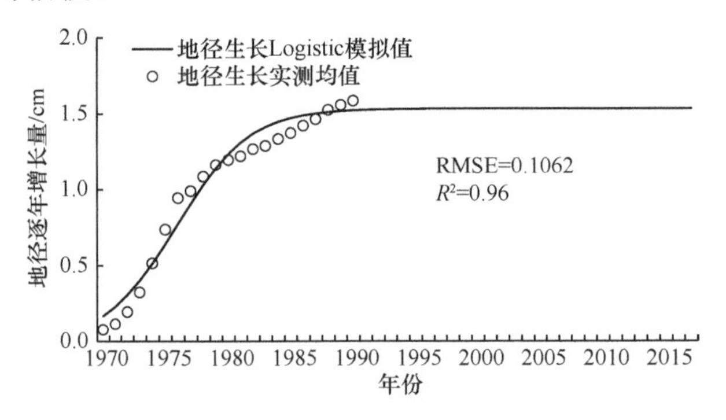

图 6-7　柠条逻辑斯谛（Logistic）生长曲线

（3）灌木-草本比例确定

BIOME-BGC 模型只能模拟单一植被类型下的生态系统碳累积过程，在其运行之前首先需要确定被模拟的植被是落叶阔叶林、落叶针叶林、常绿阔叶林、常绿针叶林、灌丛、C_3 草地和 C_4 草地中的哪一类植被类型，然后根据植被类型，在模型中选择相应的生理生态参数和内部运行逻辑。由于在荒漠草原上种植人工灌丛，存在着草地类型向灌丛类型植被转换的过程，无法使用 BIOME-BGC 模型直接模拟这一人工灌丛化过程中的生态系统碳储量累积。为此，只能分别模拟出灌丛类型和 C_3 草地类型植被的碳累积过程，然后按照柠条生长过程中灌木与草地的面积占比变化，转换计算出人工灌丛生长过程中的生态系统碳储量累积。由此可见，当一块草地在种植柠条后，确定该地块内柠条灌木和草本植物的组分比例逐年变化，对模拟其生态系统碳储量至关重要。

本研究基于柠条 Logistic 生长模型模拟出的柠条地径生长速率，换算其冠幅面积占比，随着柠条灌丛冠幅面积占比的增加，草本植物冠幅面积的占比同时下降，计算出的灌丛与草地的组分比例如图 6-8 所示。从图 6-8 中可以看出，自 1970 年假定开始人工种植柠条起，柠条灌丛冠幅的面积占比以非线性的速率快速增加。随着柠条进入了成年阶段，柠条灌丛的幅面积占比在 1989 年后增速放缓，但依然未达到最高比例。直至 2000 年后，柠条灌丛的冠幅面积占比达到了 9.1%，此后，柠条灌丛与草本植物的这一冠幅面积一直保持稳定，形成了新的灌丛生态系统。这一变化表明，荒漠草原生态系统在人工灌丛化初期，植被结构会发生较大改变，并且其结构变化过程直接取决于柠条的生长发育过程，随着柠条植株进入成年，灌木和草本的植被面积比例逐渐稳定，并最终达到恒定比例，生态系统类型也转变为灌丛生态系统。

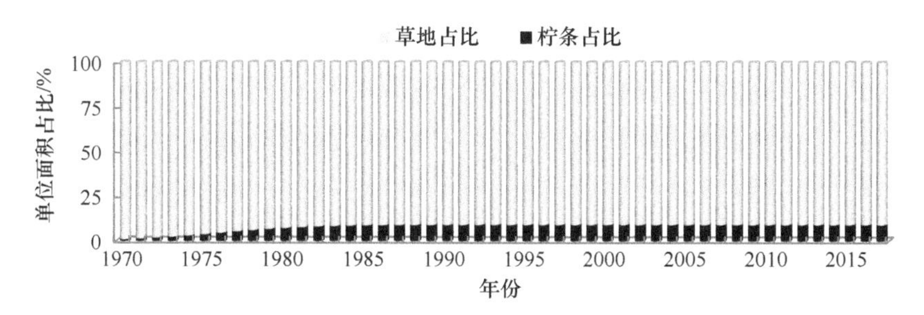

图 6-8　灌木-草本植被冠幅面积占比随柠条种植年限增长的变化

6.3.2　基于人工灌丛化过程的盐池荒漠草原碳储量模拟

（1）BIOME-BGC 模型参数本地化

为了更为准确地利用 BIOME-BGC 模型模拟柠条灌丛种植这一过程对荒漠草

原生态系统碳储量的影响规律，本节对柠条灌丛植被类型和 C_3 草地植被类型的两套植被生理生态参数进行本地化处理。依据盐池本地植被样本的实测数据和借鉴类似植被区的文献，调整模型中的重要参数，以便精确地模拟这两种植被类型所产生的碳储量累积过程。本研究于 2019 年 7 月在盐池野外对柠条灌木和草本进行实地取样，随机选取三株大、中、小柠条，分别采集粗根、细根、须根、粗茎、细茎和地上枯落物的样本，带回实验室进行处理，草地取样方式类同。在室内实测了柠条灌木和草本的根、茎、叶及枯落物等生理生态参数，详见表 6-3 和表 6-4。

表 6-3　灌丛植被类型生理生态参数

参数	取值	单位	来源
木本或非木本植物（1＝ 木本；0＝ 非木本）	1		设定
常绿或落叶（1＝ 常绿；0＝ 落叶）	0		设定
光合类型（1＝C_3 PSN；0＝C_4 PSN）	1		设定
物候自定义（1＝模式物候；0＝用户指定物候）	0		设定
生长季起始	100	DOY	自定义
生长季结束	290	DOY	自定义
转换期/生长期	0.3		默认值
落叶期/生长期	0.3		默认值
叶片和细根年周转率	1		设定
活木年周转率	0.7		默认值
整株植物死亡率	0.02		默认值
植物火烧死亡率	0		本研究测定
细根与叶片碳分配比	0.98		本研究测定
茎与叶片碳分配比	1.06		本研究测定
活木与木质组织碳分配比	0.1		默认值
粗根与茎分配比	0.94		本研究测定
当前生长比例	0.5		默认值
叶片碳氮比	10.6327	kg C/kg N	本研究测定
枯落物碳氮比	93	kg C/kg N	默认值
细根碳氮比	12.6497	kg C/kg N	本研究测定
活木质组织碳氮比	31.1528	kg C/kg N	本研究测定
死木质组织碳氮比	729	kg C/kg N	默认值
凋落物中易分解物质比例	0.26		本研究测定
凋落物中纤维素比例	0.64		本研究测定
凋落物中木质素比例	0.1		本研究测定

续表

参数	取值	单位	来源
细根中易分解物质比例	0.3		默认值
细根纤维素比例	0.45		默认值
死木质组织中纤维素比例	0.25		默认值
死木质组织中纤维素比例	0.76		默认值
死木质组织中木质素比例	0.24		默认值
冠层截留系数	0.041		默认值
冠层消光系数	0.43		参数优化
叶面积与投影叶面积指数比	2.6		默认值
冠层比叶面积	19.8	m^2/kg C	本研究测定
阴叶和阳叶的比叶面积比例	2		默认值
羧化酶中氮含量与叶氮含量	0.33		（闫霜等，2014）
最大气孔导度	0.003	m/s	默认值
表皮层导度	0.0001	m/s	默认值
边界层导度	0.08	m/s	默认值
气孔开始缩小时的叶片水势	–0.42	MPa	（陈丽茹等，2016）
气孔完全闭合时的叶片水势	–2.31	MPa	（陈丽茹等，2016）
气孔开始缩小时的饱和水汽压差	930	Pa	默认值
气孔完全闭合时的饱和水汽压差	4100	Pa	默认值

注：PSN 为净光合作应；DOY 为年内日序（day of year）

表 6-4　C_3 草地植被类型生理生态参数

参数	数值	单位	来源
木本或非木本植物（1＝ 木本；0＝ 非木本）	0		设定
常绿或落叶（1＝ 常绿；0＝ 落叶）	0		设定
光合类型（1＝C_3 PSN；0＝C_4 PSN）	1		设定
物候自定义（1＝模式物候；0＝用户指定物候）	0		设定
生长季起始	100	DOY	自定义
生长季结束	290	DOY	自定义
转换期/生长期	1		默认值
落叶期/生长期	1		默认值
叶片和细根年周转率	1		设定
活木年周转率	—		—
整株植物死亡率	0.1		默认值
植物火烧死亡率	0		本研究测定

续表

参数	数值	单位	来源
细根与叶片碳分配比	1.5		（穆少杰等，2014b）
茎与叶片碳分配比	—		—
活木与木质组织碳分配比	—		—
粗根与茎分配比	—		—
当前生长比例	0.5		默认值
叶片碳氮比	23.37	kg C/kg N	本研究测定
枯落物碳氮比	42.145	kg C/kg N	默认值
细根碳氮比	46.36	kg C/kg N	（穆少杰等，2014b）
活木质组织碳氮比	—	kg C/kg N	—
死木质组织碳氮比	—	kg C/kg N	—
凋落物中易分解物质比例	0.29		本研究测定
凋落物中纤维素比例	0.55		本研究测定
凋落物中木质素比例	0.16		本研究测定
细根中易分解物质比例	0.3		默认值
细根纤维素比例	0.45		默认值
死木质组织中的纤维素比例	0.25		默认值
死木质组织中的纤维素比例	—		—
死木质组织中的木质素比例	—		—
冠层截留系数	0.021		默认值
冠层消光系数	0.6		默认值
叶面积与投影叶面积指数比	2		默认值
冠层比叶面积	17.24	m^2/kg C	本研究测定
阴叶和阳叶的比叶面积比例	2		默认值
酮糖二磷酸羧化酶中叶氮含量	0.159		（穆少杰等，2014b）
最大气孔导度	0.005	m/s	默认值
表皮层导度	0.0001	m/s	默认值
边界层导度	0.04	m/s	默认值
气孔开始缩小时的叶片水势	–0.42	MPa	（闫霜等，2014）
气孔完全闭合时的叶片水势	–2.31	MPa	（陈丽茹等，2016）
气孔开始缩小时的饱和水汽压差	930	Pa	默认值
气孔完全闭合时的饱和水汽压差	4100	Pa	默认值

注：PSN 为净光合作应；DOY 为年内日序（day of year）；“—”表示无应对值

（2）基于人工灌丛化过程的荒漠草原碳储量模拟

荒漠草原在种植人工柠条后，柠条灌木开始逐年生长，其所构成的灌丛植被开始快速累积植被碳等。与此同时，荒漠草原原有的 C_3 草地植被也依然在进行着碳循环。这种灌丛种植和两种植被的碳累积相互交织在一起，而两种植被的碳循环过程又差异非常大，且 BIOME-BGC 模型只能独立模拟某一种类型植被，无法对两种植被类型转换过程中的碳循环进行模拟。为此，本节基于（1）中本地化生理生态参数和 BIOME-BGC 模型，利用 1958～2017 年的气候资料驱动模型，分别模拟 C_3 草地植被和灌丛植被两种类型下的生态系统碳累积过程，再结合 6.3.1 节中获取的灌丛生长过程中逐年的灌木-草本占比变化，按比例求算出草本和灌木混合生长的荒漠草原生态系统碳累积量。

本研究采用美国蒙大拿大学数字陆地模拟组（NTSG）发布的 BIOME-BGC 4.1.2 模型代码开展模拟工作，算法程序由 C/C++语言编写，需要在 Visual Studio 环境下编译成可执行程序。模型运行之前，需根据被模拟对象的站点位置、土壤属性、植被类型、气候特征等，设置和本地化处理模型初始化文件（*.ini）与生理生态参数文件（*.epc），按照格式模板准备并替换相关参数，设置需要模型输出的参数指标，同时准备模型驱动气候数据（*.mtc43）。然后，在 Windows 环境下的命令提示符中运行编译好的 BIOME-BGC 程序，即可实现对特定对象的生态过程模拟。本研究分别设置了盐池 C_3 草地植被和灌丛植被两种类型，本地化了 2 套生理生态参数。在模型输出选项设置时，选择了植被碳、枯落物碳、土壤碳和总碳 4 个主要碳累积指标。模型输出的指标存储为二进制文件，无法直接利用 Windows 文本编辑器打开，为此使用接口定义语言（IDL）编写的程序代码，读取二进制的模拟结果，再转化为 Windows 环境可编辑的文本文件。

6.3.3　人工灌丛化对不同类型碳储量的影响

（1）对总碳储量及组分的影响

利用前述方法，模拟了盐池荒漠草原 C_3 草地 1958～2017 年的碳累积过程，同时以 1970 年为灌丛种植初年，模拟了人工灌丛化后荒漠草原生态系统的碳累积过程，结果如图 6-9 所示。荒漠草原生态系统的总碳储量在 60 年中呈现缓慢的上升趋势，且总碳储量在 1.9799 kg/m²至 2.0743 kg/m²之间波动。人工灌丛化后的荒漠草原生态系统的总碳储量在 60 年间受柠条灌木生长的影响，从 1970 年的种植初年开始就有明显的抬升趋势，此后约 20 年间随着柠条灌丛生长发育成熟，其总碳储量显著抬升。在柠条灌木与草地组分比例保持固定后，其总碳储量的增幅放缓。生态系统总碳储量由 1970 年灌丛种植后的 2.0230 kg/m²，快速增加至 1990

年的 2.3518 kg/m²，增幅达 16.25%。此后碳储量累积速率减小，直至 2017 年的 2.4055 kg/m²，仅比 1990 年增长了 0.0537 kg/m²。导致荒漠草原生态系统碳储量发生这一变化的原因与灌木的自我生长活动有关，在种植柠条灌丛的荒漠草原生态系统中，灌木生长蓄积的植被碳储量快速增加，导致生态系统的总碳储量在灌丛种植后快速增长。上述过程表明，在种植人工灌丛的荒漠草原生态系统，其碳累积特征逐渐由典型的 C_3 草地植被类型向灌丛植被类型转换，从而改变了原有荒漠草原生态系统的碳储量累积曲线形态，快速增加了总碳储量，并逐渐接近灌丛生态系统的碳累积特征。

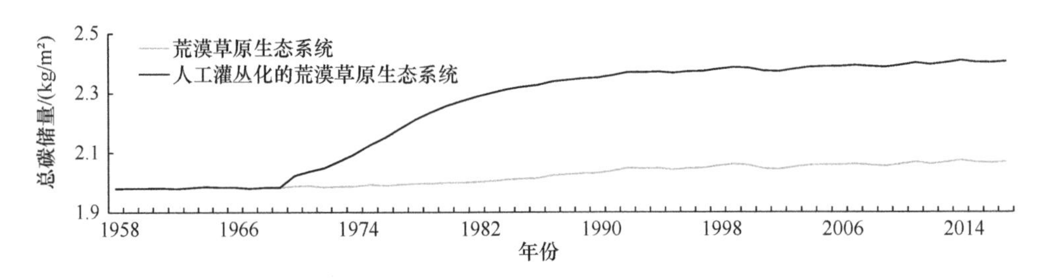

图 6-9　人工灌丛化对荒漠草原生态系统总碳储量的影响

从模拟的各类型碳组分的统计结果来看（表 6-5），荒漠草原生态系统和人工灌丛化的荒漠草原生态系统的各个碳组分的比例不同。在荒漠草原生态系统中，植被碳储量和枯落物碳储量分别占总碳储量的 2.53%和 3.51%，即地上碳储量占总碳储量的比例仅有 6.04%，而土壤碳占比却高达 93.96%，对总碳储量的贡献率非常大。在人工灌丛化的荒漠草原生态系统中，由于灌木的生物量比草本大，因此植被碳储量明显增加，其占比由未种植灌丛的 2.53%提升至灌丛种植后的 13.07%；地上植被生物量的增加，也带来了枯落物的增加，枯落物碳储量由未种植灌丛的 3.51%增长至灌丛种植后的 5.31%；最终导致人工灌丛化的荒漠草原生态系统地上碳储量占总碳储量的比例升高。种植灌丛后土壤碳储量略有提高，由 1.9435 kg/m²增加到了 1.9633 kg/m²，由于生态系统将碳循环至土壤中并储存下来是生态系统演化过程中一个非常漫长的过程，因此盐池荒漠草原种植灌丛后的近几十年中土壤碳储量增幅不大，导致土壤碳储量占总碳储量的比例反而有所下降。以上结果表明，人工灌丛的种植不仅会增加荒漠草原生态系统总碳储量，而且会改变生态系统各组分碳的占比结构，导致生态系统碳循环过程发生较大变化。

表 6-5　人工灌丛化前后荒漠草原生态系统各碳组分储量及占比

	植被碳	枯落物碳	土壤碳	总碳
荒漠草原生态系统	0.0524（2.53%）	0.0727（3.51%）	1.9435（93.96%）	2.0686
人工灌丛化的荒漠草原生态系统	0.3144（13.07%）	0.1278（5.31%）	1.9633（81.62%）	2.4055

注：碳储量单位为 kg/m²，括号内为各类型碳储量占总碳储量比例

（2）对年际碳储量的影响

从人工灌丛化前后荒漠草原生态系统植被碳和枯落物碳累积的特征来看（图 6-10），人工灌丛化对荒漠草原的地上碳储量影响较大，从灌丛种植初年开始，二者的累积曲线发生明显分异。在荒漠草原生态系统中，植被碳储量为由 1958 年的 0.0435 kg/m²增长至 2017 年的 0.0524 kg/m²，年均增长率为 0.000 15 kg/(m²·a)；枯落物碳储量在 60 年间由 0.0620 kg/m²增长为 0.0727 kg/m²，年均增长率为 0.000 18 kg/(m²·a)。而在人工灌丛化的荒漠草原生态系统中，1958～1970 年的植被碳储量和枯落物碳储量与荒漠草原生态系统一样，但从 1970 年灌丛种植以后，植被碳储量和枯落物碳储量均开始产生明显的抬升现象，其中植被碳储量表现出先快速增长后转为缓和的特征，而枯落物碳储量这种转变特征相对缓和。植被碳储量和枯落物碳储量在 2017 年分别增加到了 0.3144 kg/m²和 0.1278 kg/m²，其年均增长速率分别为 0.0045 kg/(m²·a)和 0.0011 kg/(m²·a)，明显高于荒漠草原生态系统。由此可见，无论是在荒漠草原生态系统还是在人工灌丛化的荒漠草原生态系统中，地上碳储量均存在微弱的累积趋势，但二者累积的速率由于人工灌丛的种植而存在较大差异。通过对比可见，由于灌丛的种植，盐池荒漠草原生态系统在种植柠条 37 年后的 2017 年，植被碳储量由未种植柠条灌木的 0.0524 kg/m²增加至种植柠条灌木后的 0.3144 kg/m²，增加了 6 倍；枯落物碳储量由未种植柠条灌木的 0.0727 kg/m²增加至种植柠条灌木后的 0.1278 kg/m²，约为原来的 1.76 倍。

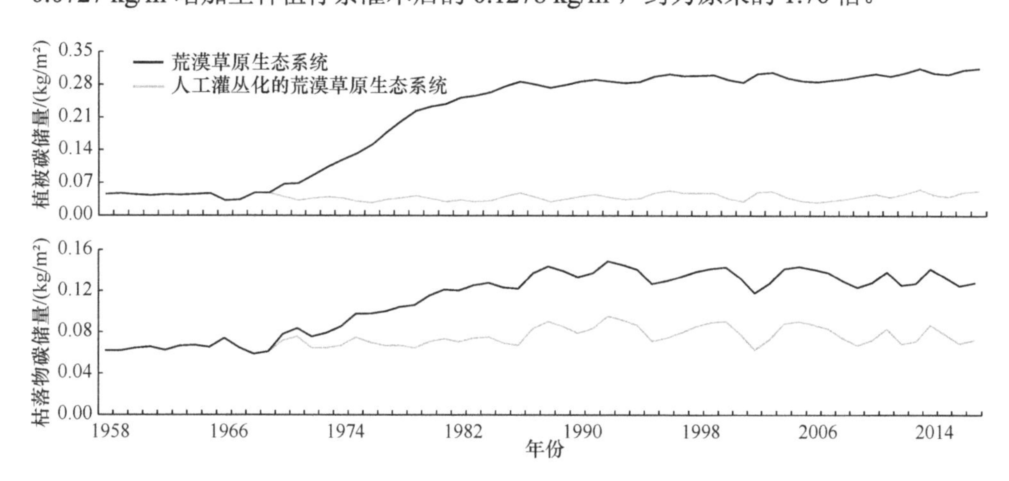

图 6-10　人工灌丛化对荒漠草原生态系统植被碳和枯落物碳储量的影响

从人工灌丛化前后荒漠草原生态系统土壤碳累积的特征来看（图 6-11），人工灌丛化对土壤碳储量也产生了一定的影响。在荒漠草原生态系统中，土壤碳储量在 60 年间总体呈现波动上升的趋势，并具有明显的累积效应。从 1958 年的 1.8728 kg/m²增长至 2017 年的 1.9436 kg/m²，60 年间土壤碳储量的最高值出现在 2015 年，达到了 1.9489 kg/m²，此后两年有微弱的回落趋势，这可能与气候变化导致的土壤碳储量年际间微弱波动有关。在人工灌丛化的荒漠草原生态系统中，其土壤碳储量从 1970 年人工柠条灌丛种植后，累积速率增加，直至 2017 年增加到 1.9633 kg/m²，是未种植柠条灌木的荒漠草原生态系统土壤碳储量的 1.01 倍。由此可知，人工灌丛化会增加一些荒漠草原生态系统土壤碳累积，但定量化的模拟结果显示，其对土壤碳储量的累积的影响不及对植被碳储量和枯落物碳储量的影响大。这与土壤碳储量的累积属性有关，土壤碳是通过生态系统的生物活动缓慢转化并最终累积在土壤之中的，尽管灌丛种植后灌木有较大的地上生物量，会产生较高的植被碳储量和枯落物碳储量，但是这些碳转化到土壤之中尚需要更长久的时间，所以本研究模拟出的人工灌丛化前后荒漠草原生态系统土壤碳储量的变化不是特别大。

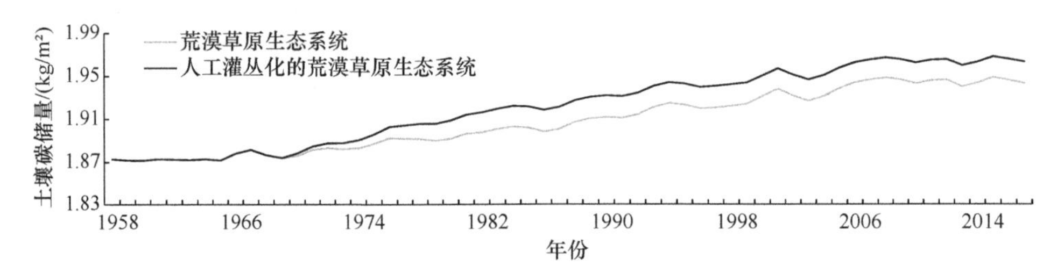

图 6-11　人工灌丛化对荒漠草原生态系统土壤碳储量的影响

（3）对年内碳储量的影响

为研究荒漠草原生态系统在人工灌丛化后对生态系统年内碳储量累积的影响，本文对比了未种植柠条灌丛的盐池荒漠草原生态系统和种植柠条灌丛的盐池荒漠草原生态系统年内逐日碳储量的变化特征。对于荒漠草原生态系统，直接求取 1958～2017 年的每日碳储量平均值，绘制年内碳储量变化动态曲线。对于人工灌丛化的荒漠草原生态系统，由于其有一个柠条灌木生长发育的过程，因此选取了灌木植株成年后的时间段求取每日碳储量平均值，即使用 1989～2017 年的每日碳储量平均值绘制年内碳储量变化动态曲线。因为按照前述设置的 1970 年初始种植柠条情景，从 1989 年起柠条便生长成熟，其与草地的占比就基本稳定在 9.1% 和 90.9%，即达到了人工灌丛化后的生长稳定状态。

从植被碳储量的年内变化对比可以看出（图 6-12a），植被碳储量无论是在荒漠草原生态系统还是在种植灌丛的荒漠草原生态系统中，其年内变化形态较为一致，均为生长季开始后快速增高，随着生长季结束，碳储量又落回最低，整个生长季呈现一个明显的单峰形态，且生长季前半段碳储量增加缓慢，而生长季后半段碳储量回落迅速。在非生长季，植被碳基本回落至全年最低状态，处于几乎不变的状态。但从两者的数值大小来看，两者存在明显差异。在荒漠草原生态系统中，年内植被碳储量最高值为 0.0653 kg/m²，非生长季期间保持在 0.0305 kg/m²左右（图 6-12a），由于其植被全部为草本植物，生物量低，植被碳的量值也很低。而在人工灌丛化的荒漠草原生态系统中，由于有大量柠条灌木的地上生物量支撑，该生态系统的植被碳储量就明显高于没有灌丛的荒漠草原生态系统数倍，其年内植被碳储量最高值为 0.3243 kg/m²，非生长季期间保持在 0.2860 kg/m²左右（图 6-12a）。从每日碳储量平均值来看，人工灌丛化这一过程将荒漠草原生态系统的植被碳储量增加了约 9.38 倍。

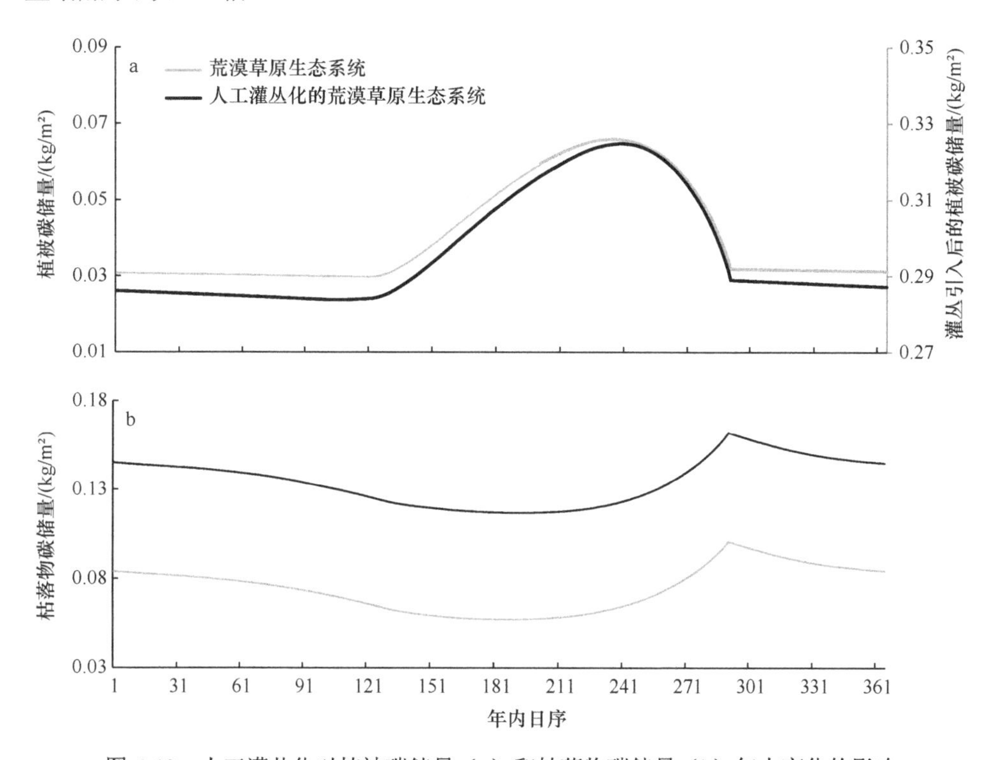

图 6-12　人工灌丛化对植被碳储量（a）和枯落物碳储量（b）年内变化的影响

对比荒漠草原生态系统和人工灌丛化的荒漠草原生态系统枯落物碳储量的年内变化特征（图 6-12b），可以看出两种生态系统的枯落物碳储量在年内也具有相似的变化形态，且枯落物碳储量的累积变化过程与植被碳储量正好相反，在冬季至植被生长旺季到来之前，枯落物碳储量一直处于消耗减少状态，而在生长旺季到来后，随着地上植物组织的死亡和凋落，枯落物碳储量开始蓄积增加，直到植被生长季结束，枯落物碳储量累积达到顶峰，随后转入消耗减少状态。这与枯落物的累积受植物生命周期控制有关，枯落物碳储量一般在植物生命末期激增。同样，两种生态系统的枯落物碳储量在量值上存在较大差异，人工灌丛化的荒漠草原生态系统枯落物碳储量要高出荒漠草原生态系统枯落物碳约 1.75 倍。综上所述，人工灌丛的种植虽未改变盐池荒漠草原生态系统地上碳储量年内变化形态，但使得地上碳储量整体有所抬升，增强了植被碳和枯落物碳的量值。

从土壤碳储量的年内变化形态来看（图 6-13），荒漠草原生态系统土壤碳储量特征与人工灌丛化的荒漠草原生态系统的土壤碳储量特征一致，且二者之间的量值差异没有植被碳储量和枯落物碳储量间的差异大。两种生态系统的土壤碳储量均表现为生长季（4～10 月）逐渐降低，生长季结束至次年生长季开始前（约 11 月至次年 3 月）逐渐增高（图 6-13），这种年内变化过程可能与枯落物分解后的碳归还过程有关，大量枯落物在生长季结束后累积和埋藏于土壤表层，植被的枯根也开始归还土壤，因此在冬春季时，土壤的碳储量也开始增加。4 月以后，气温和降水的增加导致土壤呼吸作用开始加剧，微生物分解活动加强，土壤向大气排出的 CO_2 增多，导致土壤碳储量下降。虽然在人工灌丛化后土壤碳储量的年内变化形态并无较大差异，但其量值却略有增加，具体表现为土壤碳储量在人工灌丛化后整体抬升了约 0.04 kg/m²，为原来的 1.03 倍。造成这种变化的原因可能是柠条灌丛引起的“土壤沃岛效应”（余海龙等，2019）。然而，相比于地上碳储量的变化，人工灌丛化导致的土壤碳增加较为微弱。

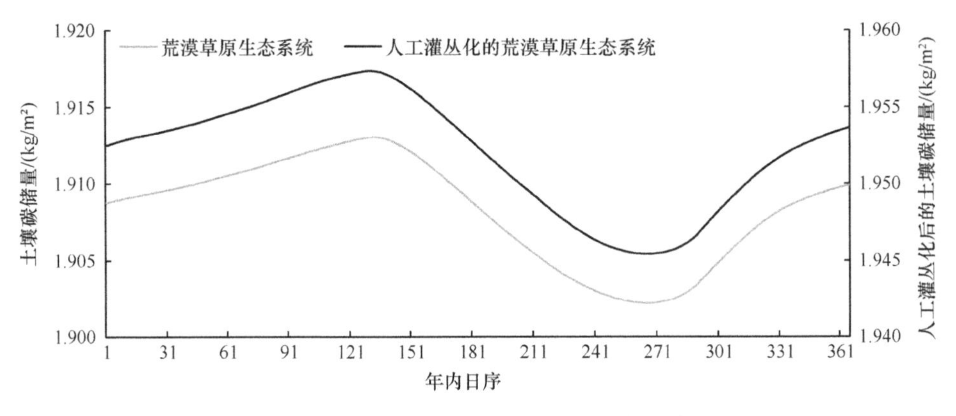

图 6-13　人工灌丛化对土壤碳储量年内变化的影响

本节采用 BIOME-BGC 生态系统过程模型进行模拟，然而该模型只能模拟单一植被类型的碳储量，无法模拟植被类型由草本向灌木转变的情景下的碳储量变化，故如何解决植被类型转换过程的碳储量模拟显得尤为重要。荒漠草原种植灌丛的过程是一个植被类型转化的过程，其柠条灌木和原始地被层草本可以分成两个植被类型，即分别看作一个独立的 C_3 草地类型和一个独立的灌丛类型，这两个植被类型在样地尺度上组合，形成了人工灌丛化的荒漠草原生态系统。而 BIOME-BGC 模型的初衷是模拟点尺度的植被生理生态过程，在水平空间上可以看作是一个单位面积上的碳累积池。鉴于 BIOME-BGC 模型的这一特点和人工灌丛化的荒漠草原生态系统结构组成，可以利用 BIOME-BGC 模型分别模拟 C_3 草地类型和灌丛类型的生态系统碳储量特征，然后根据荒漠草原上柠条灌木的生长过程，构建单位面积上的灌丛和草地占比，然后通过占比来换算人工灌丛化的荒漠草原生态系统各类型碳储量，从而解决这一植被类型转换过程的碳储量模拟。

确定柠条灌木种植后，随着年限增加，荒漠草原上灌木与草本的比例便成为可否开展碳储量模拟的基础。因为柠条灌丛的生长是一个非线性过程，所以不能采用恒定不变的比例来模拟柠条种植初年到现在的灌草结构。鉴于此，本研究采用前人已发表的柠条地径生长实测数据，带入生物生长经典 Logistic 方程，求解适用于盐池县柠条生长的 Logistic 生长模型参数，并用此模型来定量描述柠条灌丛的生长发育过程，从而确定柠条灌丛的逐年生长率，计算柠条灌木和草地植物在 1970～2017 年的逐年动态面积占比。按单位面积区域内每年 C_3 草地和人工灌丛的面积实际占比，换算出当年的生态系统碳储量，最终得到人工灌丛化后的荒漠草原生态系统碳储量的动态变化。本研究所模拟的人工灌丛化对荒漠草原生态系统碳储量的影响只是假设了植被在物理空间上的变化，并未考虑其他生物过程。图雅等（2019）的研究表明，典型草原灌丛化对灌丛间的草本群落地上生物量及枯落物质量并没有显著影响，这意味着在本研究模拟人工灌丛化对荒漠草原碳储量的影响时，可以忽略掉种间竞争这一生物过程所造成的影响。本研究所采取的方法不仅解决了 BIOME-BGC 模型无法模拟植被类型转换过程中的碳储量问题，而且使得种植人工灌丛的荒漠草原的碳储量模拟更逼近现实情况，为今后的相关研究提供了解决思路。

通过上述方法模拟得到盐池荒漠草原生态系统的总碳储量在 1.9799～2.4088 kg/m²，土壤碳储量在 1.8917～1.9681 kg/m²，枯落物碳在 0.0589～0.1489 kg/m²，植被碳在 0.0322～0.3143 kg/m²。欧妮尔等（2017）实测出内蒙古东部兴安盟地区的柠条林的生物量是 1.1647 kg/m²，含碳率均值为 0.4241，根据生物量与碳储量的转换公式：生物量=碳储量×含碳率（孙玉军等，2007），计算得到该地区柠条的植被碳储量为 0.4939 kg/m²，略高于本研究模拟值。这是因为内蒙古兴安盟地区的柠条林是单一植被类型，不同于盐池地区的灌木与草本混合状态，由于草地面积占了单位面积的绝大部分，因此本研究模拟的植被碳储量略低于欧妮尔等（2017）的实测值。但本研究的模拟值显著高于马文红等（2010）计算的中国北方草地地上生物碳储量平均值（0.0490 kg/m²），这是人工灌丛化导致盐池荒漠草原碳储量显著升高的结果。丰思捷等（2019）实测的内蒙古典型草原的土壤碳储量在（2.41±0.84）kg/m²，与本研究结果较为相近，但显著低于王合云等（2016）所测得的内蒙古牧区短花针茅荒漠草原的土壤碳储量，其实测值范围是 7.8174～9.6942 kg/m²。由以上分析可知，本研究通过这一方法模拟的种植人工灌丛的荒漠草原生态系统碳储量，与大多研究数值范围接近，具有一定的可靠性。同时，模拟的结果显示，人为种植柠条灌丛使得盐池荒漠草原生态系统碳储量得到了显著提升，人工灌丛的种植不仅提高了地上生物量，还固定了更多的碳，增加了生态系统的碳固持。这一结果表明，人工生态治理工程种植灌木举措，符合“千分之四”倡议科学技术委员会对各国解决环境问题提出的要求（Cornelia et al.，2018），为全国减少碳排放、应对气候变化提供了解决方案和思路。

6.3.4 小结

本节利用 Logistic 生长曲线方程，结合 BIOME-BGC 模型模拟了盐池荒漠草原人工灌丛种植后的生长过程及该过程对生态系统碳储量的影响，得出的主要结果如下。

人工灌丛的种植不仅会提高盐池荒漠草原碳储量，也会改变各个碳储量的组分比例。植被碳储量由原来的 0.0524 kg/m^2提升至 0.3144 kg/m^2，枯落物碳储量由 0.0727 kg/m^2增加至 0.1278 kg/m^2，土壤碳储量由 1.9436 kg/m^2增加至 1.9633 kg/m^2，总碳储量由 2.0686 kg/m^2增加到 2.4055 kg/m^2。其中土壤碳储量的增加幅度明显小于地上碳储量的增幅，地上碳储量占总碳储量的比例由 6.04%升高至 18.38%，土壤碳储量虽然在数值上有所提升，但其占总碳储量的百分比却由 93.96%下降至 81.62%。

人工灌丛的种植会加速各类型碳储量的累积速率，但对不同碳组分的影响程度不同。近 60 年中植被碳储量和枯落物碳储量的平均累积速率受人工灌丛化的影响，分别增加至 0.0055 $kg/(m^2·a)$和 0.0014 $kg/(m^2·a)$，而土壤碳储量的年平均累积速率增长至 0.0019 $kg/(m^2·a)$，明显低于植被碳储量的年平均累积速率，但略高于枯落物碳储量的年平均累积速率。60 年中总碳储量的年平均累积速率为 0.0088 $kg/(m^2·a)$，显著高于各个碳组分的年平均累积速率。

盐池荒漠草原碳储量的年内变化形态不受人工灌丛化的影响，但各个碳组分的数值会因人工灌丛化而显著抬升。植被碳储量、枯落物碳储量和土壤碳储量受人工灌丛化的影响，年内平均值分别变为原来的 9.38 倍、1.75 倍和 1.03 倍。此外，地上碳储量与季节变化密切相关，会随着生长季的起始产生明显的波动变化，而土壤碳储量和总碳储量在年内随季节变化波动的幅度非常微弱。

6.4 人工灌丛化对荒漠草原地-气间碳通量的影响

前文利用模型模拟的方法研究了人工灌丛化对荒漠草原生态系统碳储量的影响，研究生态系统碳循环不仅涉及碳储量特征，还需分析其与大气之间的碳交换。为此，本章基于站点的涡度相关碳通量观测，开展荒漠草原人工柠条灌丛群落的碳通量特征研究，基于灌木与草本样点的土壤呼吸试验观测，研究人工灌丛化对荒漠草原生态系统的地-气碳交换影响。由于宁夏大学盐池荒漠草原生态系统定位研究站的开路涡度相关系统于 2016 年底安装完成，因此本节选择通量数据观测比较完善的 2017 年全年为研究时间段，开展人工灌丛化对荒漠草原生态系统地-气间碳通量特征的研究。同时，2019 年整个生长季在野外站的样地，定期利用 WEST 土壤通量测量仪测量柠条灌丛下和丛间草地的土壤呼吸，研究人工灌丛化对荒漠草原土壤呼吸的影响。

6.4.1　人工灌丛化的荒漠草原生态系统碳通量特征

（1）碳通量数据质量控制

涡度相关技术（eddy covariance，EC）是近些年发展起来的微气象学观测方法，通过三维风速、气体浓度和水分脉动的观测来获取 CO_2、热量及水分的通量，可用于直接测定生态系统和大气之间的 CO_2 通量。该方法对生态系统的扰动小，并具有全天候、全自动、高频次、高精度的数据采集能力，已被国际通量观测网络(FluxNet)、欧洲通量网（EuroFLUX）、美洲通量网（AmeriFLUX）、亚洲通量网（AsiaFLUX）和中国陆地生态系统通量观测研究网络（ChinaFLUX）等多个国际组织推广为通用的生态系统通量观测方法（彭记永和张晓娟，2016）。宁夏大学盐池荒漠草原生态系统定位研究站在核心人工柠条林样地中，安装了一套开路涡度相关系统，系统由 LI=7500A 碳水分析仪、Windmaster Pro 三维风速仪和 CR1000 数据采集器组成，同时配置有辐射四分量观测、大气温湿度参数、土壤温湿度、气象及相关生物气象学观测设备，构成生态系统碳通量、水通量和能量通量的系统观测体系。

由于开路涡度相关系统在 2016 年底安装完成，本章在研究人工灌丛化对盐池荒漠草原生态系统地-气间碳通量的影响时，选择了 2017 年全年连续的研究区通量观测数据。由于涡度相关观测数据是高频次观测，原始数据为 10 Hz，观测数据具有较高的噪声信息，特别是在降水日等情况下会出现异常的通量值，这对碳通量研究结果有较大的影响。因此，近些年发展起来了大量的通量原始数据预处理和噪声剔除方法。其中由仪器厂家提供的 Eddypro 和 Tovi 软件集合了最新的数据处理技术，能够完成数据质量控制。本研究在 Eddypro 软件中对原始通量数据进行了预处理，得到采样间隔为 30 min 的碳通量数据后，在 Tovi 软件中进行进一步的质量控制和插补处理，主要包括：①剔除连续观测期内降水期间的数据；②根据 3 倍标准偏差剔除异常突出数据；③对于夜间观测的通量数据，给定一个摩擦风速的临界阈值 $U^* = 0.1$ m/s 为判断依据，当 $U < U^*$时，则剔除该时段通量数据（牛亚毅等，2018）。通过上述质量控制方法，剔除异常数据后会影响数据的连续性，因此要进行数据插补以得到完整的数据序列。最后得到采样间隔为 30 min 的处理后数据集。

在 Tovi 软件中处理涡度数据首先需要进行质量控制操作，本研究将按照表 6-6

表 6-6　涡度数据质量控制标准

类别	参数符号	单位	取值范围
通量数据参数	T	kg/(m²·s)	[0，1]
	H	w/m²	[–60，400]
	LE	w/m²	[–20，550]
	ET	mm/h	[–0.1，0.8]
	F_{CO_2}	μmol/(m²·s)	[–15，10]
	U^*	m/s	[0，1.1]
	S_{CO_2}	μmol/(m²·s)	[–0.6，1]
湍流数据参数	W_S	m/s	[0，10]
	$W_{S_{max}}$	m/s	[0，18]
	T^*	K	[–0.5，1.5]
	Var（u）	m²/s²	[0，5]
	Var（w）	m²/s²	[0，6]
	Var（v）	m²/s²	[0，7]
	Var（CO_2）		[0，0.15]
	Var（H_2O）		[0，2000]
	Var（Tsonic）	K²	[0，5]

注：T 为动量通量；H 为显热通量；LE 为潜热通量；ET 为蒸散；F_{CO_2} 为二氧化碳通量；U^*为摩擦风速；S_{CO_2} 为二氧化碳储量；W_S 为风速；$W_{S_{max}}$ 为最大风速；T^*为超声虚温；Var（u）为水平东西向风速协方差；Var（w）为垂向风速协方差；Var（v）为水平南北向风速协方差；Var（CO_2）为二氧化碳协方差；Var（H_2O）为水汽协方差；Var（Tsonic）超声虚温协方差

的质量控制标准对原始数据进行处理。在后续数据插补过程中，Tovi 软件需要三个数据集，分别是 Eddypro 的工程文件、经过预处理的 2017 年温室气体（GHG）通量数据，以及用于辅助运算的 BIOMEt 数据集。将这三项数据导入软件进行数据的质量控制及剔除插补操作。

生态系统碳通量特征分析通过以上质量控制标准，利用 Tovi 软件插补后的采样间隔为 30 min 的碳通量数据如图 6-14 所示。左图是未经过数据插补的 GHG 通量数据，右图是经过数据插补后得到的数据，图中纵坐标是年内逐日碳通量测量值，横坐标表示日内时刻。图中的颜色色阶代表的是碳通量数值大小，单位为 μmol/(m·s²)，暖色系（红）表示碳通量观测值为正值，当某一天、某一时刻的颜色为暖色时，意味着生态系统在当前时刻向大气释放的 CO_2 高于从大气中吸收的 CO_2，生态系统表现为碳源；冷色系（蓝）表示碳通量的观测值为负值，当某一天、某一时刻的颜色为冷色时，表示生态系统在当前时刻向大气释放的 CO_2 低于从大气中吸收的 CO_2，生态系统表现为碳汇。即冷色代表碳汇，暖色代表碳源，暖色越趋于红色表示碳源作用越强，冷色越接近蓝色代表固碳能力越强。白色的部分表示观测值的缺失，这些空缺是由仪器故障和剔除降水天数导致的。从左图中可以看到 2017 年碳通量观测值在 5 月初至 5 月中旬存在数据缺失，而在右图中可以看到这段数据被插补成功，同样，在左图中一些零星空白缺失值也都在右图中得到了插补。

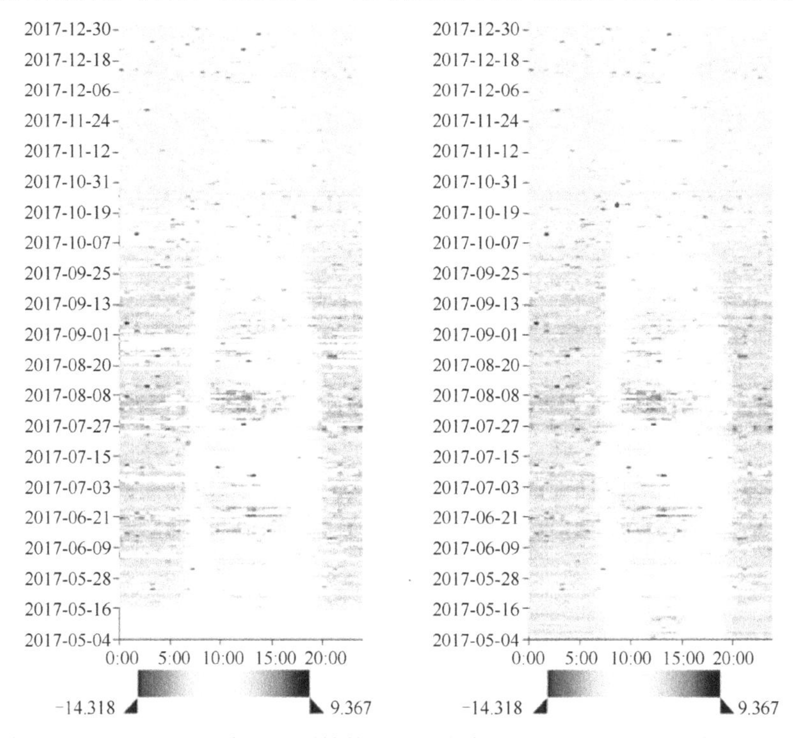

图 6-14　盐池站 2017 年通量原始数据与插补结果对比（彩图请扫封底二维码）

（2）人工灌丛化的荒漠草原生态系统的碳通量特征

从种植人工灌丛的荒漠草原生态系统碳通量数据来看（图 6-14 右），2017 年生长季中每天的碳通量日变化呈现出相似的变化规律，即白天为生态系统从大气中固定 CO_2，夜晚为生态系统向大气中排放 CO_2。自早上 7:00 开始，代表碳通量数值大小的色块逐渐由橘黄色变为蓝色，并随着时间的推移在 10:00～12:00 出现深蓝色峰值，之后逐步由深蓝色变为浅蓝色，直至下午 6:00 左右，CO_2 通量趋近于 0，生态系统在整个白天期间表现出强烈的 CO_2 固持特征。随着夜晚的到来，代表碳通量数值的色块又慢慢变成橘黄色并随着入夜的时间加深至次日日出前，生态系统在整个夜晚期间表现出强的呼吸作用，向大气中排放 CO_2。在非生长季（10 月至次年 4 月），代表碳通量数值大小的色块均为暖色，这表明种植人工灌丛的荒漠草原生态系统在非生长季期主要表现为碳源，不管是白天还是夜晚，均向大气中释放 CO_2。

求取 2017 年的逐日碳通量数据的日内每个时刻的均值，绘制种植人工灌丛的荒漠草原生态系统日内碳通量变化曲线（图 6-15）。结果显示，碳通量的日内变化表现为正“U”形态，从 00:00 起，生态系统的碳通量在 0.60～0.71 μmol/(m²·s)波动，早上 6:00 碳通量开始下降，并于 7:00 由正值转变为负值，此时生态系统的功能由碳源转换为碳汇，植被进入日间的强光合作用时段。此后随着时间推移，太阳高度角逐渐增加，光合有效辐射强度增大，空气温度上升，使得生态系统碳交换程度增强，碳通量于上午 10:30 达到最大吸收峰–2.10 μmol/(m²·s)，即生态系统的碳汇强度在此时达到顶峰。随后，正午强烈的光照导致植物气孔关闭，出现“午休现象”（许大全，1997），此时生态系统中光合作用减弱，生态系统吸收 CO_2 的能力略微降低。下午，随着光照强度的减弱，生态系统的碳吸收能力持续下降，导致碳通量数值开始升高，并于 19:30 由负值变为正值，这意味着生态系统的碳排放作用开始大于碳吸收作用，生态系统的功能又转为碳源。

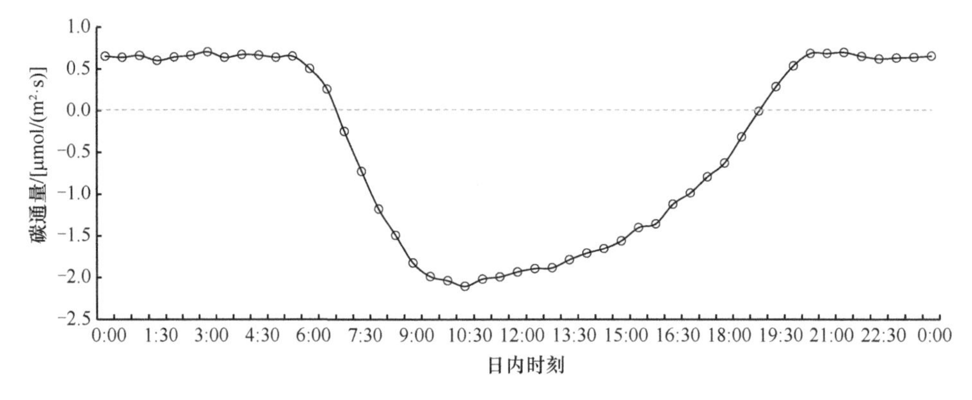

图 6-15 人工灌丛化的荒漠草原生态系统碳通量日动态

将盐池荒漠草原生态系统碳通量中的 CO_2 摩尔质量转换为碳交换重量，并对日时间尺度的碳交换重量进行累加[单位转为 g C/(m²·d)]，获得陆地与大气系统间的日尺度生态系统净交换（NEE）；继续按月累加可得 2017 年内的 NEE 季节变化规律（图 6-16）。NEE 与前述生态系统碳通量属性一致，其负值表示生态系统为吸收大气 CO_2 的碳汇，其正值表示生态系统为向大气排放 CO_2 的碳源。从图 6-16 中可以看出，全年 NEE 的总量是–156.97 g C/m²，即种植人工灌丛的荒漠草原生态系统整体表现为碳汇，能将大气中的 CO_2 固定在生态系统下垫面中，每年在每平方米的区域内能固定碳 156.97 g，但 NEE 在不同月份差异较大，呈现出明显的季节变化特征。在 5～9 月的主要生长季内，NEE 均为负值，即生态系统碳吸收量大于碳排放量，其从大气中固定 CO_2，具有明显的碳汇功能，月平均 NEE 为–31.47 g C/m²。然而，在 4 月生长季初期，种植人工灌丛的荒漠草原生态系统与大气之间的碳交换出现一个明显的排放峰。这可能与生长季初期的生态过程有关，

4 月生长季初期，随着气温的升高和降水的增加，生态系统碳吸收和碳排放速率逐渐增强，但因降水对呼吸作用的激发效应大于光合作用，且植被萌发阶段的光合作用较弱，故导致生态系统在 4 月表现为短暂的碳排放（陈银萍等，2019）。随着生长季的推移，植物叶片光合作用增强，种植人工灌丛的荒漠草原生态系统在 6 月达到–36.89 g C/m²的全年碳吸收峰值。此后随着降水量的增加，土壤水分不再成为唯一的限制因子，适宜的温度、水分条件和较为活跃的植物根系活动等同时作用于生态系统碳交换过程，生态系统呼吸量的增加，平衡了大量光合作用累积的碳，从而使得生态系统碳汇能力开始下降（牛亚毅等，2017），导致 7 月和 8 月的碳吸收强度稍低于 6 月。在生长季末端的 9 月，植物开始枯萎，光合作用减弱，虽然该阶段生态系统依然表现为碳汇，但此时的碳汇能力已经显著低于处于生长季旺盛阶段的 6～8 月的碳吸收量。理论上，盐池地区在非生长季植物几乎不进行光合作用，受温度影响，微生物活动较少，土壤呼吸微弱（代景忠等，2012），这也导致非生长季生态系统与大气间的 CO_2 交换过程非常微弱。从实际的观测数据来看，种植人工灌丛的荒漠草原生态系统在 10 月至次年 3 月间的月平均 NEE 为–1.91 g C/m²，接近于 0，处于几乎不与大气发生碳交换或碳吸收与碳排放持平的状态。

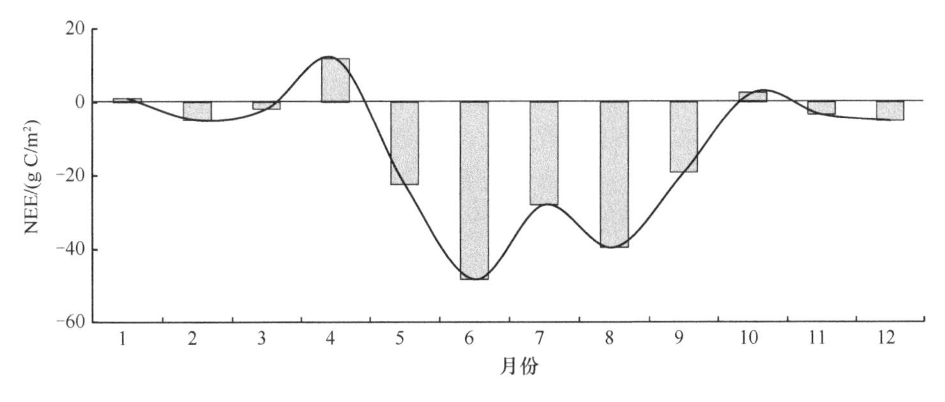

图 6-16　人工灌丛化的荒漠草原生态系统净交换季节变化

6.4.2　人工灌丛化对土壤呼吸的影响

（1）对土壤呼吸日变化的影响

为探讨人工灌丛化对荒漠草原生态系统土壤呼吸的影响，本研究于 2019 年的主要生长季（5～9 月）在野外开展土壤呼吸观测试验，分别观测灌丛下土壤呼吸和草地土壤呼吸。为观测灌丛下土壤呼吸和草地土壤呼吸的日内动态差异，于 7 月 29～30 日 2 天在野外开展了日内土壤呼吸连续观测试验。灌丛下和草地各设置 1 个观测样点，每个样点连续观测 6 次并求平均值，保证每间隔 1 h 对所有样点完成一次观测过程。从土壤呼吸速率的日内变化特征（图 6-17）可以看出，灌丛下土壤呼吸和草地土壤呼吸均呈现“单峰”形态。灌丛下土壤呼吸速率从上午 8:00 的 1.5524 μmol/(m²·s)逐渐增强，随着时间的推移至正午 12:00 左右，灌丛下土壤呼吸速率升高到日内峰值 2.3422 μmol/(m²·s)，此后维持较高的土壤呼吸速率直至 15:00；下午随着太阳辐射减弱，气温逐渐下降，灌丛下土壤呼吸速率慢慢降低，在 18:00 时灌丛下土壤呼吸速率下降至 1.5721 μmol/(m²·s)，与早上 8:00 左右的土壤呼吸速率较为一致。相比之下，草地土壤呼吸速率在日内也呈现出和灌丛下土壤呼吸速率一致的日内变化规律，即草地土壤呼吸速率从上午 8:00 的 1.1893 μmol/(m²·s)逐渐开始增加，至中午 12:00 达到日内峰值 1.6912 μmol/(m²·s)，此后也维持了约 3h 的高速土壤呼吸，下午气温下降后，草地土壤呼吸速率开始下降，至 18:00 降至 1.1171 μmol/(m²·s)的白天最低。从灌丛下和草地的土壤呼吸速率日内变化形态来看，它们与日内温度变化具有较高的一致性，即土壤呼吸的最高峰时段发生在地表温度最高的时段，其白天内的最低点也是地表温度的最低点（刘绍辉等，1998）。

尽管灌丛下土壤呼吸速率和草地土壤呼吸速率的日内变化形态一致，但通过样本间的方差分析得出，同一时刻的灌丛下土壤呼吸和草地土壤呼吸速率之间存在显著差异（图 6-17），从土壤呼吸速率的数值来看，灌丛下土壤呼吸速率要明显强于同一时刻的草地土壤呼吸速率，即人工灌丛化会增强土壤的呼吸，加速土壤中碳的释放。灌丛下土壤呼吸速率与草地土壤呼吸速率的最小差值为 0.3631 μmol/(m²·s)，出现在早上 8:00 左右；二者的最大差值出现在上午 10:00，为 0.7910 μmol/(m²·s)，且 10:00 至 14:00 间，灌丛下土壤呼吸速率与草地土壤呼吸速率的平均差值达到了 0.7054 μmol/(m²·s)，始终保持较高；而随着下午气温的下降，二者间差异也逐步减小，至 18:00 时降到了 0.4550 μmol/(m²·s)。以上特征说明，随着气温

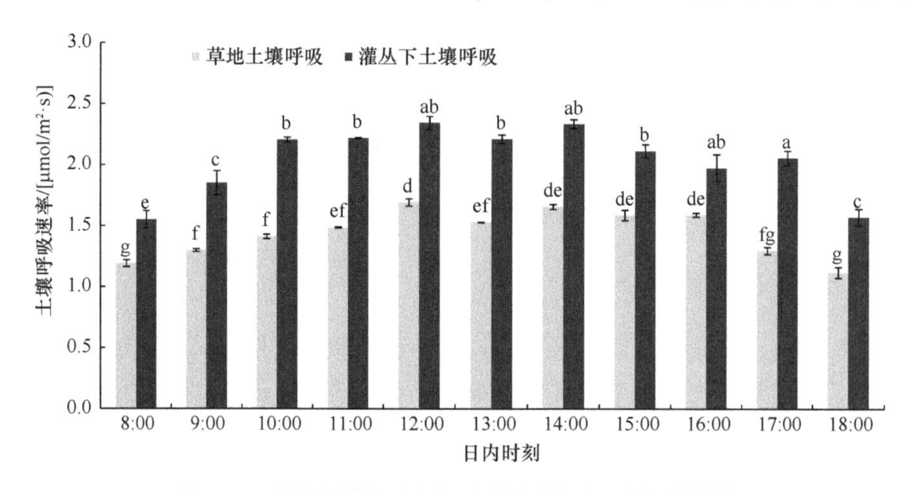

图 6-17　草地和灌丛下土壤呼吸日动态及二者间的差异

不同小写字母表示差异显著

的升高，灌丛下土壤呼吸速率与草地土壤呼吸速率的差异逐渐扩大，而随着温度回落，二者差异也逐渐减小。即人工灌丛化会增强荒漠草原生态系统的土壤呼吸，且随着温度越高，这种增强效应越大。

（2）对土壤呼吸季节变化的影响

为研究人工灌丛化对荒漠草原生态系统土壤呼吸季节变化的影响，2019 年在生长季每间隔 15 d 开展一次监测，5～9 月在野外连续开展 8 次土壤呼吸观测试验，获取了灌丛下土壤呼吸速率和草地土壤呼吸速率的季节变化规律（图 6-18）。从图 6-18 中可以看出，草地土壤呼吸速率在 5～9 月呈现明显的“单峰”形态，自 5 月 9 日开始，土壤呼吸速率由 0.1299 μmol/(m^2·s)逐渐升高，这是由于进入生长季后，气温的升高和土壤水分的增加导致草地土壤 CO_2 释放量开始增加（李凌浩等，2000）。草地土壤呼吸速率在 7 月下旬到达年内峰值，7 月 29 日的测量值为 1.8515 μmol/(m^2·s)，是生长季之初的 14.25 倍，可见荒漠草原生态系统土壤呼吸速率在季节上波动非常大。此后，土壤呼吸速率逐渐下降，在 9 月 19 日降到了 0.6713 μmol/(m^2·s)。相比之下，灌丛下土壤呼吸速率在 5～9 月的生长季变化虽然也有波动，但幅度不及草地土壤呼吸速率变动之大。灌丛下土壤呼吸速率由 5 月 9 日的 0.6924 μmol/(m^2·s)开始增长，也在 7 月下旬到达年内峰值，7 月 29 日的测量值为 2.2872 μmol/(m^2·s)，只有生长季之初的 3.30 倍，随着灌木进入生长季后期，灌丛下土壤呼吸速率也开始减小。灌丛下土壤呼吸速率在年内也基本具有“单峰”形态的季节性变化特征，但不如草地土壤呼吸速率的特征明显。另外，灌丛下土壤呼吸速率在 6 月 12 日和 9 月 19 日所测的数值偏高，这也是影响其年内形态规律的因素，导致这两次数据偏高的原因可能与测量前曾有降水事件有关。

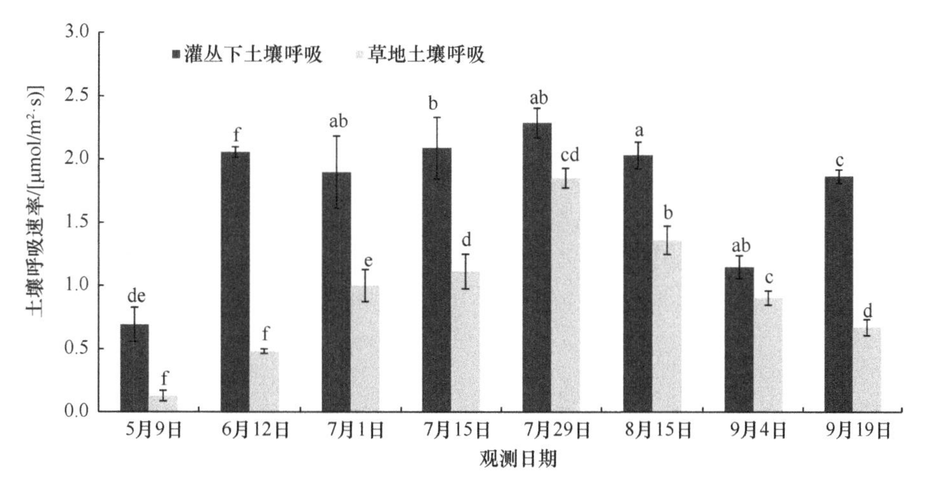

图 6-18　草地和灌丛下土壤呼吸生长季变化及二者间的差异

不同小写字母表示差异显著

从草地土壤呼吸速率和灌丛下土壤呼吸速率的数值对比来看，在生长季同一天的测量值均表现为灌丛下土壤呼吸速率高于草地土壤呼吸速率，二者的差值在0.2441～1.5721 μmol/(m²·s)，可见，人工灌丛化后的荒漠草原生态系统的土壤与大气间的 CO_2 交换量增大。从方差分析结果来看，草地土壤呼吸速率和灌丛下土壤呼吸速率间存在显著差异，即荒漠草原上的人工灌丛种植会导致的土壤呼吸发生显著变化。综合以上结果可知，荒漠草原发生人工灌丛化后，灌丛植被不仅增强了生态系统从大气中吸收 CO_2 并将碳累积下来的能力，同时也加速了土壤向大气释放 CO_2 的能力，但从第 4 章的碳储量模拟和第 5.1 节的通量观测来综合分析可以得出，人工灌丛化荒漠草原生态系统的总固碳量大于总释放碳量，目前处于碳汇阶段。

6.4.3 小结

为了应对全球气候变化，控制温室气体排放，增加陆地生态系统碳汇，已成全球关注的热点。近年来的研究结果表明，北半球中纬度地区是全球重要的陆地碳汇区域，而其中广泛分布的草原生态系统是碳汇的重要组成部分（戴尔阜等，2016）。生态系统净交换（NEE）是判断生态系统碳源/碳汇的重要指标，它与净生态系统生产力（NEP）正好相反，二者均能够表征生态系统的固碳能力。本章利用 2017 年盐池站的生态系统碳通量数据，计算出人工灌丛化的荒漠草原生态系统年 NEE 为–156.97 g C/m²，表明该生态系统具有显著的碳汇功能。而从戴尔阜等（2016）利用遥感技术对内蒙古草原生态系统碳源/碳汇的研究中得出，内蒙古草原生态系统的 NEP 平均值在 50～150 g C/m²，略低于本研究得出的结果，但本研究第 4 章 BIOME-BGC 模型的模拟结果显示，人工灌丛化荒漠草原生态系统碳储量年平均累积速率为 88 g C/m²，可见人工灌丛化的荒漠草原生态系统的碳汇属性确定，只是不同观测手段得到的碳汇大小存在差异。

本节研究对象为灌丛化的荒漠草原，其碳交换属性应介于草地和灌木之间，前文 BIOME-BGC 模型模拟的结果显示，2016 年与 2017 年间盐池人工灌丛化荒漠草原生态系统的碳储量差值为–36.33 g C/m²，即模拟获得的生态系统 NEE 为–36.33 g C/m²。前人观测的民勤绿洲-荒漠过渡带梭梭人工林的 NEE 为 34.38 g C/m²（吴利禄等，2019），这一干旱区人工灌丛林的特征类似于盐池荒漠草原种植的人工灌丛，因此二者 NEE 接近，但明显低于本章涡度相关技术观测的结果。导致这一差异的原因可能与微气象学技术、遥感技术和模型模拟技术间的技术差异有关，特别是基于微气象观测理论的涡度相关技术，其对短期的生态系统碳交换响应敏感，且年际波动非常明显。例如，Jia 等（2016）利用涡度相关系统对盐池沙泉湾治沙区生态系统 2012～2014 年的 NEE 观测所得结果就存在明显差异，其中 2012 年为(–77±10)g·C/m²，而 2013 年和 2014 年则分别变成了(4±10)g C/m²

和（22±5）g C/m²，突然从碳汇变成了碳源，可见涡度相关系统能够快速监测出陆地生态系统年际碳交换过程的异动。

当然，判断一个生态系统是碳源还是碳汇需要长期的数据观察，由于受盐池通量站建设时间和设备运行质量等因素影响，本研究只选择了数据较为完备的 2017 年的通量数据来研究人工灌丛化荒漠草原生态系统的碳通量特征。结果显示，盐池人工灌丛化荒漠草原生态系统当前为碳汇阶段，这一结论与已有大多研究结果一致。未来，在盐池站涡度相关数据持续观测和累积的基础上，开展更长时间序列的通量特征研究，将有助于更详细地理解和认识人工灌丛化荒漠草原生态系统的碳通量特征。

已有研究表明，草原生态系统是全球陆地生态系统中的重要碳库，其碳储量约为 266.3 Pg，由于草原生态系统的绝大部分碳储存在土壤中，导致草原生态系统的土壤碳储量占世界土壤碳储量的 15.5%（马晓哲和王铮，2015）。而荒漠草原地区的人工灌丛化过程改变了原有草原的土地利用类型，也会对草地碳循环产生深远影响，在 6.3 节中通过 BIOME-BGC 模型模拟了人工灌丛化对荒漠草原生态系统土壤碳储量的影响，为了更进一步了解该过程对土壤-大气间碳交换的影响，本章设计了土壤呼吸试验，开展了人工灌丛化对草地土壤呼吸影响的研究。从本研究在生长季获得的 8 次单日土壤呼吸观测值可以看出，灌丛下平均土壤呼吸速率为 1.7580 μmol/(m^2·s)，而草地平均土壤呼吸速率为 0.9393 μmol/(m^2·s)，可见灌丛明显增强了土壤呼吸速率。然而，在荒漠草原上人工种植灌丛后，灌木如何通过根系活动和改变土壤结构等，进而引起土壤呼吸增强，在本研究中未作进一步探究，这也是未来土壤生态学可开展的研究课题。

依据 7 月 30 日 10:00～16:00 的草地与灌丛下土壤呼吸速率的观测结果，求算出整个生态系统土壤呼吸速率约为 1.8814 μmol/(m^2·s)，从涡度相关系统观测的同日 10:00～16:00 的生态系统净交换速率为–5.4134 μmol/(m^2·s)，由此简单推算出整个生态系统在这一时段以 7.2948 μmol/(m^2·s)的速率从大气中吸收 CO_2，这与于瑞鑫等（2019）在盐池野外观测的柠条灌丛的净光合速率较为接近。在其观测的研究区大多柠条灌木在 7 月中旬 10:00～16:00 的净光合速率为 4～6 μmol/(m^2·s)。今后，同步开展生态系统净交换、植物净光合速率和土壤呼吸速率的同步观测，可进一步分析各碳交换分量的强度，揭示人工灌丛化荒漠草原生态系统闭环的碳循环过程。

本节主要研究了人工灌丛化后荒漠草原生态系统的生态系统与大气之间、土壤与大气之间的碳交换特征，6.4.1 节基于涡度相关技术，从日内碳通量动态和季节生态系统净交换两个层面，分析了种植人工灌丛的荒漠草原生态系统 2017 年全年的碳通量变化规律。6.4.2 节利用 WEST 土壤通量测量仪，观测了 2019 年 5～9 月生长季灌丛下土壤呼吸和草地土壤呼吸的差异，研究了人工灌丛化对荒漠草原土壤呼吸的影响，得出的主要结论如下。

盐池人工灌丛化荒漠草原生态系统碳通量的日内变化表现为倒“U”形态，夜间表现为碳源，日出至日落之间表现为碳汇；年内季节性 NEE 也表现为倒“U”形特征，NEE 在主要生长季为负值，且越在生长旺季，负值越低，全生长季均表现为碳汇特征，而非生长季生态系统与大气间的碳交换非常微弱；全年 NEE 为 –156.97 g C/m^2，意味着盐池人工灌丛化荒漠草原生态系统总体为碳汇。

盐池人工灌丛化荒漠草原的灌丛下土壤呼吸和草地土壤呼吸速率在日内与主要生长季内均表现出相似的“单峰”特征，但二者之间量值不同，且存在显著差异。在生长季的 8 次观测中，草地土壤呼吸速率在 0.1299～1.8515 μmol/(m^2·s)，灌丛下土壤呼吸速率在 0.6924～2.2872 μmol/(m^2·s)，人工灌丛化显著增强了荒漠草原生态系统的土壤呼吸速率，促进了土壤向大气中释放 CO_2，也就是加速了土壤与大气之间的 CO_2 交换。

第7章　基于遥感蒸散产品的宁夏草地蒸散特征分析

蒸散（ET）是植被及地面向大气输送的水汽总通量，是水文-生态过程耦合的纽带，在水圈、大气圈和生物圈的水分循环与能量平衡过程中起着关键作用。由气候变化引起的全球水循环变化必然影响地表蒸散过程，进而对干旱半干旱地区的生态系统稳定性带来诸多不确定性。因此准确掌握陆地生态系统的蒸散特征对于脆弱生态系统的维持和恢复具有重要的生态学意义。宁夏草地在20世纪经历了过度垦殖与放牧的退化过程。之后，当地政府实施了大量生态治理工程，使得草原生态系统的结构和功能得以恢复。然而，宁夏草地在退化—恢复过程中的蒸散格局动态和时空演化规律鲜有报道，而掌握草地的蒸散特征和水分消耗规律，对制定科学合理的退化草地恢复措施具有重要的指导意义。因此，本章在对比分析两种遥感蒸散产品的基础上，利用回归分析、相关分析和 *R/S* 分析等方法，研究了近十几年宁夏草地的蒸散时空格局与演变规律，讨论影响宁夏草地蒸散的可能影响因素，以期为区域农牧业发展、退化草地恢复与重建、水资源分配与合理利用提供科学依据和理论支持。

7.1　两种遥感蒸散产品在宁夏的应用对比

7.1.1　MOD16 与 BESS 蒸散产品

美国蒙大拿大学发布的MOD16蒸散产品，空间分辨率为1 km，有8 d、16 d及年合成产品。本产品可利用遥感数据估算植被覆盖率、反照率等，利用气象插值获取区域气压、气温和相对湿度等参数，进而计算植被与土壤的净辐射量，最后基于P-M公式计算蒸散（姜艳阳等，2017）。P-M公式对冠层结构进行了简化，在植被冠层郁闭的情况下估算精度较高（王海波和马明国，2014）。

韩国首尔国立大学发布的BESS蒸散产品，空间分辨率为1 km，为8 d合成产品。该模型以Farquhar光合作用模型为基础，使用一系列非线性方程来代表土壤-植物-大气连续体（SPAC）的相互作用，能够深入模拟SPAC的相互作用机制及其协同反应，将生态过程高度简化，并集成大气辐射传输子模型、双叶冠层辐射传输子模型和碳吸收-气孔导度-能量平衡子模型，使用MODIS陆地产品和大气产品数据驱动模型运行，可以在日、月、年多时间尺度上输出潜在蒸散、蒸散、蒸腾、土壤蒸发、净辐射、总初级生产力、生态系统净交换量等多种数据（Ryu et al.，2011)。

下载2000～2014年覆盖宁夏的MOD16和BESS数据。MOD16原始数据为HDF格式，正弦投影，利用MODIS Reprojection Tool（MRT）软件工具进行文件格式和投影转换等处理；BESS数据为HDF5格式，使用ENVI 5.1软件进行格式与投影转换。数据在预处理完成后，按说明文档乘以0.1的比例系数，转换成实际蒸散值。最后利用研究区矢量边界数据进行裁剪。

7.1.2 区域年平均蒸散对比

2000～2014年宁夏MOD16蒸散的平均值为264.23 mm，BESS蒸散的平均值为259.39 mm，BESS蒸散平均值略低于MOD16蒸散，它们均略低于宁夏近15年来的年平均降水量265.25 mm。从近15年平均蒸散的空间特征来看（图7-1），MOD16在中部干旱带低估了蒸散，有较大面积的区域在150～200 mm，而在南部丘陵山区则相对高估了蒸散。除了引黄灌区，MOD16蒸散在宁夏由北向南形成了较为明显的条带递增特征，而BESS蒸散尽管也是由北向南递增，但条带特征不甚明显，这一特征可能与两种模型的机制不同有关，MOD16基于P-M公式（Mu

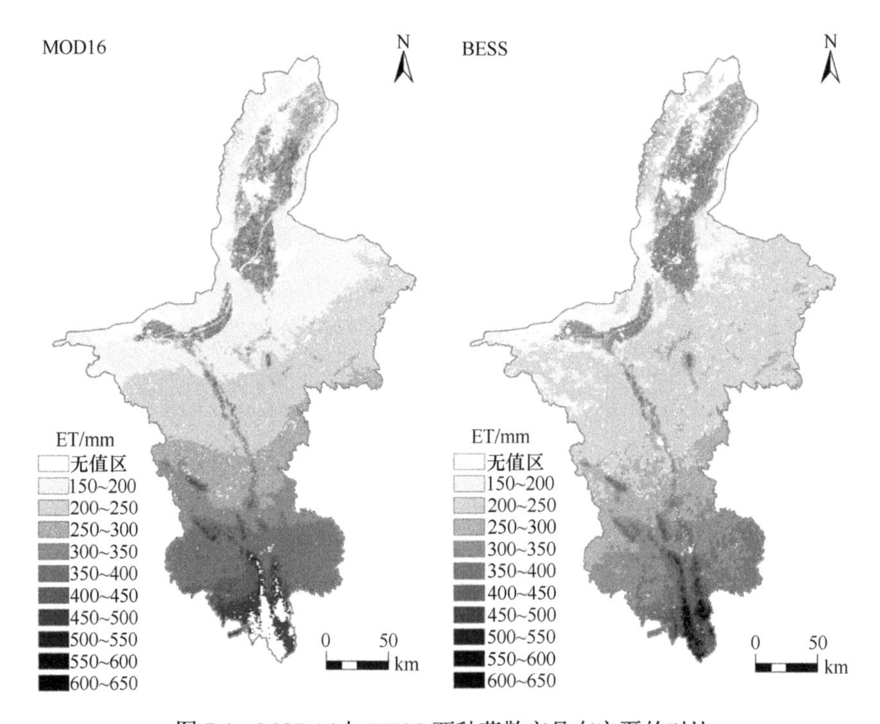

图7-1 MOD16与BESS两种蒸散产品在宁夏的对比

et al.，2011），对气象插值的依赖性较大，因此其估算的宁夏区域蒸散在空间上遗留有较为明显的气象插值梯度痕迹；而 BESS 是基于生物呼吸过程的模型，与地表的植被覆盖度及生长状态密切相关，因此其空间渐变与区域植被过渡特征较为相似。

两种蒸散产品的蒸散差值在 5.23～33.02 mm，其中 2003 年差异最大，MOD16 比 BESS 蒸散高出 33.02 mm。从时间区段来看，除 2002 年和 2003 年蒸散较高外，2010 年之前 MOD16 和 BESS 蒸散普遍较低，平均值分别为 244.25 mm 和 247.96 mm；2010 年以后平均蒸散普遍增高，MOD16 和 BESS 蒸散平均值分别为 278.75 mm 和 283.51 mm，这种蒸散明显增加可能与区域植被覆盖度增加和生态恢复有关（宋乃平等，2015）。在 2000 年、2004～2005 年、2008～2009 年等较为干旱的年份（胡悦等，2017），两种蒸散产品的区域平均蒸散量均高于平均降水量，但在其他非干旱年份，平均蒸散量则往往低于同期降水，这也证明了区域生态系统蒸散需水高于大气降水供给的时候，会造成较强的干旱事件发生。

MOD16 和 BESS 两种蒸散具有较高的相关性，相关系数达到了 0.78（$P < 0.01$），即二者估算出的区域蒸散具有较为一致的变化特征，能够反映出区域蒸散的相对变化信息。两种蒸散产品中的宁夏近 15 年蒸散的均方根偏差（RMSD）为 15.52，二者的总体差异不大。从两种蒸散线性拟合方程的斜率系数来看，BESS 估算的蒸散比 MOD16 估算的蒸散略低，二者的斜率系数为 0.75，导致这种系统偏差的原因可能与估算两种蒸散产品的模型机制基础不同有关。

7.1.3　逐像元蒸散结果对比

从像元尺度上对比了 MOD16 和 BESS 蒸散的估算精度与差异（图 7-2），近 15 年二者的相关系数在 0.87～0.95，相关性均通过了 $P < 0.01$ 的显著性检验，为极显著正相关。散点靠近 1∶1 的对角线，特别是在蒸散值低于 500 mm 的区域更为接近，但在蒸散值高于 500 mm 的区域，BESS 估算的蒸散明显低于 MOD16 估算的蒸散，进而导致一元线性拟合直线偏离散点图 1∶1 的对角线，造成 MOD16 和 BESS 蒸散的一元线性拟合斜率在 0.54～0.85，由此可见，BESS 在像元尺度上估算的蒸散平均低于 MOD16 对应像元的蒸散。其中 2003 年两种模型估算的蒸散值差异较大，相关系数只有 0.87，线性斜率也只有 0.54，即 BESS 模型对宁夏蒸散的估算比 MOD16 低了近一半，造成这一结果的原因尚不清楚。总体来看，MOD16 和 BESS 在像元尺度上对陆地表面蒸散的估算结果具有较高的一致性，两种遥感蒸散产品在干旱半干旱地区的适用性也较一致。

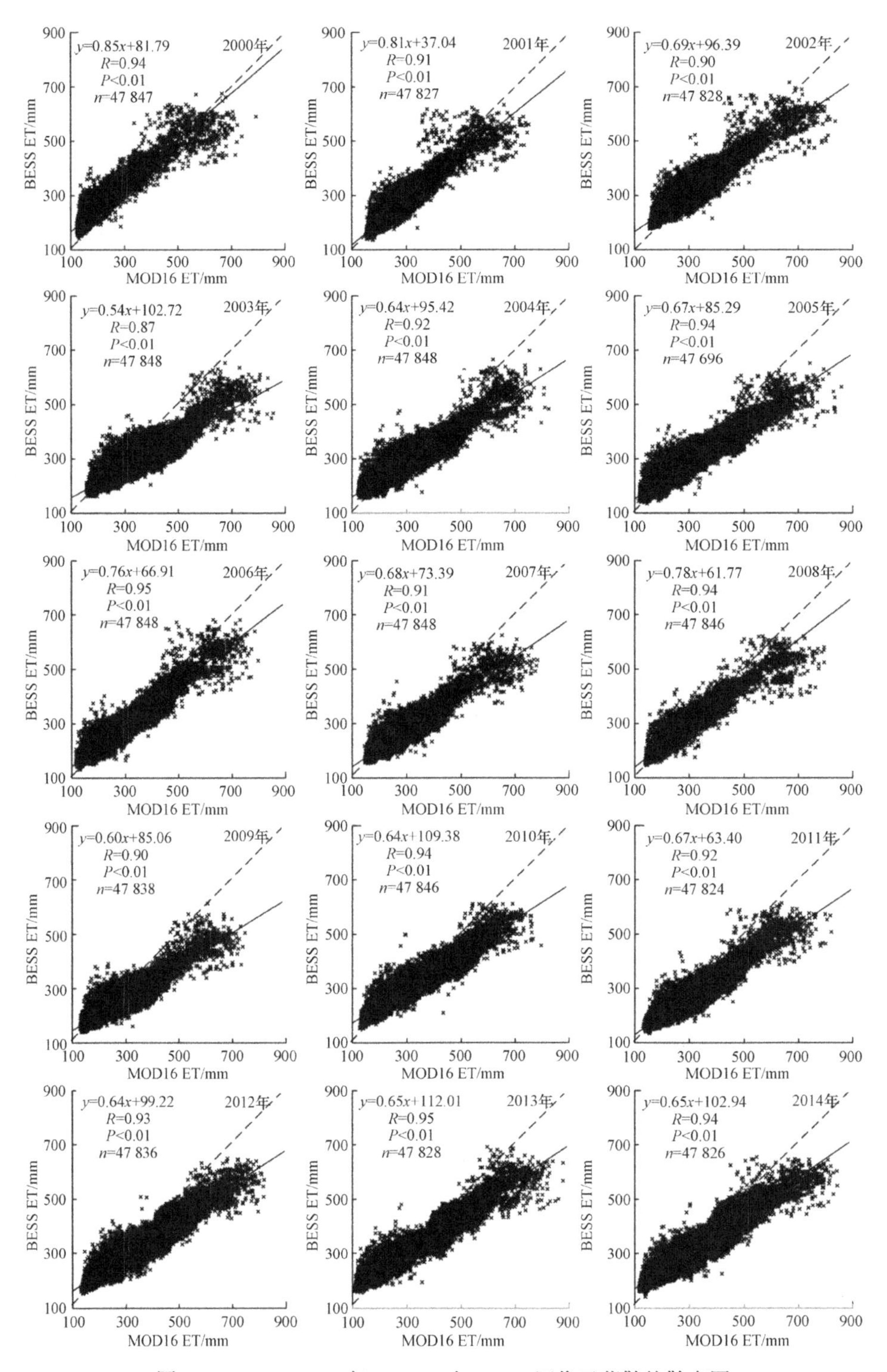

图 7-2　2000～2014 年 MODIS 与 BESS 逐像元蒸散的散点图

7.1.4　不同植被类型地表的蒸散结果对比

MOD16 模型估算的农田、草地和林地的平均蒸散分别为 291.83 mm、255.96 mm 和 309.03 mm，而 BESS 蒸散分别为 286.57 mm、252.65 mm 和 302.23 mm，BESS 模型估算的不同植被类型地表的蒸散均低于 MOD16 估算的同类地表蒸散。但两种模型估算的结果均为林地蒸散最高，农田蒸散次之，草地蒸散最低，这与三种植被类型的蒸散强弱规律一致。由此可见，两种模型在获取干旱半干旱地区不同植被类型蒸散的空间异质信息时，具有一定的适用性，都能够反映不同植被类型的蒸散差异。

在农田、草地和林地三种植被类型地表中，MOD16 与 BESS 蒸散具有明显的正相关性（图 7-3），相关系数分别为 0.77、0.72 和 0.64（$P < 0.01$），斜率系数也均小于 1，即 BESS 蒸散普遍低于 MOD16 蒸散，但在不同植被类型地表中低估程度不一样，其中对草地的低估程度最大。由于宁夏农田、草地和林地面积占宁夏总土地面积的比例分别为 36.42%、47.48%、3.94%，林地在影像中像元数量占比过少，进而导致两种模型在林地植被类型地表的蒸散估算误差略大，二者的相关系数最低。

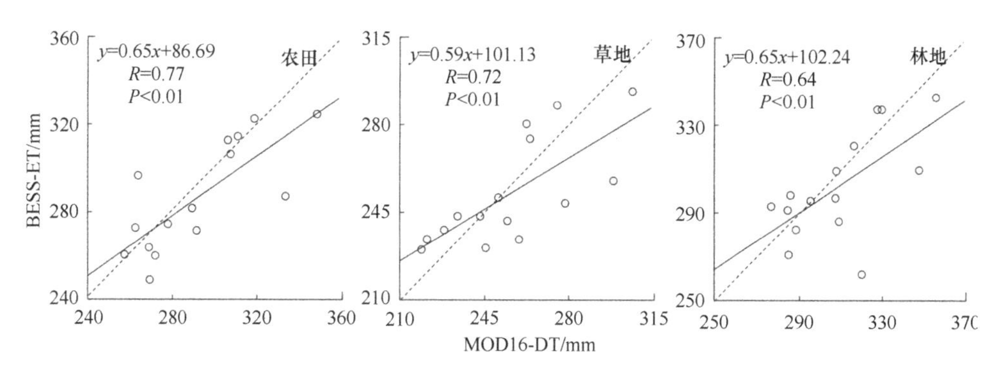

图 7-3　不同植被类型地表 MOD16 与 BESS 蒸散的散点图

7.1.5　两种遥感蒸散产品与气象因子的关系

利用 2000～2014 年宁夏 MOD16 蒸散、BESS 蒸散、年降水量和年平均气温序列，分别计算 4 组时间序列数据的标准化 Z 值，对比得到的 4 组标准化 Z 值可以看出，两种蒸散序列和年降水量序列具有较为一致的波动特征，但与年平均气温序列存在较大差异。相关分析表明，MOD16 蒸散与年降水量的相关系数为 0.72（$P < 0.01$），略高于 BESS 蒸散与年降水量的相关系数 0.68（$P < 0.01$），两种蒸散均与年平均气温无显著相关性。导致这一结果的原因有两方面，一方面宁夏属干旱半干旱地区，陆地表面实际蒸散受降水的制约较大，特别是缺乏人工灌溉水源

的草地和林地，其蒸散的水分来源主要是降水；另一方面是 MOD16 和 BESS 模型的驱动机制不同，MOD16 蒸散基于 P-M 公式，结合植被覆盖率、反照率等遥感数据及气压、气温、相对湿度等实测气象信息计算区域蒸散，因而其不仅对植被生长状态响应明显，而且还与气象降水的年际波动变化较为一致。而 BESS 模型将大气和冠层辐射传输、冠层光合作用、蒸腾作用及能量平衡联系起来，是基于植被生长的过程模拟模型，它对植被的生长状态响应比较明显。

在干旱半干旱地区，MOD16 估算的蒸散略高于 BESS 估算的蒸散，且 MOD16 蒸散具有明显的条带，导致二者的空间特征出现显著差异。尽管在逐像元对比中，由于影像本身问题，会有部分无效像元值，但是 MOD16 和 BESS 在像元尺度上对陆地表面蒸散的估算结果还是具有较高的一致性。因宁夏农田、草地和林地占地面积的不同，其结果有所差异，而林地的像元数量占比过少，进而导致两种模型在林地植被类型地表的蒸散估算误差略大，二者的相关系数最低。在与气象因子的关系中，干旱半干旱区域本身的属性原因导致降水为主要的蒸散贡献因子，因而两种模型估算的蒸散均与降水相关性较高。

王利娟等（2016）利用 MODIS 数据估算半干旱区的陆面蒸散时，通过利用 MODIS 蒸散模型估算的蒸散值与地表通量观测值进行对比，证明了 MODIS 蒸散模型在西北半干旱区的适用性。李琴等（2012）基于 MODIS 遥感影像估算新疆地区蒸散量，其结果与涡度相关仪野外观测量一致。而本文通过对比 MODIS 与 BESS 数据在宁夏地区的应用结果，进一步证实了以生物物理模型为基础的 BESS 模型在干旱半干旱区具有一定的适用性，其反演的蒸散空间纹理特征更接近宁夏植被实际状况，这为今后在干旱半干旱区推广使用 BESS 蒸散模型提供了科学依据。

7.2 基于 MOD16 的宁夏草地蒸散时空特征及演变规律

7.2.1 宁夏草地蒸散的时间变化特征

（1）宁夏全区草地蒸散的年际变化特征

2000～2014 年，宁夏草地蒸散量为 177.51～274.43 mm/a，多年平均蒸散量为 228.03 mm/a；2000 年的平均蒸散量最低，仅为 177.51 mm/a，比多年平均值低 50.52 mm/a，相对变化率高达 22.15%；2012 年的平均蒸散量最高，达到 274.43 mm/a，比多年平均值高 46.40 mm/a，相对变化率为 20.35%。宁夏草地蒸散总体呈增强趋势，但趋势并不显著（1.59 mm，$P = 0.86$），年际波动极为明显（图 7-4），其中在 2000 年和 2006 年前后分别形成了近 15 年来宁夏草地蒸散的两个低谷，而 2000～

2003 年和 2008～2012 年两个阶段，全区草地蒸散快速上升。造成这种蒸散年际波动的原因主要与极端气象干旱有关，2000 年及 2005 年是宁夏近 15 年气象降水的极端亏缺年（杜灵通等，2015a），极端气象干旱导致宁夏草原生态系统供水不足，蒸散出现低谷；强旱过后，草地植被的恢复会持续增强其生态系统的蒸散。而近 15 年草地整体蒸散的增强趋势，与宁夏中南部大规模实施退耕还草和草原封育禁牧工程有一定关联（宋乃平等，2015），实施生态治理的草原区广泛种植了柠条、沙棘等植物，提升了草地的植被覆盖度，进而增强了草原生态系统的蒸散（任庆福等，2013）。

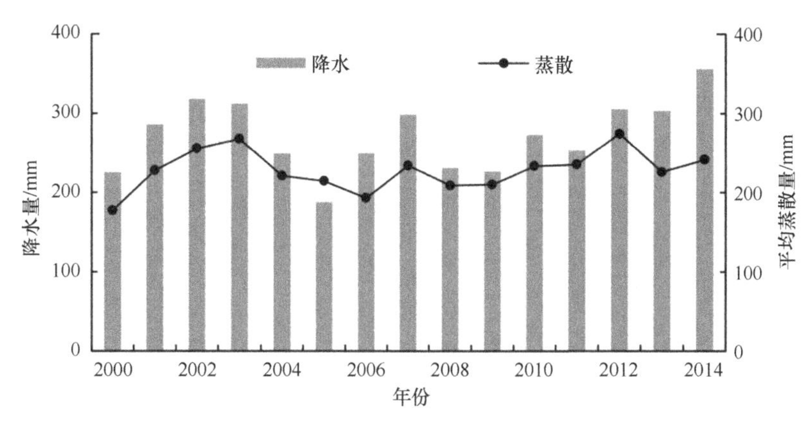

图 7-4　2000～2014 年宁夏草地蒸散及降水量变化图

宁夏不同蒸散强度的草地面积统计结果表明（图 7-5），2000～2014 年，草地年均蒸散低于 300 mm/a 的区域占到宁夏草地总面积的 74.6%以上，其中 2000 年达到了 96.8%，这说明全区草地蒸散量总体较低；其中蒸散低于 200 mm/a 的草地面积年际变化较大，并显著影响多年蒸散的波动走势。高于 300 mm/a 的面积比例不高，但近 15 年的增长趋势显著，这与宁夏实施的系列生态治理工程有关。曼-肯德尔（Mann-Kendall）检验显示（图 7-6），宁夏近 15 年草地蒸散的逆序统计量（UB）和正序统计量（UF）线分别在 2001 年、2005 年和 2011 年出现交点，并在 95%显著性水平临界线之间，这三年蒸散分别呈上升、下降和上升趋势，可以认为宁夏草地蒸散的变化趋势波动与多年降水量的变化有关。总体而言，近 15 年来 UF 线并未突破 95%显著性水平临界线，蒸散上升趋势不显著，突变特征不明显。为了解释影响多年蒸散波动的主要因素，将宁夏草地蒸散与降水、气温、饱和水汽压差和风速等 4 个影响因子进行多元回归分析，回归方程为：$\mathrm{ET} = 0.3341 \times P - 222.5238 \times \mathrm{VPD} + 264.1310$（$R^2 = 0.69$，$F = 13.328$，$P < 0.05$），式中 P 为降水量，VPD 为饱和水汽压差。回归方程显著，说明近 15 年来宁夏草地蒸散主要受降水和饱和水汽压差影响，二者对蒸散的贡献率分别为 66.56%和

33.44%，其中降水是驱动宁夏草地蒸散多年波动的主要因素。

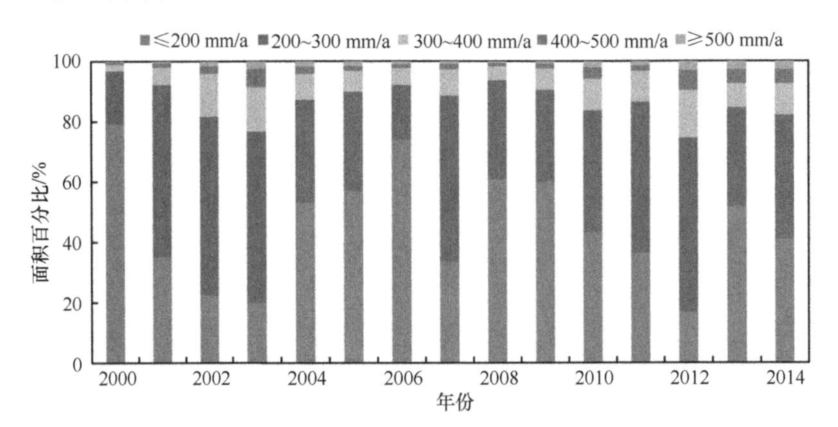

图 7-5　宁夏草地不同蒸散强度的面积百分比（彩图请扫封底二维码）

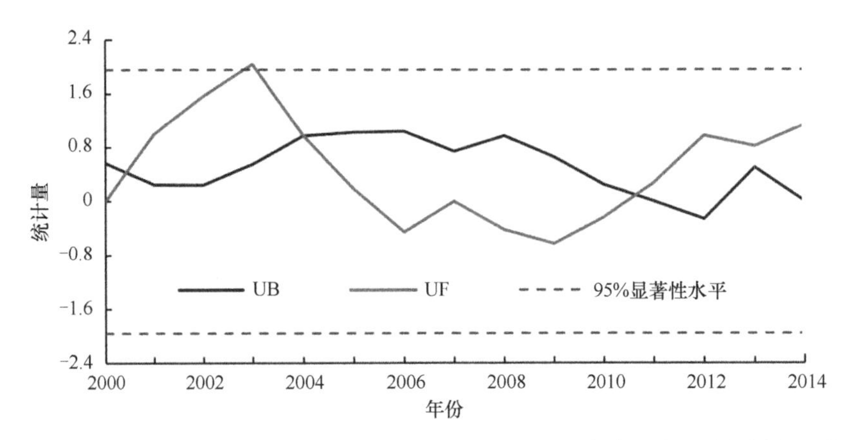

图 7-6　宁夏 2000～2014 年草地蒸散的 Mann-Kendall 统计量曲线（彩图请扫封底二维码）

（2）不同类型草地蒸散的时间变化特征

宁夏各类型草地的年平均蒸散量存在明显差异（图 7-7A），按照草甸草原类（479.68 mm/a）、山地草甸类（475.40 mm/a）、灌丛草甸类（415.13 mm/a）、干草原类（282.61 mm/a）、低湿地草甸类（234.04 mm/a）、沼泽类（214.46 mm/a）、荒漠草原类（197.04 mm/a）、草原化荒漠类（183.97 mm/a）、干荒漠类（182.99 mm/a）和灌丛草原类（172.51 mm/a）的顺序递减。具体来说，主要分布于南部山区的草甸草原类、山地草甸类和灌丛草甸类草地的植被覆盖度高，可利用水分充沛，因而蒸散量远高于其他类型草地；荒漠草原类、草原化荒漠类、干荒漠类和灌丛草原类草地多以旱生小禾草及小灌木为建群种，植被覆盖度低，为减少蒸腾失水，植物叶片小而少，蒸散较低。另外，宁夏全区降水和太阳辐射有着明显的地带分异，降水量南多北少，气温总体北高南低，且局域的非地带性因素更加剧了水热分异，故分布在宁夏南部的地带性草地类型（草甸草原类和干草原类）与隐域性植被类型构成的山地草甸类、灌丛草甸类、低湿地草甸类和沼泽类草地的蒸散量较高；而荒漠草原类、草原化荒漠类、干荒漠类和灌丛草原类草地主要分布在宁夏中北部，这些地区的水热搭配矛盾突出，土壤质地较差，下渗能力强，保水性能不理想，土壤供水不足严重限制了这类草地的蒸散量。综上所述，宁夏气候由南向北从中温带半湿润区向中温带干旱区过渡，不同气候区内各草地类型的建群种和群落生境存在显著差异，导致各类型草地的蒸散量因气候差异而存在不同的变化特征。

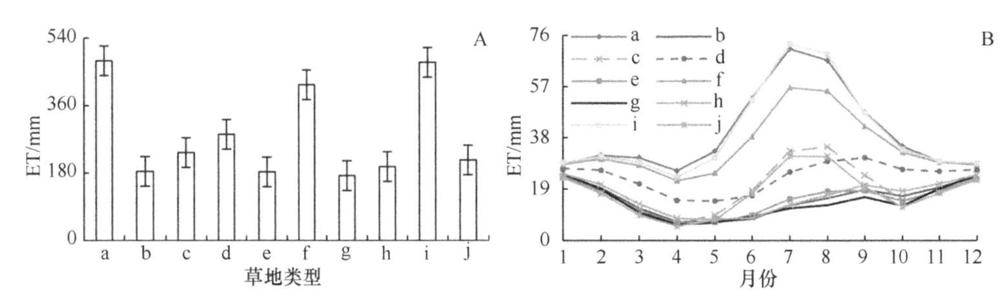

图 7-7　各草地类型多年平均蒸散及年内动态（彩图请扫封底二维码）

a 为草甸草原类草地，b 为草原化荒漠类草地，c 为低湿地草甸类草地，d 为干草原类草地，e 为干荒漠类草地，f 为灌丛草甸类草地，g 为灌丛草原类草地，h 为荒漠草原类草地，i 为山地草甸类草地，j 为沼泽类草地

从宁夏各类型草地蒸散的年内动态曲线来看（图 7-7B），全区 10 类草地的蒸散变化过程可分成典型单峰型与非单峰型两大类，其中山地草甸类、草甸草原类、灌丛草甸类、低湿地草甸类和沼泽类草地的年内蒸散呈现明显的单峰形态。随着 5 月植被生长季的开始，草地蒸散迅速增加，到 7～8 月植被生长最茂盛的时期，蒸散也达到年内最高值，此后随着草地枯黄期的到来，蒸散迅速下降；而草原化荒漠类、干草原类、干荒漠类、灌丛草原类和荒漠草原类草地的年内蒸散动态与草地物候期的一致性较差，夏季蒸散的峰值不明显，这与宁夏的年内降水和太阳辐射变化特征严重不符，导致这一现象的原因是以上类型草地的植被覆盖度都较低，植被蒸腾量少，蒸散量总体偏低，同时遥感蒸散算法对低植被覆盖区月时间尺度的蒸散估算精度也较低，复杂下垫面表面阻抗的不准确界定可能是导致冬季蒸散估算偏高的重要原因。

7.2.2　宁夏草地蒸散的空间变化特征

（1）宁夏草地蒸散的空间格局及波动性

2000～2014 年，宁夏草地的多年平均蒸散具有较强的空间异质性，呈现出南高北低的空间特征，这与宁夏多年平均降水量的空间分布特征比较一致，同时天然草地上零星分布的人工灌丛草地、林地也形成了局部高值区（图 7-8A）。全区草地蒸散量的空间分布极差较大，蒸散为 135.84～732.12 mm/a。最低值集中分布在石嘴山境内的草原化荒漠类、干荒漠类和灌丛草原类草地，该类草地主要是以红砂、白刺等耐寒耐旱小灌木为优势种的草场，覆盖度极低，降水稀少且下渗严重，因此成为全区草地蒸散最低的区域。六盘山迎风区的山地草甸类草地主要是杂草类草原，植被覆盖度高，且降水丰富，因而六盘山成为全区草地蒸散的高值分布区。

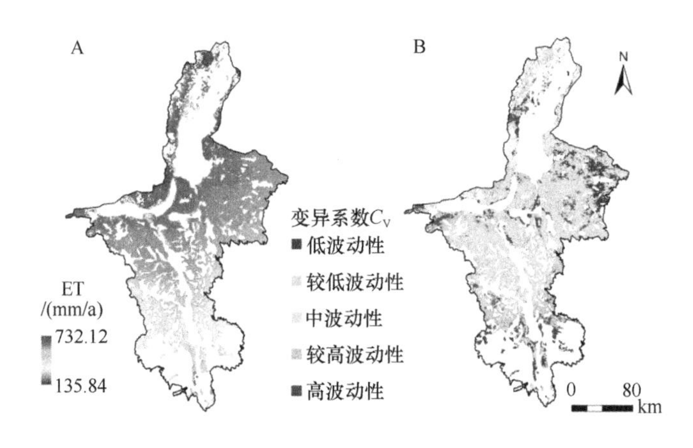

图 7-8　多年平均 ET 空间分布与波动特征（彩图请扫封底二维码）

变异系数可以从空间上指示草地蒸散的年际波动强弱，图 7-8B 为近 15 年宁夏草地蒸散的变异系数，全区草地蒸散量的变异系数 C_V 为 0.05～0.35，平均值达到 0.12，但超过 96%的草地 C_V 低于 0.15，变异系数总体不高，波动性不强。从空间分布状况来看，高波动性区域主要分布在贺兰山中段的荒漠草原类、灌丛草原类草地，沙坡头区西北部黄河沿岸的荒漠草原类、草原化荒漠类草地，红寺堡-同心一带的荒漠草原类草地和南部山区的部分干草原草地，近 15 年来上述区域是退耕还林（草）、生态移民和引黄-扬黄灌溉的重点发展区域，人类活动通过改变土地利用类型显著改变了局部地表蒸散过程。低波动性区域集中分布在六盘山地区的山地草甸类草地和灵盐台地的荒漠草原类草地，前者与六盘山地区相对较多的降水和良好的植被覆盖有关，后者则反映了区域封育禁牧的效果。

（2）蒸散量与气象因素的相关分析

蒸散量与气象因素的相关分析结果（图 7-9）表明，宁夏草地蒸散与降水量总体呈正相关，且相关系数较大，通过 $P < 0.05$ 显著性检验的草地比例高达 95.99%，这很好地解释了宁夏草地的蒸散年际波动与降水量变化较为一致的现象。蒸散与降水量不相关的草地主要分布在银川平原周边和贺兰山北段，前者主要是由引黄

灌溉使得土地利用类型变化引起的，后者则与贺兰山地区的煤矿开采活动有关，露天煤矿的大规模开采显著改变了地表持水性，使地下水位下降，蒸散来源不足。草地蒸散与饱和水汽压差整体上以负相关与不相关为主，其中负相关的比例不足25%。草地蒸散与饱和水汽压差呈负相关的区域主要分布在中卫、吴忠及银川西北部的荒漠草原类和草原化荒漠类草地，这些区域主要为珍珠、红砂、隐子草和短花针茅类草地，同时该区域降水稀少，极度干旱；为避免干旱胁迫对植物生理过程产生不可逆的影响，随着饱和水汽压差升高，植物气孔导度下降，抑制蒸腾，减少体内水分消耗，降低草地蒸散。草地蒸散与气温整体上不相关，只有 0.73%的草地呈显著负相关，这可能与较短时序的气温变化不显著有关。草地蒸散与风速整体上不相关，相关系数较小，均值为 0.05，呈显著正相关和显著负相关的比例分别仅为 2.18%和 2.75%。其中，呈显著正相关的区域集中分布在贺兰山北段，该区域主要是分布在石质低山、山麓、谷地及干河床沙地上的蒙古扁桃、杂草类草场，浅层土壤水分不足，植被稀疏，蒸散主要来自地面蒸发，风速对蒸发的正向作用明显。蒸散与风速呈显著负相关的区域在全区都零散分布，这部分地区主要

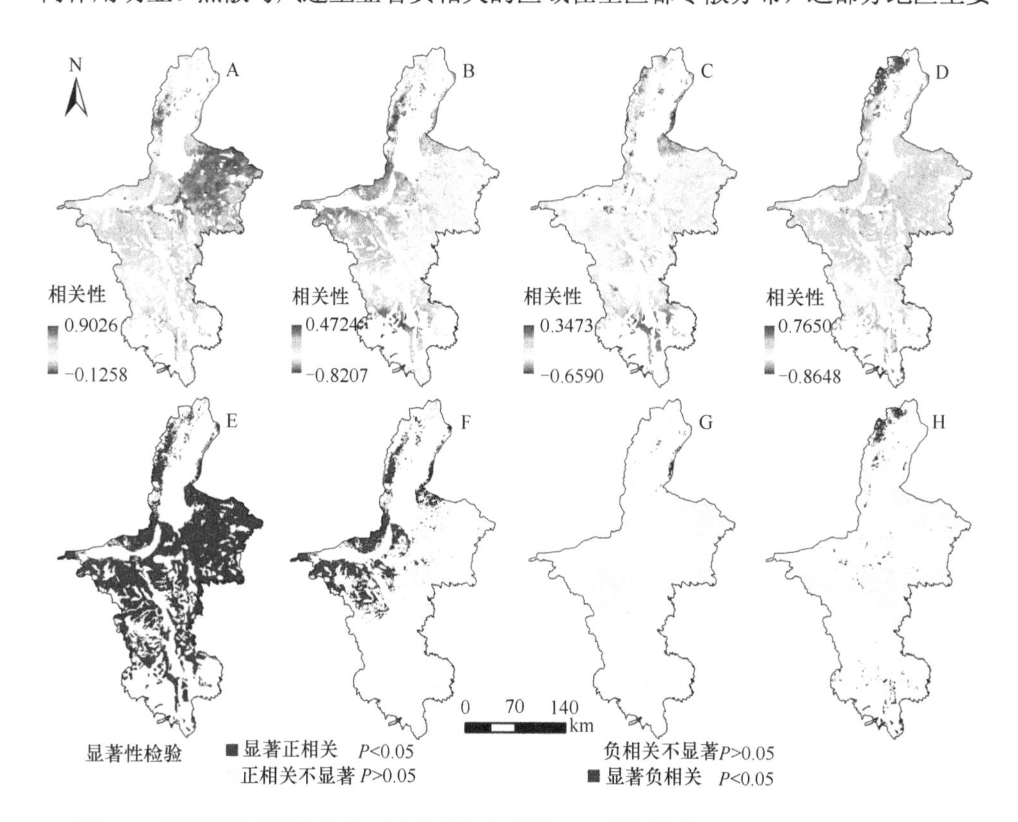

图 7-9　宁夏草地蒸散与气象要素的空间相关性及显著性检验（彩图请扫封底二维码）

A～D 分别是蒸散与降水、饱和水汽压差、气温、风速的空间相关性，E～H 分别是相应的显著性检验

是植被覆盖度较高的草甸草原类、干草原类草地上发展的耕地、人工灌丛草地及林地，干旱胁迫条件下，风速升高反而不利于植被蒸腾，蒸散与风速呈显著负相关。

7.2.3 宁夏草地蒸散变化趋势分析

（1）年际蒸散空间变化趋势与检验

从空间上看，2000～2014 年，宁夏北部的草地蒸散以减弱趋势为主，且降幅自北向南递减；而宁夏中部和南部的草地蒸散以增强为主，增幅自北向南递增（图 7-10A）。近 15 年宁夏草地的最大降幅为 13.19 mm/a，最大增幅为 21.66 mm/a，尽管草地蒸散变化斜率的极差较大，但全区大部分草地的蒸散变化幅度均保持在 3 mm/a 之内，仅南部六盘山地区的山地草甸类和灌丛草甸类草地的蒸散增幅相对较高。

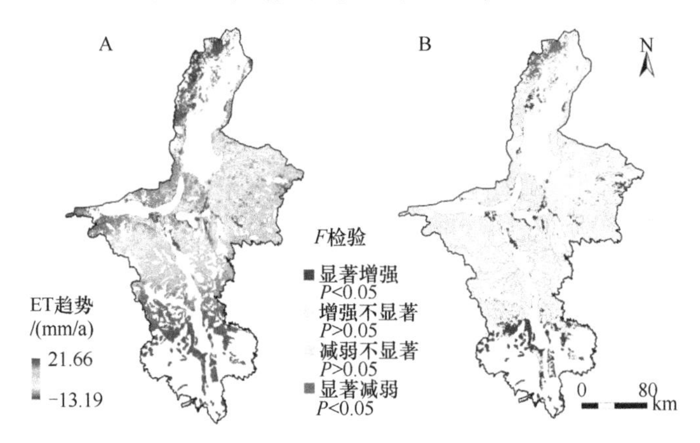

图 7-10　年际蒸散（ET）变化趋势与显著性检验（彩图请扫封底二维码）

虽然全区草地有 77.71%的区域的蒸散呈增强趋势，但 F 检验的结果显示（图 7-10B），草地蒸散呈显著增强趋势的面积仅占全区草地面积的 10.41%，主要为南部山区的干草原类、灌丛草甸类和山地草甸类草地，中部和北部天然草地上发展的部分人工灌丛草地其蒸散也显著增强。尽管全区草地有 22.29%的区域的蒸散呈减弱趋势，但达到显著性减弱（$P < 0.05$）的仅有 2.62%，主要为贺兰山北段的灌丛草原类和荒漠草原类草地。资料表明（李菲等，2013），贺兰山北段降水稀少，蒸发旺盛，全区年降水量和年降水日数减少的趋势会导致该区域干旱加剧；另外，贺兰山北段大规模矿产资源开采对微地形、地下水、土壤结构及植被群落都有影响，二者共同作用引起的草地退化可能是该区域蒸散显著下降的原因。

（2）蒸散变化趋势的持续特征诊断

宁夏草地蒸散的赫斯特（Hurst）指数为 0.325～0.791，平均值为 0.527，赫斯特指数直方图表现为单峰稍右偏分布，赫斯特指数大于 0.5 的持续性像元数占总像元数的 76.17%，呈持续性趋势的像元比例具有绝对优势，说明宁夏大部分草地的蒸散未来变化趋势与过去保持一致，而赫斯特指数小于 0.5 的反持续性像元数仅占总像元数的 23.83%，趋势发生反转的像元比例较小（图 7-11A～C）。从空间上看，赫斯特指数高于 0.55 的像元占 25.00%，主要是分布在贺兰山北段的灌丛草原类和荒漠草原类草地；而赫斯特指数低于 0.45 的区域仅占 3.47%，占比高达 71.53%的草地的赫斯特指数在 0.45～0.55，说明近 15 年全区大部分草地的蒸散存在一种随机波动过程，未来草地蒸散变化趋势可能存在随机性，这种随机性可能是短时期内降水的随机波动和人为活动局部干扰共同作用于草地蒸散的结果。利用 ArcGIS 软件将草地蒸散线性回归变化斜率与赫斯特指数叠加分析，得到全区草地蒸散的未来变化趋势（图 7-11B）。整体来看，宁夏中南部的山地草甸类、草甸草原类、灌丛草甸类、干草原类和部分荒漠草原类草地的蒸散将主要呈持续上升的趋势；中北部的荒漠草原类、草原化荒漠类、干荒漠类和灌丛草原类草地的蒸散主要呈持续下降趋势；未来趋势由上升转下降的草地主要是分布在中部干旱带，多为干草原、荒漠草原和草原化荒漠；由下降转上升的草地主要分布在北部灌区周边，多为荒漠草原及草原化荒漠。

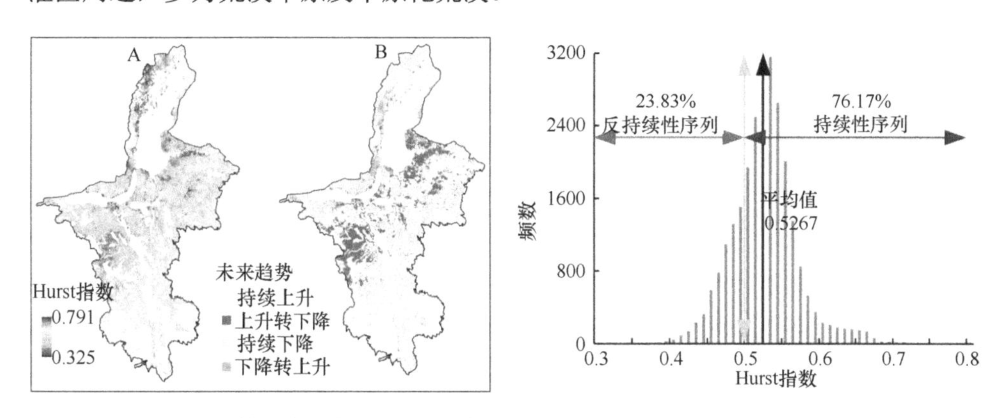

图 7-11　宁夏草地蒸散的赫斯特（Hurst）指数、持续性特征及统计直方图（彩图请扫封底二维码）

7.3　小　　结

决定地表蒸散的因素主要有地表入射能量、区域气象条件和地表下垫面条件（田静等，2012），土壤含水量不足且其他条件不变时，地表蒸散量主要受水分来源控制（杨秀芹等，2015），而干旱半干旱地区天然草地的蒸散来源主要依靠降水，故宁夏草地对降水变化尤其敏感。本研究得出，宁夏草地 95.99%的区域蒸散与降水量显著相关，这与田静等（2012）关于中国蒸散决定因素的研究结果一致。尽管王鹏涛等（2016）关于陕甘宁黄土高原区地表蒸散的影响因素分析得到了类似的结果，但降水与蒸散显著相关的区域存在差异（仅盐池和同心一带），分析认为更多的气象站点数据和合理的插值算法有效提高了气象数据插值精度，这可能是形成差异的主要原因。另外，Feng 等（2016）指出黄土高原的人类活动（退耕还林还草）是改变区域植被覆盖度和蒸散的主要原因，这在本研究区内土地利用方式发生变化的区域尤其明显，局部地区天然草地的蒸散过程显著改变。然而，宁夏土地利用方式显著变化的区域分布零散，限于 MOD16 的空间分辨率，难以对这类区域展开详细分析。

多种模型驱动下的区域蒸散模拟存在一定差异，MOD16 较好地模拟了宁夏草地的年际蒸散特征。Feng 等（2016）利用 LPJ、LPJ_GUESS、ORCHIDEE 和 CLM4CN 陆地生态系统模型发现，2000～2010 年黄土高原自然条件下的蒸散量没有显著上升趋势[（1.1±2.8）mm/a，$P = 0.71$]；田静等（2012）利用 NOAH 陆面过程模型研究发现我国西北地区的蒸散呈 0.25 mm/a 的增加趋势，该区草地的多年平均蒸散量为 289.30 mm，高于 MODIS 模拟的宁夏草地多年平均蒸散量（228.03 mm），这与本研究结果部分一致，都显示了宁夏草地蒸散的增加趋势不显著。Chen 等（2014）利用 8 种模型对比模拟中国蒸散，并与 23 个涡度相关通量观测站点的数据对比，发现尽管 MOD16 模拟的蒸散量和决定系数（$R^2 = 0.61$）低于其他模型，但多数模型均得到了宁夏大部分区域的蒸散量呈现不同程度的上升趋势，这也印证了 MOD16 对宁夏草地年际蒸散特征的模拟有着较高的可信度。

然而，全球各地 8 天尺度的涡度相关通量数据与 MOD16 ET 的验证精度表明，部分站点涡度相关或大孔径闪烁的通量数据与 MOD16 ET 之间的一致性较差（Kim et al.，2012；Tang et al.，2015），原因可能是输入数据和模型的不确定性及系统误差。对比研究区各类型草地的月平均蒸散特征发现，植被覆盖度较低的草原化荒漠类、干草原类、干荒漠类、灌丛草原类和荒漠草原类草地的蒸散精度偏低，冬、春季的蒸散普遍高于夏、秋季，这与该地区年内降水分布和太阳辐射特征存在明显矛盾。在何慧娟（2015）关于陕西地表蒸散变化的研究中，陕北防风治沙工程区和退耕还林区也存在类似偏差。分析 MOD16 改进的 P-M 公式得出，叶面积指数和低植被覆盖地区表面阻抗的不准确界定致使土壤蒸发量的估算偏差可能是主要原因。因此，随着区内 EC 通量观测数据的积累，有必要对低植被覆盖度草地的遥感蒸散数据精度进行验证和校准，准确界定表面阻抗等参数，对遥感蒸散模型的参数进行本地化处理。

第 8 章　盐池荒漠草原蒸散观测模拟与特征分析

蒸散是土壤-植物-大气连续体（SPAC）中水文-生态过程耦合的纽带，对草原生态系统的稳定性至关重要。宁夏盐池荒漠草原的退化和治理过程，改变了土地利用方式和植被类型结构，人工灌丛形成过程中的植被覆盖度增加会增强生态系统蒸散，草本向灌木植被类型转变会改变生态系统的蒸发与蒸腾比例，也会导致土壤水分消耗加速和空间异质性加剧。因此，研究人工植被重建背景下荒漠草原带人工灌丛群落蒸散特征，探讨其水分供需关系及耗水规律，对指导当地生态可持续治理具有重要意义。为此，本章利用站点气象数据、通量观测数据和空间遥感数据，基于涡度相关方法、BESS 生态系统过程模型和作物系数法，从多种时间尺度上研究了盐池荒漠草原的蒸散特征，探讨了驱动蒸散演变的主要环境要素，揭示了盐池荒漠草原蒸散演变的内在机制。利用 SEBAL 模型估算的实际蒸散，计算了区域生态系统需水量。采用茎流-蒸渗仪法测定荒漠草原带人工灌丛群落的蒸腾和丛下蒸散，分析蒸散与环境因子间的关系，阐明荒漠草原带人工灌丛的蒸散特征，揭示其耗水规律，为区域生态治理和水资源管理提供科学依据。

8.1　区域潜在蒸散能力及长期蒸散特征

8.1.1　盐池潜在蒸散长期演变特征

（1）盐池县气候特征

气温和降水是气候分类的两个重要指标，以气温和降水为切入点可以较好地了解区域气候特征。从盐池县近 63 年的降水序列（图 8-1A）来看，盐池县降水的年际差异较大，1964 年降水最高达到 586.20 mm，将近超出均值 1 倍，而 1980 年降水最低仅有 145.00 mm，不及多年均值的一半。近 63 年盐池县的年均降水量呈微弱减少趋势，降幅为 0.67 mm/10 a。从气温年际变化（图 8-1B）可以看出，1954～2016 年盐池县年平均气温 8.21℃，呈波动上升趋势，其中 20 世纪 70～90 年代上升趋势尤其明显，但 90 年代末气温上升的趋势趋于停滞，甚至出现下降的势头，这在 IPCC 第五次评估报告中已经明确，尽管不少学者持怀疑态度，但是在当前阶段盐池县增温停滞的现象确实是存在的。过去 63 年，盐池县年平均气温以 0.29℃/10 a 的速度上升，与 20 世纪 50 年代相比，近

10 年的平均气温已经上升了 1.15℃，21 世纪之交甚至升高了 1.90℃，无论是气温上升的速率还是过去多年的气温增幅都明显高于 IPCC 第四次评估报告（IPCC，2007）中关于全球增温的结论。

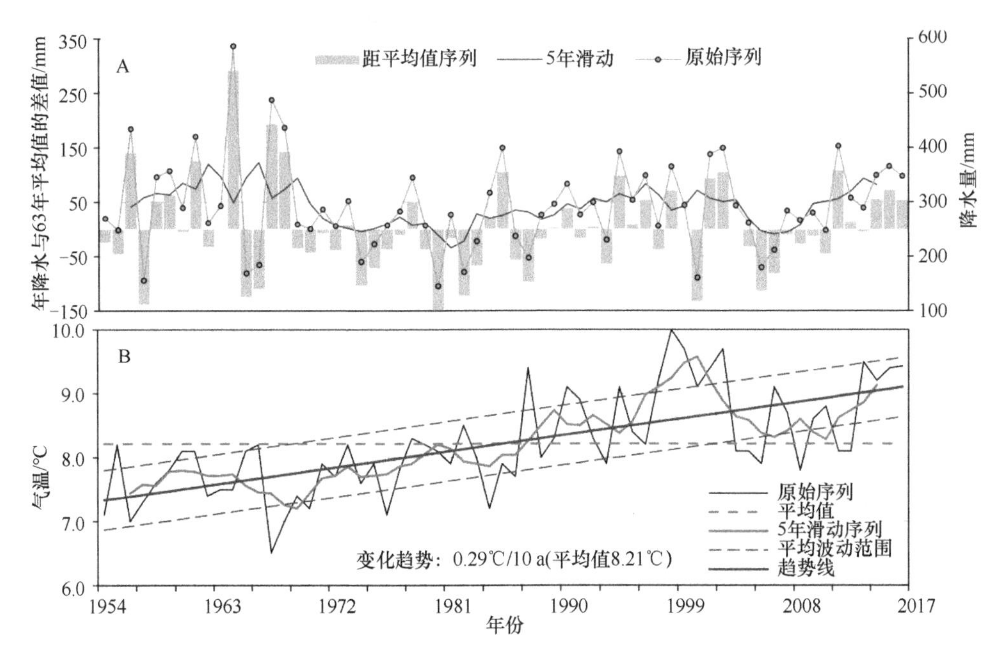

图 8-1　1954～2016 年盐池县基本气象资料（彩图请扫封底二维码）

结合区域气温和降水序列来看，近 63 年盐池县总体呈现暖干化的气候特征。然而，20 世纪 70 年代之后，盐池县年降水量和气温均呈显著上升趋势，且近 20 年降水上升趋势更加显著，区域气候可能正经历由暖干向暖湿转型（施雅风等，2003）。

（2）潜在蒸散趋势分析

1954～2016 年，盐池县多年平均潜在蒸散为 1202.75 mm，介于 986.70～1407.00 mm，整体上以 1.97 mm/a（$P < 0.05$）的速率显著上升。其中，1954～1997 年，潜在蒸散上升趋势更为显著，上升速率为 4.46 mm/a（$P < 0.05$）；而 1997～2016 年，潜在蒸散呈显著下降趋势，减少速率为 10.99 mm/a（$P < 0.05$）（图 8-2）。与宁夏中部干旱带（李媛等，2016）及我国西北地区（刘宪锋等，2013）潜在蒸散研究相比，无论是多年变化趋势还是年总量，盐池县潜在蒸散均存在一定的差异，由于前者研究时间尺度稍短，可能对总体趋势把握不足，而后者涉及更加广泛的空间范围，在一定程度上减弱了盐池县多年潜在蒸散的变化趋势。

基于重标极差分析（rescaled range analysis，*R/S*）可构建非线性时间序列的赫斯特（Hurst）指数（H），据此可判断时间序列是遵从随机游走还是有偏游走。若 $0.5 < H < 1$，该序列具有长期持续性，未来变化趋势与过去趋势一致；若 $H = 0.5$，该序列为随机序列，未来变化趋势与过去趋势无关；若 $0 < H < 0.5$，该序列具有反持续性，未来的变化趋势与过去趋势相反。近 60 多年，盐池县潜在蒸散的赫斯特指数为 0.87，说明潜在蒸散时间序列具有长期持续性，正向变化特征显著，未来变化趋势将与当前的下降趋势保持一致。

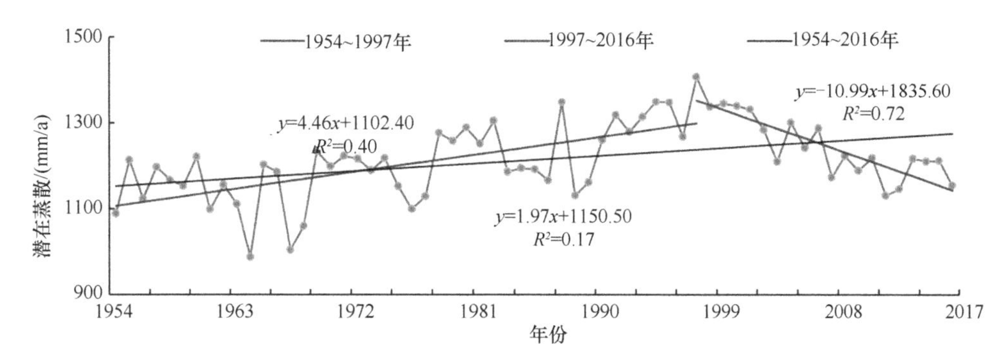

图 8-2　1954～2016 年盐池县潜在蒸散年际变化（彩图请扫封底二维码）

作为一种非参数统计检验方法，Mann-Kendall 突变检验可通过构建 UF 和 UB 两个统计量来判断潜在蒸散序列的变化趋势与突变情况。若 UF 为正值，潜在蒸散存在上升趋势；若 UF 绝对值大于 1.96，潜在蒸散变化趋势通过 95%显著性检验。从盐池县潜在蒸散的 Manner-Kendall 突变检验结果来看（图 8-3），20 世纪 70 年代以前，UF 线主要呈负值波动，且始终未突破 95%显著性检验阈值，说明该时期盐池县潜在蒸散减弱的变化趋势不明显；20 世纪 70 年代初，UF 线与 UB 线相交，UF 值逐步由负转正，说明正是从该时期开始盐池县潜在蒸散发生突变，潜在蒸散开始增强，并在 90 年代突破 95%显著性检验阈值，上升趋势较显著。

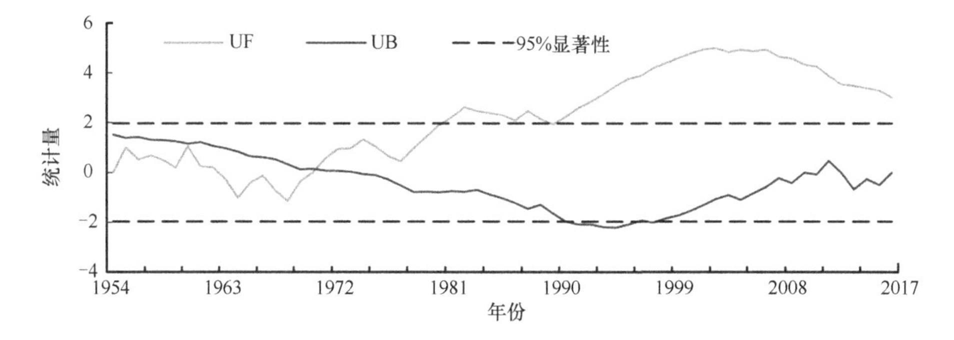

图 8-3　多年潜在蒸散 Mann-Kendall 突变检验（彩图请扫封底二维码）

（3）潜在蒸散波动周期特征

对盐池县近63年的潜在蒸散序列进行EEMD分解，可以得到4个具有不同波动周期的本征模态函数（IMF）及1个残差序列（RSE），其中4个IMF分量分别表示潜在蒸散从高频到低频的波动周期变化，RSE则表示潜在蒸散随时间变化的内在趋势。

从图8-4看出，在年际尺度上，盐池潜在蒸散分别具有准2.80年（IMF1）和准5.25年（IMF2）的波动特征。IMF1和IMF2的方差贡献率分别达到34.77%和25.28%，二者合计达到60.05%，年际尺度的振荡信息比较明显；这种年际周期可能来自气候系统中2～7年周期的恩索（ENSO）事件，故20世纪60～80年代，随着ENSO的活跃强度有所加强，该时期IMF1和IMF2的振幅均比较大。在年代际尺度上，盐池县潜在蒸散分别具有准15.75年（IMF3）和准31.50年（IMF4）的波动特征，二者的方差贡献率明显减弱，分别为20.92%和16.78%。自20世纪90年代后，IMF3的振幅较大，周期延长，这可能是80年代末强太阳活动的结果；IMF4的周期特征常与表示海气活动的布吕克纳周期（Brlickner cycle）有所关联，太阳活动的异常增强（减弱）可能对海气活动施加影响，因此IMF4分量在80年代后的较大振荡可能是IMF3的残留。残余趋势的方差贡献率仅剩2.25%，可以看出自1954年开始，盐池潜在蒸散经历40多年的持续上升期，90年代末期潜在蒸散开始下降，这种变化趋势与图8-1反映的阶段性特征基本一致。

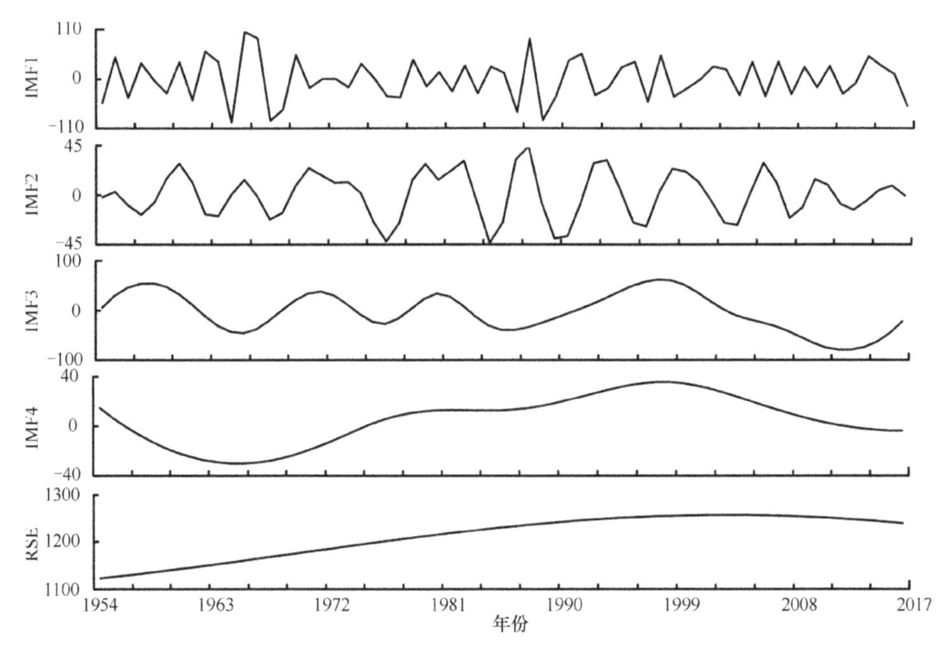

图8-4　潜在蒸散集合经验模态分解

集合经验模态分解得到的 IMF 表明，受气候系统影响的潜在蒸散具有一定的周期特征，但该 IMF 分量是具有显著物理学意义的周期特征还是纯粹的白噪声并未可知，还有必要分析各能量谱密度周期的分布，实现显著性检验。由高频到低频的各 IMF 分量的周期与密度散点如图 8-5 所示，表征年际周期的 IMF1 和 IMF2 均在 95%显著性曲线以下，未通过显著性检验，这可能是生态系统对气候变化的自适应性导致潜在蒸散的年际振荡不甚显著。表征年代际周期的低频分量 IMF3 和 IMF4 分别通过了 99%显著性和 95%显著性检验，说明盐池潜在蒸散具有显著的年代际的周期特征；由于太阳辐射是驱动生态系统潜在蒸散变化的能量来源，同时太阳辐射的周期性变化还会作用于气候系统，并通过其他气象要素作用于潜在蒸散，因此表征准 15.75 年周期的 IMF3 具有显著的周期性振荡特征。

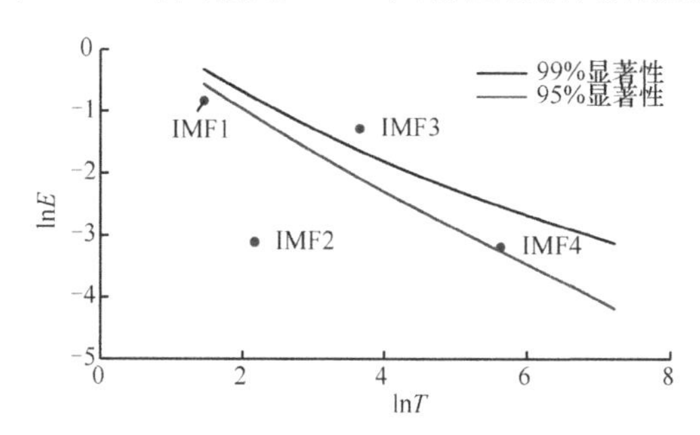

图 8-5　潜在蒸散波动周期显著性检验（彩图请扫封底二维码）

E. 能量密度；*T*. 周期

（4）敏感性与影响因素

以盐池县 2016 年的逐日气象数据为基准，控制其他输入数据，分别将某一气象要素提高或降低 10%，计算盐池潜在蒸散（PET）对 5 个主要输入参数[平均最高气温（T_{max}）、平均最低气温（T_{min}）、实际水汽压（ea）、风速（WS）和平均日照时数（sh）]的敏感性及预测值（图 8-6）。

如图 8-6 所示，盐池县潜在蒸散对各气象要素的敏感性存在明显差异。实际水汽压的变化将导致潜在蒸散反向增高或降低；平均最低气温的变化对潜在蒸散的影响较小；平均最高气温升高对潜在蒸散的影响尤其突出，敏感系数达到 0.6223，平均最高气温降低 10%对潜在蒸散没有影响，但升高 10%将导致潜在蒸散上升 6.22%，年潜在蒸散量上升 70.30 mm；风速变化对潜在蒸散的影响不容忽视，风速下降对潜在蒸散影响较大，敏感系数可达−0.2965，近 20 年盐池县潜在蒸散显著下降的趋势可能是地表风速下降主导的。尽管日照时数的敏感系数为 0.2434，但日照时数存在很大的不确定性，在年日照时数相同的情况下，日照时数的季节分配应该考虑，故日照时数对潜在蒸散的影响还需深入考虑。气候系统是一个统一整体，各气象要素往往协同变化。因此，进一步模拟了极端情况下的潜在蒸散变化幅度，发现 5 种气象要素同时上升 10%，将导致潜在蒸散上升10.29%，年蒸散量升高 116.20 mm；相应地，5 种气象要素下降 10%，将导致潜在蒸散下降 10.00%，年蒸散量下降 113.00 mm。可以预见，全球变化背景下，区域气温升高将导致盐池县潜在蒸散的正向发展，加剧该区域植被的水分胁迫，对盐池县的生态恢复带来不利影响。

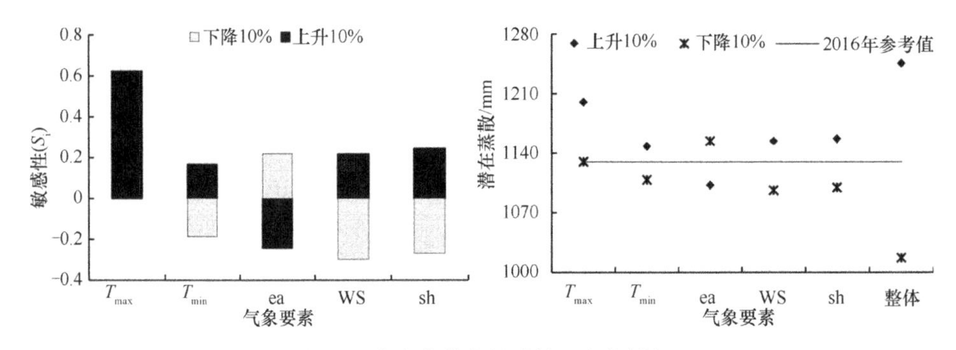

图 8-6 潜在蒸散的敏感性及变化模拟

为了分析潜在蒸散增强趋势的总体原因，以潜在蒸散为因变量，同时期的气象要素（年平均气温、平均日照时数、相对湿度、实际水汽压、风速、平均最低气温和平均最高气温）为自变量，利用通径分析计算了气象要素对该区域潜在蒸散的直接和间接作用。结果表明，1954～2016 年盐池县年平均气温、相对湿度、风速是影响潜在蒸散的主要因素，回归方程如下：

$$\text{PET} = 69.3864 \times T_{\text{mean}} - 1168.2551 \times \text{RH} + 75.5458 \times \text{WS} + 1037.8249 \quad (8\text{-}1)$$

$$(R^2 = 0.7439,\ n = 63,\ P < 0.05)$$

式中，T_{mean} 为年平均气温，RH 为相对湿度，WS 为风速。

潜在蒸散与主导因素（年平均气温、相对湿度、风速）的通径分析结果见表 8-1。由于气象要素的直接作用和间接作用，三个因子对盐池县多年潜在蒸散变化的影响程度依次为 $T_{mean} > \text{RH} > \text{WS}$，直接通径系数的大小差异尤其明显。虽然间接通径系数之和都比较小，但部分要素的间接作用不容忽视，相对湿度和风速通过气温的间接作用均达到了 0.15；尤其是风速通过气温的间接作用，拉低了风速与潜在蒸散的相关系数。

表 8-1 潜在蒸散影响因素的通径分析

因子	相关系数	直接通径系数	间接通径系数之和	间接通径系数		
				年平均气温	相对湿度	风速
年平均气温	0.6578	0.6291	0.0288		0.1065	–0.0777
相对湿度	–0.6076	–0.4452	–0.1386	–0.1505		0.0119
风速	0.1856	0.3212	–0.1357	–0.1522	0.0165	

结合盐池县多年气候特征来看，平均气温的年际波动是引起潜在蒸散变化的最主要原因。1997 年以前，特别是 20 世纪 70～80 年代的显著增温对潜在蒸散的上升趋势影响明显，同时空气干燥化的趋势加剧了潜在蒸散的上升势头，与中国北方农牧交错带气候变化趋势相一致（赵威等，2016）。1997 年后，盐池县气温增高的趋势有所减缓，甚至趋于停滞，在风速的主导下，区域潜在蒸散显著减弱。文献表明（杜灵通等，2015b），20 世纪 90 年代中后期，宁夏境内实施了一系列生态治理工程，尤其是退耕还林还草工程的实施显著改变了区域植被分布格局和类型，增加了地表粗糙度，近地层风速下降导致潜在蒸散呈显著下降趋势。

8.1.2　历史时期实际蒸散重建

基于参考作物蒸散量发展的作物系数法是一种普遍应用的实际蒸散估算方法，作为计算作物需水量和实际蒸散的关键参数，作物系数受到诸多条件的限制，主要应用于农作物的蒸散计算。根据联合国粮食及农业组织（FAO）提出的《作物蒸散量-作物需水量计算指南》（Allen et al.，1998）一书，标准条件即给定气候条件，作物无病虫害，水、土、肥等条件适宜时，潜在蒸散（PET）、作物系数（Kc）和实际蒸散（ET）之间的关系可用公式（8-2）表示。

$$\mathrm{ET} = \mathrm{PET} \times \mathrm{Kc} \tag{8-2}$$

利用盐池县潜在蒸散与涡度相关系统观测的荒漠草原实际蒸散计算研究区的作物系数，并基于作物系数与环境要素的非线性过程，探索多种环境条件限制下的作物系数计算方法。

（1）作物系数率定

根据公式（8-2）可知，作物系数为实际蒸散与潜在蒸散的比值，在月尺度和日尺度上均可计算得到。从表 8-2 看出，2016 年 5～9 月，盐池荒漠草原作物系数为 0.4045～0.5264，各月作物系数差异较大，该结果仍低于神木六道沟灌木林地的柠条作物系数（王幼奇等，2009）。尽管 5 月降水不多，但土壤水分相对充足，潜在蒸散处于上升期；6～7 月土壤水分逐渐消耗，干旱胁迫度高，潜在蒸散强烈，作物系数持续下降，故 7 月作物系数最低，仅有 0.4045；8～9 月降水逐渐增多，气温和净辐射下降，潜在蒸散能力趋于减弱，作物系数升高，到 9 月最高达 0.5264。然而，各月环境要素存在较大变异，环境要素的逐日差异可能引起作物系数波动，简单以月实际蒸散与月潜在蒸散之比计算的作物系数可能受到多种环境要素限制。

表 8-2　各月平均作物系数表

月份	5 月	6 月	7 月	8 月	9 月
作物系数	0.5190	0.4186	0.4045	0.4740	0.5264

自然条件下，受水分供应、土壤肥力等因素的限制，地表实际蒸散必然无法达到潜在蒸散的量值，作物系数明显不是处于标准状态，因此有必要在考虑多种环境要素限制的情况下对作物系数进行修正。首先分析了作物系数序列与环境要素（净辐射、气温、相对湿度、10 cm 土壤温湿度、饱和水汽压差和风速）的相关关系，揭示不同生长阶段作物系数的主要影响因素。环境要素与作物系数的相关分析表明（表 8-3），各月作物系数的影响因素不尽相同，除净辐射因子外，作物系数与其他环境因素均有一定关联，6 月和 9 月的作物系数与环境要素相关性较差。可以认为，在环境要素的影响下，作物系数与主要环境因素存在函数关系，故经过环境要素修正的作物系数 Kc_x 可以表示为：

$$\mathrm{Kc}_x = f\left(T, \mathrm{RH}, \mathrm{SM}, \mathrm{ST}, \mathrm{VPD}, \mathrm{WS}\right) \tag{8-3}$$

$$\mathrm{Kc}_x = \mathrm{Kc}_T \times \mathrm{Kc}_{\mathrm{RH}} \times \mathrm{Kc}_{\mathrm{SM}} \times \mathrm{Kc}_{\mathrm{ST}} \times \mathrm{Kc}_{\mathrm{VPD}} \times \mathrm{Kc}_{\mathrm{WS}} \tag{8-4}$$

式中，Kc_T、$\mathrm{Kc}_{\mathrm{RH}}$、$\mathrm{Kc}_{\mathrm{SM}}$、$\mathrm{Kc}_{\mathrm{ST}}$、$\mathrm{Kc}_{\mathrm{VPD}}$和 $\mathrm{Kc}_{\mathrm{WS}}$ 分别是经过气温（T）、相对湿度（RH）、10 cm 土壤湿度（SM）、10 cm 土壤温度（ST）、饱和水汽压差（VPD）和风速（WS）修正的作物系数。

表 8-3　各月作物系数与环境要素的相关分析

环境因素	5 月	6 月	7 月	8 月	9 月
净辐射	–0.1453	0.1666	0.2443	–0.1456	–0.2092
气温	–0.6217**	–0.3433*	–0.3376*	–0.6365**	–0.4561*
相对湿度	0.4555*	0.5839**	0.3762*	0.5220**	–0.0407
10 cm 土壤湿度	0.2000	0.1145	0.4929**	0.8280**	0.2656
10 cm 土壤温度	–0.6338**	–0.3291*	–0.4603**	–0.8725**	–0.4315*
饱和水汽压差	–0.6121**	–0.4989**	–0.3245*	–0.7416**	–0.0246
风速	–0.2205	–0.1751	–0.5265**	0.0187	0.4376*

注：**为 $P < 0.01$，*为 $P < 0.05$

为了定量描述作物系数与环境要素之间的关系，根据作物系数及其显著相关的环境要素的回归关系，模拟作物系数与单一环境要素的函数关系（表 8-4），并采用 SPSS 22.0 对公式（8-3）的参数进行迭代求解，构建盐池荒漠草原生长季的作物系数方程。

表 8-4　不同生长阶段作物系数与环境要素的回归分析

环境要素	回归方程	R^2	F 值	显著性	样本量
气温	$y = -0.0197T+0.8599$	0.2603	52.0888	$P < 0.01$	150
相对湿度	$y = 0.0038\mathrm{RH}+0.2457$	0.1460	20.6856	$P < 0.01$	123
10 cm 土壤湿度	$y = 0.0783\mathrm{SM}-0.8392$	0.5212	65.3255	$P < 0.01$	62
10 cm 土壤温度	$y = 1.7974\exp(-0.0608\mathrm{ST})$	0.3257	71.4927	$P < 0.01$	150
饱和水汽压差	$y = 0.6404\exp(-0.3404\mathrm{VPD})$	0.2430	38.8500	$P < 0.01$	123
风速	$y = -0.0666\mathrm{WS}+0.6323$	0.1591	10.5976	$P < 0.01$	58

据表 8-4 可知，作物系数与主要环境要素普遍存在显著相关关系。而 10 cm 土壤温度受辐射和土壤水分影响，存在类似气温的昼夜变化特点，二者的相关系数高达 0.90；相对湿度是同温度下实际水汽压与饱和水汽压的比值，二者均与空气干湿状况有关，相关系数也达到–0.85。可以认为，10 cm 土壤温度及饱和水汽压差的大部分信息均可通过气温、相对湿度及 10 cm 土壤湿度反映。为了简化作物系数、方便计算，非标准条件下的作物系数仅采用气温、相对湿度、10 土壤湿度和风速进行修正，那么非标准条件下的作物系数 Kc_x 表示为：

$$Kc_x=(a\cdot T+b)(c\cdot RH+d)(e\cdot SM+f)(g\cdot WS+h) \tag{8-5}$$

式中，a、b、c、d、e、f、g 和 h 均为方程参数。

采用非线性回归经过多次迭代求解上述参数，最终经过气温、相对湿度、10 cm 土壤湿度和风速修正的非标准条件下的作物系数方程（$n=150$，$R^2=0.40$）为：

$$\begin{aligned}Kc_x=&(-0.0224T+1.1968)(0.0036RH+0.9571)\\&(0.0919SM-0.8757)(-0.0570WS+1.0330)\end{aligned} \tag{8-6}$$

（2）基于作物系数的实际蒸散重建

根据公式（8-6）率定的多种环境要素修正下的作物系数，分别在日尺度和月尺度上模拟了 2016 年盐池荒漠草原的实际蒸散，并与同时期涡度相关观测的实际蒸散进行对比（图 8-7）。在日尺度上，基于作物系数法的实际蒸散的模拟值与观测值有着较好的一致性，二者的相关性达到 0.63；回归方程的斜率为 0.4347，截距为 1.1180，这说明作物系数法对实际蒸散的低值区存在高估，高值区存在低估，在研究区实际蒸散普遍较低的情况下，作物系数法模拟的实际蒸散年总量可能存在高估。在月尺度上，生长季各月实际蒸散的模拟值和观测值各有高低，除 8 月外，二者的差异均在 5 mm 以内，2016 年生长季实际蒸散的模拟值与观测值相差 13.31 mm，经过环境要素修正的作物系数能够在一定程度上用于模拟非标准条件下的荒漠草原实际蒸散。

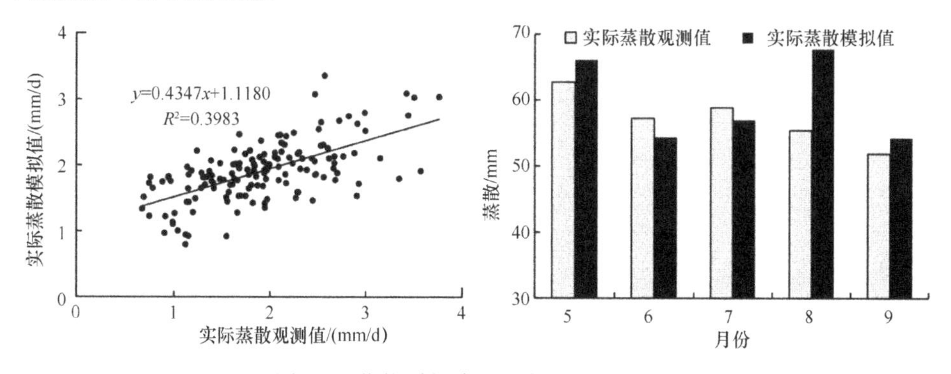

图 8-7　作物系数法与涡度相关法的对比

8.2 基于BESS模型模拟的盐池近十几年实际蒸散

8.2.1 模型结果验证与不确定性分析

基于前文第3章所述的BESS模型，对宁夏盐池县近十几年的实际蒸散进行模拟，利用2016年同期的野外定位研究站的涡度相关观测数据，对BESS模型模拟的结果进行精度验证。

（1）模型结果验证

太阳辐射是驱动蒸散的能量来源，首先对比了2016年生长季5～9月BESS模型模拟的逐日净辐射和通量观测的净辐射，模型参数详见文献（Ryu et al., 2011）。从图8-8A可知，回归方程的截距为1.5074，表明模型模拟的净辐射总体高于实际观测的净辐射，盐池站下垫面是人为强烈干扰的荒漠草原，柠条的行间距为6 m，净辐射传感器的观测区域代表性非常有限，下垫面二元结构的异质性可能造成观测源区的反照率与MODIS反照率存在较大差异，并最终导致净辐射的误差。总体来看，二者回归方程的斜率为1.1611，R^2达到0.6657，模型模拟的净辐射与实际观测的净辐射依然有着较好的一致性。在生长季旺盛期，尽管模型模拟的实际蒸散低于观测的实际蒸散，但是BESS模型依然能够较好地反映研究区的逐日蒸散，二者回归方程的斜率为1.1242，R^2达到0.6711，逐日变化趋势比较一致，模拟效果比较理想（图8-8B）。

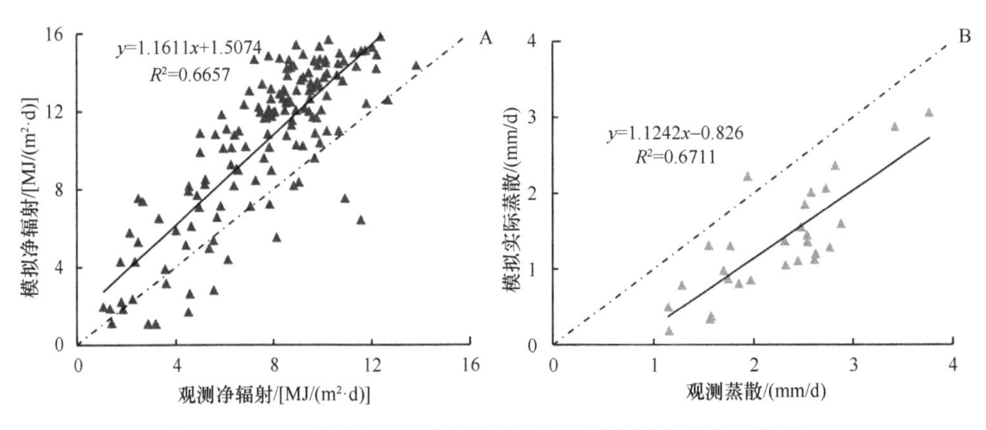

图8-8 BESS模型与站点实测数据对比（彩图请扫封底二维码）

（2）模型不确定性分析

Ryu等（2011）关于BESS模拟结果的敏感性分析指出，蒸散对太阳辐射和叶面积指数最为敏感，饱和水汽压和风速对蒸散的影响相对较小；但在干旱地区，由于水分胁迫，蒸散对太阳辐射的敏感性甚至不及冠层导度。本地区气候干旱，降水稀少且集中，中间锦鸡儿、短花针茅、牛枝子、白草、赖草、猪毛蒿等物种均具有较好的耐旱能力，当遭受水分胁迫时，叶片气孔导度下降，通过调整光合生理过程适应不同水分生境（陈丽茹等，2016）。研究区植被生长旺盛期往往伴随着雨季，土壤水分通过降水补给，干旱得到缓解，故生长季旺盛期的模拟蒸散与观测蒸散有着较好的一致性；而在生长季旺盛期之前，大气降水稀少，生态系统可消耗水分十分有限，尽管模拟净辐射高于观测净辐射，但模拟蒸散却明显低于观测蒸散，因此在生长季各阶段研究区实际蒸散的不确定性可能是水分胁迫和太阳辐射共同作用的结果。

光合作用生理过程模型通过反照率与冠层氮浓度的关系计算最大羧化速率，进而估算光合作用速率，而氮浓度则通过叶面积指数求解，因此准确的叶面积指数将对光合作用速率产生重要影响，并通过气孔导度对实际蒸散的模拟带来不确定性。尽管研究区下垫面植被二元结构明显，但不同分辨率的叶面积指数产品对蒸散的估算结果影响不大，叶面积指数的季节模式可能是不确定性的重要来源。温带荒漠草原地区植被活动存在明显的季相特征，非生长季草本层与人工灌木林叶片枯黄掉落，叶面积指数理论上应该为 0，但遥感叶面积指数普遍在 0.10 以上，这将高估植被蒸腾作用。另外，荒漠草原的生长动态受季节干旱的影响很大（王宏等，2008），柠条林与林下草本层的物候期有明显差异。柠条作为深根系耐旱灌木，能够根据水分生境调整生活对策进而影响气孔导度；而草本层生活史受降水的影响较大，往往能在降水后的短时间内迅速发育甚至爆发式生长，叶面积指数的插补策略可能忽略了这种植物生理的差异，并对蒸散模拟带来季节模式的不确定性。

再者，气象数据等输入数据的不确定性也值得重视。叶片温度、细胞间 CO_2 浓度和饱和水汽压等重要的植物生理指标均与气温和露点温度有一定关联。对比站点实测数据与遥感数据可以看出，日平均气温之间的平均差异为 1.12℃，露点温度之间的平均差异达到 2.83℃，其中露点温度的最大差异甚至超过 10℃，并最终导致生长季（5 月 1 日至 9 月 27 日）总蒸散量差异达到 31.11 mm，该差异对干旱半干旱地区的蒸散总量模拟是有意义的。对比两种气象数据模拟的实际蒸散来看（表 8-5），气温和露点温度的差异对日蒸散有一定影响，生长季日平均蒸散的差异为 0.08～0.40 mm，回归方程的差异比较大，其中在 6 月尤其明显，故气象数据的微弱差异对模拟结果造成的不确定性不容忽视。

研究区是典型的农牧复合生态系统，植被类型为人类强烈干扰的荒漠草原。生态治理工程实施后，草场围封禁牧，并大量种植了中间锦鸡儿，并已显著改变了原生荒漠草原的植被种群结构。BESS 模型根据土地利用类型，区分由不同气候类型主导的植被类型，并规定各植被类型的最大羧化速率和 Ball-Berry 模型的斜率（Miner et al.，2017）。尽管该区域植被类型属于 C_3 草原，但柠条是一种高光合速率和高蒸腾速率的 C_3 灌木（王孟本等，1999），在种群结构上已经成为优势种，以 C_3 草原计算光合速率和气孔导度显然忽略了 C_3 灌木柠条对蒸散结果的影响。另外，农牧复合生态系统的小斑块农田在混合像元中被归类为草原，而该区域的农作物中高粱和玉米较为普遍，小斑块的 C_4 农作物在分类中被忽略，混合像元也是蒸散模拟误差的来源。

表 8-5　两种气象数据模拟的实际蒸散对比

月份	平均蒸散/（mm/d）		回归方程	R^2	RMSE
	遥感数据	实测数据			
5	0.7548	0.9439	$y = 1.3069x - 0.0426$	0.6536	0.3353
6	0.9143	1.1022	$y = 1.0327x + 0.1580$	0.4119	0.4020
7	1.4102	1.4861	$y = 0.9557x + 0.1444$	0.6066	0.4012
8	1.4120	1.6128	$y = 1.1340x + 0.0116$	0.7161	0.4441
9	1.0410	1.4470	$y = 1.2746x + 0.1201$	0.5502	0.5205

8.2.2　多年实际蒸散时序特征

（1）实际蒸散组分特征

2016 年，盐池荒漠草原逐日蒸散如图 8-9 所示，蒸散随气温有着较好的一致性，夏季蒸散量较高。但该区域降水集中在夏秋季，夏季明显降水之后的晴天局部出现蒸散峰值；冬季蒸散量较小，尤其是 1 月日蒸散量普遍为 0。夏末，第 227 天（8 月 14 日）和 228 天（8 月 15 日）降水总量 39.20 mm，可达全年降水总量的 11.28%；伴随强降水事件，10 cm 土壤水分由雨前的 14.75%上升到 20.05%，第 229 天（8 月 16 日）转晴，最高气温超过 30℃，蒸散量达到一年中的峰值，最大日蒸散量为 3.82 mm，且第 230 天的日蒸散量依然高达 3.59 mm，同期涡度相关观测的日蒸散量分别为 3.76 mm 和 3.42 mm，二者非常接近。研究区冬季平均气温均在 0℃以下，降水稀少，植被处于非生长季，且土壤季节性冻土层发育，故冬季蒸散量较低。2016 年，蒸散模拟总量 323.89 mm，约占全年降水总量的 93.23%，考虑到模拟实际蒸散低于观测实际蒸散，故 2016 年蒸散量占降水量的比例可能更高。

研究区植被稀疏，降水稀少且集中，故不考虑冠层截留的蒸发量，蒸散组分仅视为植被蒸腾和土壤蒸发两部分。如图 8-10 所示，除天气原因出现的波动外，盐池荒漠草原 2016 年逐日蒸腾量受饱和水汽压差、净辐射及植物生理特征影响，单峰形态极其明显。自 3 月中旬开始到 11 月中下旬，植被蒸腾量先上升后下降，8 月 26 日（第 239 天）蒸腾量最高，达到 0.74 mm。其他日期，日蒸腾量为 0，偶尔出现的非零值可能源于模型误差。2016 年研究区植物蒸腾总量仅 69.34 mm，这与温存（2007）、田阳（2010）等采用称重法计算的柠条、油蒿年蒸腾量相差甚远，BESS 模型中计算气孔导度使用的最大羧化速率等参数采用 C_3 类型草原植被的平均值，这可能是导致 BESS 模型模拟出的植物蒸腾与前人观测植物蒸腾差异较大的重要原因。

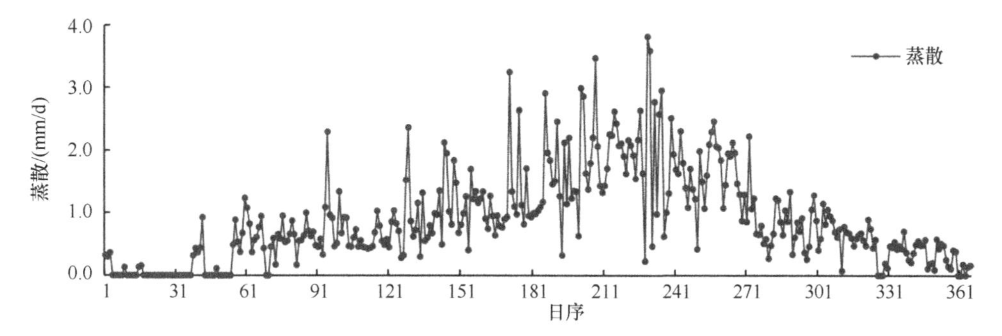

图 8-9　2016 年逐日蒸散特征（彩图请扫封底二维码）

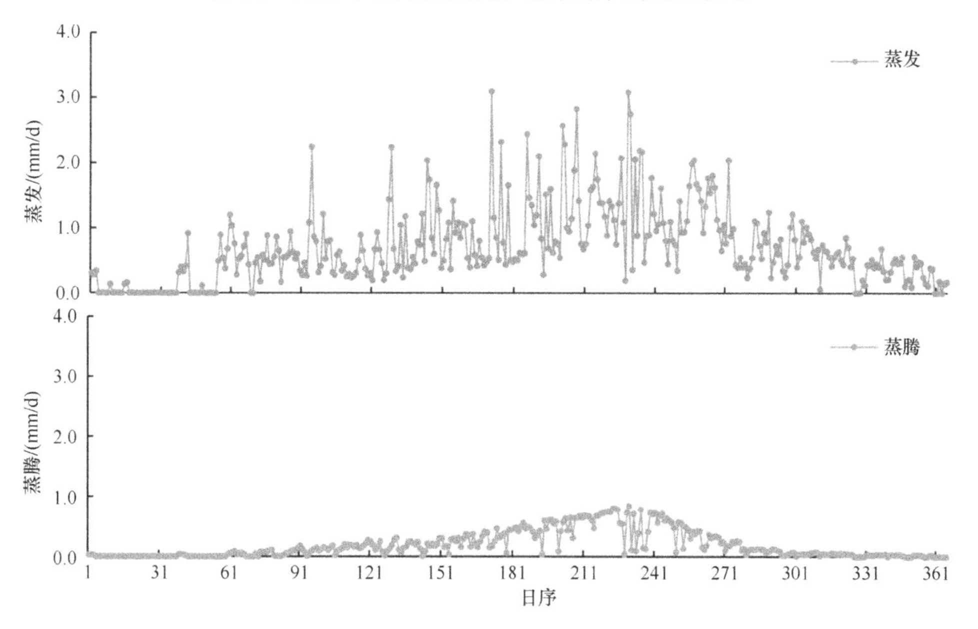

图 8-10　2016 年逐日蒸散组分特征（彩图请扫封底二维码）

2016 年逐日蒸发量总体表现为夏季高、冬季低的单峰特征。1～2 月，气温较低和季节性冻土层的发育，土壤蒸发量总体较低。自 3 月开始，气温明显回升，土壤季节性冻土层和地表积雪消融，土壤水分含量较高，故土壤蒸发出现不明显的高峰。夏季气温高，太阳辐射强，降水后的晴天，土壤蒸发经常出现峰值。2016 年，该区域土壤蒸发总量为 254.54 mm，占降水总量的 73.27%，土壤蒸发可能是该区域最主要的水分支出项。

为了进一步揭示研究区蒸散组分的特征，分别定义并计算了近 13 年盐池荒漠草原的蒸腾比（蒸腾与蒸散的比率）和蒸发比（蒸发与蒸散的比率）。由表 8-6 可知，各月蒸发比为 0.61～0.97，蒸腾比为 0.03～0.39，各月蒸发比远高于蒸腾比，土壤蒸发是该生态系统的最主要水分支出项。蒸腾比与蒸发比的年内趋势相反，理论上 11～3 月该区基本不存在植被活动，水分支出主要通过土壤蒸发；4～10 月，太阳辐射增强，气温升高，地表植被进入生长季，植被蒸腾量上升，蒸腾比到 6 月达到最高值，蒸发比有所下降，但蒸发比仍处绝对优势。温存（2007）、沈竞等（2016）、魏焕奇等（2012）、张淑兰等（2011）模拟了不同植被类型的土壤蒸发比，结果存在较大差异；与湿润半湿润地区的生态系统相比，干旱半干旱地区植被稀疏，冠层开阔，地表蒸发能力强，土壤蒸发比较高，蒸腾比取决于植被覆盖度、地表湿润程度和可供植被根系吸收用于蒸腾的土壤储水量。

表 8-6　2004～2016 年各月平均组分比率

组分比	1 月	2 月	3 月	4 月	5 月	6 月	7 月	8 月	9 月	10 月	11 月	12 月
蒸腾比	0.03	0.07	0.15	0.28	0.35	0.39	0.37	0.35	0.26	0.16	0.09	0.05
蒸发比	0.97	0.93	0.85	0.72	0.65	0.61	0.63	0.65	0.74	0.84	0.91	0.95

（2）多年实际蒸散动态

BESS 模型在模拟实际蒸散的过程中，涉及气象要素（净辐射、气温、饱和水汽压差）和植被要素（叶面积指数），其变化直接影响到蒸散的模拟结果。图 8-11 给出了 2004～2016 年盐池荒漠草原净辐射、气温、饱和水汽压差和叶面积指数的年际变化。近 13 年，盐池荒漠草原净辐射平均值为 2510.98 MJ/m^2，总体呈显著上升趋势，阶段性波动较明显。区域年平均气温增高的趋势较弱，我国北方地区显著增温的现象（王明昌等，2015）在研究区内不明显。2006 年平均气温处于多年气温的最高值，饱和水汽压差同样高达 1.69 kPa，多年来饱和水汽压差总体呈下降趋势，这将有益于草地蒸散。研究区降水较少，植被稀疏，平均叶面积指数仅 0.25，叶面积指数多年上升趋势达极显著水平，这主要是地方政府实施生态治理工程的结果（杜灵通等，2015b）。

2004～2016 年模拟的逐年实际蒸散数据表明（图 8-12），盐池荒漠草原的多年实际蒸散为 205.74～273.41 mm，多年平均蒸散量 238.02 mm；2005 年因极端干旱事件（杜灵通等，2017），生态系统供水不足，实际蒸散量低于多年平均值 32.28 mm，相对变化率达到 13.56%。近 13 年，盐池荒漠草原蒸散总体呈显著增强趋势（4.00 mm/a，$P < 0.01$），且蒸散组分均显著增强，植被蒸腾和土壤蒸发的增幅分别为 2.77 mm/a（$P < 0.05$）和 1.23 mm/a（$P < 0.01$），蒸散及其组分年际波动比较明显。对比多年降水量与实际蒸散可知，除 2005 年和 2010 年，其他 12

年模拟的实际蒸散均低于降水量，限于模型模拟的精度，该生态系统的水量平衡还需要进一步探讨。尽管水分是干旱半干旱地区生态系统的限制性因子，但实际蒸散与多年降水量的变化趋势并不完全一致，其中 2011 年和 2015 年出现相反的态势。2011 年降水量为近 20 年最高值，该年蒸散量甚至明显低于前后两年，这与 MOD16A3 模拟的宁夏草地蒸散多年变化趋势有一定差异（刘可等，2018）。蒸散与降水量的不同步可能来自生态系统对环境要素的自适应性。

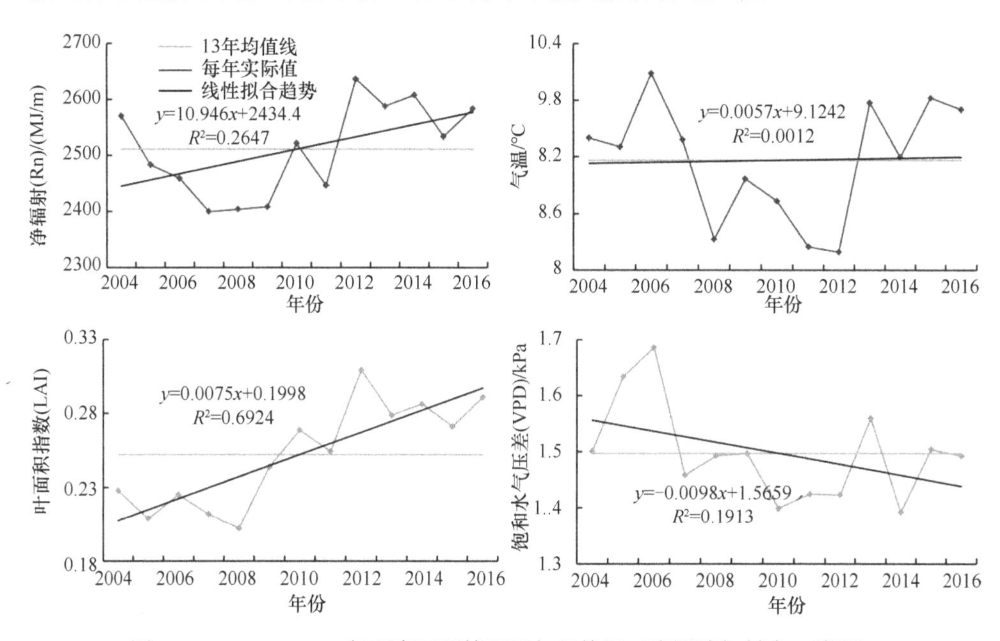

图 8-11　2004～2016 年研究区环境因子年际特征（彩图请扫封底二维码）

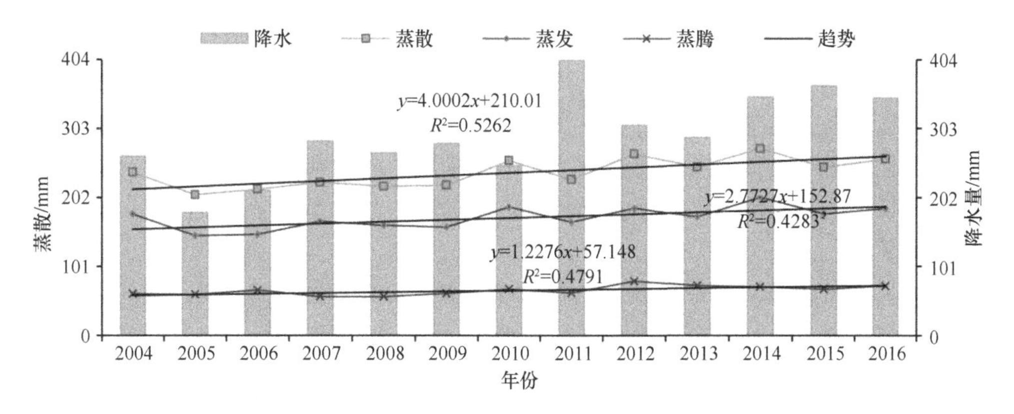

图 8-12　2004～2016 年荒漠草原水分收支年际特征（彩图请扫封底二维码）

为此，进一步研究了 2010～2012 年降水与叶面积指数的月动态（图 8-13），力求解释 2011 年降水与蒸散相悖的现象。2011 年，降水量高达 402.80 mm，降水量集中在夏秋季，其中 9～11 月降水超过 54%，相对较多的阴雨天气导致该年净辐射与气温稍低于 2010 年和 2012 年，且研究区昼夜温差较大，因此 2011 年土壤蒸发量明显偏低。尽管 2011 年夏秋季降水丰富，但 6 月和 8 月降水变化率较大，秋季降水偏迟，于植被生长不利，生长季的水热分配不均会影响到植被的年内生长，降低年平均叶面积指数，并最终减弱生态系统的蒸腾量，故 2011 年植被蒸腾量偏低。研究区土壤以沙土为主，土壤水分下渗能力强，2011 年秋季相对丰富且集中的降水在一定程度上补给了土壤水分，且 2012 年生长季水热搭配较好，植被活动显著增强，植被蒸腾量和土壤蒸发量明显高于上年。由此可知，年降水增多未必有利于蒸散，降水量的年内分配格局对蒸散量的年际变化有着重要影响。

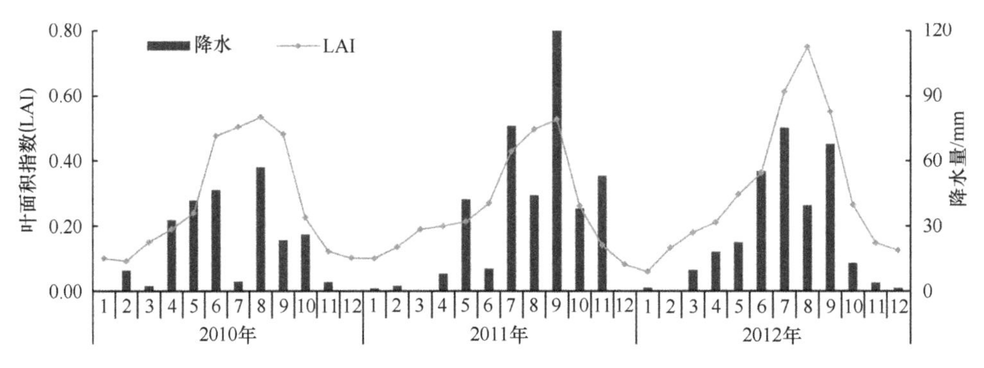

图 8-13　2010～2012 年荒漠草原逐月叶面积指数（LAI）和降水格局（彩图请扫封底二维码）

为了探寻不同季节蒸散速率的变化趋势，将逐月日平均蒸散按季节平均，获取春（3～5 月）、夏（6～8 月）、秋（9～11 月）、冬（12 月至次年 2 月）四季的蒸散速率年际变化（图 8-14）。从不同季节的多年平均值来看，蒸散由大到小依次为夏季（1.11 mm/d）、秋季（0.72 mm/d）、春季（0.55 mm/d）和冬季（0.17 mm/d），这一规律符合研究区的气候特征，该区域处我国干旱半干旱过渡地区，夏季太阳辐射和气温较高，降水稀少且集中在夏秋季，因此夏季在能量驱动下蒸散速率最高，秋季因相对丰富的降水而蒸散次之，春季尽管降水稀少，但气温回升后，地表积雪和冰消融后也为生态系统蒸散提供了一定水源，冬季严寒且漫长，故蒸散速率最低。

2004～2016 年，盐池荒漠草原各季节的蒸散速率均呈上升趋势，但变化趋势有一定差异。春季蒸散速率增幅达到 0.0094 mm/d（$P<0.05$），$R^2=0.3124$，由于 2005 年出现明显的极端干旱事件，生态系统可供消耗水分受限，2006 年春季蒸散出现最小值，日蒸散量仅 0.48 mm/d；夏季蒸散速率上升最显著，增幅 0.0318 mm/d（$P<0.01$），$R^2=0.5137$，2008 年之后夏季蒸散上升的趋势尤其明显；秋季蒸散速率的增幅为 0.0213 mm/d（$P<0.01$），$R^2=0.591$，其中 2005 年和 2009 年的干旱

事件（杜灵通等，2015a）在秋季蒸散均有体现；近 13 年，冬季蒸散上升趋势不显著，受 2007 年年底的低温天气影响，2007 年冬季蒸散速率仅 0.09 mm/d。

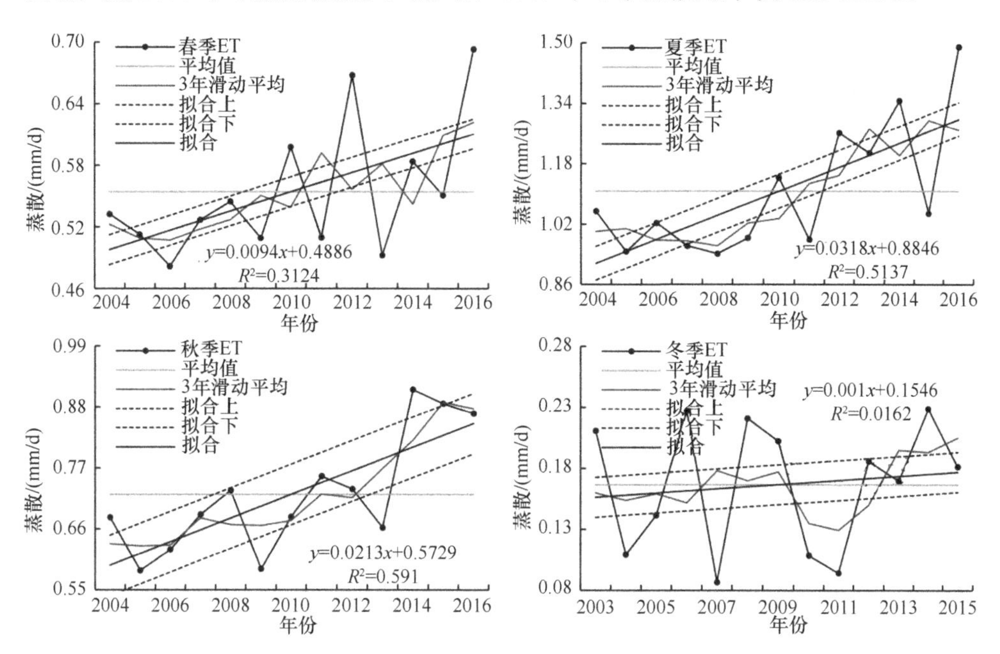

图 8-14　2004～2016 年荒漠草原蒸散季节变化特征（彩图请扫封底二维码）

蒸散涉及植物生理学过程和空气动力学过程，是蒸腾作用降低叶片温度和土壤水分相变共同作用的结果。生态系统的蒸散是能量消耗的过程，统计盐池荒漠草原 2004～2016 年的蒸散组分比率可在一定程度上反映生态系统的能量分配（图 8-15）。近 13 年，蒸腾比和蒸发比均无明显变化趋势，蒸腾比为 0.26～0.31，蒸发比为 0.69～0.74，二者呈“此消彼长”的关系。2005 年和 2006 年降水分别为 180.00 mm 和 212.10 mm，均属于典型的枯水年，研究区的植被种类耐旱能力较

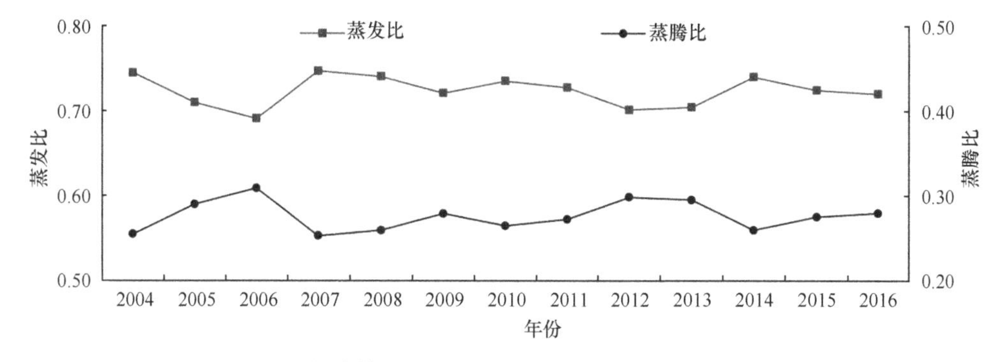

图 8-15　多年蒸散组分比率年际特征（彩图请扫封底二维码）

强，枯水年仍能保持一定的蒸腾量，而土壤蒸发在气象条件满足的情况下受水分限制起伏较大，枯水年往往出现低蒸发比。与此相反，2014 年降水达 349.20 mm，植被蒸腾有所上升，但远不如土壤蒸发增加明显，因而在丰水年表现高蒸发比。由此可见，降水的年际变化是造成蒸腾比与蒸发比“此消彼长”关系的主要原因。

8.3 基于涡度相关的生长季实际蒸散特征

8.3.1 盐池荒漠草原能量通量特征

（1）能量平衡闭合分析

热力学第一定律认为，能量既不会凭空产生，也不会凭空消失，只会从一种形式转化为另一种形式，或从一个物体转移到其他物体，而能量总量保持不变。基于涡度相关观测的基本理论假设，能量闭合程度可以用于评价涡度相关观测系统的性能和数据质量，已被人们所广泛接受（李正泉等，2004）。能量闭合理论认为涡度相关观测的潜热通量与感热通量之和应该等于净辐射与土壤热通量、观测高度下空气热储量及其他能量项的差，可用下式（Wilson et al.，2002）表示：

$$\mathrm{LE}+H=R_{\mathrm{n}}-G-S-Q \tag{8-7}$$

式中，LE 为潜热通量（latent heat），H 为感热通量（sensible heat），R_{n} 为地表净辐射，G 为土壤热通量，S 为观测高度下空气热储量，Q 为附加能量源汇的总和，可以忽略。

盐池站白天与夜间的能量闭合程度存在明显差异（图 8-16）。夜间能量平衡比率（EBR）平均值为 0.12，日落后 2 h 净辐射和土壤热通量转为能量消耗，但近地层能量交换仍比较明显，EBR 值甚至为负值，可以认为夜间能量闭合程度较差

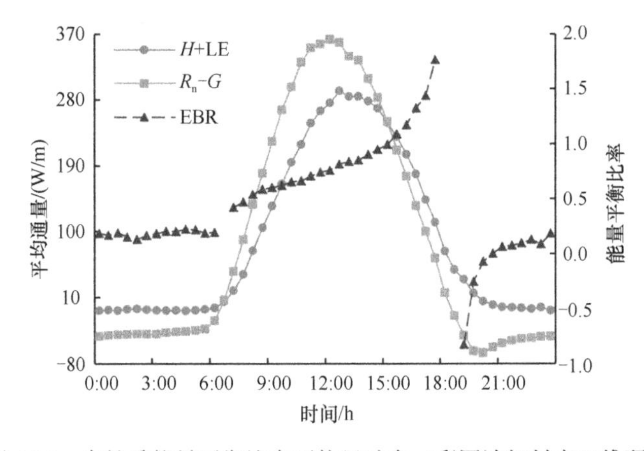

图 8-16 生长季能量平衡比率平均日动态（彩图请扫封底二维码）

与湍流发展水平有着一定关联；日出和日落前后，EBR 值波动剧烈；白天能量闭合程度相对较好，从清晨到傍晚 EBR 值从 0.42 逐渐上升到 1.77，午后能量闭合程度最优。

利用生长季 150 d 的连续通量数据计算了有效能量（R_n–G）与湍流通量（H+LE）的比率，首先分析了能量平衡比率的连续日变化。从图 8-17 可以看出，盐池站生长季大部分时间的能量平衡比率高于 1，仅有 7～8 月部分时段低于 1，其中 5 月和 9 月的有效能量明显偏高。李正泉等（2004）指出，当雄高寒草甸草原、海北高寒草甸和内蒙古草地均存在湍流通量测量值普遍偏高的现象，因此草原生态系统湍流通量测量值偏高可能是一种普遍现象。尽管盐池站生长季大部分时间的日能量平衡比率偏高，但是 7～8 月生长季旺盛期的能量闭合程度相对较好，这也从侧面说明了生长季旺盛期的湍流通量数据质量比较可靠。

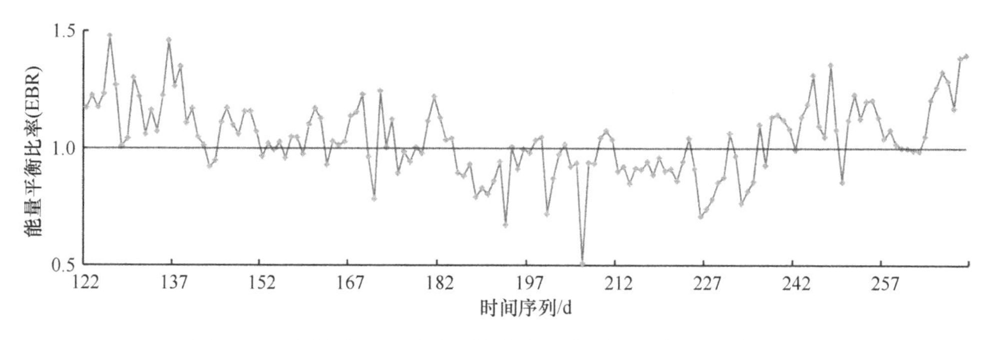

图 8-17　生长季连续能量平衡比率（彩图请扫封底二维码）

为了分析盐池荒漠草原各月能量闭合程度，首先剔除了摩擦风速小于 0.10 m/s 的半小时通量数据，分别采用线性回归法和能量平衡比率法分析了研究区的能量闭合情况。由表 8-7 可知，生长季有效能量（R_n–G）和湍流通量（H+LE）统计回归斜率为 0.6293～0.7335，截距为 27.2240～37.3530 W/m^2，回归方程的决定系数均超过 0.83。强制回归方程的截距为 0 后，有效能量（R_n–G）和湍流通量（H+LE）的回归斜率均超过 0.70。统计回归和强制回归两种情况下决定系数的均值都可达

表 8-7　各月能量平衡回归参数和能量平衡比率

月份	样本数	S_1/S_2	S_1 截距	R_1^2/R_2^2	EBR
5	1337	0.7335/0.8231	36.3210	0.8433/0.7935	1.0879
6	1318	0.6484/0.7340	37.3530	0.8302/0.7705	0.9995
7	1394	0.6643/0.7325	27.2240	0.8584/0.8251	0.9155
8	1278	0.6293/0.7039	29.2450	0.8555/0.8106	0.9084
9	1120	0.6657/0.7474	33.1020	0.8595/0.7961	1.0664

注：表中 S_1 和 S_2 分别为统计学上的线性回归的斜率和截距强制过原点的回归斜率，R_1^2/R_2^2 为两种情况下统计方程的决定系数

到 0.80，生长季能量不闭合的现象普遍存在。5～9 月能量平衡比率为 0.9084～1.0879，平均值为 0.9955，各月能量闭合程度有一定差异，生长季尤其是生长季旺盛期的能量闭合程度处于较高的水平。

（2）荒漠草原能量通量日变化

由图 8-18A 可见，盐池荒漠草原人工柠条林的生长季各能量分量（净辐射、感热通量、潜热通量和土壤热通量）呈现显著的日变化特征，均有典型的单峰形态。6:30～7:00，净辐射由负转正，成为地表能量收入的主要来源，此后随着太阳高度角升高，净辐射在 12:30～13:00 达到一天中的最高值，并于午后逐渐下降，18:00～18:30 逐渐转为负值，夜间净辐射维持在–76.85 W/m^2 左右，能量损失时间平均达 13 h。感热通量和潜热通量与净辐射的单峰形态类似，日平均感热通量 37.60 W/m^2，日平均潜热通量 50.47 W/m^2；10:00 之后地表在太阳辐射作用下迅速增温，近地层空气温度差异较大，感热通量超过潜热通量，16:00 之后潜热通量反超感热通量。生长季日平均土壤热通量 2.59 W/m^2，表现为能量储存；相比其他能量分量，土壤热通量的峰值明显滞后 1～1.5 h。从能量分配的日动态来看，各能量分量差异明显（图 8-18B）。白天感热通量和潜热通量相当；夜间能量分配以土壤热通量为主导，表现为能量输出，并远高于感热通量和潜热通量；日出和日落前后，各能量分量波动明显。

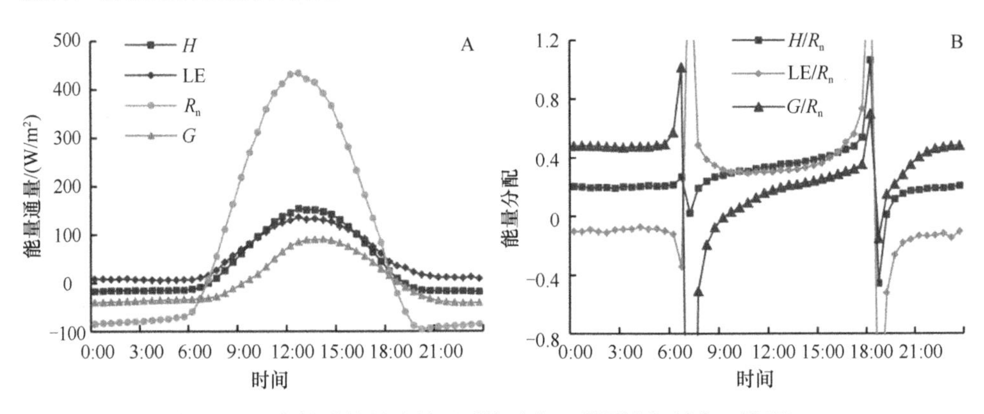

图 8-18　生长季能量分量日平均动态（彩图请扫封底二维码）

根据 5 月 4 日（生长季开始期）、7 月 27 日（生长季旺盛期）和 9 月 21 日（生长季中后期）三个典型晴天的半小时通量数据可知（图 8-19），2016 年生长季各阶段，盐池站典型晴天的能量平衡各分量存在明显差异。净辐射日变化均呈单峰曲线，峰值普遍出现在 13:00 前后；生长季典型晴天，净辐射峰值均超过 450 W/m^2，旺盛期可达 550 W/m^2 以上，且净辐射日总量达 10.72 MJ/(m^2·s)。夜间净辐射均为能量损失，但各阶段夜间能量损失强度差异不明显，平均辐射强度普遍超过–90 W/m^2。

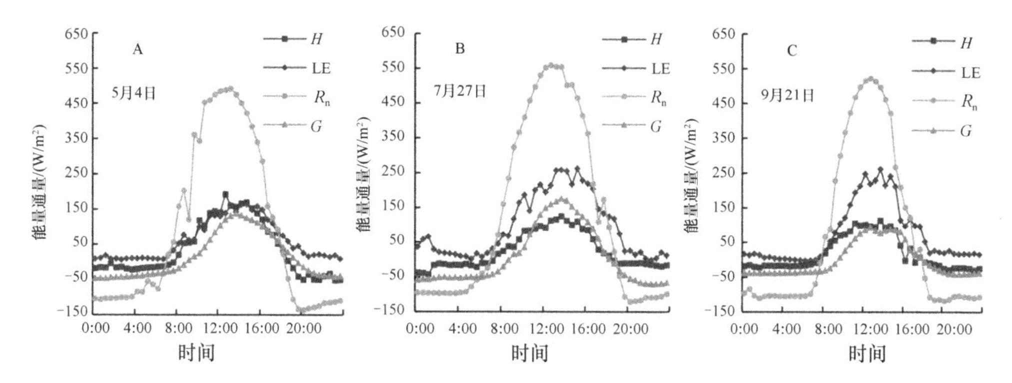

图 8-19　生长季典型晴天能量分量日动态（彩图请扫封底二维码）

由于湍流通量的间歇性（Zhang et al.，2002）变化，感热通量和潜热通量的日变化曲线远不如净辐射平滑。生长季开始期，地表接收太阳短波辐射后增温迅速，近地层空气存在较大温度梯度，能量交换明显，同时期土壤表层水分含量相对较高，利于植物蒸腾和土壤蒸发，白天感热通量和潜热通量相当。生长季旺盛期，气温和太阳辐射均处于一年中的较高水平，在下垫面水分供应充足的情况下，蒸发强烈，同时植被生长旺盛，为了降低叶片温度，保持生物活性，植物蒸腾强度较高，故 7 月 27 日典型晴天的潜热通量显著高于感热通量。生长季中后期正午，下垫面仍存在较强烈的水汽交换，潜热通量占据主导，但白天的潜热通量总量已有所下降。

土壤热通量的日变化趋势与净辐射比较接近，但各阶段的总量差异明显。由于非生长季的能量亏缺，生长季开始期土壤热通量表现出明显的能量储存，土壤热通量日均 14.89 W/m^2；生长季旺盛期，正午前后能量交换较强烈，但土壤温度处在年内最高，土壤储热能力有所下降，土壤热通量日均 9.40 W/m^2；生长季中后期，太阳辐射强度和气温明显下降，且土壤水分含量相对较高，土壤热通量日均 –1.14 W/m^2，土壤能量逐渐亏缺。

由于不同土壤水分含量条件下生态系统的能量交换可能存在差异，选取 7 月 24 日及其前后各两个连续晴天的半小时通量数据，分析了降水前后典型晴天的能量分量动态（图 8-20）。7 月 24 日降水量 28 mm，雨后 10 cm 土壤水分含量由 15.17% 逐渐上升到 18.34%，每个晴天的净辐射无明显差异，气温下降 2℃。雨后晴天土壤热通量日动态近似，但感热通量明显下降，潜热通量显著升高，尤其是正午前后 6 h，雨后晴天潜热通量远高于感热通量。可以认为，土壤水分含量升高降低了地表温度，近地层温度梯度减小不利于地-气间感热能量交换，但相对充足的表层土壤水分为潜热能量交换提供了能量载体，主要以水分相变的形式消耗，雨后潜热通量是能量交换的主导形式。

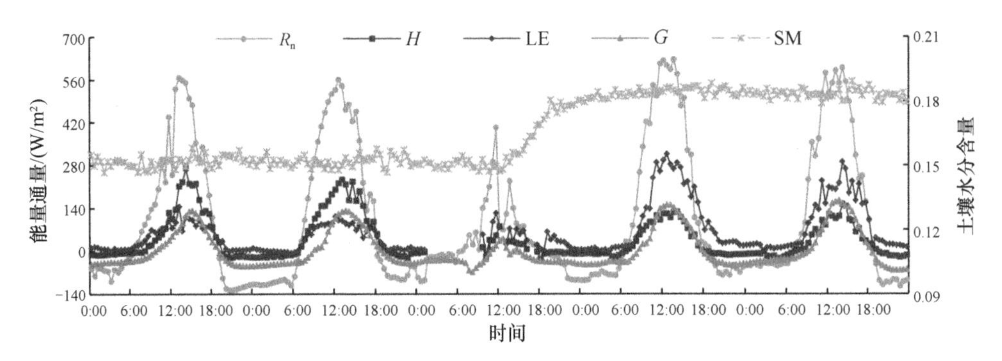

图 8-20 降水前后典型晴天能量分量动态（彩图请扫封底二维码）

（3）生长季能量通量动态

盐池站生长季的净辐射通量连续日动态呈单峰特征（图 8-21），天气变化尤其是雨天前后，净辐射通量波动比较明显，每日净辐射通量在 1.08～13.84 MJ/(m^2·d)，日平均净辐射通量为 7.77 MJ/(m^2·d)，净辐射比较强。8 月中下旬（第 227 天开始）以前，感热通量日均值 3.73 MJ/(m^2·d)，此后降水较多，太阳辐射强度减弱，气温下降，感热通量日平均值仅仅 1.74 MJ/(m^2·d)。生长季各月平均潜热通量在 4.36～4.97 MJ/(m^2·d)，雨后晴天潜热通量出现阶段性峰值。尽管生长季能量消耗以潜热通量为主，但 5 月至 7 月中旬潜热通量和感热通量差异不明显，7 月下旬之后降水较多，能量消耗以水汽相变为主，二者差异较大。生长季土壤热通量随短期天气波动比较明显，波动范围为–2.28～1.72 MJ/(m^2·d)，其中 1/3 的时间土壤热通量为负值；生长季期间，土壤热通量日平均值 0.19 MJ/(m^2·d)，总体表现为能量储存。

8.3.2 人工灌丛化荒漠草原蒸散特征

（1）人工柠条林蒸散日变化

盐池站生长季的蒸散速率直方图呈单峰形态，直方图明显右偏（图 8-22A）。生长季的平均日蒸散量为 1.91 mm/d，蒸散速率最大值出现在太阳辐射最强的 12:30～13:00，蒸散速率达到 0.21 mm/h；日出前气温最低，蒸发量较小，蒸散速率最低，然而由于夜间逆温和水汽凝结现象，夜间蒸散速率可能偏高。午后半小时，该区域蒸散速率有小幅降低，并在 13:30 以后升高，这可能是“光饱和”现象减弱植物蒸腾造成的。蒸腾和蒸发对净辐射及气温有一定的滞后响应，故下午蒸散量强于上午，由昼入夜后仍有微弱的蒸散量。

为了分析生长季不同阶段的蒸散日动态，选取了不同阶段晴天的半小时蒸散数据。由图 8-22B 可见，生长季不同阶段的蒸散日动态表现出明显的阶段性规律。

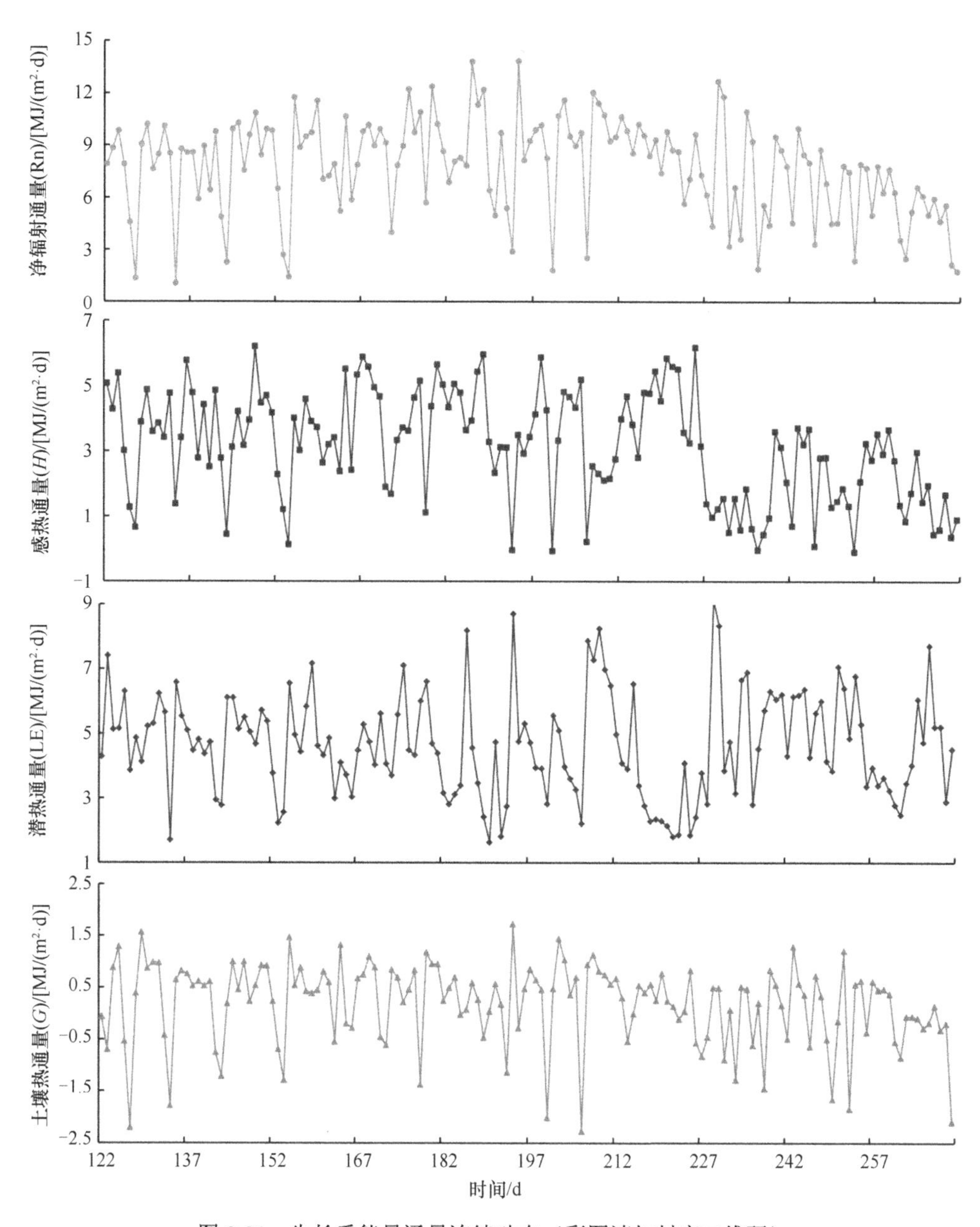

图 8-21　生长季能量通量连续动态（彩图请扫封底二维码）

生长季初期（5 月 4 日），受气温和净辐射影响，日蒸散量及蒸散速率相对较低；生长季旺盛期（7 月 27 日），植物蒸腾和土壤蒸发强烈，正午前后蒸散速率甚至高达 0.39 mm/h，蒸散持续时间长，日蒸散量大；生长季中后期（9 月 21 日），地表快速升温，正午前后蒸散速率仍比较高，但日出后和日落前的各 2 h 内蒸散速率明显低于生长季初期，即生长季中后期在早晨和傍晚蒸散能力明显减弱，且水汽交换时间较短，日蒸散量已有所下降。日出前，蒸散速率甚至为负值，表明水汽凝结速率高于水分蒸发量。

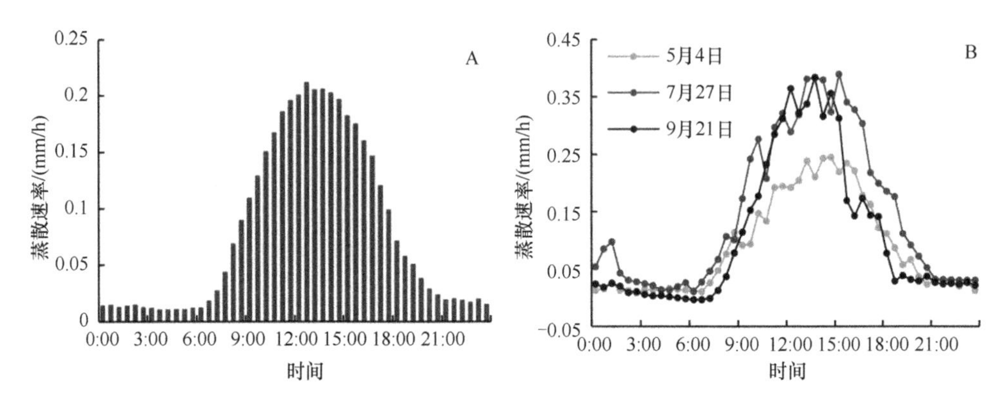

图 8-22　生长季蒸散平均日动态及典型日动态（彩图请扫封底二维码）

（2）降水后连续晴天蒸散日变化

选取了 7 月 18～31 日共 14 d 的半小时蒸散数据，分析不同降水强度（7 月 18 日降水 4.50 mm，7 月 24 日降水 28.00 mm，降水时段蒸散数据剔除）后连续晴天的蒸散日动态。从图 8-23 可以看出，该时段 100 cm 土壤含水量维持在 6%上下，深层土壤含水量较低，且未得到有效补给，蒸散耗水对深层土壤水分含量影响不明显。7 月 18 日小雨（24 h 降水小于 10 mm）之后，10 cm 表层土壤含水量维持在 15%左右，小降水事件未显著改变土壤墒情，土壤可消耗水分十分有限，降水后连续晴天，日蒸散量和日内最高蒸散速率持续下降的趋势不明显。7 月 24 日大雨（24 h 降水为 25～30 mm）后，10 cm 土壤含水量由 15%迅速上升到 18.5%左右，表层土壤水分得到有效补给，土壤可消耗水量显著提高。7 月 25～31 日，表层土壤含水量呈下降趋势，日蒸散量和日内最高蒸散速率较降水之前均显著提

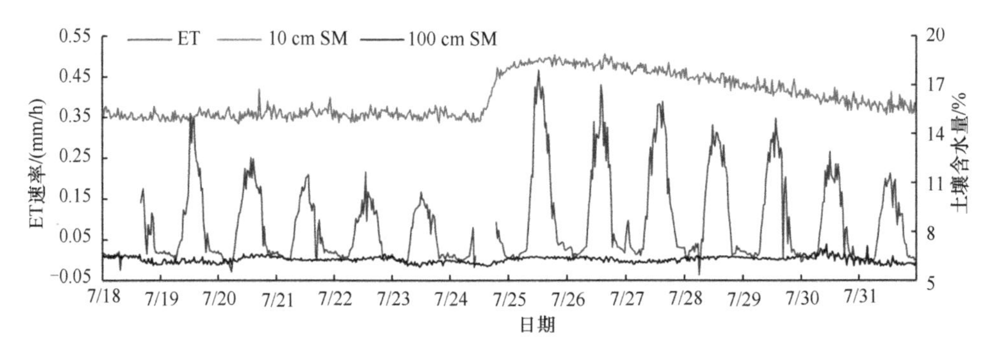

图 8-23　不同降水强度后连续晴天的蒸散日动态（彩图请扫封底二维码）

高，并呈现逐日递减的“阶梯状”趋势，这种趋势在荒漠绿洲过渡带的梭梭人工林（张晓艳等，2016）更加明显。由此可见，生长季旺盛期，盐池荒漠草原蒸散日动态和蒸散速率均受土壤含水量均受土壤水分供应的控制，稀疏草原地区大气降水可能主要以土壤蒸发的形式返回大气圈，有效降水量难以在土壤中蓄积，这对人工恢复的草原生态系统的稳定性可能存在潜在威胁，尤其是严重的干旱胁迫可能对柠条林下浅根系草本层的生长造成不利影响。

（3）生长季蒸散动态特征

盐池站按旬统计的生长季日均蒸散连续动态如图 8-24 所示，盐池站各旬的日均蒸散量为 1.21～2.30 mm/d，最高值和最低值分别出现在 8 月下旬和 8 月上旬；5 月上旬至 7 月上旬，日均蒸散量总体走低；7 月中旬至 9 月下旬，日均蒸散量受降水影响波动幅度较大，无明显规律。5～9 月，累积蒸散量始终高于累积降水量。5 月上旬至 8 月上旬，累积蒸散与累积降水之间的差距总体增大，生态系统水分亏缺持续加剧；8 月中旬，降水总量 98.80 mm，10 d 降水量占生长季降水量的 37.88%，土壤水分得到明显补充，累积蒸散量小于累积降水量；9 月上旬之后，随着草原生态系统进一步消耗水分，累积蒸散与累积降水之间的差距再次增大。整个生长季，盐池荒漠草原蒸散量达到 288.09 mm，同期降水量仅 260.80 mm，草原生态系统水分支出大于水分收入，降水完全以蒸散的形式返回到大气圈，深层土壤水分无法得到有效补给，这对盐池荒漠草原的生态功能恢复可能存在不利影响。

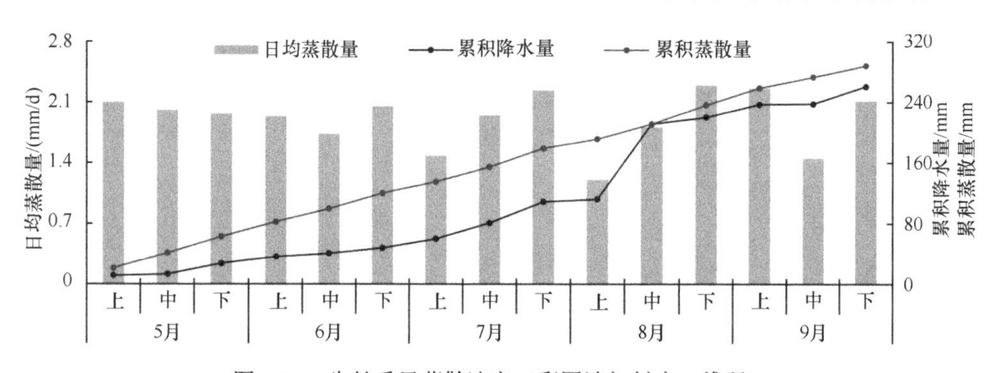

图 8-24　生长季日蒸散速率（彩图请扫封底二维码）

8.3.3　实际蒸散与环境因子的耦合关系

（1）环境因子特征

5～9 月，盐池站饱和水汽压差（VPD）和相对湿度（RH）的平均日动态呈相反态势（图 8-25）。6:00 前后，气温达到一天中的最低值，相对湿度达到峰值，饱和水汽压处于最低值，部分日期水汽处于过饱和状态，日出前后有水汽凝结现象；日出后，随着气温升高，相对湿度下降，饱和水汽压差上升，15:00 前后气温达到一天中的最高值，相对湿度不足 40%，平均饱和水汽压差可达 2.18 kPa，空气干燥。饱和水汽压差和相对湿度的平均月动态差异明显，并表现明显的区域特征（图 8-25）。5～8 月，降水逐渐增多，月平均相对湿度持续上升，并于 8 月达到峰值，9 月降水减少，月平均相对湿度下降。而饱和水汽压差明显不同，随着气温逐渐升高，土壤水分不断通过蒸发和植物蒸腾消耗，大气降水稀少，6 月和 7 月饱和水汽压差均处于较高水平；随着降水迅速增多，气温下降，8～9 月饱和水汽压差迅速降低。

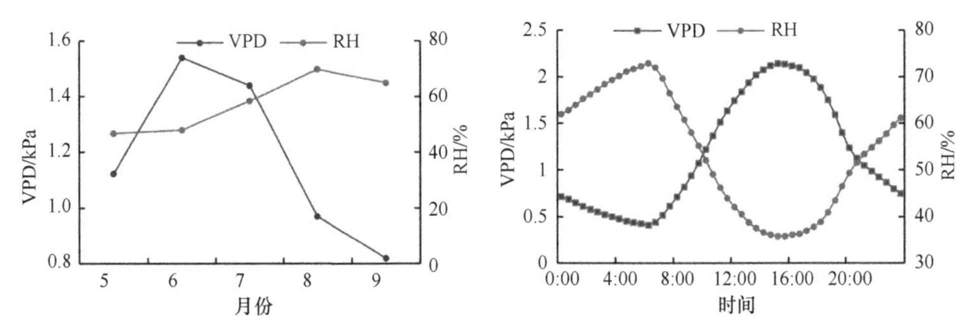

图 8-25 2016 年生长季盐池站饱和水汽压差（VPD）和相对湿度（RH）（彩图请扫封底二维码）

2016 年生长季，盐池站年太阳总辐射达到 3134.23 MJ/m^2，总净辐射 1157.25 MJ/m^2。各月平均辐射总量存在一定差异（图 8-26），6 月中下旬，盐池站正午太阳高度角达到年最大值，单位面积太阳总辐射最高可达 23.50 MJ/(m^2·d)。由于地面与大气比热容的差异，空气增温较地表有所滞后，近地面最高气温出现在 7 月初，在大气逆辐射作用下生长季净辐射于 7 月最高，可达 8.98 MJ/(m^2·d)。

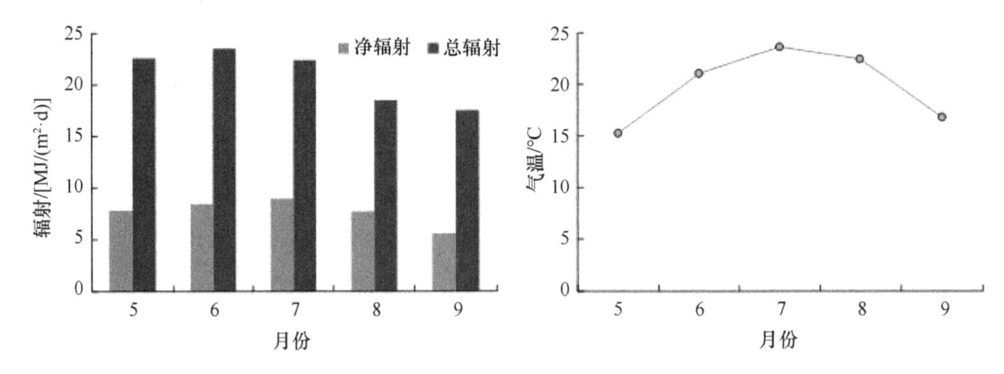

图 8-26 2016 年生长季盐池站辐射与气温特征（彩图请扫封底二维码）

10 cm 和 100 cm 土壤湿度差异明显（图 8-27）。10 cm 土壤湿度自 4 月开始持续下降，于 6 月上旬开始基本维持在 15%左右，7 月降水显著增多，土壤表层水分得到补给，强降水后土壤湿度出现短暂峰值。然而，进入生长季后，土壤水分逐渐消耗，深层土壤湿度自 5 月后持续下降，7～9 月基本维持在 6%左右，整个生长季未得到有效补给。

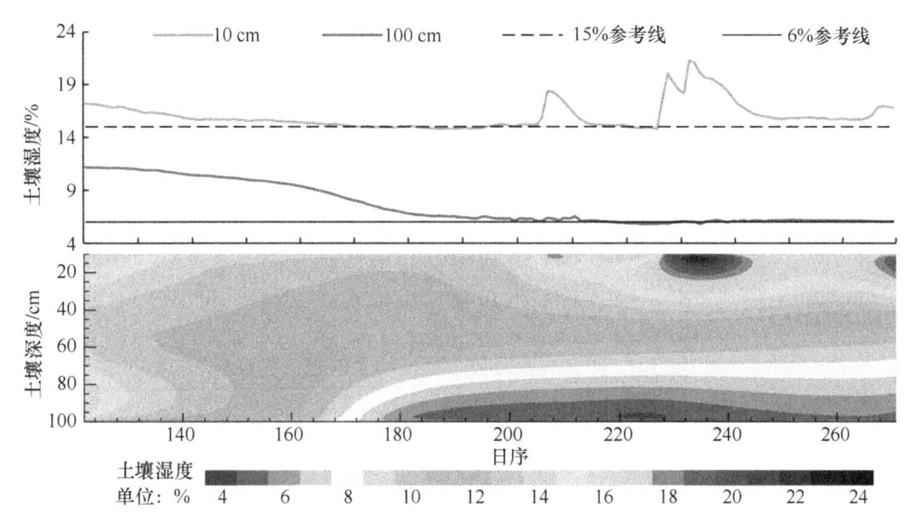

图 8-27　2016 年生长季盐池站土壤湿度特征（彩图请扫封底二维码）

2016 年 5～9 月，盐池站降水总量 260.80 mm，降水分布极不均衡，8 月降水量达 111.30 mm，占该时段降水总量的 42.68%，且 8 月 14 日、15 日和 20 日降水总量高达 95.70 mm（图 8-28）。尽管生长季热量充足，但降水高度集中，这种水热搭配模式不利于植物的生长，水分利用效率较低。

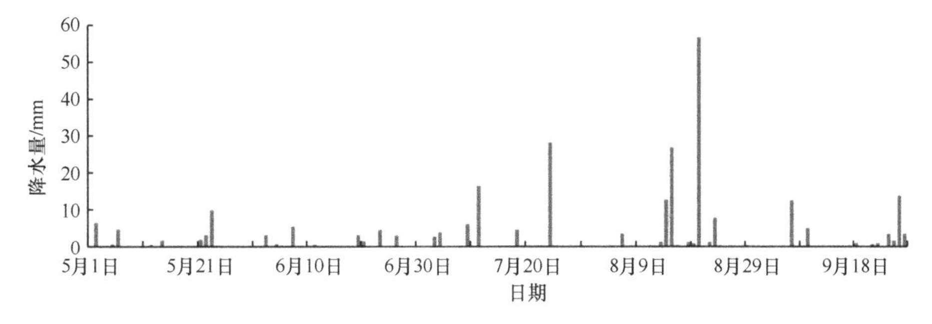

图 8-28　2016 年生长季盐池站降水特征

（2）蒸散对环境因子的响应

蒸散过程实际是生态系统的水分（大气降水、凝结水、土壤水和地下水）随环境要素的变化逐渐被消耗的过程，理论上蒸散动态对环境因子有着强响应关系。

表 8-8 反映了盐池荒漠草原生长季的逐日实际蒸散与各环境要素的相关关系，其中净辐射、相对湿度、表层土壤温湿度（10 cm）和饱和水汽压差与实际蒸散均存在显著相关关系。净辐射是下垫面温度变化和水汽相变的能量来源，作为最主要的环境要素，对蒸散的正向作用达到 0.5504；干旱是研究区草原生态系统面临的最主要限制性因子，土壤水分含量决定着生态系统可消耗水分总量，因此土壤湿度与蒸散的相关系数仍可达 0.3563；表层土壤温度变化是太阳辐射和土壤水分共同作用的结果，尽管较高的土壤温度有利于蒸发，但同时意味着土壤水分含量偏低，因此土壤温度与蒸散存在显著负相关关系；相对湿度和饱和水汽压差都是反映空气水汽含量的指标，当空气水汽含量较低时，叶水势较高，植物叶片水分流失过快，在干旱胁迫环境下，气孔导度下降，低相对湿度和高饱和水汽压差不利于生态系统蒸腾。尽管气温和风速对土壤蒸发与植物蒸腾均有一定作用，但与其他环境要素相比，他们的作用微弱，和蒸散的相关性比较微弱。

表 8-8　逐日实际蒸散与环境要素的相关关系

净辐射	气温	相对湿度	10 cm 土壤湿度	10 cm 土壤温度	饱和水汽压差	风速
0.5504**	–0.0215	–0.2213**	0.3563**	–0.1758*	0.1428*	–0.0886

注：**为 $P < 0.01$，*为 $P < 0.05$

显然，该生态系统的蒸散过程是多种因素共同作用的结果，逐日实际蒸散与多种环境因子的多元回归关系可以用以下方程表示：

$$\mathrm{ET}=0.1662\times R_n+0.1685\times \mathrm{SM}-0.0544\times \mathrm{ST}-0.0902\times \mathrm{WS}-0.5671$$
$$R^2=0.5705,\ F=48.1482,\ P<0.05 \tag{8-8}$$

式中，R_n、SM、ST 和 WS 分别表示地表净辐射、10 cm 土壤湿度、10 cm 土壤温度和风速。

研究区降水稀少，分布集中，因此降水前后不同土壤水分条件下实际蒸散与环境要素的响应关系可能存在差异。在此进一步选取了降水前（7 月 1 日、7 月 6 日和 8 月 8 日）与降水后（7 月 25 日、8 月 17 日和 8 月 27 日）半小时蒸散速率与环境要素数据，根据二者之间的散点图，分析了不同土壤水分条件下蒸散速率对环境要素的响应程度，其中降水前 10 cm 土壤湿度低于（15±0.2）%，降水后土壤湿度不低于 18%。由图 8-29 可知，降水后蒸散速率的值域更广，蒸散速率是降水前的 2～3 倍，且降水后蒸散速率与环境要素的规律性更强，这种规律性在净辐射及气温与蒸散速率的关系中尤其明显，说明蒸散速率对生态系统的可消耗水分有着强依赖性。

图 8-29 直观地反映出了降水前后蒸散与主要环境因子的相关程度，为了更进一步定量描述不同土壤湿度下蒸散速率与各环境因子的关系，将半小时尺度的实际蒸散与环境因子（净辐射、相对湿度、气温、饱和水汽压差、10 cm 土壤温度

和风速）进行回归分析，结果如表 8-9 所示。

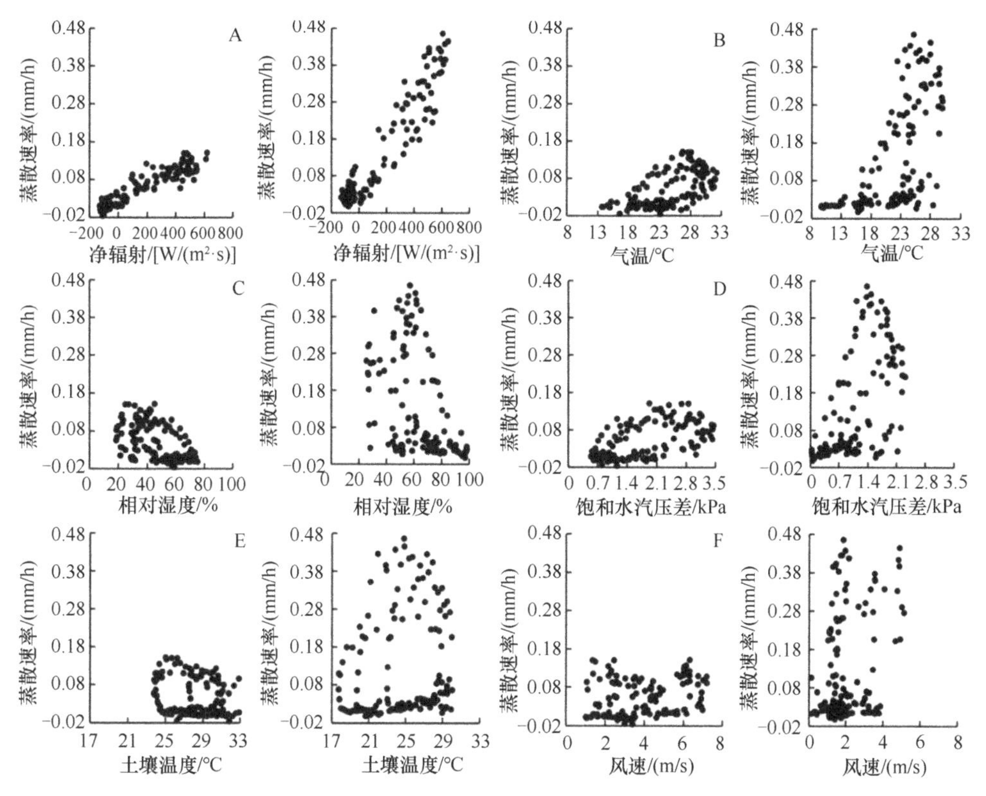

图 8-29　降水前、降水后蒸散速率与环境要素的散点图

分图 A～F 左右两图分别为降水前和降水后的蒸散速率与环境要素散点

表 8-9　降水前、后实际蒸散与各环境因子的回归方程

阶段	环境要素	回归方程	R^2	显著性
降水前	净辐射	$y = -1.2206\times10^{-5}x^2 + 0.0002x + 0.0301$	0.8840	$P<0.01$
	相对湿度	$y = -1.6376\times10^{-5}x^2 + 0.0001x + 0.0844$	0.2550	$P<0.01$
	气温	$y = 0.0002x^2 - 0.0018x - 0.0114$	0.3823	$P<0.01$
	饱和水汽压差	$y = -0.0096x^2 + 0.0676x - 0.0342$	0.3661	$P<0.01$
	10 cm 土壤温度	$y = 0.0024x^2 + 0.0240x + 0.4359$	0.0483	$P<0.05$
	风速	$y = 0.0031x^2 - 0.0182x + 0.0632$	0.0957	$P<0.01$
降水后	净辐射	$y = 3.550\times10^{-7}x^2 + 0.0004x + 0.0504$	0.9103	$P<0.01$
	相对湿度	$y = 4.2601\times10^{-5}x^2 + 0.0020x + 0.1934$	0.2828	$P<0.01$
	气温	$y = 0.0009x^2 - 0.0206x + 0.1245$	0.4017	$P<0.01$
	饱和水汽压差	$y = -0.0337x^2 + 0.2004x - 0.0244$	0.4329	$P<0.01$
	10 cm 土壤温度	$y = -0.0016x^2 + 0.0856x - 0.9858$	0.0614	$P<0.05$
	风速	$y = 0.0108x^2 - 0.0219x + 0.1094$	0.0887	$P<0.01$

由表 8-9 可知，降水前蒸散速率与 6 种环境因子的相关性顺序为：10 cm 土壤温度 < 风速 < 相对湿度 < 饱和水汽压差 < 气温 < 净辐射；降水后，除风速之外的环境因子与蒸散速率之间的相关性均有不同程度的提高，且饱和水汽压差与气温之间的顺序发生转换，成为仅次于净辐射的环境因子。整体来看，降水前后净辐射均是最主要的环境因子，R^2 在 0.8840～0.9103；风速对蒸散速率的影响较弱，R^2 均不及 0.10，但风速与蒸散速率之间的相关关系仍通过了 0.01 显著性检验。

利用多元回归分析构建不同土壤湿度条件下，盐池荒漠草原人工柠条林半小时实际蒸散与多种环境要素的回归方程，其中降水前的方程为：

$$\mathrm{ET} = 8.5030\times10^{-5}\times R_{\mathrm{n}} - 0.0003\times \mathrm{RH} - 0.0082\times \mathrm{ST} + 0.0062\times T + 0.1354 \quad (8\text{-}9)$$

方程的 $R^2 = 0.9259$，$F = 434.1449$，$P < 0.01$。

降水后的方程为：

$$\mathrm{ET} = 0.0007\times R_{\mathrm{n}} + 0.0202\times \mathrm{ST} - 0.0104\times T - 0.0364\times \mathrm{VPD} - 0.2157 \quad (8\text{-}10)$$

方程的 $R^2 = 0.9385$，$F = 421.3431$，$P < 0.01$。

8.3.4 涡度观测存在的问题

（1）能量不闭合问题

李正泉等（2004）针对中国陆地生态系统通量观测研究网络三个草原站点能量不闭合的原因分析认为，不同季节下垫面性质的差异引起地表反射率发生变化，这可能是草原站点能量不闭合的主要原因，尽管研究区人工柠条林在很大程度上改变了天然荒漠草原的景观格局，但下垫面依然存在明显的季相特征，地表反射率变化可以在一定程度上解释能量不闭合现象。根据 Wilson 等（2002）和 Leuning 等（2012）总结的通量站点能量不闭合现象来看，全球通量站点能量不闭合的原因表现在以下几点：观测场不满足通量观测基本假设，传感器自身误差，能量储量项的不准确估算，下垫面异质引起的平流效应，高、低频损失和坐标旋转的误差。

对盐池站而言，通量贡献源区地表起伏较小，绝对高差在 10 m 以内，可视为理想的通量观测场，下垫面的异质性主要是条带状的柠条林与林下稀疏草本引起的，且主要表现在摩擦风速和冠层高度的季节变化方面。根据站点同期气象数据来看，夜间逆温现象是普遍存在的，逆温时间普遍长达 10 h 以上，近地面逆温现象会导致空气的平流运动，且源区夜间经常存在不同程度的水汽凝结，当夜间摩擦风速很小时，微气象条件甚至无法满足通量观测的基本假设，造成湍流通量被低估，导致夜间能量闭合程度很差。另外，柠条林和林间稀疏草地的组分结构同样不可忽视，净辐射和土壤热通量观测设备安装于柠条林之间（行间距 5 m）的稀疏草地上，净辐射和土壤热通量观测范围并不会随着风向的变化而匹配通量贡献源区，净辐射观测的下垫面与通量源区的下垫面的背景信息的差异及土壤热通量在林条带的位置差异必然会给能量闭合带来不确定性；此外，即使不考虑两种组分结构下开阔冠层的能量储量项，观测仪器的系统偏差、高频和低频通量的损失等也是造成能量不闭合的重要原因。

（2）区域水量平衡问题

根据长期观测和质量守恒定律，地球上的水分总收入和总支出是平衡的。对于任意时段、任意地区，大陆上的水量平衡方程为：

$$E = P - R \pm \Delta S \quad (8\text{-}11)$$

式中，E、P 和 R 分别是大陆的蒸散量、降水量、径流量，ΔS 为该时段内大陆蓄水量的变化值。类似地，对于任一时段闭合流域的水量平衡依然可用公式（8-11）表示。

盐池站位于我国西北干旱半干旱内流区，无地表径流产生，因此流域水量平衡方程中的径流量 R 为 0；该区蒸发旺盛，多年水面蒸发量高达 2403.70 mm，潜在蒸散量超过 1000 mm，区域大气降水量理论上完全消耗于生态系统蒸散过程；从多年平均状态来看，该区域不存在跨流域的人工调水，人为原因的水分收入不作考虑，流域蓄水量的变化值应该为 0。然而，已有研究表明研究区柠条的种植导致更多土壤水分被消耗于蒸散过程，土壤储水量不断减少，土壤干层厚度增加，区域水分供需矛盾突显。

2016 年生长季，研究区蒸散量达到 288.09 mm，同期降水量为 260.80 mm，水分支出项大于水分收入，蒸散与降水的比率为 1.10，存在水分供需矛盾。Gao 等（2016b）在沙坡头柠条和油蒿防风固沙带上的研究也存在实际蒸散高于区域降水的现象。然而，研究区夜间普遍存在水汽凝结现象，对比李柏（2015）在高沙窝 4 种地表类型的凝结水的实验来看，7～8 月平均日凝结水量为 0.09～0.18 mm。考虑凝结水作为水分收入项后，实际蒸散量可能依然稍高于水分收入，这种微弱差值可能正是通过土壤储水量的消耗补充的，故当前人工柠条林草原生态系统的水循环处于不可持续状态；在多年降水量减少的趋势（李菲等，2013）下，土壤储水量的持续消耗可能导致林下草本层向着更加耐旱的物种演替，草原生态系统处于不稳定状态。

8.4　盐池荒漠草原人工灌丛群落蒸散特征

8.4.1　茎流-蒸渗仪法测定蒸散试验与精度验证

（1）试验设计

由于盐池荒漠草原带人工灌丛群落有两个明显的层片结构，其样地群落尺度的蒸散可分割为灌木蒸腾与丛下蒸散（含土壤蒸发和地被层植物蒸腾）两个组分，为了科学合理测定样地群落尺度的蒸散及组分来源，本研究设计了茎流-蒸渗仪法的人工灌丛群落蒸散观测体系（图 8-30），其中包裹式茎流仪测定上层片的灌木蒸腾，蒸渗仪测定下层片的地被层植物蒸腾及土壤蒸发。由于样地各物种的共同生长季在 4 月中旬至 9 月下旬，为顾及各蒸散水分来源的一致性，对 2018 年 5～8 月的人工灌丛群落蒸散进行了观测。由于中间锦鸡儿簇状丛生和多分枝的生物学特性，观测其蒸腾的难度较大，只能按照一定的抽样规则从样地茎枝中选出一部分个体进行茎流观测，再将枝干尺度的茎流扩展到样地尺度的灌木蒸腾。为此，2018 年 4 月 19 日在样地中设置 20 m × 20 m 的样方，采用三种株型加三种枝型的分层抽样法对中间锦鸡儿进行生物学形态特性调查（郑琪琪等，2019），样地内中间锦鸡儿按冠幅可划分大株（> 2 m）8 株、中株（1～2 m）9 株和小株（< 1 m）10 株，每株平均 34 个茎枝，小、中、大三种枝型的平均枝径为 0.548 cm、0.920 cm 和 1.620 cm。茎流仪测量的是被包裹茎枝的蒸腾，在枝干尺度上，茎枝蒸腾强弱与枝型（枝径大小和枝端叶片数量）密切相关，而与株型关系不大。因此，根据三种枝型特征和包裹式茎流仪（Flow 32-1K，Dynamax Inc.，德克萨斯州休斯顿，美国）可提供的探头型号，在每种枝型中各选择 2 枝茎粗接近平均枝径、通直圆满、叶片分布适中、具有代表性的茎枝进行观测，传感器规格及茎枝基本特征见表 8-10。利用数据采集器（CR1000，CSI，美国犹他州洛根）将中间锦鸡儿茎流引起的传感器电流变化信号以 5 min 为间隔进行采集并存储，之后利用 Dynamax 公司提供的算法，结合茎枝参数进行茎流速率计算。在中间锦鸡儿灌丛行带间 1/2 处取原位土柱，安置直径 300 mm、深 150 mm 的微型蒸渗仪，数据采集时间为间隔 30 min，测量精度为 0.07 mm，用于测定丛下蒸散。

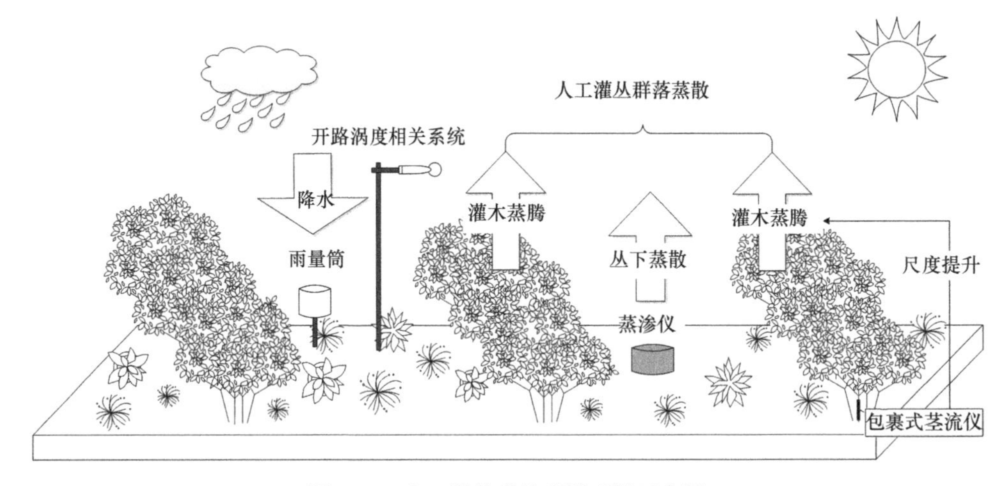

图 8-30　人工灌丛群落蒸散观测示意图

表 8-10　茎流传感器探头型号及对应茎枝参数

植物类型	茎枝编号	探头型号	枝径/cm	茎枝截面积/cm^2
中间锦鸡儿	枝-1	SGA5-WS	0.502	0.198
	枝-2	SGA5-WS	0.521	0.213
	枝-3	SGB9-WS	1.124	0.990
	枝-4	SGB9-WS	1.010	0.801
	枝-5	SGB16-WS	1.680	2.217
	枝-6	SGB16-WS	1.640	2.112

（2）茎流-蒸渗仪法的人工灌丛群落蒸散测定

a. 茎流向灌木蒸腾转换

由于中间锦鸡儿簇状丛生和多分枝的生物学特性，有限茎枝的茎流测试无法真实反映样地群落水平上的灌木蒸腾。而近年来发展出的以枝干横截面积为扩展基础的尺度提升方法（Ji et al.，2016；段利民等，2018），可将中间锦鸡儿的茎流观测转换为样地群落的灌木蒸腾，公式如下：

$$T=\sum_{i=1}^{n}\frac{(A_p/A_i)\times[(1000\times F_i)/(\rho\times A_1)]}{n} \tag{8-12}$$

式中，A_p为样方内枝径横截面积的总和（m^2）；A_i为安装茎流计的茎枝 i 的枝径横截面积（m^2）；A_1为样方面积（m^2）；F_i为茎枝 i 的茎流量（kg/d）；ρ 为水的密度（kg/m^3）；n 为标准茎枝的数量。

b. 丛下蒸散测定

微型蒸渗仪测定人工灌丛群落下层片的草本植物蒸腾和土壤蒸发，由于试验区降水量少，加之地形平坦，砂质土壤，一般不产生径流，因此不考虑地表径流的影响，根据水量平衡原理，丛下蒸散计算公式如下（王韦娜等，2019）：

$$ET_{under}=\Delta S+P-Q \tag{8-13}$$

式中，ET_{under}为丛下蒸散；ΔS 为蒸渗仪内储水量变化；P 为降水量；Q 为渗漏量。

c. 人工灌丛群落蒸散计算

荒漠草原带人工灌丛群落蒸散由灌木蒸腾和丛下蒸散组成（图 8-30），公式如下：

$$ET=T+ET_{under} \tag{8-14}$$

式中，ET 为人工灌丛群落蒸散；ET_{under}为微型蒸渗仪测定的丛下蒸散；T 为灌木蒸腾。

（3）蒸散精度验证方法

a. 试验期间群落蒸散总量验证方法

利用水量平衡法计算 2018 年 5～8 月样地的群落蒸散总量，并与茎流-蒸渗仪法所测的群落蒸散总量对比，计算绝对误差和相对误差两个指标并对其进行验证。水量平衡法根据样地区域内水量的收入和支出差额来间接推算群落蒸散总量，公式如下（屈艳萍等，2014）：

$$ET = I + P + W - Q - \Delta W \quad (8\text{-}15)$$

$$\Delta W = (W_{t_0} - W_{t_1}) \times h \quad (8\text{-}16)$$

式中，ET 为时段 t_0 至 t_1 内的群落蒸散总量（mm）；P 为降水量（mm）；I 为灌水量，本试验样地无人工灌溉；W 是地下水补给量；Q 为深层渗漏量；由于样地所在缓坡丘陵的地下水位埋深超过 6 m（朱林等，2014），故忽略 W 和 Q；ΔW 为时段 t_0 至 t_1 内土壤含水量的变化（mm）；W_{t_0}、W_{t_1} 分别为时段初、末的体积含水量（%）；h 为水量平衡计算的深度。

b. 群落日蒸散精度验证方法

以开路涡度相关系统观测的样地群落日蒸散为基础，利用平均绝对误差（MAE）和均方根误差（RMSE）两个指标，对茎流-蒸渗仪法获取的群落日蒸散进行精度验证。涡度相关是直接测定大气与植物群落气体交换通量（包括蒸散）的通用方法（Wilson et al.，2002），本样地的开路涡度相关系统安装在气体通量主风向源区上空，由红外气体分析仪（Li-7500A，Li Cor Inc.，美国内布拉斯加州林肯）和三维超声风速仪（WindMaster Pro，Gill，英国利明顿）组成，架设高度为 3 m，数据采样频率为 10 Hz。利用 EddyPro 软件对原始数据进行异常剔除、坐标旋转和空气密度效应（WPL）订正等处理（刘晨峰等，2009），获得人工灌丛样地群落尺度的日蒸散。

（4）影响蒸散的环境因子分析方法

a. 环境因子测定

利用安装在 2 m 高度的气象站（Vantage Pro 2，DAVIS，美国新泽西州劳伦斯维尔）获取同期气温、风速等气象要素数据，观测时间间隔为 1 h；利用自动雨量筒（TE525MM-L，Texas Electronics，美国德克萨斯州达拉斯）、空气温湿度传感器（HMP45C，CSI，美国犹他州洛根）、辐射传感器（CNR-4，Kippen&Zonen，荷兰代尔夫特）、土壤湿度传感器（SM150，Delta-T，英国剑桥）、土壤温度传感器（107-L，CSI，美国犹他州洛根）采集样地的降水量、空气温度、空气相对湿度、太阳辐射、土壤体积含水量和土壤温度等气象环境要素数据，传感器信号由数据采集器（CR1000，CSI，美国犹他州洛根）记录，数据采集间隔时间为 5 min。

b. 通径分析

通径分析是通过将自变量与因变量之间的相关系数分解为直接作用和间接作用，来研究变量间的相互关系，以及自变量对因变量的作用方式与程度（蔡甲冰等，2011），不受自变量间度量单位和变异程度的影响（许婧璟等，2018），因此本文利用通径分析法确定环境因子对人工灌丛群落蒸散的影响程度。

8.4.2　灌木蒸腾和丛下蒸散特征

（1）茎流-蒸渗仪法测定蒸散的精度验证

茎流-蒸渗仪法测得 2018 年 5～8 月人工灌丛群落的蒸散总量为 266.1 mm，而由水量平衡法测得的群落蒸散总量为 298.2 mm，茎流-蒸渗仪法测得的蒸散低于水量平衡法测得的蒸散总量，两者的绝对误差为 32.1 mm，相对误差为 10.8%（表 8-11），总体来说，茎流-蒸渗仪法与水量平衡法计算结果具有较好的一致性，说明茎流-蒸渗仪法能够适用于荒漠草原带人工灌丛群落蒸散总量的测定。

表 8-11　茎流-蒸渗仪法和水量平衡法测定的群落蒸散总量对比

	茎流-蒸渗仪法/mm			水量平衡法/mm			绝对误差/mm	相对误差/%
	丛下蒸散	灌木蒸腾	群落蒸散	降水	土壤含水量变化	群落蒸散		
5～8 月	182.5	83.6	266.1	222.6	75.6	298.2	32.1	10.8

利用 5 月 1 日至 8 月 9 日涡度相关系统观测的日蒸散数据（8 月 10 日后仪器故障），对茎流-蒸渗仪法日蒸散进行精度验证（图 8-31）。晴天条件下，茎流-蒸渗仪法所测的日蒸散与涡度相关法所测的日蒸散显著相关（$P<0.001$），茎流-蒸渗仪法所测的日蒸散的平均绝对误差为 0.65 mm/d，均方根误差为 0.73 mm/d，且靠近 1∶1 线，这表明该方法所测的日蒸散精度较高。雨天条件下，尽管两种蒸散也显著相关（$P<0.01$），但平均绝对误差和均方根误差较大，由于空气水汽湍流复杂，雨水滴落或浸湿红外气体分析仪探头会造成涡度相关系统的蒸散观测误差

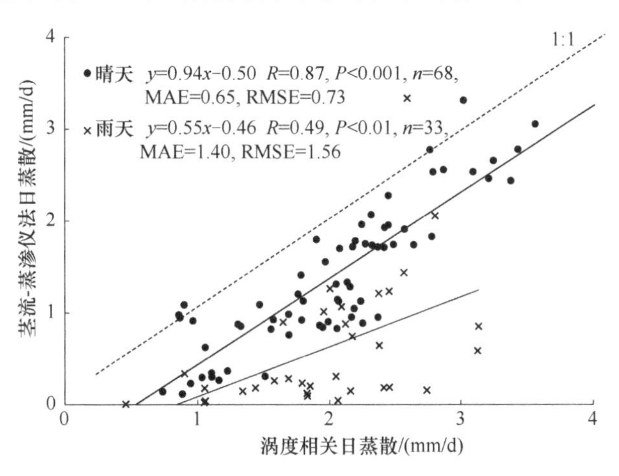

图 8-31　茎流-蒸渗仪法与涡度相关法所测日蒸散对比

较大（刘晨峰等，2009），大多数研究中将雨天涡度数据剔除（Soubie et al.，2016），这可能是导致雨天日蒸散精度验证效果不理想的原因。

（2）灌木蒸腾和丛下蒸散的日内动态

选取 2018 年 5～8 月所有晴天条件下的灌木蒸腾速率和丛下蒸散速率数据，并计算日内半小时间隔的平均值，绘制出荒漠草原带人工灌丛群落的灌木蒸腾与丛下蒸散日变化曲线（图 8-32A、B）。由图 8-32 可以看出，灌木蒸腾和丛下蒸散日变化特征接近，都呈单峰曲线。灌木蒸腾速率在夜间接近 0 mm/h，日出后开始快速增长，随着太阳辐射强度增强，在 6:30～10:30 增速最快。13:30 灌木蒸腾速率达到 0.09 mm/h 峰值，午后随着太阳辐射强度逐渐减弱，灌木蒸腾速率也缓慢下降，在 17:00 以后开始快速下降，20:30 以后基本完全停止。灌木蒸腾速率的日变化曲线形态较为光滑，其中 10:30～17:00 为日内蒸腾速率较高且较为稳定的时段，但在 13:30～14:00 有一个明显的下降，可能与午间植物气孔关闭有关。

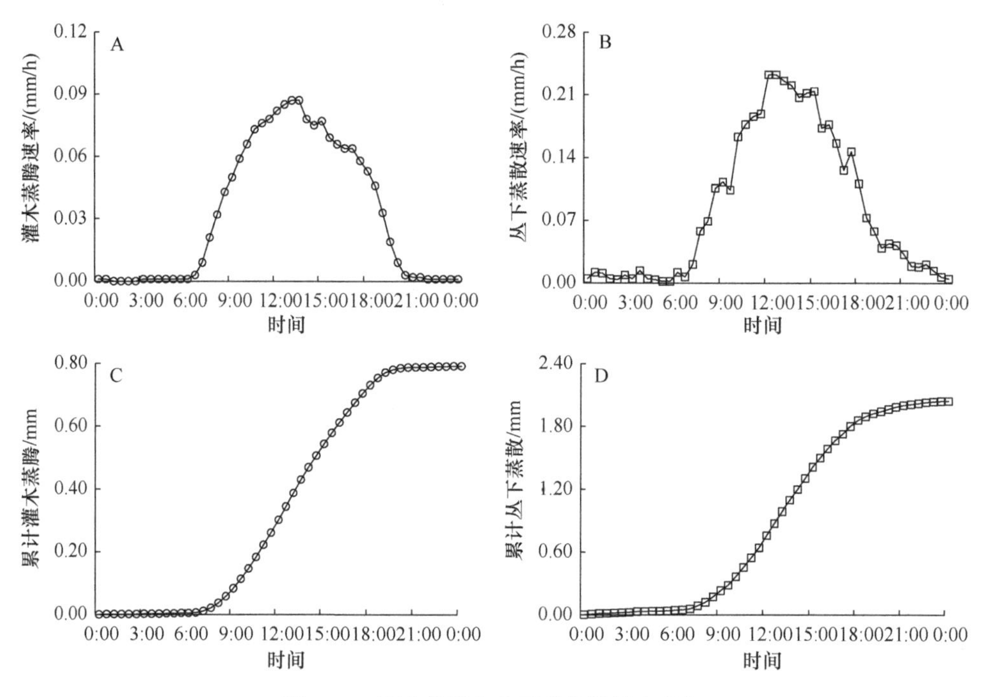

图 8-32　灌木蒸腾和丛下蒸散的日内变化

相比之下，丛下蒸散速率的日变化曲线形态较为粗糙，一方面与蒸渗仪的测量精度较低有关，同时，丛下蒸散对环境要素的短时波动敏感，特别是降水事件结束后的初晴日，因土壤蒸发较大，导致丛下蒸散常出现快速升高，进而导致日变化曲线出现一些阶梯跳跃现象。丛下蒸散速率在 6:30 后开始快速增加，在 12:00

达到 0.23 mm/h 的最大值，午间持续 3 h 的高蒸散速率后，从 15:00 开始逐渐下降，在 19:30 降到 0.04 mm/h 后，开始缓慢变化，直到凌晨左右接近于 0 mm/h，在 0:00～6:30 丛下蒸散速率最低。

灌木蒸腾最大速率的出现时间比丛下蒸散最大速率的出现时间晚约 1 h，同时灌木蒸腾的单峰曲线形态在高值区更宽阔，而丛下蒸散则具有较尖的顶峰，这是因为灌丛植被蒸腾和丛下蒸散的驱动过程不同。丛下蒸散主要由土壤蒸发构成，在午间太阳辐射达到最大时，土壤蒸发最强，也导致丛下蒸散最高；灌木蒸腾受植物生理活动控制，水分交换响应缓慢，与丛下蒸散相比有一定的滞后性。从累积曲线来看，灌木蒸腾和丛下蒸散主要发生在日间，夜间均很微弱（图 8-32C、D），以盐池县夏季 5～8 月的平均日出时间 6:00 和日落时间 20:00 来累加，灌木蒸腾在日间的平均累计量为 0.781 mm，占单日总量的 98.8%，丛下蒸散在日间的平均累计量为 1.93 mm，占单日总量的 94.2%。

（3）灌木蒸腾和丛下蒸散的季节变化

将半小时尺度的灌木蒸腾和丛下蒸散数据以日尺度进行累加计算，绘制出二者在 5～8 月的季节变化曲线（图 8-33A、B）。灌木蒸腾在 5～8 月耗水 83.6 mm，单日灌木蒸腾在 0.0～2.0 mm/d，平均为 0.7 mm/d。随着天气阴晴状态不同，灌木蒸腾变化较大，在 5～8 月呈抛物线状，6 月和 7 月的日平均蒸腾为 0.8 mm/d，高于 5 月和 8 月的日平均值。同期的丛下蒸散为 182.5 mm，单日丛下蒸散在 0.0～6.2 mm/d，平均为 1.5 mm/d。5～8 月的丛下蒸散明显高于灌木蒸腾，可见荒漠草原带人工灌丛群落的整体水分消耗依然主要由丛下蒸散引起。

不管灌木蒸腾还是丛下蒸散，均明显受控于水分供应。人工灌丛的水分供应主要来自降水，在每次降水事件之后土壤水分明显增加（图 8-33C、D），灌木蒸腾和丛下蒸散均随土壤水分供应增加而突然升高（图 8-33A、B），但灌木蒸腾对水分供应变化的响应明显滞后于丛下蒸散。例如，5 月 21 日发生一次 25.3 mm 的强降水，次日丛下蒸散便达到了 6.2 mm，但灌木蒸腾从次日开始逐渐增强，直到 5 月 30 日达到 1.9 mm 的蒸腾最高峰（其中 26 日有次 2.3 mm 的弱降水事件）。降水事件之后，随着人工灌丛群落的植被蒸腾和土壤蒸发的耗水，土壤水分含量持续下降，直至 7%～10%的最低位。由于灌木蒸腾和丛下蒸散的驱动能量来自太阳辐射，在阴雨天辐射微弱，灌木蒸腾和丛下蒸散腾均下降至最低位。

8.4.3　蒸散耗水规律及其影响分析

（1）观测期蒸散耗水及水分收支特征

在 5～8 月（含灌木和草本的共同生长季），月平均灌木蒸腾为 20.9 mm，月

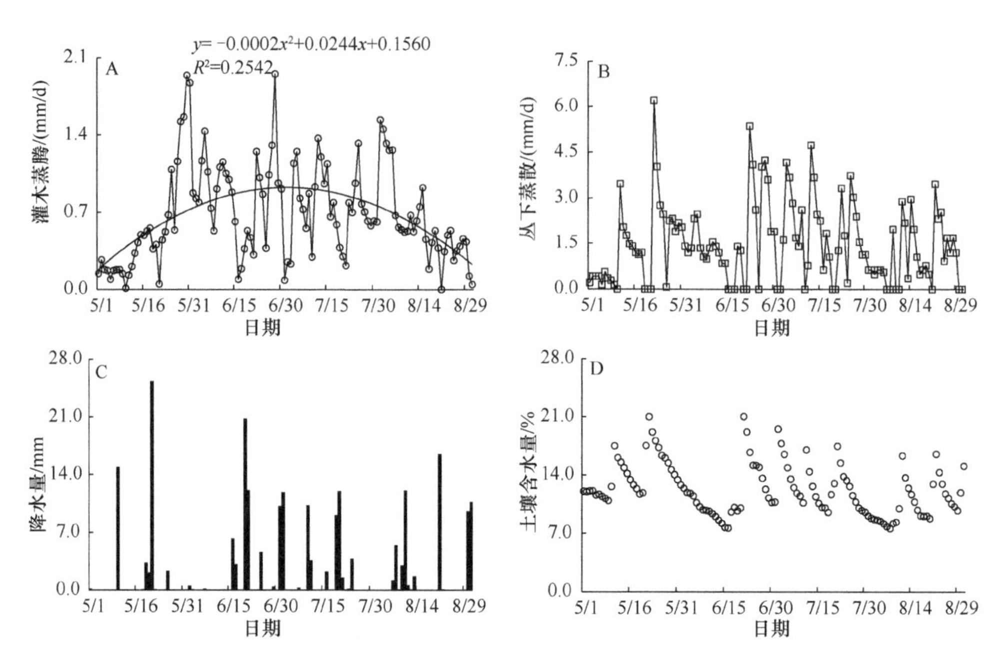

图 8-33 灌木蒸腾、丛下蒸散与同期降水量、土壤含水量的季节动态

平均丛下蒸散为 45.6 mm，丛下蒸散是人工灌丛群落的主要水分消耗方式，约占总耗水的 68.6%。从月尺度来看，灌木蒸腾在 6 月达到最大，为 25.8 mm；丛下蒸散在 7 月达到最大，为 55.7 mm；随着丛下蒸散达到最大，人工灌丛的群落蒸散也达到 78.2 mm 的年内最高（图 8-34A）。从整个观测期来看，人工灌丛总蒸散为 266.1 mm，而同期的总降水量为 222.6 mm，出现 43.5 mm 的水分收支亏缺。但是不同月份的水分收支特征不同，其中水分收支亏缺最严重的是 6 月份，达到 27.7 mm；5 和 7 月水分收支亏缺相对较低，分别为 11.5 mm 和 13.0 mm，而随着盐池年内丰水季的到来和各物种生长季中后期耗水的减少，人工灌丛群落在 8 月出现了 8.6 mm 的水分收支盈余（图 8-34B）。

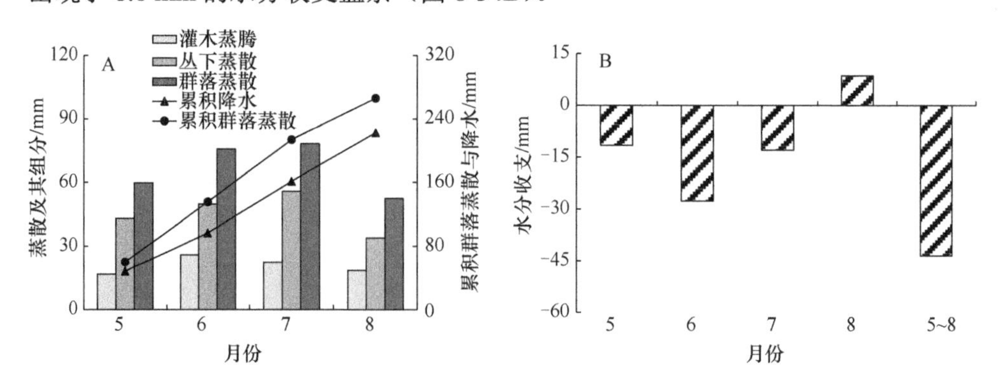

图 8-34 观测期蒸散耗水和水分收支

（2）环境因子对蒸散的影响

利用通径分析法研究了气象、土壤等环境因子对人工灌丛群落蒸散的影响。由表 8-12 中的直接通径系数可以看出，对蒸散直接影响最大的是净辐射，通径系数为 0.619；土壤含水量、空气相对湿度和气温对蒸散的直接通径系数分别为 0.312、0.188 和 0.163，对蒸散的影响依次减弱。由各因子的间接通径系数可知，土壤含水量与蒸散的间接通径系数总和为 0.094，其贡献主要来自土壤含水量与净辐射的间接通径系数（0.141），说明净辐射通过间接影响土壤含水量进而对蒸散产生影响；而空气相对湿度与蒸散的间接通径系数总和为–0.244，其贡献也主要来自空气相对湿度与净辐射的间接通径系数–0.225，这一结果得出净辐射通过间接影响空气相对湿度进而对蒸散产生负向影响。直接通径系数和间接通径系数的综合分析表明，净辐射是驱动人工灌丛群落蒸散的最主要因素，且能够通过间接作用影响其他环境因子，进而对蒸散产生综合影响。

表 8-12　蒸散与环境因子的通径分析

	直接通径系数	间接通径系数				
		总和	净辐射	土壤含水量	空气相对湿度	气温
净辐射	0.619	0.084	—	0.071	–0.068	0.081
土壤含水量	0.312	0.094	0.141	—	0.004	–0.051
空气相对湿度	0.188	–0.244	–0.225	0.007	—	–0.026
气温	0.163	0.179	0.306	–0.097	–0.030	—

（3）问题与讨论

茎流-蒸渗仪法可以测量出人工灌丛的灌木蒸腾与丛下蒸散（含土壤蒸发和地被层植物蒸腾），进而开展群落蒸散特征研究，但包裹式茎流仪和蒸渗仪协同观测时，两种仪器在物理原理、测量精度和时间响应敏感性等方面存在差异，故试验观测精度至关重要。前人对不同蒸散观测方法间的精度有一些对比分析，Nish 等（2000）对比了水量平衡法和茎流法测定的蒸散，指出两种结果具有较好的一致性；屈艳萍等（2014）得出茎流-蒸渗仪法测定的新疆杨蒸散与水量平衡法结果间的相对误差在±15%之内。本研究的案例得出，茎流-蒸渗仪法和水量平衡法的蒸散测定结果相对误差为 10.8%；晴天状态下的日蒸散与涡度相关观测结果一致，总体精度较高。同时，茎流-蒸渗仪法的优势在于能获取人工灌丛群落蒸散的组分来源，有助于理解温性荒漠草原生态系统向人工灌丛转变过程中的水文循环变化。当然，由于人工灌丛群落蒸散及其组分的复杂性，今后高精度的观测试验还需加强技术攻关；称重式蒸渗仪的时间响应灵敏度较低，是导致丛下蒸散日内曲线不光滑的原因之一，未来提高蒸渗仪与包裹式茎流仪的响应协同是一技术难点。在利用茎流法进行灌木蒸腾耗水尺度提升研究时，要在大面积的生物学调查基础之上确定合适的代表性茎枝进行测量，不仅要考虑典型茎枝在整个灌丛群落中的代表性及大小分布（Huang et al.，2017；Kumagai et al.，2005），而且要注意降水量、土壤含水量等因素的时空变异性对灌木蒸腾耗水的影响（王朗等，2009）。

蒸散由植被蒸腾和土壤蒸发组成，而盐池荒漠草原带人工灌丛群落中既有中间锦鸡儿灌木，也有其他草本植物，因此其植被蒸腾由灌木和草本两部分组成。然而，严格拆分开土壤蒸发、灌木蒸腾和草本蒸腾的难度较大，本研究将该人工灌丛群落蒸散分为灌木蒸腾和丛下蒸散。利用微型蒸渗仪测定丛下蒸散时，蒸渗仪中装入原位土柱，其口径内会生长一年生草本植物，故所测丛下蒸散包括土壤蒸发和草本蒸腾。然而，荒漠草原受人工种植中间锦鸡儿的影响，在斑块和景观尺度上改变了草原生态系统的结构与功能，使得资源分配出现斑块化和异质化（高琼和刘婷，2015）。受有限的水资源和种间竞争的制约，人工种植的中间锦鸡儿灌丛形成了特定的群落结构和空间分布格局（张璞进等，2017），导致草本植物退化严重，仅在丛下零散稀疏分布，5～8月的覆盖度一般不超过10%（刘任涛等，2014），因此丛下蒸散中的草本蒸腾占比很小，主要由土壤蒸发组成。

引起灌木蒸腾变化和差异的主要原因有植物生理生态过程与水分供应环境两方面。观测期间中间锦鸡儿灌木蒸腾的季节变化呈抛物线状特征，这与其生理生态过程密切相关。从5月开始，中间锦鸡儿生出新梢，叶片快速生长，叶面积增大，灌木蒸腾开始增强；6～7月中间锦鸡儿生长旺盛，碳累积和光合速率最快，蒸腾耗水相对较高；而从8月开始，中间锦鸡儿进入生长后期，蒸腾耗水逐渐下降（包永志等，2019）。另外，灌木蒸腾高低差异与水分供应环境有关。高浩等（2016）利用大型称重式蒸渗仪测量发现，毛乌素沙地油蒿生长季日蒸腾平均值为0.83 mm/d；而包永志等（2019）和段利民等（2018）得出的科尔沁沙地小叶锦鸡儿生长季日蒸腾平均值分别为1.32 mm/d和1.28 mm/d。本研究样地位于毛乌素沙地南缘，得出的中间锦鸡儿灌木日平均蒸腾（0.7 mm/d）较接近毛乌素沙地油蒿日平均蒸腾；但与地域水分供应环境差异较大的科尔沁沙地相比，两地灌木的日平均蒸腾结果存在一定差异。

降水是研究区土壤水分的主要来源，由于降水集中分布在秋季，通常秋季是该地区土壤水分得到补充的时期。本研究得出，2018年5月、6月和7月均表现出了不同程度的水分收支亏缺，土壤储水消耗大于补充，直到8月才出现水分收支盈余，土壤水分得以回补，这一结果与当地的年内降水规律相符。此外，莫保儒等（2013）对半干旱黄土区成熟柠条（*Caragana korshinskii*）林地土壤水分监测的结果显示，由于柠条萌动和生长对水分的大量消耗，6月土壤含水量达到最低，到雨季才开始回升；盐池柠条样地的土壤水分表现出春季冻融补充、夏季蒸散消耗和秋季降水补充蓄积的季节规律（赵亚楠等，2018），以上研究均与本文所得规律一致。因中间锦鸡儿灌木增加了蒸腾耗水，导致人工灌丛在5～8月出现

43.5 mm 的水分亏缺，比人工灌丛群落形成之前的荒漠草原生态系统更为耗水。当然，干旱区夜间地表凝结水也会为生态系统蒸散提供一定水分来源（张强等，2012），未来在有凝结水观测资料的情况下，应在水分收支平衡计算时加以考虑。总之，在干旱半干旱地区，不合理的植被建设会引起蒸散耗水过大，从而导致大量土壤储水被消耗，甚至利用浅层地下水（朱林等，2014），如盐池县四墩子的人工紫花苜蓿（*Medicago sativa*）草地群落，整个生育期耗水量为 312.6 mm，高于同期的降水量，水分亏缺达 101.8 mm（李凤民和张振万，1991a）。由此可见，荒漠草原地区的植被重建须以水分收支平衡为基础，为了追求景观、生物量和防沙治沙效果，大规模建设深根灌木，掠夺式地利用土壤储水，存在潜在风险，在未来的生态恢复与重建中须引起注意。

8.5　基于 SEBAL 模型的盐池区域蒸散反演及生态需水分析

8.5.1　盐池区域蒸散的年际变化

由图 8-35 可知，2000～2017 年宁夏盐池县秋季初（8 月 26 日至 9 月 8 日）的单日蒸散为 0.89～1.71 mm/d，近 18 年来单日蒸散增长了 0.82 mm，增长幅度达到了 92.1%，平均每年增幅为 0.05 mm，线性增长趋势明显（R^2 = 0.9875）。其中 2000～2006 年的蒸散增长了 0.25 mm，年均增幅为 0.0417 mm；2006～2015 年的蒸散增长了 0.38 mm，年均增幅为 0.0422 mm；而 2015～2017 年的蒸散增长了 0.19 mm，年均增幅为 0.0950 mm。由此可知，近几年盐池县蒸散的增幅在逐渐升高，其生态系统的耗水量也越来越大。盐池县生态系统蒸散呈整体上升趋势，与 20 世纪末开始实施的大批生态治理工程密切相关，2001 年盐池县试点退耕还林还草，2002 年全县实施封育禁牧，加之持续的“三北”防护林建设和防沙治沙措施，近十几年来全面改变了盐池县的植被格局（宋乃平等，2015），地表植被覆盖度增加，生态系统蒸散增强，生态耗水量也增多。

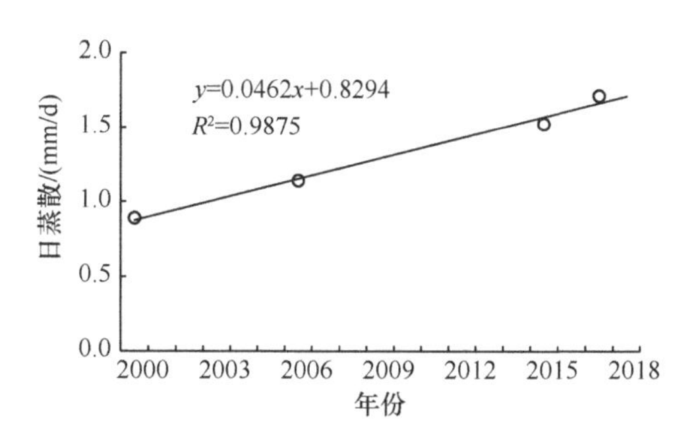

图 8-35　盐池县 2000～2017 年日蒸散量变化

8.5.2 盐池区域蒸散的空间变化

盐池县日蒸散量具有较强的空间异质性，总体呈现南高北低的分布特征，尤以东南部的麻黄山黄土丘陵地区日蒸散最高（图 8-36），这一区域降水量相对高，气候较为湿润，植被以典型草原植被和人工种植柠条灌木丛为主，植被覆盖度高，蒸腾量大，故整体蒸散为全县最高。此外，盐池县中部有一条由南到北的缓坡丘陵地貌，这一区域的蒸散也略高于平原沙地。蒸散偏低的区域主要集中在西部和西南的冯记沟与惠安堡 2 个乡镇。盐池县蒸散的空间分布特征与全县自东南向西北由典型草原向荒漠草原过渡的植被类型变化具有一定的相似性，同时也受局地人为农林活动的影响，如近些年盐池县周边发展起来的部分灌溉农田和人工林地较大程度地拉高了其蒸散量。

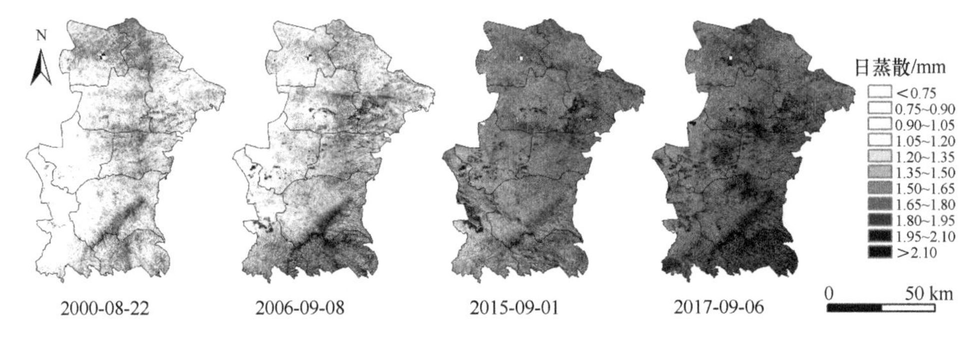

图 8-36 盐池县不同时期的日蒸散空间分布图

此外，从不同时期的蒸散空间分布图对比来看，近 18 年来盐池县的蒸散在逐渐增强（图 8-36），但不同区域间的蒸散增强幅度存在较大差异（图 8-37）。2000～2017 年盐池县蒸散年均增幅主要集中在 0.00～0.12 mm，其中西南部的惠安堡镇和冯记沟乡的蒸散年均增幅高于其他地区，平均在 0.04～0.12 mm，而其他乡镇的蒸散年均增幅则主要在 0.00～0.08 mm，尤以盐池县西北部的高沙窝镇和花马池镇北部较低。同时，不同时间段的蒸散增强幅度也存在较大差异（图 8-37）。

2000～2006 年，盐池县蒸散年均增幅表现出明显的南高北低特征，其中惠安堡镇、麻黄山乡和冯记沟乡南部的蒸散年均增幅在 0.08 mm 以上，但西北部的高沙窝镇和花马池镇北部不增反降，年均增幅在–0.01～0.00 mm；2006～2015 年，盐池县蒸散年均增幅则与之前的变化趋势基本相反；而最近的 2015～2017 年，盐池县蒸散年均增幅则出现非常大的波动，即南部增幅非常大，出现高于 0.16 mm 的增幅（图 8-37）。近 18 年的平均增幅基本上体现了区域实施封育禁牧政策以及退耕还林还草等一系列生态治理工程所产生的生态水文效应，植被覆盖度的增加和气象活动的增强导致蒸散增加。而短期几年的蒸散变化则与降水、气温等气象条件的短期波动有关，如 2014～2017 年盐池县的年平均降水量在 347.10～393.30 mm，比近 50 年的平均值高出超过 50 mm，气温也较近 50 年平均值高出 1℃以上，较高的气温和降水量导致这几年蒸散增幅很大。

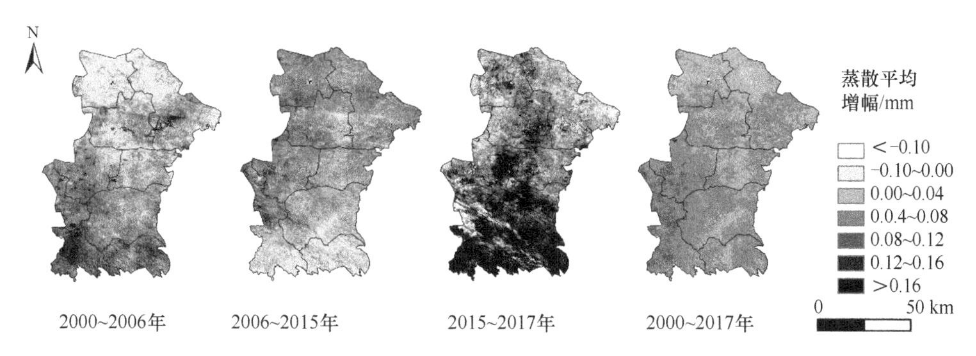

图 8-37　不同时间段盐池县日蒸散量的年均增幅

8.5.3　不同土地覆盖类型的蒸散特征

土壤含水量的空间差异性和不同地物的耗水特性会导致不同地类的蒸散具有一定的差异性，本研究利用土地利用数据对盐池县 4 期蒸散数据进行掩膜，获得耕地、林地和草地 3 种主要地类的蒸散值。2000～2017 年，各地类蒸散由高到低依次是耕地、林地和草地（图 8-38），且各地类的蒸散增幅明显，蒸散年均增幅最大的地类是草地，其次为林地和耕地。近 18 年耕地的日蒸散量为 1.01～1.76 mm/d，均值为 1.42 mm/d，日蒸散量最大，其蒸散年均增幅为 0.044 mm；林地的日蒸散量为 0.92～1.70 mm/d，均值为 1.33 mm/d，其蒸散年均增幅为 0.046 mm；草地的日蒸散量为 0.84～1.68 mm/d，均值为 1.27 mm/d；虽然草地的日蒸散量最小，但其蒸散年均增幅却最大，达到了 0.050 mm。由以上结果可得，盐池县的耕地是最耗水的一种生态系统，耕地包括旱地和水浇地，其中水浇地因人为灌溉活动的影响，其土壤水分供应充足，农作物的种植密度较高，导致耕地的土壤蒸发和植被蒸腾都很强烈，总体蒸散最强。此外，现有研究表明，盐池县近些年水浇地面积增加明显，旱地面积持续减少（张晓东等，2018b），这将继续增加盐池县总的蒸散量。盐池县的林地由乔木林和灌木林混杂构成，其林地斑块碎杂，连片高密度的乔木林面积较少，其生态系统生物量不大，叶片蒸腾不高，整个系统水分消耗不大，故其蒸散弱于耕地。草地是盐池县面积最大的地类，但大多数为荒漠草原，部分典型草原的覆盖度和密度也不高，故该类生态系统的蒸散强度最弱。不管是哪一地类，在近 18 年间均表现出了蒸散增强的趋势，这与生态治理工程实施背景下的区域植被覆盖度整体升高有关。

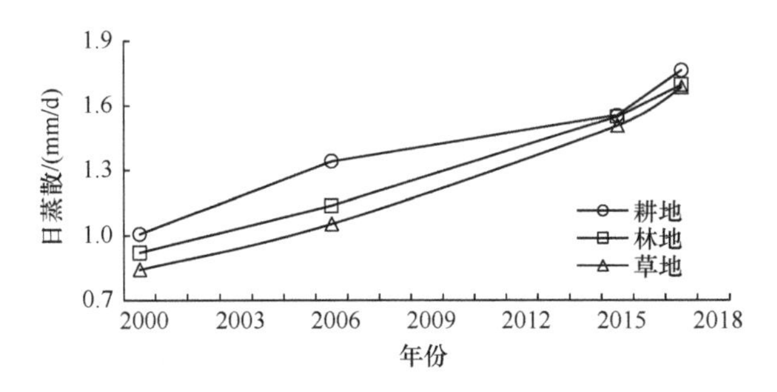

图 8-38　盐池县 2000～2017 年各地类蒸散变化特征

8.5.4　盐池县生态需水量特征

利用 SEBAL 模型反演的日蒸散数据，估算宁夏盐池县 2000～2017 年的生态需水量。结果看出，盐池县秋季初的平均生态需水量为 $9.23\times10^6\,m^3$，其中最低的 2000 年为 $5.96\times10^6\,m^3$，最高的 2017 年为 $1.15\times10^7\,m^3$，年均增幅为 $3.26\times10^5\,m^3$，生态需水量在近 18 年中表现出明显的增加趋势。从不同地类来看（图 8-39），生态需水量由高到低依次是草地、耕地和林地，因盐池县的草地面积占总县域面积的 60%，故草地生态需水量最高。从变化趋势来看，草地的生态需水量增加最多，近 18 年增加了 $3.37\times10^6\,m^3$；其次是耕地，其生态需水量增加了 $8.00\times10^5\,m^3$；生态需水量增加最少的是林地，增加了 $7.20\times10^5\,m^3$。但从各地类的单位面积生态需水量来看，其由高到低依次是耕地、林地和草地，即单位面积的草地生态需水量是最低的，而单位面积的耕地生态需水量却最高，3 种地类中耕地生态耗水率最高，可见在盐池县这种水资源极度匮乏的地区，不宜大面积发展高耗水的耕作农业，应保持适度面积的草原，以保持盐池县农牧交错区农牧复合系统的稳定性（宋乃平等，2015）。

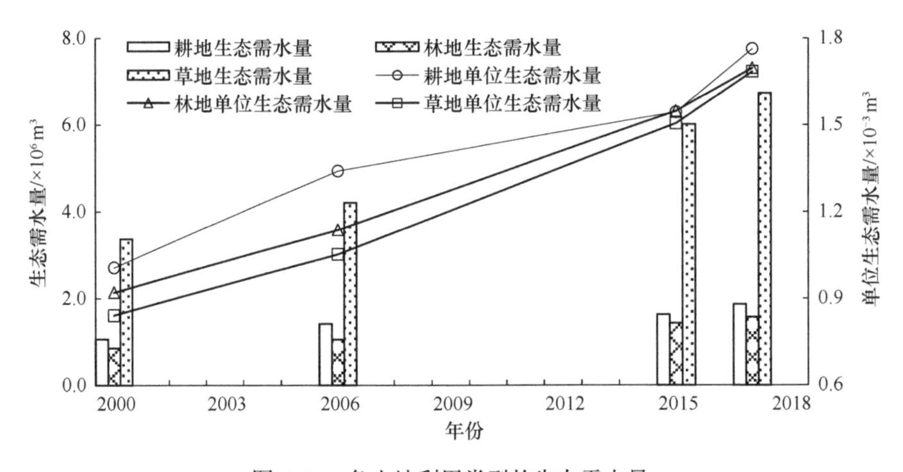

图 8-39　各土地利用类型的生态需水量

尽管盐池县生态需水总量和各地类的生态需水量近 18 年中都在增加，但各地类的生态需水量组成格局却在发生变化。从各地类生态需水量占总生态需水量的比例来看，耕地和林地生态需水量占总生态需水量的比例在下降，而草地生态需水量占总生态需水量的比例在上升（表 8-13）。盐池县实施的封育禁牧、退耕还林还草、防沙治沙土地荒漠化治理工程是引起这一变化的原因，这些生态治理工程改变了地表植被覆盖结构和植被覆盖度，退化生态系统功能的好转和植被覆盖度的增加，整体增加了区域生态需水总量，而退耕还林还草工程使旱耕地面积大幅减少，草地与林地的面积增加，这种地表植被覆盖结构的变化引起了各地类的生态需水量占比发生变化。

表 8-13　盐池县各地类需水量占生态需水总量的比例（%）

日期	耕地	林地	草地
2000/08/22	17.86	14.36	56.53
2006/09/08	18.60	13.85	55.21
2015/09/01	16.00	14.08	58.96
2017/09/06	16.24	13.72	58.67

8.5.5　遥感蒸散估算问题与讨论

刘可等（2018）研究得出，宁夏回族自治区中部和南部草地的蒸散以增强为主；张霞等（2018）认为近 30 年来全球干旱半干旱区年蒸散量的变化明显，中国北部呈增加趋势；全球气候的变暖使大气中水汽含量变低、地表蒸散量增大并加速全球水循环（Liu et al.，2004）；这些研究结论与本文的研究结果一致。范亚云等（2018）在艾比湖流域的研究结果显示，不同地类日蒸散量由高到低依次为乔木林地、耕地、牧草地和灌木林地，而本研究得到盐池县日蒸散量由高到低依次为耕地、林地和草地。由于盐池县的林地既非单一的乔木林地，也非单一的灌木林地，本研究在地物类别划分时将乔木林地、灌木林地等斑块碎杂的林地斑块均划分为林地，从而造成本研究中林地蒸散介于乔木林地蒸散和灌木林地蒸散之间。本研究得出的地类间蒸散差异的结果和大小顺序，与张晓玉等（2018）利用 SEBS 模型在干旱区反演的日蒸散量结果一致，也与代鹏超等（2017）基于 SEBAL 模型在新疆精河流域研究的结果相同。范亚云等（2018）在艾比湖流域的研究结果显示，生态需水量整体呈增加的趋势，与本文研究结果一致，而李金燕（2018）研究得到盐池县草地的生态需水量远高于林地，主要是由于该研究分析的是 2014 年典型平水年份，而本文主要分析了近 18 年的盐池县生态需水量的变化情况。近 18 年盐池县蒸散的增强和生态需水量的增加，主要与其实施的一系列生态治理工程有关，封育禁牧、退耕还林还草、防沙治沙等生态工程改变了地表下垫面结构

（刘可等，2018），使得地表植被覆盖度增加，植被蒸腾增强。然而，地表蒸散变化还与区域气象条件等因素有关（张霞等，2018），干旱半干旱区地表蒸散的主要水分供给来源是大气降水，降水直接影响地表土壤含水量大小，影响蒸散强弱（杨秀芹等，2015）。已有报道显示，盐池降水量近些年在波动增加（张晓东等，2018a），气象资料统计显示，2000～2017年的年平均降水量为301.57 mm，除去2000年和2005年的大旱年份，这一时期的平均降水量达到了317.96 mm，高于1958～2017年的平均值（296.99 mm），降水增加在一定程度上促进了植被的蒸散，也保障了区域生态系统维持的水分供给。然而，由于本研究受遥感数据的限制，每年相同日期或相近日期可用的Landsat数据量较少，故近18年间只优选出了4期数据用于反演蒸散。因为遥感数据为单日瞬时观测结果，而蒸散受降水量、相对湿度、气温、太阳辐射、日照时数、风速等气象因素的影响明显（杨秀芹等，2015），所以用单日遥感数据反演的蒸散在表征生态系统整体蒸散强弱时也有一定的局限性，在今后的研究中应采用数据量丰富、时间连续性强的数据进行蒸散演变规律的研究。此外，本章主要侧重研究区蒸散时间演变规律和空间分布格局，因受数据资料的局限，关于蒸散变化驱动力及其驱动机制等方面的研究不够深入，这也是未来需加强的方向。决定地表蒸散强弱的因素主要有地表入射能量、区域气象条件和下垫面条件（张霞等，2018）等，同时也受土地利用类型变化及人类生产活动的共同影响（田静等，2012），而在综合考虑这些因子基础之上的蒸散反演模型，将会提高干旱半干旱区遥感蒸散反演的精度及生态需水量估算的可靠性。综上研究表明，近18年盐池县日蒸散量变化趋势明显，并具有较强的时空异质性。日蒸散量由2000年的0.89 mm/d增加到了2017年的1.71 mm/d，增幅为92.1%，增强趋势显著。在空间上，日蒸散呈南高北低的格局，尤以东南部的黄土丘陵区蒸散最高，但不同时间段、不同区域的蒸散增强幅度存在较大差异。不同地类的日蒸散量具有一定的差异性，蒸散年均增幅最大的是草地。盐池县生态需水总量和各地类的生态需水量也都在增加，但各地类的生态需水结构却发生变化。

第 9 章　人工灌丛化对盐池荒漠草原蒸散的影响

盐池县在防沙治沙等生态治理过程中种植柠条等灌木，已造成大面积的荒漠草原人工灌丛化现象发生。荒漠草原人工灌丛化加速了土壤水分消耗，使土壤水分的空间异质性和破碎化程度加强，进而导致生态系统结构和功能的改变，影响草原生态系统的水文过程。我国关于人工灌丛化对生态水文影响方面的研究较少，已有研究多集中在群落尺度，重点关注植物多样性、土壤水分变化和水分的空间异质性等，关于人工灌丛化对区域尺度上蒸散的影响还缺乏定量研究，特别是灌丛化在引起土壤水文过程变化的同时，是否改变了植被冠层蒸散特征和组分结构，进而影响区域的地-气水汽交换过程，尚未得到明确回答。本章在梳理人工灌丛驱动下的生态水文格局研究前沿的基础上，通过遥感技术宏观监测盐池植被变化和蒸散变化的特征，解耦荒漠草原人工植被重建与区域蒸散的关系；通过涡度相关技术对人工灌丛生态系统的蒸散观测和微型蒸渗仪对草地的蒸散观测，评估人工灌丛化对荒漠草原蒸散的影响；采用 BIOME-BGC 模型和 BESS 模型结合的方法，模拟荒漠草原生态系统人工灌丛引入前后蒸散及其组分的变化，定量揭示人工灌丛化对荒漠草原区域生态水文循环的影响。

9.1　人工灌丛驱动下的生态水文格局研究前沿

9.1.1　荒漠草原人工灌丛驱动下的生态水文问题

生态水文学的核心科学问题是揭示生态格局与过程形成的水文学机制（夏军等，2018），生态格局变化引起的水文效应是近些年关注的重点研究领域（余新晓，2015）。蒸散是维系陆地生态系统稳定性的重要水文循环过程（Katul et al.，2012；Oki and Kanae，2006），陆地生态系统蒸散的变化规律及其效应是未来水文学研究的前沿热点（杨大文等，2018）。在干旱半干旱地区，水分蒸散是生态系统格局形成与过程演化的驱动力（李新荣等，2016），也是维持这种脆弱生态系统的核心水文过程，而干旱半干旱地区的水分蒸散又极易受全球气候变化和人类活动的影响。特别是我国荒漠草原地区的生态恢复工程，往往通过种植灌木来固沙和重建生态系统，而这种生态建设模式改变了荒漠草原生态系统的植被格局与生态过程，也导致土壤-植被-大气水分传输过程和水文格局发生变化（李新荣等，2016）。然而，荒漠草原在生态建设过程中，人工灌丛植被格局如何驱动冠层-区域尺度的生态水文格局变化，人工植被又如何通过自身结构和功能的协同响应来适应区域水文格局演变，维持荒漠草原人工灌丛植被稳定性的生态水文耦合机制是什么，尚待深入研究。

宁夏盐池县位于毛乌素沙地西南缘，主要植被类型有荒漠草原、干草原、沙生植被和隐域性植被 4 种，其中荒漠草原和沙生植被约占草原面积的 73.5%（宋乃平等，2015）。作为我国东部风沙区风沙危害较为严重的县，盐池县在近 30 年来实施了大量的防沙治沙和生态治理工程，在退耕地和荒漠草原上发展人工灌丛草地 3226.7 km^2，约占全县总面积的 48.52%（宋乃平等，2015），其中大部分灌木为防风固沙能力较强的锦鸡儿属植物，文献报道盐池县种植有 13×10^4 hm^2 的柠条（周静静等，2017），本项目组通过"高分一号"卫星遥感数据人工解译得出成林柠条面积约 8.9×10^4 hm^2，种植面积非常大（图 9-1）。随着不同时期、不同生态工程种植的柠条灌丛逐渐成林，柠条的生长和耗水逐渐改变了荒漠草原的水文过程（图 9-2）。尽管一些学者已注意到柠条种植对荒漠草原土壤水文产生了影响（舒维花等，2012），并存在退化演替风险，但是目前尚无盐池荒漠草原区植被格局变化与生态水文格局的定量关系研究，缺乏人工植被恢复区植被-大气系统的生态水文互作机制认识，没有合理的人工植被建设生态水文阈值，导致该区域防沙治沙和生态恢复实践工作缺乏科学理论基础。

图 9-1　盐池荒漠草原柠条种植景观（彩图请扫封底二维码）

9.1.2　干旱区植被重建的生态水文学挑战

陆地生态系统蒸散由蒸腾和蒸发两部分组成（Wang and Dickinson，2012），在气候变暖的大背景下，全球许多地方观测的蒸发皿蒸发量却在降低（Peterson et al.，1995；Roderick and Farquhar，2002），即存在"蒸发悖论"；因土壤水分供应限制，全球陆地蒸散近些年也出现降低趋势（Jung et al.，2010）；然而从陆地蒸散

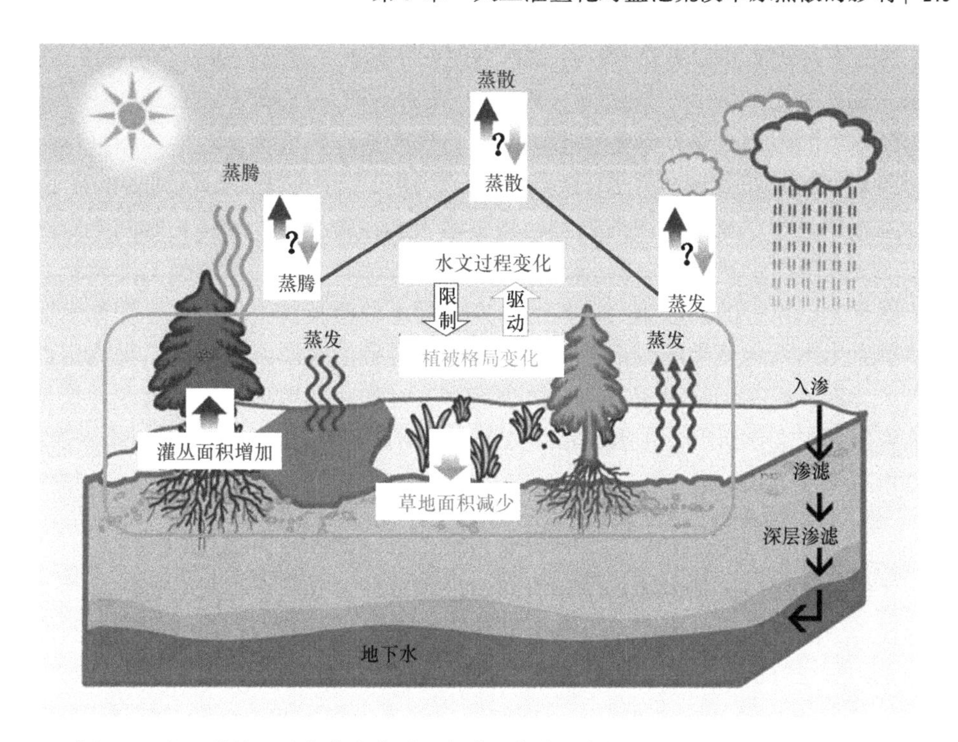

图 9-2　人工灌丛驱动的荒漠草原水文过程变化示意图（彩图请扫封底二维码）

中准确区分出土壤蒸发、冠层蒸发和冠层蒸腾的比例却比较困难（Wang and Dickinson，2012）。由气候模型模拟得出，全球陆地生态系统蒸腾与蒸散比例在24%～65%（Sutanto et al.，2012；Alton et al.，2009；Ito and Inatomi，2012）；而Jasechko 等（2013）认为模型严重低估了植被蒸腾能力，其利用稳定同位素分析得出蒸腾占80%～90%的陆地蒸散量，每年耗散6.2×10^{12} m^3的水分；但Schlesinger和 Jasechko（2014）发现稳定同位素测定蒸散组分存在不确定性，其认为在生态系统尺度蒸腾与蒸散的比例在 61%（±15%）；总体来说，陆地植被蒸腾是全球水循环的主要动力（Schlesinger and Jasechko，2014）。

在干旱半干旱草原地区，尽管蒸散总量占全球陆地生态系统耗水的比例较低，且年平均蒸腾与蒸散比例在 51%左右（Lauenroth and Bradford，2006），但其生态水文过程复杂，蒸散组分随着夏季风活动和植物生理生长周期有极大的变化幅度（Cavanaugh et al.，2011），美国的半干旱区陆面-大气研究计划（SALSA）、半干旱水文和河岸可持续性计划（SAHRA）等重大科学计划都将半干旱区植被在水循环中的作用及植被与水循环的关系列为研究重点（李新荣等，2016）。Ludwig 等（2005）发现干旱半干旱地区植被斑块会影响降水分配、土壤水分和径流等水文过程，在景观尺度上生态和水文过程相互作用强烈。Asbjornsen 等（2011）指出植被与水分之间的作用关系也是干旱半干旱地区生态水文学研究的核心问题和难点。荒漠灌丛植被的构成和空间分布格局决定了植被茎流（Li et al.，2009）、蒸散（Flerchinger et al.，2010）等水文过程的时空异质性与复杂性，而水文变化会影响生态系统中的生物分布，导致植被群落演替形成适宜区域水文条件的植被格局，植被与水文的互反馈最终引起区域生态水文过程发生变化（Asbjornsen et al.，2011）。在干旱半干旱的荒漠草原种植深根灌木会在较大尺度和较长时间上对区域生态水文过程产生扰动（Schwinning and Sala，2004），即灌木较强的蒸腾作用改变了原有生态系统的蒸散组分。然而，人工灌木种植及其生长演替过程如何驱动荒漠草原生态系统蒸散演变尚待深入研究，维持荒漠草原人工灌丛植被稳定性的生态水文耦合机制仍不清楚；同时，生态水文过程从冠层到区域的尺度转换依然是未来生态水文学研究的主要挑战（Asbjornsen et al.，2011）。

9.1.3 人工灌丛化驱动下的区域生态水文学格局与过程

傅伯杰（2017）指出地理学综合研究的重要任务是耦合格局与过程，生态水文学视角下的陆地生态系统水循环及其综合研究是地理学综合研究的重要组成部分（傅伯杰，2018）。生态水文学关注生态格局与过程变化的水文机制（黄奕龙等，2003），水文过程及其变化如何在不同时空尺度上影响区域生态格局与过程，生态系统又如何反作用于水文过程是生态水文学研究的关键科学问题（杨大文等，2016）。生态水文学将原来水文学就水论水的研究思维，转向自然地理综合分析框架下以水循环为纽带开展多尺度、多过程的集成研究（杨大文等，2018）。中国开展的“黑河流域生态-水文过程集成研究”，已建立起“遥感-监测-实验”为一体的流域生态水文观测系统网，初步揭示了流域冰川、森林、绿洲等重要生态水文过程耦合机制（程国栋等，2014）；中国科学院沙坡头沙漠试验研究站也通过长期生态学观测，开展了沙区生态重建与恢复的生态水文学基础研究（李新荣等，2016）。基于文献计量分析的研究表明，干旱半干旱区生态水文过程研究一直是中国生态水文学研究的焦点（陈华等，2016），其不仅具有重要的科学研究价值，而且具有指导荒漠草原植被建设和区域可持续发展的实践价值（Song et al.，2017）。现有生态-水文耦合机制研究在冠层尺度上着重分析蒸散的变化特点及其受冠层导度和土壤水分的影响，在流域尺度上主要研究植被覆盖度和土地利用变化对径流的影响（杨大文等，2016），尚缺乏干旱半干旱区水文过程与植被相互作用机制的全面认识（杨大文等，2010），有关植被格局变化与水文效应定量关系的研究相对较少。因此，基于气象、水文和卫星遥感的长期观测，集成分析干旱半干旱区生态水文演变过程，从不同时空尺度理解生态与水文过程的相互作用机制，是中国生态水文学未来研究的重要方向（杨大文等，2016）。

草原地区灌丛入侵不仅会对种群结构、多样性和物种互作产生影响（Chen et

al.，2015a），而且会对土壤水文过程产生影响（Peng et al.，2013），特别是柠条等灌木入侵会改变荒漠草原植被组成和结构，进而改变生态系统耗水量及水分分配利用关系。我国科学家较早就注意到沙区人工种植柠条会改变土壤水分动态和蒸散速率（王新平等，2004）；也发现黄土丘陵生态治理区高密度种植柠条会引发土壤水分亏缺，需依据水分承载力调整种植密度（张文文等，2015）；卞莹莹等（2015）对比了天然草地、人工柠条灌丛林地和耕地 3 种不同土地利用方式下的土壤水分特征，发现盐池荒漠草原人工种植柠条会造成 100～200 cm 土层的土壤水分亏缺；李新荣等（2014）发现沙区植被建设改变了原来沙丘水量平衡和土壤水分的时空分布格局，而土壤水分过程的改变也驱动了人工植被的演替，并将干旱半干旱生态系统中不同降水梯度和格局下所能维持的人工植被与土壤水分的合理区间定义为生态水文阈值（张定海等，2017）。综上所述，前人多从站点尺度开展荒漠草原土壤-植物-大气连续体（SPAC）（Philip，1966）中人工植被建设活动对土壤-植被水分传输的影响，尽管李新荣等（2014）在干旱沙区也开展了固沙植被的蒸腾观测，并利用回归模型开展了叶片-单株-群落水平的蒸腾尺度转换（李新荣等，2016），但缺乏集成站点试验、模型模拟与遥感综合观测等方法，从冠层到区域尺度的蒸散空间扩展研究，特别是缺乏利用生物物理模型和植被建设情景模拟的区域蒸散组分格局（包括人工植被蒸腾和原有草原蒸散格局）分解及人工灌丛植被区生态水文耦合机制的研究。

9.1.4　干旱区生态水文过程观测与模拟技术

20 世纪 60 年代起，国内外陆续提出了多种直接测定和估算植被耗水的方法（赵文智等，2011），叶片水平上有红外气体分析法、气孔计法等，个体水平上有同位素示踪法、盆栽称重法、蒸渗仪法等，冠层水平上有涡度相关法、波文比法等（李新荣等，2016），小区域尺度上有光闪烁法（孙晓敏等，2010），而在流域等较大尺度上常利用模型估算（Bierkens，2015），特别是集成遥感观测来模拟植被对水文过程的影响（Lettenmaier et al.，2015）。传统研究重点关注陆-气水汽交换总量，而蒸散组分变化决定着干旱半干旱地区（如荒漠草原）的生态水文格局与过程，对维持生态系统的稳定性至关重要。因此，一些新兴技术如同位素示踪法被应用到蒸散组分分离（Yepez et al.，2005；Berkelhammer et al.，2016）及植物蒸腾水分来源识别中（Evaristo et al.，2015）。然而，由于技术原理和适用性各异，不同方法观测的结果也存在差异，特别是观测尺度问题尤为突出，在一个尺度上起作用的因子不一定在其他尺度上有意义，在某一尺度上十分重要的参数和过程在另一尺度上往往并不重要或是可预见的，尺度转换往往导致时空数据信息丢失（李新荣等，2016）。因此，开展站点水文过程试验观测向区域生态水文空间格局的扩展研究，即冠层-区域尺度的蒸散模型转换是干旱区生态水文观测研究的新途径和新趋势。

模型是开展大尺度蒸散研究的有效手段，如 SWAT、VIC 等水文模型可对流域水文循环进行模拟，但传统水文及蒸散模型缺乏水文和生态过程间动力学机制的描述（徐宗学和赵捷，2016）。例如，传统的 Priestley-Taylor 蒸散模型仅考虑气候条件，Penman-Monteith 模型则将下垫面看作均匀覆盖整体，二者均不能区分蒸散组分。Shuttleworth-Wallace 模型则将土壤蒸发与植被蒸腾看作两个不同的蒸散源，近年来得到广泛的应用（高冠龙等，2017）；Hu 等（2013）通过引入气孔导度，改进了该模型，提出了新的 SWH 双源蒸散模型；随着 ChinaFLUX 的建设完善（Yu et al.，2016），吴戈男等（2016）用全国 51 个陆地生态系统站点观测数据对 SWH 模型模拟结果进行了验证。Ryu 等（2011）提出的 BESS 模型更精细地描述了陆-气间物质与能量交换的生物物理过程，耦合了大气辐射传输、冠层导度、蒸散和光合作用等过程，通过遥感等观测数据驱动模型，结果已在全球获得验证（Jiang and Ryu，2016），是一种较为普适的模型，可从站点和区域尺度模拟陆表蒸散及其组分。此外，随着计算机模拟技术的发展，也有学者利用植被动力学模型模拟植被变化，并驱动陆面过程模型模拟植被对蒸散的影响（陈浩和曾晓东，2013；Jiao et al.，2017），这为研究不同人工植被建设情景下的区域生态水文格局过程提供了借鉴思路。

9.2 盐池荒漠草原人工植被重建与区域蒸散的关系

9.2.1 盐池植被变化特征

2001～2018 年，盐池县年均归一化植被指数（NDVI）为 0.2880，其中最低的 2005 年为 0.2130，最高的 2018 年为 0.3887。年均 NDVI 整体较低，体现了盐池县的气候植被特点，盐池地处半干旱地区，植被类型以荒漠草原为主，植被覆盖度整体偏低、生产力偏弱。但近 18 年的 NDVI 变化呈显著性上升趋势，年增长幅度为 0.0060/a（图 9-3），尽管在一些年份出现波动，但整体上升趋势特征很显著，对比历史同期的极端气候情况，可以发现波动低谷与宁夏经历的极端干旱事件有关（杜灵通等，2015a）。从近 18 年盐池县年内逐月 NDVI 的变化来看，年内 NDVI 表现出随植被生长季变化的单峰特征（图 9-3）。NDVI 在 2 月达到最低值，在 4 月植被进入生长季后，NDVI 表现出明显上升态势，在 8 月生长季达到最旺盛时，NDVI 也达到最高值 0.27。之后，随着秋冬季的来临，植被开始逐渐衰落，NDVI 开始下降。NDVI 的这种变化特征与盐池地区的主要植物生长节律一致。

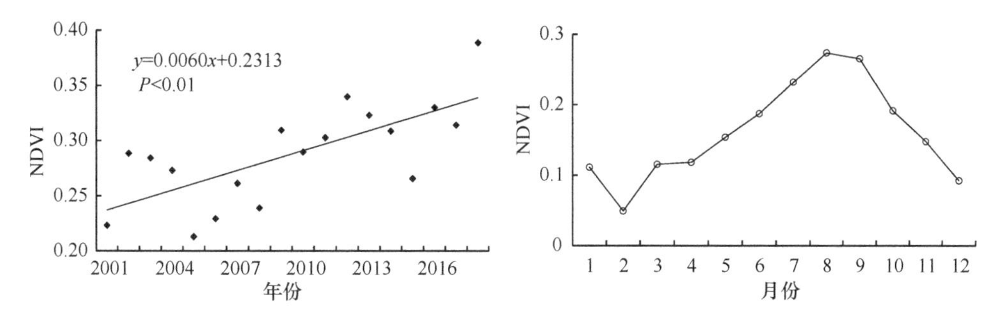

图 9-3　盐池县 2001～2018 年 NDVI 的年际和平均年内变化特征

从 2001～2018 年的 NDVI 均值空间分布来看（图 9-4），盐池东南部大水坑镇-麻黄山乡一带和东北部花马池镇的 NDVI 相对较高。大水坑-麻黄山乡一带为黄土丘陵区，小气候相对湿润，植被本底较好；东北部花马池镇发展有较大面积的灌溉农业，故植被相对丰茂。而盐池西部特别是西北部为大面积的荒漠草原，其 NDVI 偏低，只有一些以农业灌溉垦殖区和生态治理重点区为中心的斑块状区域 NDVI 稍高。从 NDVI 空间变化趋势来看（图 9-4），呈上升趋势的区域面积占盐池县域的 98.55%，其中 65.34%的区域达到显著性上升（$P < 0.05$），42.07%的区域达到了极显著上升（$P < 0.01$）。由此可见，近些年盐池县宏观的植被覆盖度、密度增长明显，生态治理工程在植被恢复方面取得了显著成效。

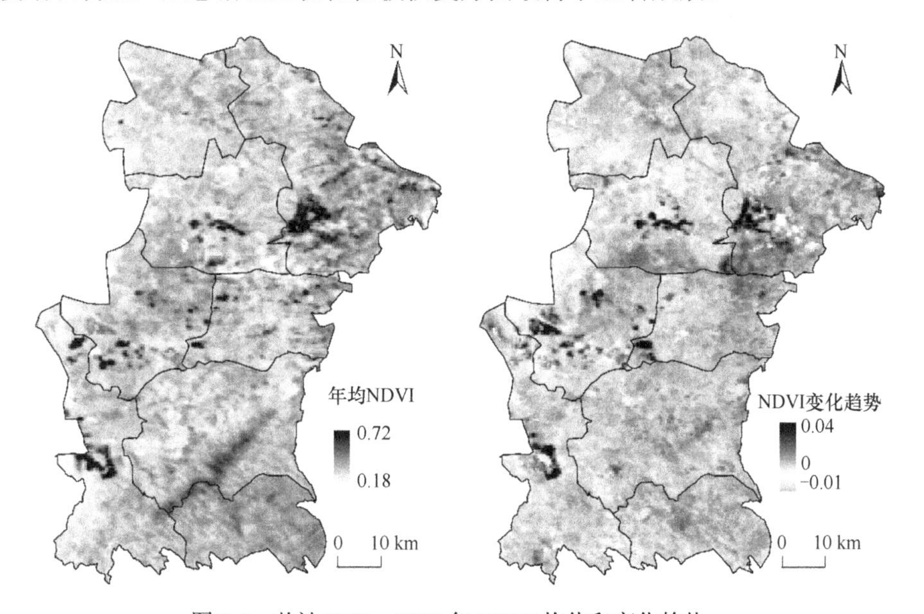

图 9-4　盐池 2001～2018 年 NDVI 均值和变化趋势

9.2.2 盐池蒸散变化特征

2001～2018年，盐池县年均蒸散（ET）为266.73 mm，其最小值出现在2001年，为204.31 mm，最大值出现在2016年，为318.77 mm（图9-5）。大多数年份ET低于同期盐池县的降水量，只有在2005年、2006年、2010年和2013年等个别年份，生态系统ET高于同年降水量，可见盐池荒漠草原地区生态系统ET的水分来源主要为降水向土壤的补给，当在个别干旱年份，生态系统过多的需水会损耗到深层土壤水及浅层地下水。ET年际间也呈波动增强趋势，增长幅度为6.27 mm/a，增强趋势达到了极显著。盐池荒漠草原的月均ET为20.44 mm，低于月均降水量5.73 mm。年内ET从年初开始逐渐降低，在5月达到最低值12.78 mm后，随着夏季降水的增加、太阳辐射的增强和植被快速生长期的到来，ET开始上升，在8月达到24.81 mm的顶峰，之后，随着雨季和植物生长季的结束，ET开始下降（图9-5）。由于ET由土壤蒸发和植被蒸腾共同构成，其年内变化虽然在一定程度上受自然降水的影响，但荒漠草原的沙质土壤-植被系统对降水转化为ET有一定的滞后作用，故ET在全年的波动没有降水波动大。

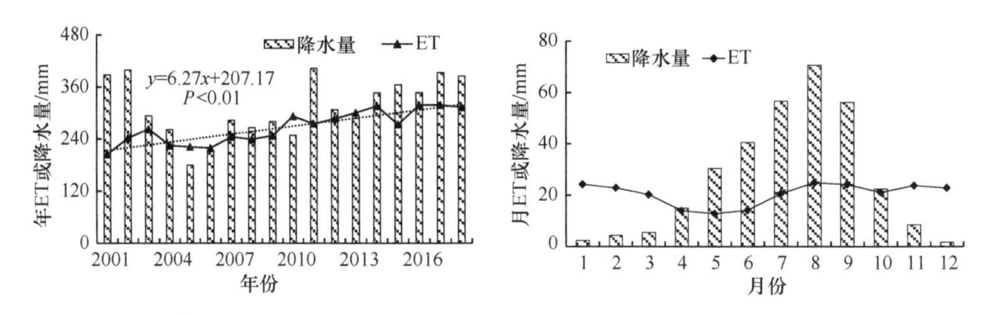

图9-5 盐池2001～2018年ET的年际和年内变化特征

从ET的空间分布情况来看，表现出由西北向东南逐渐增高的特征（图9-6）。ET的这种空间分布与地理、气候特征有关，盐池县从西北向东南由风沙区的荒漠草原向黄土区的典型草原过渡，降水量也由北向南逐渐增加。除了ET在空间上随地理、气候变化的规律性特征外，盐池县在惠安堡镇—冯记沟乡—王乐井乡—花马池镇一线还分布着一些ET高于周边状态的斑块状区域，这些斑块状高ET区为20世纪90年代建成的扬黄灌区和库井灌区，由于灌溉农业导致了高蒸发和高蒸腾。ET的年际间变化斜率显示，全县在2001～2018年ET均呈上升趋势，进一步利用F检验（$P < 0.01$）得出，盐池县的ET上升趋势达到了极显著水平。通过对比ET均值和变化趋势图得出，ET平均值越高的区域，其近18年的变化斜率也越高。

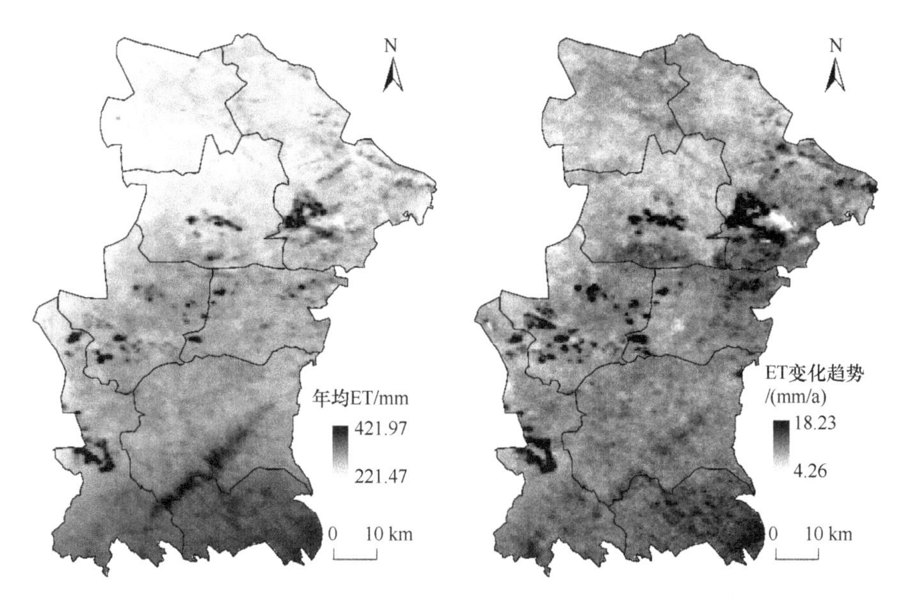

图 9-6　盐池 2001～2018 年 ET 均值和变化趋势

9.2.3　人工植被重建对区域蒸散的影响

已有研究表明，封育禁牧、灌区开发、退耕还林等人类活动促使盐池 NDVI 显著增加（宋乃平等，2015），故盐池 NDVI 的变化在一定程度上代表了人工植被重建的强弱。为定量探讨荒漠草原人工植被重建对生态系统蒸散的影响，利用皮尔逊（Pearson）相关分析法研究了近 18 年 ET 与 NDVI 间的相关性。结果表明，近 18 年盐池荒漠草原 ET 与 NDVI 存在极显著正相关关系（$R = 0.82$，$P < 0.01$），即在植被生长越茂盛的年份，其生态系统的蒸散也越强（图 9-7）。由于年 NDVI 是由最大值合成算法获得，其代表的是一年中植被生长最好的状态，但不能说明植被生长全过程中 ET 与 NDVI 的关系。为此，本研究累加了盐池荒漠草原主要植物的生长季（4～9 月）的 ET，并分析其与生长季平均 NDVI 的关系。结果显示，植被生长季的 ET 与 NDVI 存在更强的相关性（$R = 0.89$，$P < 0.01$），即荒漠草原植被生长过程中，NDVI 越高的年份，植被生长越丰茂，生态系统蒸散也越强（图 9-7）。此外，从 2001～2018 年生长季（4～9 月）和非生长季（10 月至次年 3 月）的逐月 ET 与 NDVI 的关系来看，在生长季二者存在极显著正相关关系（$R = 0.82$，$P < 0.01$），即随着植物生长越茂盛，NDVI 越高，ET 也越高，这与前文 NDVI 和 ET 的特征一致。如在 8 月 NDVI 达到年内最大，ET 也升到年内最高；而在非生长季二者不存在相关关系，即非生长季生态系统 ET 主要来自蒸发，与植被生理生态活动的关系不大（图 9-7）。

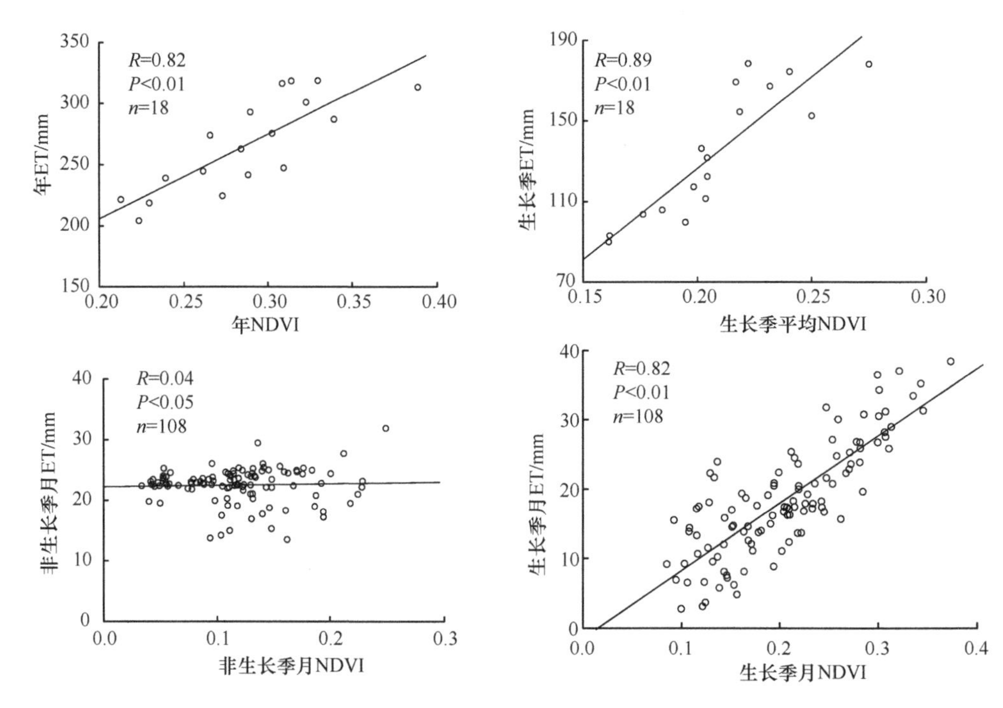

图 9-7 盐池 NDVI 与 ET 间的相关性

此外，从 NDVI 和 ET 的像元尺度相关性分析来看（图 9-8），NDVI 越高的像元，其 ET 值也越高，在盐池全境 31 490 个像元中，二者的相关系数达到了 0.63（$P < 0.001$）。这一结果说明，在不同覆盖度（不同 NDVI）下生态系统的 ET 存在差异，高覆盖度的植被类型其蒸散更强，如灌溉农业、森林和高覆盖度草原。从 NDVI 变化斜率和 ET 变化斜率的相关性分析也可以看出，NDVI 在近 18 年上升越快的像元，其 ET 也增强得越快。由此可初步判断，盐池荒漠草原植被覆盖度的增加和植被结构的变化，在一定程度上驱动了区域生态系统蒸散的增强。

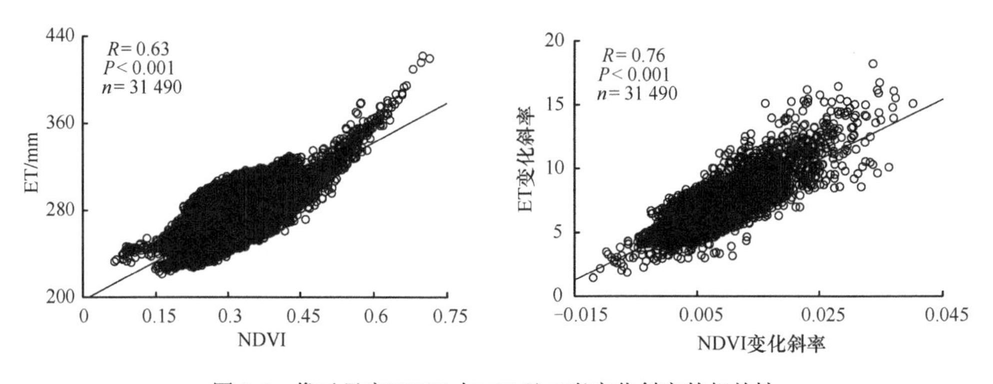

图 9-8 像元尺度 NDVI 与 ET 及二者变化斜率的相关性

进一步对年均 NDVI 采用自然断点法分级，并使用 ArcGIS 软件中的分区统计工具，结合 2001～2018 年蒸散变化斜率的数据，分析不同 NDVI 范围内 ET 的变化情况。结果表明，在 NDVI 最高值区（0.46～0.72），ET 的变化斜率也最大，达到了 10.46 mm/a；在 NDVI 的最低值区（0.06～0.24），ET 的变化斜率也最小，只有 5.58 mm/a。这一结果再次证实，高植被覆盖区近 18 年的生态系统蒸散增强越快（表 9-1），即在荒漠草原区域高密度、高覆盖度的植被结构会产生更大的生态系统蒸散，消耗更多的水资源。

表 9-1　不同 NDVI 值域范围的 ET 变化斜率

NDVI	面积/km²	面积占比/%	ET 变化斜率均值
0.06～0.24	790.59	11.69	5.58
0.24～0.28	2314.66	34.24	5.83
0.28～0.31	2127.27	31.47	6.29
0.31～0.37	1098.84	16.26	6.87
0.37～0.46	335.08	4.96	7.70
0.46～0.72	93.16	1.38	10.46

同时，统计了不同 NDVI 变化趋势下的 ET 变化斜率。结果表明，尽管盐池所有区域的 ET 在近 18 年均在增强，但不同 NDVI 变化趋势下的 ET 变化斜率存在差异。全县仅有 0.07%的区域其植被在退化，NDVI 呈显著下降趋势，而这些区域的 ET 仍然呈现增强趋势，但增强速率在所有类型中最慢。在植被覆盖度、密度增加，NDVI 呈显著上升的区域（占全县 65.34%），其 ET 增强速率快。在 NDVI 为极显著上升的区域 ET 增强速率最快，达到了 6.72 mm/a（表 9-2）。盐池县通过在荒漠草原实施系列生态治理工程，促使县域内植被覆盖度、密度明显增加，这也加剧了其生态系统的蒸散耗水。在干旱半干旱地区降水量有限的情况下，快速大量的生态系统水分蒸散增加和耗水量加大，无疑给这一脆弱生态系统的稳定性带来了压力，一些深根灌木会不断地消耗深层土壤水分，进而导致水分供需失衡。虽然盐池降水量在 2001～2018 年也呈现上升趋势，但蒸散的增强速率明显大于降水的增加速率，长期可能会导致人工重建植被生态系统的稳定性下降。

表 9-2　不同 NDVI 变化趋势下的 ET 变化斜率

NDVI 趋势	面积/km²	面积占比/%	ET 变化斜率均值
极显著下降	1.72	0.03	2.79
显著下降	3.01	0.04	3.44
不显著下降	93.38	1.38	4.82
不显著上升	2245.12	33.21	5.79
显著上升	1572.80	23.27	6.22
极显著上升	2843.58	42.07	6.72

9.3 基于站点观测的草地与人工灌丛蒸散差异分析

9.3.1 观测方法与实验设计

（1）观测数据

本节所需数据由样地安装布设的仪器观测获得，数据采集时间为 2018 年 12 月到 2019 年 11 月。数据主要有涡度相关数据、蒸渗仪数据及环境因子等。其中涡度相关系统的观测结果为荒漠草原带人工灌丛生态系统的蒸散，蒸渗仪观测数据为草地的蒸散。通过对比草地和人工灌丛的蒸散特征，获得人工灌丛化对蒸散的影响。

a. 涡度相关数据

水通量数据由涡度相关系统测量获取，仪器架设高度为 3 m。涡度相关系统加装了三维风速仪（Windmaster Pro，Gill，英国）、开路二氧化碳和水分气体分析仪（LI-7500A，LI-COR，美国）、净辐射计（CNR-4，KIPP&ZONE，荷兰）、空气温湿度探头（HMP45C，CSI，美国），HFP01 土壤热通量板（HFP01，Hukseflux，荷兰）和 CR1000 数据采集器（CR1000，CSI，美国）。使用以上仪器记录风速、超声温度及空气、水蒸气和二氧化碳密度数据，来获得潜热通量、显热通量和二氧化碳通量数据，涡度相关系统的数据采集频率为 10 Hz（0.1 s 一次）。在距地表 10 cm 的土壤剖面上安装土壤热通量板，并将传感器与数据采集器连接记录数据。

b. 蒸渗仪数据

在灌丛行带中的草地上布设直径为 300 mm、高为 150 mm 的微型蒸渗仪，用于测定草地蒸散，数据采集时间为 30 min，测量精度为 0.07 mm。

c. 环境因子

在样地中，安装了自动雨量筒（TE525MM，Texas Electronics，美国）、光合有效辐射传感器（PQS1，KIPP&ZONE，荷兰）、土壤湿度传感器（SM150，DELTA-T，英国）和土壤温度传感器（107-L，Beta Therm，德国）来获取降水、光合有效辐射、土壤体积含水量和土壤温度数据。其中土壤湿度传感器、土壤温湿度传感器埋于距地表 10 cm 处的土层中，观测表层土壤温湿度环境变化。除此之外，还在样地中安装了气象站（Vantage Pro 2，DAVIS，美国），架设高度为 2 m，用于测量气压、风速和风向等气象要素。

（2）处理方法

a. 涡度数据的处理

本研究中涡度数据处理中主要使用 Eddypro 软件和 TOVI 软件，其中 Eddypro

软件用于原始数据的处理，数据处理流程是先对原始数据作质量控制，将异常值剔除，再作时间延迟调整和坐标旋转，计算碳水通量，之后经过超声温度校正，频率校正和 WPL 校正，获得校正后的通量计算结果。使用 Tovi 软件将 Eddypro 软件输出的结果结合生物气象数据进行插补，获得最终数据结果。数据处理中，先通过质量控制将质量差的数据剔除，再使用周边站点数据对气象数据插补，将同样的变量进行合并，计算获得摩擦风速的阈值，最后插补通量数据以获得最终数据（Falge et al.，2001）。

b. 能量平衡

能量平衡比率是用来评价能量闭合的方法之一，也用来验证通量数据的质量，能量平衡比率是指有效能量与湍流能量的比值（童应祥和田红，2009），能量平衡公式（颜廷武等，2015）为 $H+\mathrm{LE}=R_n-G-S-Q$。其中，H 为显热通量；LE 为潜热通量；R_n 为地表净辐射；G 为土壤热通量；S 为观测高度下空气及冠层热储量，在区域冠层高度低于 8 m 时，冠层热储量可以忽略不计（Chen et al.，2011）；Q 为附加能量项总和，通常很小，可以忽略不计。

c. Savitzky-Golay 滤波

Savitzky-Golay 滤波通常简称为 S-G 滤波，用于数据流平滑除噪，是一种在时域内基于局域多项式最小二乘法拟合的滤波方法（Luo et al.，2005）。其优点为在滤除噪声的同时可以确保信号的形状、宽度不变。由于本研究中蒸渗仪数据噪声较多，因此选用 S-G 滤波对数据作滤波处理。

（3）涡度数据质量评价

本章使用 2018 年 12 月 1 日到 2019 年 11 月 30 日的涡度数据，处理获得数据的时间尺度为半小时。采用能量平衡比率法来评价涡度数据结果，将一年共 17 520 个样本数据的湍流能量与有效能量对比计算，使用决定系数（R^2）和回归斜率来评价数据。结果显示，湍流能量与有效能量极显著相关（$P < 0.001$），R^2 为 0.94，回归斜率为 0.73（图 9-9）。通过与前人已有研究结果对比，得出涡度数据在研究认可的范围之内，且质量较高，可用于蒸散的分析（Wilson et al.，2002；Ortega-Farias et al.，2007）。

9.3.2　草地与人工灌丛的蒸散对比

（1）日内蒸散特征对比

草地蒸散数据通过样地中布设的蒸渗仪获取，由于精度原因，其数据存在较多噪声，因此使用 S-G 滤波对数据进行预处理，最终获得草地半小时时间尺度的蒸散数据。计算并分析数据得到一年和冬春夏秋 4 个季节的日内蒸散变化规律（图 9-10）。

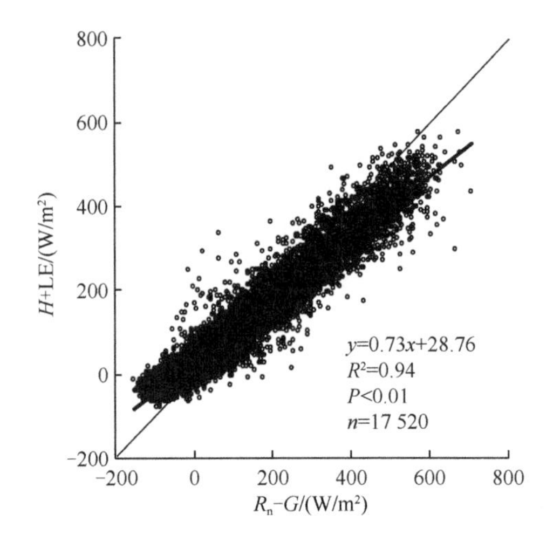

图 9-9　湍流通量与有效能量对比

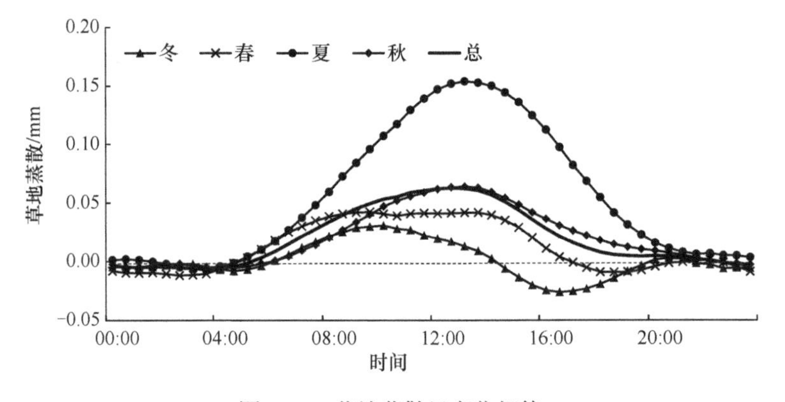

图 9-10　草地蒸散日变化规律

草地蒸散日均蒸散量为 0.97 mm，呈明显的单峰形态。在日出后随着太阳慢慢升起太阳辐射逐渐增加，蒸散速率不断变大，草地蒸散在 13:00 前后达到峰值，蒸散速率为每半小时 0.06 mm，之后随着太阳辐射和温度的变化，蒸散速率逐渐降低。日落后光照慢慢消失，土壤蒸发和植被蒸腾的作用较弱，夜间蒸散量约为 0。随着季节变化，日均蒸散量的变化幅度也呈现先增加后减小的趋势。在冬春季，盐池气温低太阳辐射弱的原因，导致蒸散作用不强，加之受到冰雪升华和露水凝结对蒸渗仪数据记录的影响导致数据结果与其他季节存在一些差异，但变化形态相似。在夏季，草原生态系统日均蒸散量 2.66 mm，在 13:30 前后达到峰值，速率为每半小时 0.15 mm。分析其原因是夏天降水多、光照充足且荒漠草原土壤蓄水能力差，在土壤蒸发速率加快的同时植被的光合作用增强，加大了草地的蒸散量。秋季的蒸散量仅次于夏天，日均蒸散量为 0.97 mm，变化形态与夏季相同，呈单峰曲线，峰值出现在 13:30 前后，蒸散速率为每半小时 0.06 mm。

人工灌丛的蒸散数据由涡度相关系统观测获得，使用 Eddypro 软件和 Tovi 软件处理原始通量数据得到半小时蒸散数据。涡度相关系统获取数据质量高，并通过软件的剔除插补处理，消除了部分由降水和露水凝结等原因带来的影响。人工灌丛的日均蒸散量为 1.10 mm，其日蒸散变化（图 9-11）同样呈单峰曲线，峰值出现在 13:00 前后，其峰值的蒸散速率为每半小时 0.06 mm。对比分析发现，人工灌丛日均蒸散量比与草原生态系统日均蒸散量高 0.13 mm，但草地和人工灌丛的蒸散日内变化规律基本一致，具有同样的单峰形态。然而人工灌丛蒸散速率的峰值却低于草地，进而对比不同季节的蒸散量峰值发现，是由两者夏季蒸散速率的差异导致的，夏季草地蒸散量大，日均蒸散量超出灌草生态系统 0.07 mm。对比草地和人工灌丛夏季日均蒸散速率，数据显示草地蒸散速率在 12:00 后大于人工灌丛蒸散速率，直至 20:00 完全日落后。分析原因，在降水量大的夏季，表层土壤含水量较高，且在干旱半干旱地区土壤蒸发是水分耗散的主要途径（王芑丹等，2017），草地覆被裸露的土壤相较于人工灌丛覆被的土壤蓄水能力差，即使人工灌丛的蒸腾量要大于草地，但土壤蒸发量却小于草地，故在太阳辐射强的时段草地蒸散量高于人工灌丛。在冬季，草地由水汽的凝华和冰的升华过程导致其日均蒸散量高于人工灌丛 0.02 mm，但差异相对整年蒸散量影响较小。而其他季节，人工灌丛蒸散均高于草地蒸散，即使在夏季草地蒸散略高，但更长的时间序列数据表明人工灌丛的蒸散量仍大于草地蒸散量。

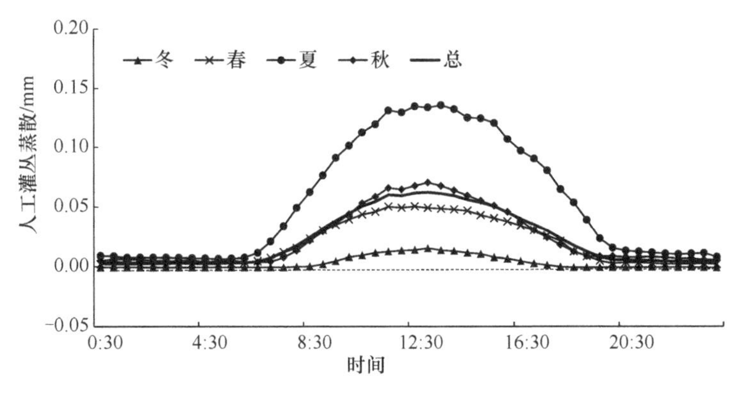

图 9-11　人工灌丛蒸散日变化规律

（2）年内蒸散特征对比

分析数据结果，自 2018 年 12 月 1 日至 2019 年 11 月 30 日草地蒸散量与人工灌丛蒸散量分别为 353.17 mm 和 400.15 mm，两种蒸散量的差值为 46.98 mm。从年内变化趋势来看，草地和人工灌丛蒸散在年内变化呈单峰曲线。两种类型的蒸散在冬季最小，蒸散总量分别为 2.78 mm 和 1.35 mm，随着春季气候变暖和冰雪消融出现较小的波动后，二者的蒸散均开始增加，在夏季蒸散量达到峰值，草地和人工灌丛蒸散量峰值分别在 8 月 10 日和 7 月 23 日出现，随后蒸散开始下降，直到冬季降至最低（图 9-12）。从整体变化趋势来看人工灌丛蒸散大于草地蒸散，但是从图 9-12 中明显可以看出草地日蒸散量的峰值更大，为 6.60 mm，而人工灌丛日蒸散的峰值仅为 4.69 mm，两者相差 1.91 mm。草地和人工灌丛的蒸散量变化明显受到降水的影响，并且发现在雨后的蒸散量更大，而草地蒸散受降水的影响更为强烈。分析原因，在干旱半干旱地区，水量缺乏，日照充足，降水后表层土壤水分得到有效补充，然而在天空放晴时太阳辐射逐渐增强，使大部分的表层土壤水蒸发。与人工灌丛相比，草地植被少且均为矮小浅根系植被，蓄水能力差（李小雁，2011），会将降水获得的水分几乎全部蒸发。在 2018 年 12 月 1 日到 2019 年 11 月 30 日降水总量为 358.10 mm，而同期草地蒸散量为 353.17 mm，在无其他水分来源补给的情况下，可见草地全年蒸散量几乎全部来源于降水。人工灌丛蒸散量为 400.15 mm，除了来自降水的补充，剩余部分水分可能来源于土壤储水、浅层地下水和凝露等水分供应。盐池荒漠草原人工种植的灌丛主要为深根系植被，在起到固沙作用的同时也易于获吸取浅层地下水。

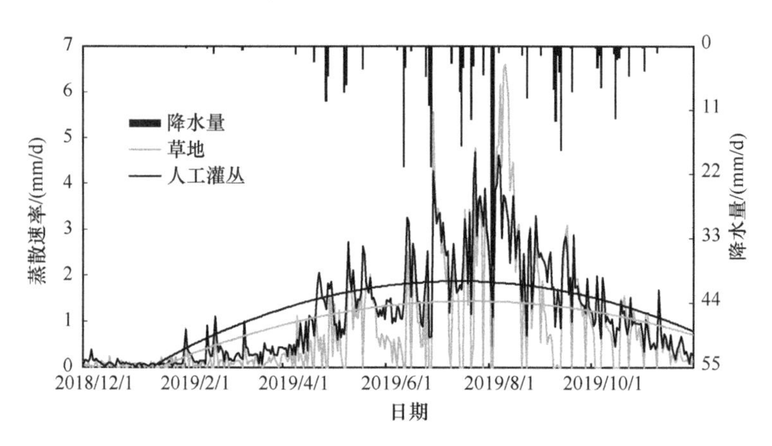

图 9-12　人工灌丛与草地年内蒸散对比

9.3.3　蒸散对环境因子的响应

（1）环境因子的季节变化特征

本研究分析的环境因子有空气温度、饱和水汽压差、光合有效辐射、土壤水分含量及降水量，均为对应仪器设备观测的半小时尺度数据，获取时间段为 2018 年 12 月 1 日至 2019 年 11 月 30 日，所有数据均转换成日值进行分析（图 9-13）。

蒸渗仪与涡度相关系统布设于同一片样地，故草地和人工灌丛的环境响应分析使用同一套环境因子数据。如图 9-13 所示，样地年均空气温度为 9.52℃，全年变化曲线为单峰形态，波动范围小，随时间变化先增加后减小，在 7 月 26 日日均温最高，为 27.18℃，在 12 月 28 日日均温最低，为–18.34℃。饱和水汽压差受到空气温湿度影响，温湿度可影响植物气孔的闭合，进而对蒸散有十分重要的作用，其日均值为 0.78 kPa，变化趋势与空气温度相同，但波动幅度比较大，峰值出现在 6 月 2 日，值为 2.64 kPa。光合有效辐射是指太阳辐射中对光合作用有效的光谱范围内的辐射量，波长为 380～710 nm。其变化规律与空气温度和饱和水汽压差一致，在 6 月 29 日出现 58.14 mol/(m^2·d)的峰值，光合有效辐射年均值为 29.03 mol/(m^2·d)。土壤含水量受降水影响明显，其变化范围为 0.03～0.19 m^3/m^3，全年降水总量为 358.10 mm，日降水范围为 0～53.1 mm。

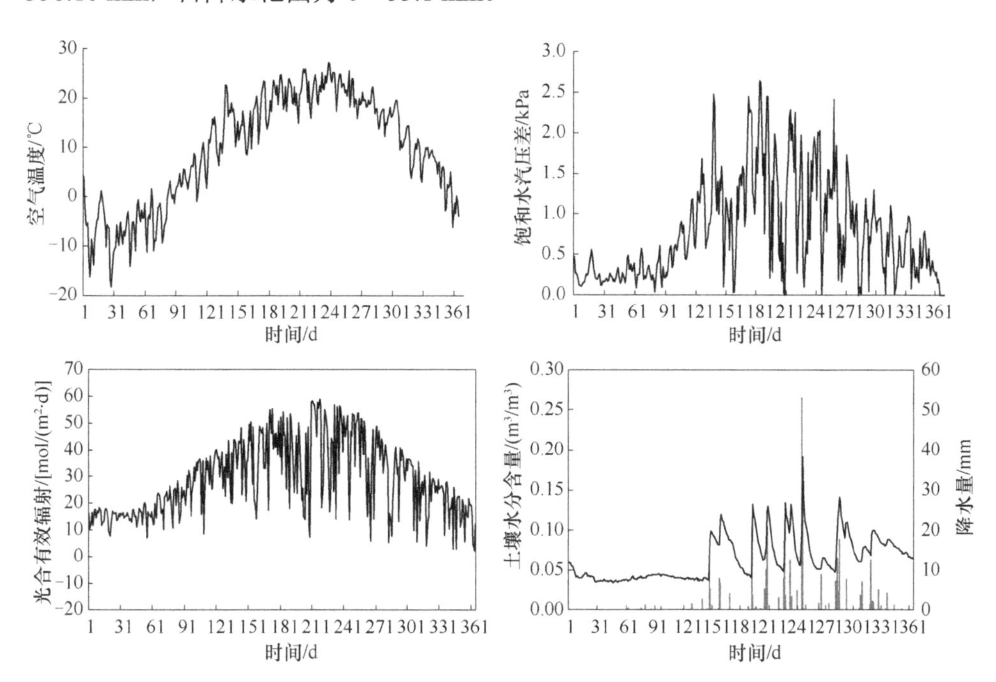

图 9-13　环境因子数据年内逐日变化

（2）草地和人工灌丛蒸散对环境因子的响应

利用相关性分析，分析草地和人工灌丛蒸散对环境因子的响应（表 9-3）。人工灌丛的蒸散与以上四种环境因子同样为极显著相关关系（$P < 0.01$），其相关性系数排序依次为空气温度 ＞ 光合有效辐射 ＞ 土壤水分含量 ＞ 饱和水汽压差。与草地蒸散相比，空气温度是影响其蒸散的主要环境因子。空气温度影响着空气饱和水汽压以及水汽扩散的快慢，同时蒸散年变化也同气温变化一致，在温度低

时，植被叶片凋零且水汽不活跃，蒸散量也较低，而在随着生长季到来，温度升高，植被复苏叶片生长，进而植被蒸腾作用也随之加强。植被蒸腾和土壤蒸发同时随温度的变化增加，所以人工灌丛与草地相比，其蒸散对温度的变化响应度更敏感。在荒漠草原，植被覆被稀疏，太阳辐射强且昼夜温差大，这使得地-气之间热量交换频繁且剧烈，使得不同下垫面的蒸散对环境因子的响应并不完全相同（陈小平，2018）。从日时间尺度分析，草地蒸散对空气温度、饱和水汽压差、光合有效辐射以及土壤水分含量均有极显著相关关系（$P < 0.01$），相关系数在 0.506～0.671，其中光合有效辐射对草地蒸散的影响最大。光合有效辐射是太阳辐射的主要部分，草地上的草本植物稀少，蒸腾量极小，蒸散几乎全部来源于土壤蒸发，而土壤蒸发主要由能量驱动，导致草地蒸散与光合有效辐射相关性最高。另外，草地对其他环境因子的响应强度依次为空气温度、土壤水分含量和饱和水汽压差。

表 9-3 草地和人工灌丛蒸散对环境因子的响应

	草地蒸散	人工灌丛蒸散
空气温度	0.668**	0.797**
饱和水汽压差	0.506**	0.630**
光合有效辐射	0.671**	0.786**
土壤水分含量	0.617**	0.633**

注：**为 $P < 0.01$

9.4 人工灌丛化对盐池荒漠草原蒸散及组分的影响模拟

9.4.1 研究方法与模拟设计

（1）试验数据

a. 气象数据

气象数据来源于中国气象数据网（http://data.cma.cn/）的中国地面气候资料日值数据集（V3.0），选取盐池站点 1954～2016 年的日最高气温、日最低气温和日累积降水量数据。利用山地气候模型 MT-CLIM 4.3 进一步模拟得到日均温度、饱和水汽压差、入射短波辐射和日照时长数据（Thornton et al.，2000）。

b. 遥感数据

BESS 模型为避免不同数据产品在同化过程中带来的不确定性，统一使用中分辨率成像光谱仪（moderate resolution imaging spectroradiometer，MODIS）产品作为输入数据，包括 MO（Y）D04 气溶胶产品、MO（Y）D05 水汽产品、MO（Y）D06 云产品、MO（Y）D07 大气廓线产品、MO（Y）D11 地表温度产品、MCD12Q1 地表覆盖产品、MCD43B2 反照率产品（表 9-4）。在多云天气下，因

MODIS 的气温、露点温度和地表温度存在质量问题，为此，本研究利用美国国家海洋和大气管理局（NOAA）官网发布的美国国家环境预报中心/国家大气研究中心（NCEP/NCAR）再分析数据替代。

表 9-4　BESS 模型遥感空间数据参数

产品编码	数据名称	空间分辨率	时间分辨率	数据年份
MO（Y）D04	气溶胶	10 km	5 min	2003～2016 年
MO（Y）D05	水汽	5 km	5 min	2003～2016 年
MO（Y）D06	云	1 km/5 km	5 min	2003～2016 年
MO（Y）D07	大气廓线	5 km	5 min	2003～2016 年
MO（Y）D11	地表温度	1 km	5 min	2003～2016 年
MCD12Q1	土地覆盖	0.5 km	1 a	2003～2016 年
MCD43B2	双向反射分布函数-反照率质量	1 km	16 d	2003～2016 年
MCD43B3	反照率	1 km	16 d	2003～2016 年
	全球植被聚集指数	6 km		2005 年及 2010 年
	全球 C_3 和 C_4 植物分布图	1°		2003 年
	柯本气候类型分布图	0.5°		1951～2000 年平均状况

注：MOD. Terra 卫星上 MODIS 传感器获取的数据生产的高级数据产品；MYD. Aqua 卫星上 MODIS 传感器获取的数据生产的高级数据产品；MCD. Terra 和 Aqua 卫星上 MODIS 传感器获取的数据混合生产的高级数据产品

c. 其他输入数据

模型其他的输入数据有全球植被聚集指数数据（Chen et al.，2005），全球 C_3 和 C_4 植物分布图（Still et al.，2003），柯本气候类型分布图（http://koeppen-geiger.vu-wien.ac.at/）（表 9-4），北京师范大学发布的土壤粒度分布数据（Wei et al.，2013），大气二氧化碳浓度观测数据（https://www.co2.earth/）。此外，还有本项目研究的实测数据，包括来自站点测量的纬度、海拔、反照率等数据，野外实测得到的草本植物与灌丛的高度均值，使用元素分析仪（Vario MACRO）和 Van SOEST 改进范式法测定的部分盐池荒漠草原草本植物与中间锦鸡儿灌木的生理生态参数。模型验证使用了北京林业大学宁夏盐池毛乌素沙地生态系统国家定位观测研究站 2012 年的开路涡度相关观测数据。

（2）模拟方法设计

本文采用 BIOME-BGC 模型分别模拟单一草地和单一灌丛状态下的生物生长过程与冠层叶面积指数（LAI）变化，并将逐日叶面积指数作为 BESS 模型的输入参数，驱动 BESS 模型模拟盐池荒漠草原地区原始草地和人工灌丛化后的中间锦鸡儿灌木两种植被情境下的生态系统蒸散及其组分构成，以此来研究荒漠草原人工灌丛化前后生态系统的地-气水汽交换特征。

a. BIOME-BGC 模型

BIOME-BGC 模型（Landsberg and Waring，1997）由美国蒙大拿大学森林学院陆地动态数值模拟研究所提出，是用来模拟全球和区域生态系统碳、氮及水循环的生理生态过程模型（Ryu et al.，2011）。它以气象、土壤条件和植被类型作为输入变量，模拟生态系统光合作用、呼吸作用和土壤微生物分解过程。本研究针对草地和灌丛两种生态系统类型，对驱动 BIOME-BGC 模型的 18 个关键生理生态参数进行本地化实测或借鉴已有研究（郑琪琪等，2019）（表 9-5），其他 26 个生理生态参数取模型默认值，来模拟盐池不同植被（草地和灌丛）状态下的植被生长过程与 LAI（Landsberg and Waring，1997）。

表 9-5　BIOME-BGC 模型中草地及灌丛的本地化生理生态参数

参数	单位	草地		灌丛	
		取值	来源	取值	来源
生长季开始	DOY	100	本研究测定	100	本研究测定
生长季结束	DOY	290	本研究测定	290	本研究测定
叶片和细根年周转率		1.0	设定	1.0	设定
植物火烧死亡率		0	本研究测定	0.0	本研究测定
细根与叶片碳分配比		1.5	（穆少杰等，2014b）	0.98	本研究测定
茎与叶片碳分配比		—	—	1.06	本研究测定
粗根与茎分配比		—	—	0.94	本研究测定
叶片碳氮比	Kg C/kg N	23.37	本研究测定	20.2	本研究测定
细根碳氮比	Kg C/kg N	46.36	（穆少杰等，2014b）	24.04	本研究测定
活木质组织碳氮比	Kg C/kg N	—	—	31.15	本研究测定
凋落物中易分解物质比例		0.29	本研究测定	0.26	本研究测定
凋落物中纤维素比例		0.55	本研究测定	0.64	本研究测定
凋落物中木质素比例		0.16	本研究测定	0.10	本研究测定
冠层消光系数		0.6	默认参数	0.43	参数优化
冠层比叶面积	m^2/kg C	11.88	本研究测定	19.8	本研究测定
酮糖二磷酸羧化酶中氮含量与叶氮含量		0.159	（闫霜等，2014）	0.33	（闫霜等，2014）
气孔开始缩小时的叶片水势	MPa	–0.42	（陈丽茹等，2016）	–0.42	（陈丽茹等，2016）
气孔完全闭合时的叶片水势	MPa	–2.31	（陈丽茹等，2016）	–2.31	（陈丽茹等，2016）

注：DOY 为年内日序（day of year）；“—”表示物对应值

b. BESS 模型

BESS 模型是一种生物物理模型，用于模拟高时空分辨率的生态系统碳、水通量交换过程（Ryu et al.，2011）。它基于 Farquhar 光合作用模型，并耦合一维大气辐射传输模块、双叶冠层辐射传输模块和碳吸收-气孔导度-能量平衡模块，BESS 模型通过计算大气辐射和冠层辐射传输来量化阳光/阴影冠层的通量贡献值，从而提高模拟精度（Thornton et al.，2000）。BESS 模型的输入数据包括站点位置、遥感数据、聚集指数、C_3 与 C_4 植被分布和气候类型等。本研究通过 BIOME-BGC 模型输出的草地和灌丛植被 LAI 数据及两种植被类型的特性参数，来驱动 BESS 模型模拟原始荒漠草原和人工灌丛化草原的生态系统蒸散及其组分。

9.4.2　蒸散模拟结果精度验证

本研究使用基于涡度相关系统观测获得的 2012 年盐池荒漠草原灌草生态系统通量数据（Jia et al.，2016）进行验证，由于降水会影响通量数据的质量，因此将降水天数据剔除，并从原始半小时尺度的观测数据累加计算出日尺度蒸散数据，得到 302 个实测蒸散样本。本章根据生理生态参数定义，模拟出的是单一草原生态系统和单一灌丛生态系统的蒸散，而涡度相关系统观测到的是盐池荒漠草原地表灌草混合系统的蒸散。根据盐池县人工灌丛区的植被调查结果，统计了 10 个调查区每个 20 m×20 m 样方中的灌木和草地覆盖度比例，确定灌草混合系统的草地占比为 77%，灌丛占比为 23%。根据该灌草比例计算模拟灌草系统蒸散，与涡度相关蒸散进行对比，并利用均方根误差（RMSE）来评价模拟效果。结果显示，整体上模拟值与实测值极显著相关（$P < 0.01$），RMSE 为 0.58 mm/d。尽管模型模拟在高值区对蒸散有一定的低估现象，但 BIOME-BGC 与 BESS 模型相结合的蒸散模拟值整体上能解释实测值的变化趋势，具有一致性和可信性（图 9-14）。因此，BIOME-BGC 与 BESS 模型相结合的方法适用于盐池县人工灌丛化前后的生态系统蒸散模拟。

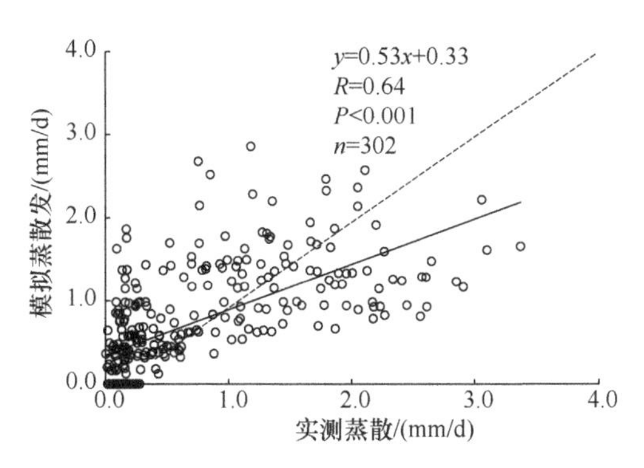

图 9-14　盐池蒸散日尺度模拟值与实测值对比

9.4.3　人工灌丛化对盐池荒漠草原叶面积指数（LAI）的影响

（1）人工灌丛化对 LAI 年际影响

叶面积指数（LAI）定义为单位地表面积上植物叶片总面积占地表面积的比

例（Myneni et al.，2002），它是生态系统水文过程的关键参数（赵传燕等，2009b）。BIOME-BGC 模型通过时间序列的气象数据和植被类型参数模拟生态系统过程，气象数据的时间序列越长，模拟出的效果就会越准确（Thornton et al.，2000）。故本研究使用 1954～2016 年的气象数据驱动 BIOME-BGC 模型，并将高程、纬度、土壤、CO_2 等本地化数据输入模型，分别选取草地和灌丛两种植被类型，来模拟盐池荒漠草原区 63 年来两种植被类型的 LAI 序列。从模拟结果来看，草地 LAI 年最大值的多年平均值为 0.20，变化范围为 0.19～0.22；灌丛 LAI 最大值的为多年平均值为 0.67，变化范围为 0.54～0.80；灌丛 LAI 的年际波动范围明显高于草地（图 9-15）。从 LAI 的周期变化来看，草地和灌丛具有相似的波动特征，它们的波动过程与气候波动同步。

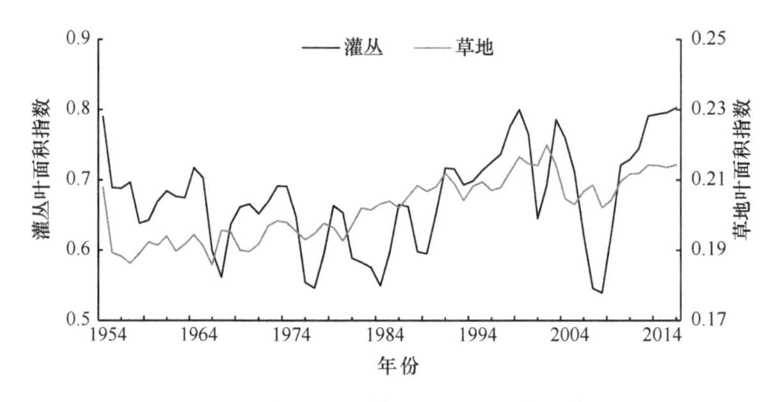

图 9-15　草地和灌丛的年最大 LAI 年际变化

（2）人工灌丛化对 LAI 年内影响

从两种植被类型的年内 LAI 变化特征来看（图 9-16），草地 LAI 随着年内生长过程表现出典型的单峰曲线，变化范围是 0.00～0.20，在 8 月中旬达到峰值，在此之前 LAI 平稳缓慢增长，而 8 月中旬之后，LAI 开始下降，同时变化速率加快，到 10 月底降回 0。草地 LAI 变化体现了盐池主要一年生草本植物的枯荣过程，草本植物在生长季开始后复苏生长，随着温度升高和降水增多，叶片分裂、伸长和增大；生长季结束后，草本植物叶片开始快速枯黄、衰落。灌丛相对于草地，其年内 LAI 的变化幅度大，但也同样具有明显的生长季特征，全年变化范围在 0.00～0.67，不同的是其生长季变化分为三个阶段，生长季初期灌丛 LAI 处于快速上升过程，在 6 月初开始生长的速度减缓，直到 8 月底 LAI 达到全年的最大峰值，之后开始快速下降，在生长季结束后降到 0。盐池荒漠草原人工种植的中间锦鸡儿为多年生灌木，其叶片虽然也会随着四季变化而枯荣，但其复苏生长和枯落速度均大于草本植物（图 9-16）。从以上的模拟结果可以看出，荒漠草原人工灌丛化会改变陆地生态系统的 LAI 年际和年内特征，而这种植被结构和 LAI 的变化势必导致生态系统蒸散的变化。

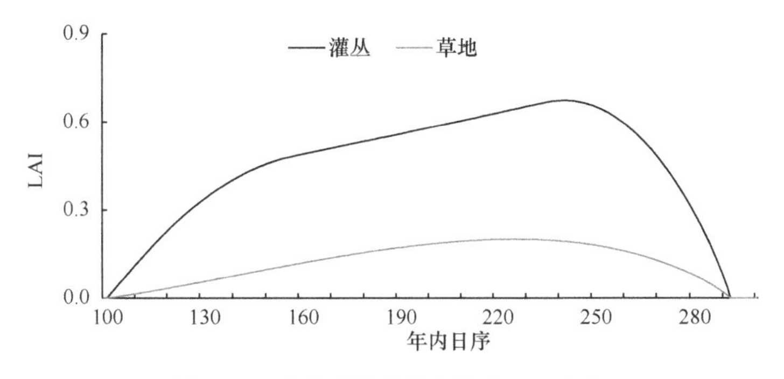

图 9-16　草地和灌丛的生长季 LAI 变化

9.4.4　人工灌丛化对荒漠草原蒸散及其组分的影响

前文述及荒漠草原人工灌丛化会导致平均 LAI 增高和年内变化特征改变，同时会引起植被高度等结构参数变化（Huxman et al.，2005）。所以本研究依据野外实测草地和中间锦鸡儿灌丛高度，以及 BIOME-BGC 模型模拟出的两种植被类型的 LAI 数据序列，结合同期其他遥感观测数据，来驱动 BESS 模型模拟荒漠草原人工灌丛化对陆地生态系统蒸散的影响。由于模型所需的 MODIS 陆地和大气遥感产品在宁夏地区从 2002 年下半年开始才有正常数据，因此本研究只模拟了盐池荒漠草原 2003～2016 年的原始草地及灌丛化后的生态系统蒸散。

（1）人工灌丛化对蒸散年际与年内变化的影响

模拟结果显示，草地和灌丛的年均蒸散分别是 251.74 mm 和 281.42 mm，荒漠草原人工灌丛化后，生态系统蒸散平均增加了 29.68 mm。草地年蒸散在 213.44～281.97 mm，而灌丛年蒸散在 235.40～327.57 mm，人工灌丛化增加了蒸散的波动范围（图 9-17）。从时间序列来看，灌丛和草地的年蒸散在 2005～2006 年达到了近 14 年（2003～2016 年）的最低谷，最小值都在 2006 年，分别为 235.40 mm 和 213.44 mm，蒸散年际波动主要与极端气象干旱有关，2005 年是宁夏近 14 年的气象降水的极端亏缺年（杜灵通等，2015a），极端干旱会导致生态系统供水不足，出现蒸散的低谷，之后生态系统的蒸散逐渐恢复（刘可等，2018）。从日尺度的草地和灌丛蒸散关系来看，灌丛蒸散普遍高于草地蒸散，散点主要落于 1∶1 线的上方（图 9-17），人工灌丛化前草地的蒸散为 0.69 mm/d，人工灌丛化后灌丛的蒸散为 0.77 mm/d，人工灌丛化导致荒漠草原生态系统蒸散增加约 1.12 倍。

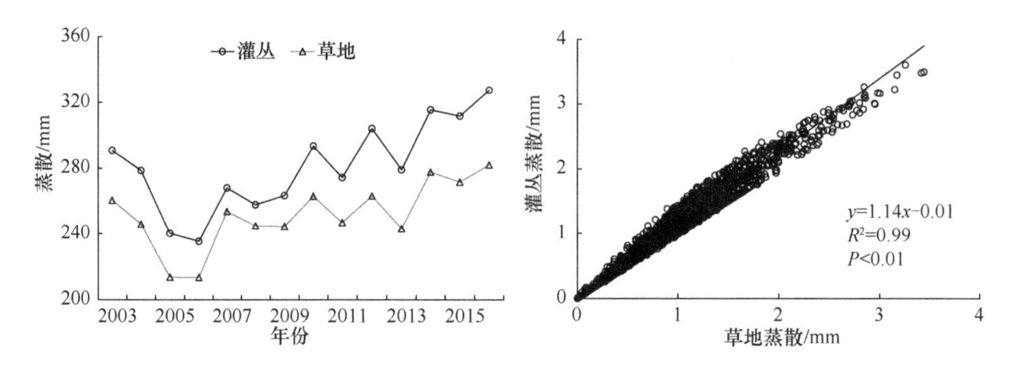

图 9-17　BESS 模拟的草地和灌丛蒸散及它们之间的关系

从年内变化来看，草地和灌丛的蒸散在年内的月变化呈单峰曲线，两种植被类型的蒸散在冬季（1 月和 12 月）最小；生长季初期随着气候变暖、冰雪消融出现短暂波动后，二者的蒸散均开始增加，在 8 月达到峰值，草地和灌丛在 8 月的日蒸散均值分别为 1.27 mm/d 和 1.56 mm/d；生长季结束后，二者的蒸散开始下降，直到生长季结束蒸散降到最低（图 9-18）。草地和灌丛在非生长季（1～3 月与 11～12 月）蒸散差异不大，即人工灌丛化对荒漠草原生态系统冬季蒸散的影响不明显，这是因为草本和灌木植被在非生长季均进入休眠期，叶片枯落，不发生光合作用和蒸腾耗水；从生长季植被复苏开始，灌丛蒸散就开始逐渐高于草地蒸散，且随着生长季的来临，植被生长越茂盛，灌丛蒸散就越强，灌丛蒸散与草地蒸散的差值亦越大，其中 8 月蒸散平均差值可达 0.29 mm/d；生长季结束后，二者的差异也随着蒸散的减弱而缩小（图 9-18）。

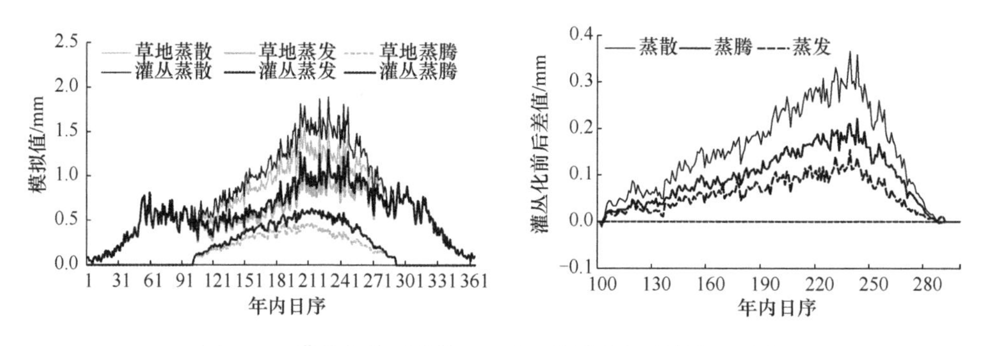

图 9-18　灌丛化前后蒸散、蒸发和蒸腾的年内变化及差值

从蒸散组分的年内变化来看，荒漠草原人工灌丛化对其蒸腾影响很大，即大量种植中间锦鸡儿会明显增强区域植被在生长季的蒸腾量，进而导致整个荒漠草原生态系统蒸散增强，生态系统耗水量增加，这个特征在生长季表现明显。人工灌丛化对蒸发虽然也有影响，但强度明显不及蒸腾量，随着生长季的来临和夏秋

季降水量的增多，灌丛的蒸发略强于草地的蒸发，这可能与中间锦鸡儿的冠层结构有关，相对于草本植被，中间锦鸡儿的茎秆和叶片会截留更多的降水，进而增强了雨后冠层蒸发。综上可知，荒漠草原人工灌丛化会对植被蒸腾作用产生明显影响，进而增强植被土壤系统的蒸散，导致生态系统的耗水量增强。

（2）人工灌丛化对蒸散组分结构的影响

从前节得出荒漠草原人工灌丛化增强了生态系统整体蒸散，然而蒸散由蒸腾和蒸发两种组分共同组成，为研究灌丛对两种组分结构的影响，利用 BESS 模型模拟了两种植被类型的蒸散组分（图 9-19）。从图 9-19 中可以看出，人工灌丛化不仅影响了蒸散总量变化，还引起了组分结构的变化。从组分结构来看，荒漠草原不管是否发生灌丛化，均表现出蒸发大于蒸腾的规律。2003～2016 年，草地蒸腾在 48.08～56.42 mm，平均为 52.59 mm，草地蒸发在 159.18～225.76 mm，平均为 199.15 mm；而灌丛蒸腾在 59.32～84.23 mm，平均为 70.87 mm，灌丛蒸发在 168.24～243.34 mm，平均为 210.55 mm。从不同年份两种植被类型的蒸腾/蒸发来看，灌丛均高于同年的草地，多年平均值由 26.79%增加到 33.84%，即荒漠草原人工灌丛化过程改变了生态系统的蒸散结构比例（图 9-19）。从 14 年的平均值来看，人工灌丛化导致生态系统蒸腾量平均增加了 1.35 倍，蒸发量增加了 1.06 倍，其中 2014 年的蒸腾量增加了 1.50 倍，为近 14 年最高，可见荒漠草原人工灌丛化对生态系统蒸腾的增强作用强于对蒸发的增强作用。这是由于盐池荒漠草原人工灌丛化是一种在草本植被的草地上按不同行距和株距种植中间锦鸡儿灌木，进而演替成灌丛的过程，相对于原本全是稀疏草本植物的草原生态系统，灌丛化后的中间锦鸡儿不仅冠层生物量大，且耗水量也比草本植物高，从而导致灌丛化后蒸腾量强烈增加。

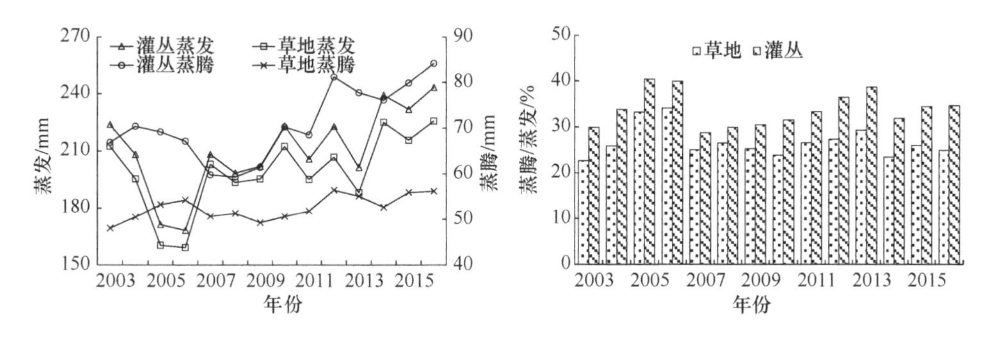

图 9-19　灌丛化前后蒸散组分及蒸腾/蒸发的年际变化

利用 BESS 模型输出的 2003～2016 年逐日蒸散组分数据求取月均值(图 9-20)，可以看出人工灌丛化前后蒸散组分的变化与蒸散基本一致。其中草地和灌丛的蒸发在 4～9 月略有差异，而在 10 月至次年 3 月差异非常小；蒸腾则明显表现出随植被生长节律而变化的规律，即随着植被年内生长由弱到强再到弱的生长过程，蒸腾差异由小到大再变小。其中草地的最大蒸腾出现在 7 月，为 12.74 mm，而灌丛的最大蒸腾出现 8 月，为 17.22 mm。蒸腾占蒸散比例最高的月份均是 6 月，草地蒸腾占蒸散的比例为 37%，灌丛蒸腾占蒸散的比例为 40%。蒸腾占蒸散比例在非生长季均约为 0，这一时期生态系统水分消耗主要为土壤蒸发。从季节性组分统计来看（图 9-20），人工灌丛化降低了蒸发比例，增高了蒸腾比例。这种生态系统蒸散组分结构的变化，不仅表明荒漠草原人工灌丛化会增强水分消耗总量，还会引起水分耗散结构的变化，从而对生态系统的稳定性维持产生影响。

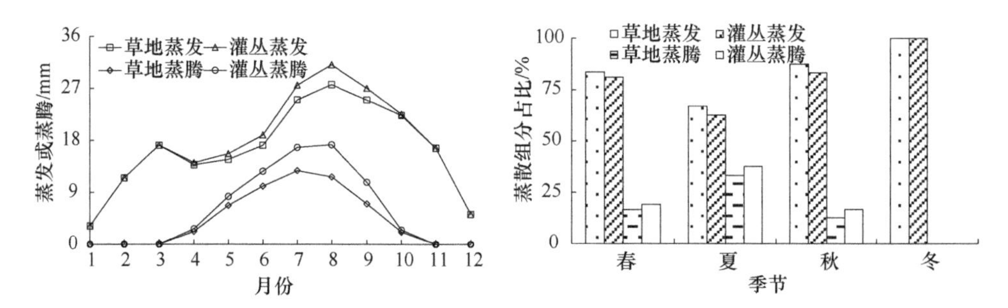

图 9-20 灌丛化前后蒸散组分年内变化及季节组分结构

第 10 章　宁夏荒漠草原生态系统碳水耦合特征

近年来以大气中 CO_2 浓度增加为主要特征的“碳问题”（carbon issue）和以淡水资源短缺为主要特征的“水问题”（water problem）已引发了全世界陆地生态系统碳水循环研究的热潮。碳水循环作为陆地生态系统物质和能量循环的核心，两者并不彼此孤立，而是密切联系、相互耦合的生态学过程。当前，两者间耦合关系的研究已成为碳水循环和生态系统碳水管理的重点之一。碳循环主要包括植被光合作用、植被呼吸消耗、枯落物分解和土壤碳循环等过程，水循环主要包括降水、蒸散、产流和土壤水分变化等过程，陆地生态系统碳水循环通过这些内在过程有机地耦合在一起。虽有文献从基于生理生态学的叶片尺度、利用通量观测的冠层尺度和基于遥感数据与水文观测的区域尺度，对陆地生态系统碳水耦合机制及其变化规律开展研究，但当前有关陆地生态系统碳水耦合的研究起步较晚，尚未建立完整的研究体系和方法论。为此，本章在介绍生态系统碳水耦合的概念的基础上，通过可视化文献分析法，综述了生态系统碳水耦合的国际研究进展；以水分利用效率为指标，研究了宁夏陆地生态系统碳水耦合特征；以通量观测数据为基础，研究了盐池荒漠草原人工灌丛群落的碳水耦合特征。

10.1　生态系统碳水耦合的概念及进展

10.1.1　生态系统碳水耦合的概念

植物的光合作用和蒸腾作用是生态系统能量流动与物质循环的两个最基本的生理生态学过程。光合作用是推动和支撑整个生态系统的原始动力，是陆地生态系统碳固定的主要途径，也是认识植被碳汇形成机制、构建陆地生态系统碳循环模型的理论基础。蒸腾作用是与光合作用相伴随的植物体及土壤水分散失的过程。而植物的光合作用和蒸腾作用由共同受植物调控的气孔行为所控制，生态系统是以气孔行为为节点（赵风华和于贵瑞，2008），把碳循环和水循环有机地耦合成为整体（图 10-1）。

植物的光合作用、呼吸消耗、枯落物分解与土壤碳循环等组成了碳循环过程，降水、蒸散、径流及土壤水分变化等组成了水循环过程。不同尺度的碳循环和水循环并不是互相孤立的，而是相互作用、相互影响、密切联系的两个过程。光合作用过程主要受辐射、土壤含水量、气孔导度、叶片生物量和化学作用控制，这些因素同时也是调节蒸散的关键因素。蒸散和降水的季节模式共同影响生态系统的生产力，生态系统呼吸主要由土壤温度和湿度控制。总体而言，植被、土壤、大气和多种生物与环境因子共同控制生态水文耦合过程（刘宁等，2012）。根据碳水在土壤-植物-大气连续体（SPAC）中的运动过程，可将生态系统碳水之间的耦合作用分为土壤-大气、土壤-植被、植被-大气和植物体内部的 4 个尺度的关联（赵风华等，2011），并划分为叶片、植株、冠层、生态系统和区域等不同尺度的碳水耦合，目前学界已在不同尺度上证实了二者耦合关系的存在。

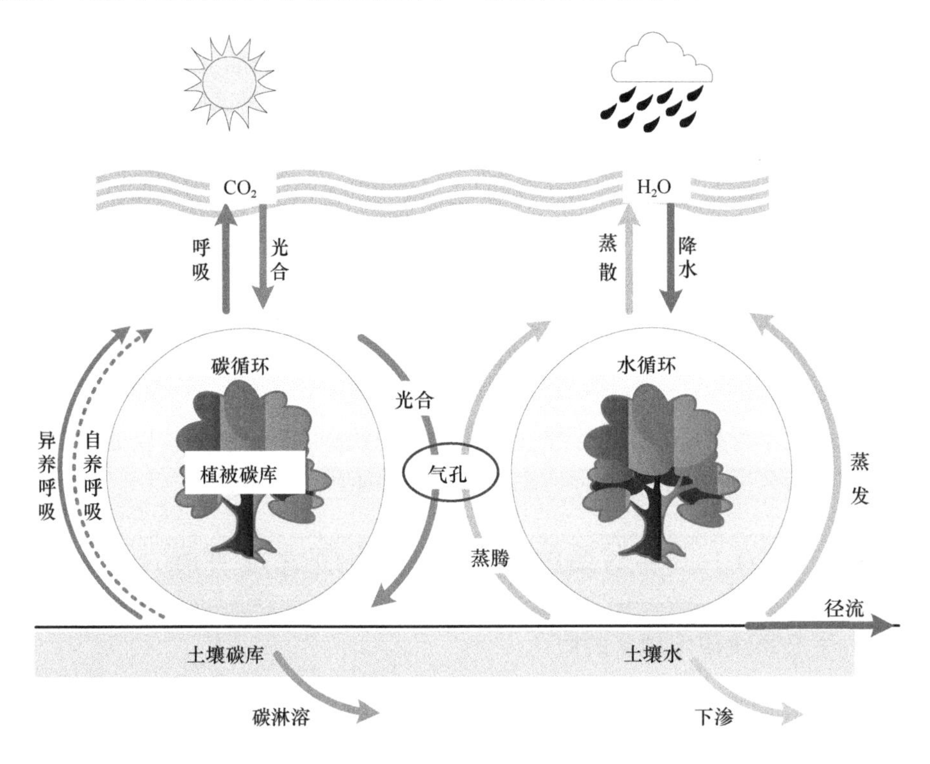

图 10-1　生态系统碳水耦合关系（彩图请扫封底二维码）

水分利用效率（WUE）作为评价植物固碳和耗水的参数，不仅具有较高的科学研究价值，而且对指导生产实践也发挥了较大作用。全球气候变化在改变水文过程的同时，也通过改变植被生态过程和空间分布格局而间接影响水文循环，使水循环和植被的关系更复杂。分析各个尺度 WUE 对环境变化的响应有利于更好地了解多尺度碳水耦合的机制。WUE 一般定义为生产力与耗水量的比值。生产力与耗水量在不同尺度具有不同的定义，因此，不同空间尺度上，WUE 研究分为叶片、生态系统和区域三个水平。

10.1.2　叶片和植株尺度的碳水耦合

植物叶片光合作用是生态系统初级生产力的源头，是陆地生态系统碳循环最重要的生物学过程（Berry et al.，2010）。植物叶片蒸腾作用是植物耗水的主要形式，也是陆地生态系统水循环受生物因素控制的重要环节，气孔在叶片尺度为 CO_2 和水汽的交换通道（赵风华和于贵瑞，2008），同时影响着植物光合和蒸腾过程，控制着植物碳、水间的平衡关系（刘宁等，2012），一般认为，气孔对 CO_2 和水汽进出叶片的共同控制作用是叶片光合-蒸腾耦合关系形成的原因，也是陆地生态系统碳水循环耦合的生理生态学基础。大量的观测和试验证明，植物叶片的光合和蒸腾是两个相互协调、密切耦合的过程，二者对许多环境因子具有趋向一致的变化特征，而且光合-蒸腾的这种耦合关系一般不会因为水肥条件的变化而有明显的改变，在一般条件下，光合和蒸腾都表现为极显著的正相关关系。自然条件下植物调节气孔导度可实现最大限度的固碳，同时由于蒸腾作用消耗大量的水，而水分亏缺对气孔导度起反馈作用，限制碳的固定，这种反馈机制构成了植物固碳和耗水之间的平衡关系，影响叶片的水分利用效率（赵风华等，2011）。

在早期，生态系统碳循环研究主要是植物叶片微观生态生理过程（如光合和呼吸）与生物个体生长发育对单个环境要素变化的短期反应，但这些资料以定性描述为主，应用的经验模型不涉及碳循环变化的过程机制（Lawton，1995）。20 世纪 70 年代以来，稳定同位素技术开始迅速发展（曹明奎等，2004；穆少杰等，2014a）。稳定同位素测定技术是以光合和蒸腾过程会对碳同位素产生分馏作用的机制为基础，植物的稳定碳同位素组成（$\delta^{13}C$）反映了与植物光合、蒸腾强度相关联的水分利用效率，指示着植物的长期水分利用效率，其变化对于植物适应干旱环境具有非常重要的作用（穆少杰等，2014a）。在枝叶水平上的植物水分消耗的测定方法源于植物生理学研究领域，主要包含蒸腾计法、快速称重法（剪枝称重法）、稳态气孔计法、光合系统测定仪法（寿文凯等，2013；苏建平和康博文，2004）。其中蒸腾计是首先出现的测定实验设施，随后国内外学者通过对蒸腾计进行改进，提高了观测的精度和效率（苏建平和康博文，2004；刘奉觉等，1997）。快速称重法是假设枝叶离体后在短时间内蒸腾速率变化不大的前提下估算树木蒸腾量，估算值需经过订正后方可接近自然树木的蒸腾值。稳态气孔计法（steady state promoter method）及随后发展起来的光合系统测定仪法（photosynthetic system measuring method）为测定瞬时蒸腾提供了便利手段（寿文凯等，2013），两者同样采用气体交换法原理测定植物的光合和蒸腾。稳态气孔计在测定植物蒸腾耗水时，需要根据当地的气候条件和植物的生长状况，采用其他测定方法进行校正。而光合系统测定仪法采用 LI-6000、LI-6200、LI-6400、CIRAS-2、LCA24、CB-1101、CB-1102 等便携式光合分析系统测定和分析植物蒸腾速率，是多年来的主要测定手段，同时也是测定植物光合速率的主要方法，为叶片尺度碳水耦合关系的分析提供了便利手段，其测定简便易行，具有自动功能强、测定精度高等特征（石磊等，2016）。在实验过程中可以控制叶片周围的 CO_2 浓度、温度、相对湿度等所有相关的环境条件，并与其他生态或气象因子传感器及与数据采集器连接，利用专用软件实现对树木叶片蒸腾速率和光合速率的定期或连续不间断测定，并获得蒸腾、光合速率与和环境因子的波动曲线。但该方法所测数据为瞬时速率，反映树木的潜在固碳能力和耗水能力，与树木实际速率数值差异较大，只能用于比较不同树种的耗水特性而不能用于精确推算实际耗水量。

10.1.3 冠层和生态系统尺度的碳水耦合

在冠层尺度上，树木通过蒸散消耗水分，同时固定 CO_2 增加生物量，这些过程受到很多因素的影响。在光能的参与下，冠层通过叶片中的叶绿体同化 CO_2 和 H_2O，制造出有机物，树木通过蒸腾作用失水，发生水分胁迫时气孔导度受到反馈调节而影响植被的光合固碳过程（赵风华等，2011）。光合作用中 CO_2 经气孔向叶内扩散，而树木根部吸水在蒸腾拉力的作用下到达叶片，与 CO_2 一起发生生化反应，CO_2 和 H_2O 在此过程中发生耦合，该过程构成冠层最重要的碳水耦合过程。对于群落尺度和生态系统尺度，碳水耦合关系主要体现在生态系统蒸散、降水、产流、碳累积和生产力等碳水相互作用上（于贵瑞等，2014a，2006）。目前，微气象学的涡度相关法已广泛应用在陆地生态系统物质和能量交换观测，并取得良好的效果，这种方法也成为通量观测网络 FluxNet 的标准观测方法。涡度相关技术通过测定 CO_2 和 H_2O 的浓度与风速垂直变化的相关性，以确定植被冠层与大气界面的 CO_2 和 H_2O 交换通量，能够非干扰连续测定不同生态系统大气与群落间 CO_2 和水热通量，能够更为有效地在生态系统尺度上揭示陆地生物圈-大气圈的相互作用关系（于贵瑞等，2014a）。20 世纪 80 年代后期，红外波谱仪的商业化生产才使这种技术应用于 CO_2 通量的长期连续测定。从 1990 开始应用该技术进行碳水通量的连续观测（于贵瑞等，2014b），形成了区域（EuroFLUX、AmeriFLUX、AsiaFLUX 和 ChinaFLUX 等）和全球（FluxNet）碳水通量观测网络。中国陆地生态系统通量观测研究网络（ChinaFLUX）于 2001 年正式创建，并开始了长期联网观测（于贵瑞等，2014b）。经过多年的发展，在数据积累、过程机制、模型模拟和区域评价等方面均取得了重要进展，推动了中国通量观测研究事业的发展与壮大。通过分析通量站提供的连续的碳、水通量发现，碳、水之间存在明显的耦合关系，表现为冠层碳、水通量存在一致的日和季节变化特征，以及二者具有明显的线性正相关关系（Law et al.，2002）。Law 等（2002）通过利用 FluxNet 观测平台对分布在欧亚大陆中高纬度的常绿阔叶林、落叶阔叶林、草地、农田多种生态类型的 64

个站点的碳水通量进行综合分析发现，总初级生产力和蒸散呈显著的线性正相关关系；Yu 等（2008）对中国东部森林样带三个典型的森林生态系统的碳水通量研究发现，冠层水、碳通量存在一致的日和季节变化特征，具有明显的线性正相关关系；季节内累积碳同化量与累积蒸散量具有稳定的线性关系等。生态系统碳水循环的驱动能源具有严格的同步变化特点。驱动冠层碳同化过程的冠层截获光合有效辐射与驱动生态系统蒸散的太阳辐射有较稳定的比例关系（刘宁等，2012）。

10.1.4　区域尺度的碳水耦合

区域尺度的碳水耦合关系主要体现在蒸散、净生态系统碳累积及净初级生产力、生态系统呼吸等水、碳循环过程之间的相互作用上（刘宁等，2012）。在区域和全球尺度上，基于通量站的全球通量网络和多光谱、高分辨率遥感数据，以通量站点数据为依托，利用遥感技术进行尺度外推，构建的大尺度碳水资源评价模型等是评价区域尺度碳水耦合研究的基础（于贵瑞等，2014a）。全球通量网提供了连续的站点级别的碳、水通量观测数据（Yu et al.，2006）；近年来随着遥感技术的发展，高空间、时间分辨率及多光谱遥感的出现，基于遥感的区域蒸散估算模型迅速崛起，并在区域尺度碳水估算上表现出极大的优越性（于贵瑞等，2014a）；碳水耦合模型作为一种基于现有理论构建的、拥有可控条件的研究手段，具有实地观测和其他试验方法无法比拟的优点，为此类研究提供了一种有效工具（马芮，2018）。基于全球通量网络和遥感数据的分析发现，陆地年总初级生产力与蒸散量之间呈显著的线性正相关关系，同一植被类型年总初级生产力与蒸散量的比值趋于一个稳定的数值。现存的许多植被生产力模型都将降水量、蒸散量等水汽通量作为主要变量，认为植被生产力与水汽通量之间具有某种经验性的函数关系（龚婷婷，2017）。Law 等（2002）利用全球通量站点数据对不同生态系统类型的碳水通量关系研究发现，不同生物群落内的月总初级生产力与蒸散存在相似的线性比例关系，并且耗水和固碳存在很强的年内耦合关系；Zhao 和 Running（2011）利用遥感数据和全球通量站点数据对全球陆地净初级生产力的分析发现，2000～2009 年，干旱化趋势造成陆地净初级生产力降低；陆地净初级生产力的变化趋势与干旱指数具有较强的相关性，间接反映了水分对全球生产力的限制。

10.2　生态系统碳水耦合的国际研究现状分析

10.2.1　分析方法及文献基础

Web of Science 数据库是由美国科技信息所（Institute for Scientific

Information，ISI）推出的引文索引数据库，是目前提供引文回溯数据最深的数据库，所收录的文献覆盖了全世界最重要和最有影响力的研究成果，已成为国际公认的进行科学统计与科学评价的主要检索工具（施生旭和童佩珊，2018）。本研究以 Web of Science TM 核心合集数据库的自然科学引文索引（Science Citation Index Expanded，SCI-E）为数据源，采用高级检索方式，以“TS=（carbon-water coupling OR water-carbon coupling OR water carbon relationship OR water carbon process OR carbon and water cycles OR CO_2 and water OR carbon water interaction OR carbon water flux OR photosynthesis-evapotranspiration OR water use efficiency OR stomatal conductivity OR coupling relationship of carbon and water cycle OR carbon and water exchange OR photosynthesis behavior-transpiration coupling relationship）AND TS=（Ecosystem）”为检索主题，检索时间跨度为 1999～2018 年，语言为英语，（数据检索日期为 2019 年 5 月），文献类型为“Article”，共检索文献 17 079 篇，通过对检索到的文献进行筛选精练，最终得到涉及陆地生态系统碳水耦合研究的文献 4472 篇。

CiteSpace 知识图谱是由美国德雷塞尔大学教授陈超美开发的，用来分析、挖掘及进行科研文献可视化的应用软件。该软件基于共被引分析理论、寻径网络算法等方法，通过数据挖掘、信息分析、图谱绘制，展现特定学科领域的知识结构，直观地表现知识群的演化过程。自可视化文献分析软件 CiteSpace 及其图谱绘制方法引入国内后，借助知识图谱分析科学研究热点在诸多学科中得到了广泛应用。文中所使用的数据采用 CiteSpace 的 Web of Science 数据分析板块进行处理，对陆地生态系统碳水耦合相关研究的作者、机构、期刊及关键词和研究热点前沿等进行分析。

10.2.2 文献产出时间、国家、机构与作者分析

（1）文献产出时间序列分析

时间是投射客观存在的一个普遍维度，一些理论在时间发展序列中会表现出规律性。在 1999～2018 年的 20 年，Web of Science 的核心集数据库中关于陆地生态系统碳水耦合的研究共发文 4472 篇，发文量呈显著增加趋势，年均增加 219.95 篇（图 10-2）；其中 1999～2008 年，10 年间发文量仅占总发文量的 26.25%，年均增加 117.4 篇，而 2009～2018 年的占比高达 73.75%，年均增加 329.8 篇，年均增加篇数是前 10 年的 2.81 倍，发文数量明显加快。近年来国际上碳水耦合研究发文量呈现快速增加趋势，这与全球通量网络和遥感技术的快速发展为陆地生态系统碳水耦合相关研究提供了丰富的数据基础有关（于贵瑞等，2013）。

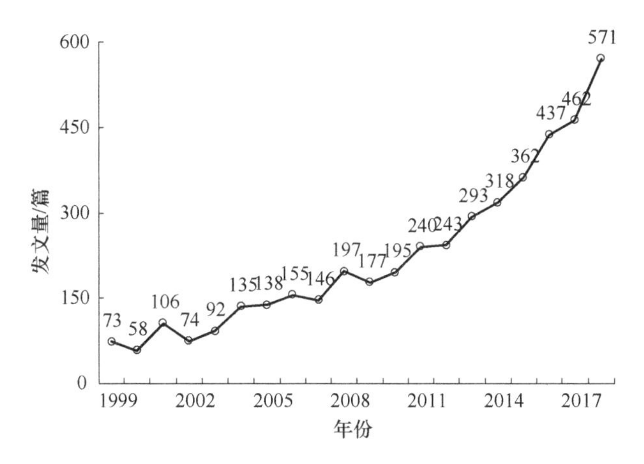

图 10-2　每年发表总论文数（1999～2018 年）

（2）主要发文机构与国家

基于 CiteSpace 软件中 Institution 分析功能，对 4472 篇文献的发文机构进行了分析，得到主要发文机构排名（表 10-1）和机构合作图谱（图 10-3）。从发文数量可以看出，陆地生态系统碳水耦合研究集中于高校和研究院所，其中中国科学院、中国科学院大学、美国林业局（US Forest Service）、加利福尼亚大学伯克利分校（University of California，Berkeley）和俄勒冈州立大学（Oregon State University）发文数位居前 5，占总发文量的 21.18%；发文量在 40 篇以上的机构共 20 所，占发文总数的 50%；这说明陆地生态系统碳水耦合的研究机构相对集中，但不同研究机构间科研能力存在较大差异。中国科学院和中国科学院大学作为我

表 10-1　陆地生态系统碳水耦合研究发文量前 10 的机构

排序	机构	国家	发文量
1	Chinese Academy of Sciences（中国科学院）	中国	519
2	University of Chinese Academy of Sciences（中国科学院大学）	中国	134
3	US Forest Service（美国林业局）	美国	108
4	University of California，Berkeley（加利福尼亚大学伯克利分校）	美国	101
5	Oregon State University（俄勒冈州立大学）	美国	85
6	Duke University（杜克大学）	美国	81
7	University of British Columbia（不列颠哥伦比亚大学）	英国	76
8	U.S. Geological Survey（美国地质调查局）	美国	66
9	Beijing Normal University（北京师范大学）	中国	66
10	US Department of Agriculture，Agricultural Research Service（美国农业部农业研究组织）	美国	6

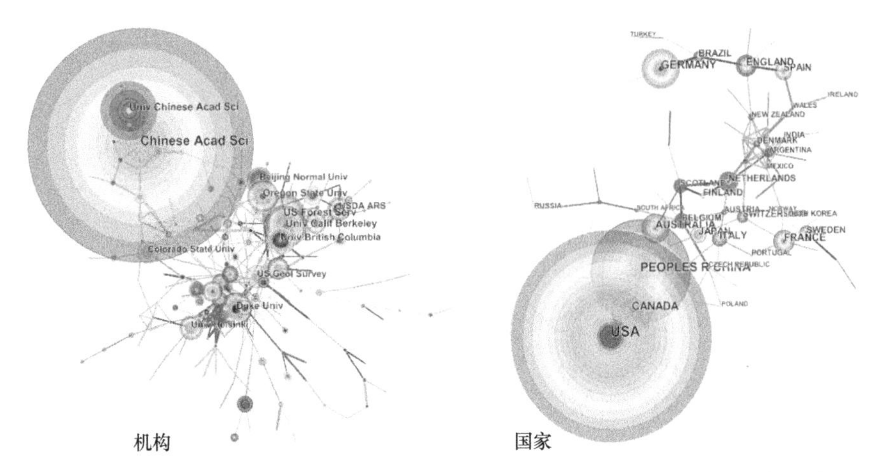

图 10-3　陆地生态系统碳水耦合研究的机构和国家知识图谱（彩图请扫封底二维码）

国具有较高科研水平的研究院与高校，承担着大量的相关研究，对我国碳水耦合的发展做出了突出贡献。在发文量前 10 的机构中，有 6 所机构属于美国；结合国家知识图谱（图 10-3）和各国发文频次可以看出，发文量最多的国家是美国，占比达到 26.35%，可见美国在陆地生态系统碳水耦合研究领域依然引领世界；其次是中国，占比为 13.02%，中国在陆地生态系统碳水耦合领域的研究也具有举足轻重的地位。

（3）主要发文作者

利用 CiteSpace 中 Author 分析功能对发文作者进行分析，得到发文作者图谱（图 10-4）和发文量排名（表 10-2）。结果显示，Black TA 为发文量最多的作者，已发表 52 篇相关论文；Yu GR 和 Chen JQ 紧随其后，各发表 41 篇；Black TA、Yu GR、Chen JQ、Sun G 4 位作者发文量排名前 4，均在 20 篇及以上。共有 31 位作者发文量在 10 篇以上，占总发文量的 12.18%，成为陆地生态系统碳水耦合研究的核心作者群，为陆地生态系统碳水耦合的相关研究做出了较大的贡献。进一步研读文献发现，基于气孔行为的光合-蒸散碳水耦合模型（Meyer et al.，2017；Black et al.，1996；Yu et al.，2001）、碳水耦合的定量评价——水分利用效率（Luo et al.，2018）、涡度相关技术（于贵瑞等，2013；Chen et al.，2004）、遥感技术的尺度外推（刘宁等，2012）、大尺度的碳水资源评价模型等领域是核心作者群的研究热点。从作者发文图谱（图 10-4）可以看出，不同作者间主要以核心作者为节点开展合作研究，但核心作者彼此之间合作较少，这主要是因为不同团队之间受地域学缘等因素影响，联系强度较弱，未来应加强不同国家、不同核心作者间的深度合作。

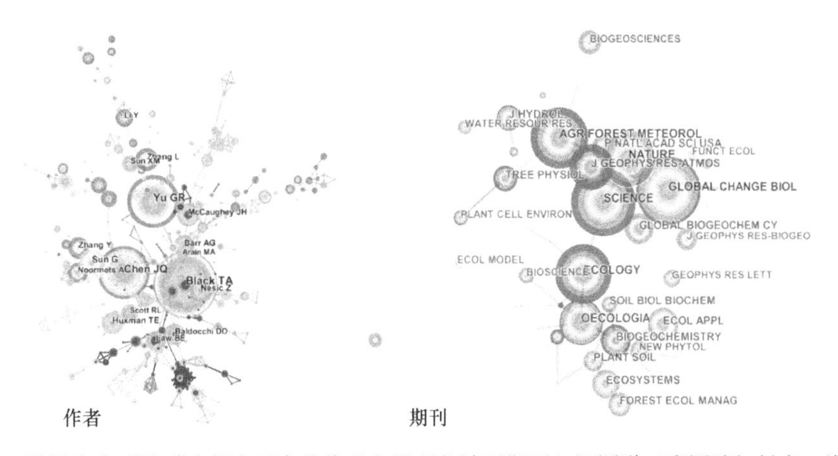

图 10-4　陆地生态系统碳水耦合研究的作者和期刊共被引期刊知识图谱（彩图请扫封底二维码）

表 10-2　排名前 20 位发文作者

排序	发文篇数	作者	排序	发文篇数	作者
1	52	Black TA	11	17	Huxman TE
2	41	Yu GR	12	16	Noormets A
3	41	Chen JQ	13	16	Law BE
4	20	Sun G	14	16	Sun XM
5	19	Nesic Z	15	14	Arain MA
6	18	McCaughey JH	16	14	Scott RL
7	18	Zhang L	17	14	Li Y
8	17	Baldocchi DD	18	13	Yu Q
9	17	Barr AG	19	13	Beringer J
10	17	Zhang Y	20	13	Morgenstern K

10.2.3　研究领域、关键词及前沿趋势分析

（1）期刊共被引和研究领域

对碳水耦合研究的文献进行期刊共被引分析，可以在一定程度上反映出碳水耦合研究的重点领域。其中共被引频次最高的期刊是 *Global Change Biology*（《全球变化生物学》），共被引 2559 次；其次为 *Nature*（《自然》）、*Science*（《科学》）、*Agricultural and Forest Meteorology*（《农业和森林气象学》）及 *Ecology*（《生态学》）等（表 10-3）。共被引频次前 10 的期刊均在其相关的研究领域具有很高的权威性，在一定程度上可以代表陆地生态系统碳水耦合研究领域的重点。陆地生态系统碳水耦合研究涉及的领域主要为环境科学与生态学、生态学、环境科学、气象与大气科学、林学、农业及水资源等，其中环境科学与生态学占据首位，其次为生态学和环境科学等研究领域（图 10-5）。陆地生态系统碳循环和水循环是受植被、土壤及大气等多种生物与环境因子共同控制的生态学过程，其涉及多个研究领域，

同时也体现出陆地生态系统碳水耦合研究的广泛性、综合性和交叉性等特点。

表 10-3 陆地生态系统碳水耦合研究前 10 位共被引期刊

排序	共被引频次	期刊
1	2559	*Global Change Biology*（《全球变化生物学》）
2	2431	*Nature*（《自然》）
3	2316	*Science*（《科学》）
4	2049	*Agricultural and Forest Meteorology*（《农业和森林气象学》）
5	1940	*Ecology*（《生态学》）
6	1851	*Oecologia*（《生态学》）
7	1635	*Ecological Applications*（《应用生态学》）
8	1536	*Global Biogeochemical Cycles*（《全球生物地球化学循环》）
9	1500	*Journal of Geophysical Research Atmospheres*（《地球大气物理研究杂志》）
10	1366	*Ecosystems*（《生态系统》）

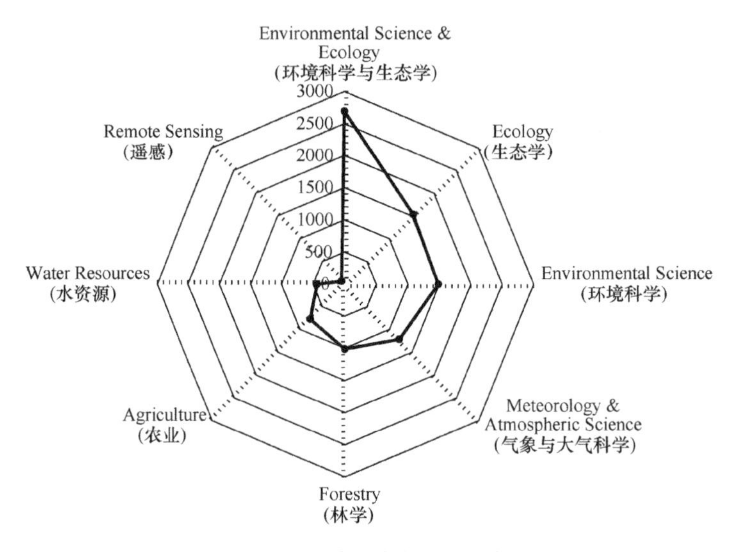

图 10-5 陆地生态系统碳水耦合研究领域分布

（2）关键词发展路径分析

关键词知识图谱由被分析文献的所有关键词提取绘制得出，可以直观地呈现出该研究领域的中心词汇及研究路径演变（陈悦等，2015）。陆地生态系统碳水耦合研究的关键词知识图谱的最大节点为“气候变化”，其次为“生态系统”和“涡度相关”(图 10-6)，这 3 个关键词的分别出现了 766 次、600 次和 571 次(表 10-4)；并以“气候变化”为节点延伸出 2 个主要研究路径，揭示了陆地生态系统碳水耦合研究的主题演变趋势。在全球气候变化的大背景下，碳水耦合研究主要有两条路径，一条是以陆地生态系统碳水耦合关系的定量评价为主线，即围绕生态系统“水分利用效率”这一核心，开展植物水分利用消耗与生态系统生产力之间的相互作用关系研究。另一条主要以“涡度相关”和“生态系统”为主，基于通量站点涡度相关系统的观测数据开展陆地生态系统碳水耦合规律研究，构建基于生理生态或生态水文过程的碳水耦合模型（刘宁等，2012），根据时间序列动态过程，进行尺度推演，模拟和预测碳水耦合机制，将小尺度的碳水关系规律推演到较大的时空尺度上，探究整个陆地生态系统碳水通量双向反馈作用机制，并预测其未来变化趋势（Xiao et al.，2013）。

表 10-4　陆地生态系统碳水耦合研究的高频关键词

排序	频次	关键词	排序	频次	关键词
1	766	Climate Change（气候变化）	11	372	Evapotranspiration（蒸散）
2	600	Ecosystem（生态系统）	12	361	Nitrogen（氮）
3	571	Eddy Covariance（涡度相关）	13	326	Soil respiration（土壤呼吸）
4	553	Carbon（碳）	14	321	Carbon dioxide exchange（二氧化碳交换）
5	552	Carbon Dioxide（二氧化碳）	15	318	Temperature（温度）
6	490	Water（水）	16	312	Respiration（呼吸）
7	485	Forest Ecosystem（森林生态系统）	17	305	Dynamics（动力学）
8	415	Water Use Efficiency（水分利用效率）	17	305	Vegetation（植物）
9	405	Flux（通量）	19	289	Photosynthesis（光合作用）
10	391	Model（模型）	20	288	Water vapor（水汽）

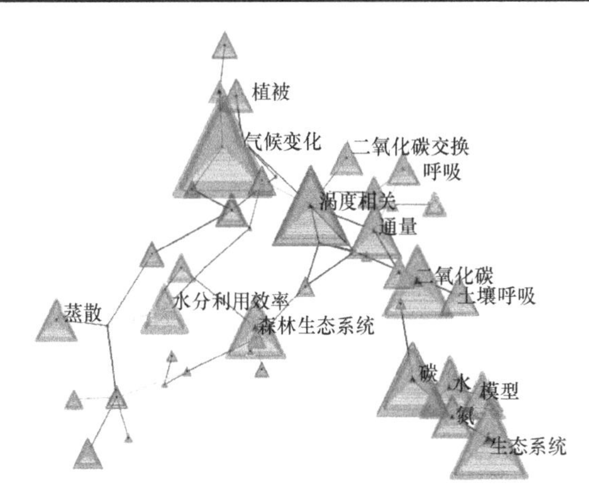

图 10-6　陆地生态系统碳水耦合研究关键词共现可视化知识图谱（彩图请扫封底二维码）

（3）研究前沿趋势分析

陆地生态系统碳水耦合研究是一个逐步演变的过程，根据发表论文关键词发展路径和发文时间分析，发现陆地生态系统碳水耦合的研究内容不断延伸，利用 CiteSpace 软件中突变检测分析方法（孙威和毛凌潇，2018），得到陆地生态系统碳水耦合研究关键词的共现网络突现词（表 10-5），并由此确定陆地生态系统碳水耦合的研究热点。

表 10-5 陆地生态系统碳水耦合关键词的共现网络突现词

关键词	强度	起始年	终止年	时间（1999～2018 年）
Stomatal Conductance（气孔导度）	3.8650	1999	2004	
Boreal Forest（针叶林）	19.4091	1999	2007	
Atmospheric CO_2（大气 CO_2）	16.2458	1999	2007	
Gas Exchange（气体交换）	6.5945	1999	2004	
Canopy（冠层）	14.6335	1999	2008	
Ecosystem Service（生态系统服务）	4.9825	2000	2010	
Beech Forest（山毛榉森林）	8.6127	2001	2008	
Water Vapor Exchange（水汽交换）	29.5736	2001	2010	
Flux Measurement（通量观测）	10.7555	2003	2011	
Net Ecosystem Production（净生态系统生产力）	8.9070	2004	2012	
Pine Forest（松树林）	14.6528	2005	2011	
Ecosystem Respiration（生态系统呼吸）	5.4091	2006	2007	
Carbon Isotope（碳同位素）	6.1113	2007	2010	
Energy Exchange（能量交换）	4.2686	2007	2008	
Semiarid Grassland（半干旱草原）	6.2599	2007	2012	
Nitrogen Deposition（氮沉降）	4.8491	2009	2010	
Phenology（物候）	3.8866	2011	2012	
Ecosystem Model（生态系统模型）	3.3395	2011	2012	
Hydrology（水文学）	4.7561	2013	2016	
MODIS（中分辨率成像光谱仪）	5.4956	2014	2018	
Light Use Efficiency（光能利用率）	6.6856	2015	2018	
Gross Primary Production（总初级生产力）	4.0580	2015	2016	
Agriculture（农业）	6.6237	2015	2016	
Remote Sensing（遥感）	4.9782	2015	2018	

注：全部字段代表研究时间段 1999～2018 年，其中粗线为关键词突现的时间段，对应表格中起始年和终止年部分，细线字段为其余年份

21 世纪之前，关于碳水耦合的模拟研究始于 Farquhar 等（1980）的光合模型和 Ball 等（1987）的光合与气孔导度关系模型（刘宁等，2012），研究叶片尺度上的碳水耦合关系的机制；随后又基于“大叶模型”的假设（即把植物冠层想象成为一片大的叶子），将研究尺度从叶片拓展冠层；此阶段主要集中在研究光合作用-气孔行为-蒸腾作用的相互协同关系，构建生理生态模型，模拟叶片和冠层尺度碳水之间的相互关系（Sun et al.，2009；Zhang et al.，2016；Ono et al.，2013）。其中，“冠层”作为关键词的突现强度为 14.6335，“气孔导度”突现强度为 3.8650，说明该关键词在陆地生态系统碳水耦合研究的起步阶段受到较高重视。

2000～2008 年，侧重于探究植物的水分利用效率与水资源制约的生态系统生产力之间的相互作用关系；研究方法从最初基于气孔行为的光合模型发展到利用涡度相关的通量观测和生理生态模型相结合，同时稳定碳同位素技术也应用于测量水分利用效率的研究中；研究尺度从叶片逐步扩展到冠层和生态系统。

2009～2018 年，农业（Agriculture）、半干旱草原（Esemiarid Grassland）的突现强度分别为 6.6237 和 6.2599，表明此阶段碳水耦合研究的主要对象集中在农业和半干旱草原区。光能利用率（Light Use Efficiency）、遥感（Remote Sensing）、MODIS 和生态系统模型（Ecosystem Model）等关键词的突现性也较高，体现了这一阶段的主要研究手段和热点。随着全球通量网络和遥感技术的不断完善，使区域尺度乃至全球尺度碳水耦合模型的构建成为可能（Hong and Kim，2011），特别是在站点尺度碳水耦合规律的基础上，利用遥感技术进行尺度外推，进行模型验证与优化，改善模拟效果，提高碳水模型在不同生态系统中的适用性（Govind et al.，2011；Scott et al.，2006b）。

10.2.4　碳水耦合研究展望

在 1999～2018 年，全球关于陆地生态系统碳水耦合的全球发文量随时间呈快速增长趋势，这与生态学其他研究方向的论文增长规律一致（Liao and Huang，2014）。从研究机构和作者团队的影响力来看，中国在陆地生态系统碳水耦合研究方面具有一定的领先地位，但不同团队和机构之间受地域、学缘等因素的影响，联系强度较弱，而陆地生态系统碳水耦合研究作为一个多学科交叉的研究领域，应该尽可能地发挥每个学科的优势，应加强国内外高校和科研机构间的科技合作，以便进一步提升中国在这方面的研究的综合实力，实现资源共享，优势互补。由于陆地生态系统碳水耦合涉及不同的研究领域，很难具体到某一确定的概念，这对数据检索和文献精炼有一定的影响，且本文主要分析了发文数量、机构、作者、关键词等，对论文其他引用情况等未作分析。因此，将来可考虑利用多种数据源的综合评价指标来开展多维度的研究进展分析，以获得更为丰富的有关陆地生态系统碳水耦合研究的知识发现。同时，还可利用多种分析方法或汤姆森数据分析器（Thomson data analyzer，TDA）、VOSviewer 等文献分析软件，从不同角度和不同层面对陆地生态系统碳水耦合的研究现状及趋势进行研究，以期更深入准确地把握这一研究领域的热点。

10.3 宁夏陆地生态系统碳水耦合特征——水分利用效率分析

水分利用效率（WUE）是指生态系统损耗单位质量水分所固定的 CO_2（或生产的干物质）的量，是深入理解生态系统碳水循环间耦合关系的重要指标（王庆伟等，2010），揭示生态系统 WUE 的时空变异特征及机制有助于预测未来气候变化对生态系统碳水过程的影响（Chapin et al.，2010），具有重要的生态学和水文学意义。而 WUE 的定义依据尺度的不同而不同，叶片尺度上，是指单位水量通过叶片蒸腾耗散时所能同化的光合产物量（Sun et al.，2018）；植物个体尺度上，是指长时间植物生长过程中形成的干物质量与耗水量的比值（胡化广等，2013）；生态系统或区域尺度上，则可由整个区域或系统所固定的干物质与蒸散（ET）的比值确定，干物质量可由区域总初级生产力（GPP）或净初级生产力（NPP）等指标代替（Tian et al.，2010）。在遥感应用中，通常由净初级生产力除以蒸散获得区域大尺度水分利用效率（Tian et al.，2010），即 WUE = NPP/ET。本研究利用 MOD17A2 的 NPP 除以 MOD16A2 的 ET 来获取宁夏地区的生态系统 WUE。

10.3.1 不同生态系统的水分利用效率特征

（1）宁夏 WUE 的基本特征

2000～2017 年，宁夏陆地生态系统的年均 WUE 空间分布如图 10-7 所示，全区年均 WUE 为 1.03 g C/kg H_2O，但不同陆地生态系统的 WUE 差异较大，值域在 0.54～2.98 g C/kg H_2O。从空间上来看，WUE 的高值区主要分布于六盘山、贺兰山、罗山、南华山等山麓森林，银川平原、卫宁平原、清水河河谷等灌溉农业区也具有高的 WUE；低值区则广泛分布于宁夏中部干旱带的荒漠草原、干草原等草地区域。总体来看，宁夏陆地生态系统的 WUE 分布呈现较强的空间异质性，这与宁夏的生态地理格局及气候条件等有关，宁夏的岛状森林分布虽然少，但是其生态系统生产力强，导致各山麓森林的 WUE 最高；引黄灌区的灌溉农业，由于人为管理经营，其 WUE 也明显高于其他区域；而中部干旱带的草原生态系统，由于植被覆盖度低，生态系统生产力弱，有较多的水分蒸散通过土壤蒸发消耗，因此 WUE 最低。

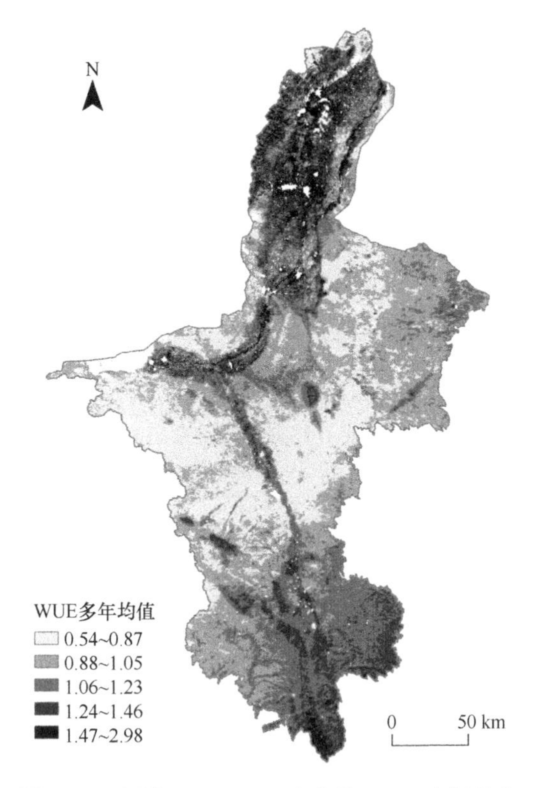

图 10-7　宁夏 2000～2017 年年均 WUE 空间分布

(2) 不同生态系统的 WUE 特征

将宁夏 WUE 数据与宁夏生态系统分类数据进行空间叠加分析，获取宁夏各生态系统的 WUE 特征。宁夏 7 类生态系统 2000～2017 年的 WUE 平均值在 0.90～1.23 g C/kg H_2O（图 10-8A），年际间存在较大的波动（上下误差线为极大值和极小值），其中水体与湿地生态系统的 WUE 最高，达到了 1.23 g C/kg H_2O，其次是森林生态系统和农田生态系统，分别为 1.13 g C/kg H_2O 和 1.07 g C/kg H_2O，而其他生态系统的 WUE 较低。按照生态系统分类所依据的土地利用类型，其他生态系统主要由裸土地、裸岩及砾石地等组成，几乎无植被覆盖，该类生态系统的蒸散贡献主要为土壤蒸发，该类生态系统消耗水分很难产生生物量，故造成其较低的 WUE，而绿色植被覆盖较高的几类生态系统，其 WUE 均相对偏高。宁夏 7 类生态系统类型中，草地和农田占比均超过了省域面积的 30%，是宁夏的主要生态系统类型，森林面积虽然只占 6.56%，但该类型生态系统以绿色植被为主，其稳定性维持和演替变化与 WUE 密切相关，因此，本章将农田、草地和森林生态系统的土地利用二级亚类的 WUE 特征进行了研究（图 10-8B）。

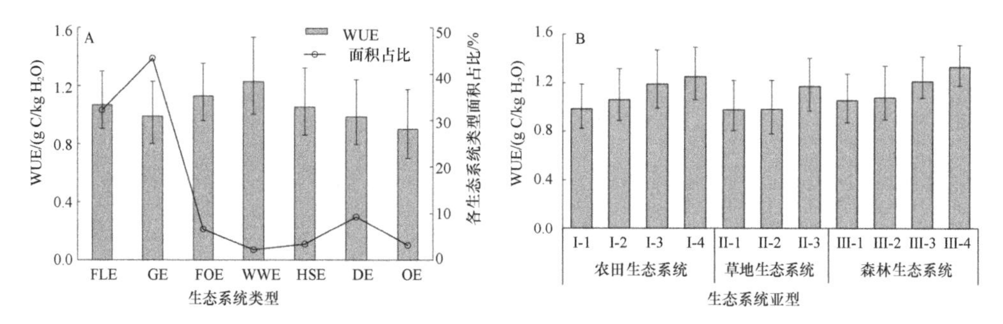

图 10-8　宁夏不同生态系统的 WUE 特征

WUE. 水分利用效率；FLE. 农田生态系统；GE. 草原生态系统；FOE. 森林生态系统；WWE. 水体与湿地生态系统；HSE. 聚落生态系统；DE. 荒漠生态系统；OE. 其他生态系统。I-1. 丘陵旱地；I-2. 平原旱地；I-3. 水田；I-4. 山区旱地；II-1. 低覆盖度草地；II-2. 中覆盖度草地；II-3. 高覆盖度草地；III-1. 其他林地；III-2. 灌木林；III-3. 疏林地，III-4. 有林地

在农田生态系统中，WUE 由低到高依次是丘陵旱地、平原旱地、水田和山区旱地，而宁夏这 4 类农田的生物量和覆盖度也依次由低到高，其中山区旱地为六盘山阴湿高海拔地区分布的部分农田，主要种植玉米等高生物量的作物。在草原生态系统中，各生态系统亚类的 WUE 由低到高依次是低覆盖度草地、中覆盖度草地和高覆盖度草地，而这三种生态系统亚类的植被覆盖度也依次由低到高。在森林生态系统中，WUE 由低到高依次是其他林地、灌木林、疏林地和有林地，其中的其他林地指未成林造林地、迹地和苗圃等，生物量和覆盖度最低，有林地指郁闭度 >30%的天然林和人工林，生物量和覆盖度最高。通过对比以上 3 种生态系统各二级亚类的 WUE 与对应类型的生物量、覆盖度特征可以得出，在同类生态系统中，植被生物量和覆盖度越高的二级亚类，其 WUE 也越高。

10.3.2　水分利用效率的时空变化特征

（1）WUE 的时间变化特征

宁夏陆地生态系统的年内 WUE 呈典型的单峰形态（图 10-9A），反映了植被年内生长的过程信息，其中每年的 11 月到次年的 3 月植被基本处于休眠状态，这段时间的 WUE 均低于 0.50 g C/kg H_2O，WUE 在 1 月最低，只有 0.02 g C/kg H_2O。而从 4 月开始，宁夏陆地生态系统的 WUE 开始迅速增加，并在 5 月达到 2.16 g C/kg H_2O，为年内最大值，这一时间是宁夏自然植被复苏生长和农作物开始播种生长的时期，也是整个陆地生态系统生物量急剧增加的时期，不管是自然植被还是人工作物均能高效利用水分，快速进行光合作用并积累生物量。待进入 6 月以后，自然植被已完全复苏，农作物也完成了拔节等生物量快速积累过程，整个陆地生态系统的 WUE 开始缓缓下降。从 10 月开始，WUE 下降加速，自然植被逐渐进入冬季休眠期，农作物完成收获。从以上 WUE 的年内变化特征可以得出，对于宁夏区域来说，4～5 月的水分供应不足，如气象干旱或春灌不足，会导致整个陆地生态系统生物量的累积减弱，导致植被复苏乏力，农业生产受影响，俗称为“卡脖子旱”。而一旦进入 6 月以后，陆地生态系统完成生物量累积，生态系统生物量对干旱水分胁迫的响应则逐渐减弱。从 2000～2017 年 WUE 的年际变化特征来看，近十几年宁夏陆地生态系统的 WUE 存在着 0.0141 g C/(kg H_2O·a)的下降趋势（图 10-9B），WUE 由 2000 年的 1.21 g C/kg H_2O 降低到 2017 年的 0.85 g C/kg H_2O，降幅达近 30%。

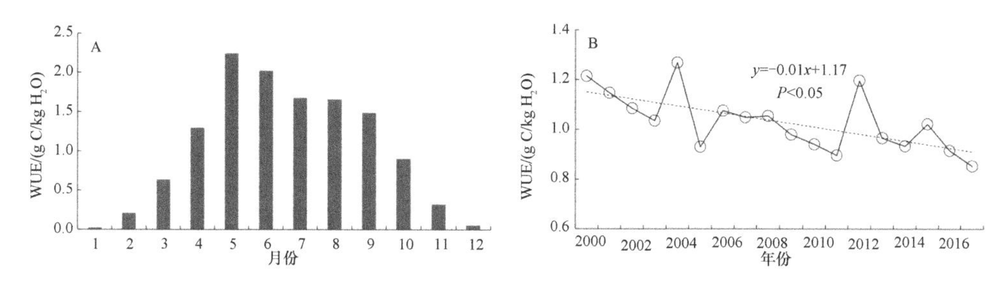

图 10-9　宁夏陆地生态系统 WUE 年内变化特征及年际变化趋势

（2）WUE 的空间变化特征

农田生态系统 WUE 的高值区分布于沿灌区分布的平原旱地，南部山区分布的山地旱地其水分利用效率也较高，而大部分丘陵旱地其水分利用效率较低，尤其是宁夏中部地区的丘陵旱地。在草原生态系统中，贺兰山北麓以及沿六盘山麓分布的高覆盖度和中覆盖度草地水分利用效率较高，宁夏中部罗山国家级自然保护区、西南部的南华山国家级自然保护区以及火石寨自然保护区的中覆盖度草地也有着较高的 WUE，而宁夏中部的低覆盖度草原水分利用效率普遍偏低，但南部的低覆盖度草原却有着较高的水分利用效率。对于森林生态系统而言，水分利用效率的高值分布在北部贺兰山、中部的罗山以及南部的六盘山分布的疏林地和有林地，而宁夏中部的灌木林和其他林地水分利用效率并不高（图 10-10A）。

线性趋势的显著性检验结果显示，宁夏陆地生态系统 91.28%的区域出现下降趋势（图 10-10B），达到显著性下降的区域面积占宁夏陆地生态系统总面积的 47.24%，主要分布于宁夏的北部和南部，以及中部的灌溉区。而上升的区域占全区植被总面积的 8.72%，主要分布于六盘山西麓、大罗山以及灵武市的西部区域，还有银川、永宁、中卫这三个市的部分区域 WUE 呈现显著上升趋势。未来变化趋势检验结果表明，未来将有 66.49%的区域其 WUE 将持续下降，分布于宁夏植被区域的西北部和西南部；有 24.78%的区域未来会发生逆转，即呈现下降转上升的趋势，主要分布于宁夏的东部区域（图 10-10C）。

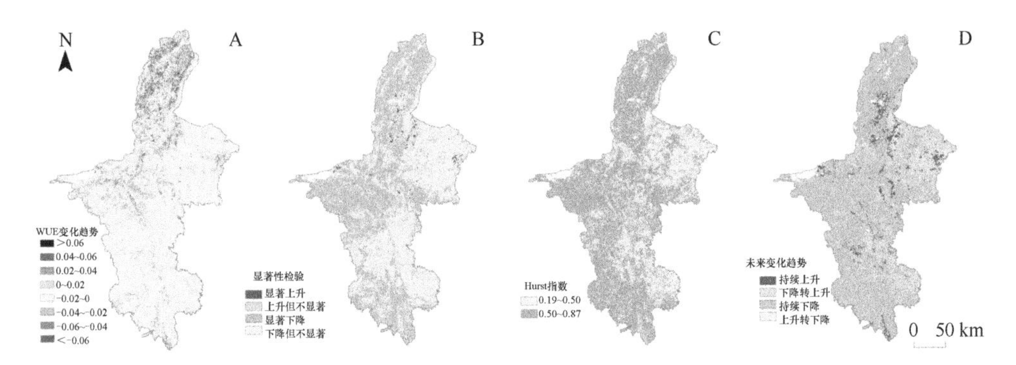

图 10-10 宁夏陆地生态系统 WUE 的变化趋势、显著性检验、赫斯特（Hurst）指数及未来变化趋势（彩图请扫封底二维码）

10.3.3 水分利用效率的影响因子分析

（1）年际 ET 与 NPP 波动对 WUE 的影响

影响 WUE 变化的因子很多，蒸散量、植被生产力以及气候因子等都会对生态系统的 WUE 产生影响。由宁夏陆地生态系统 WUE 多年均值与年 ET、NPP 的散点图（图 10-11A）可知，WUE 与年 ET 的相关系数（R）为–0.73（$P<0.01$），而与 NPP 的相关系数 R 值仅为–0.33（$P=0.18$）（图 10-11B），这表明宁夏陆地生态系统 WUE 与年 ET 有极显著负相关性，而与 NPP 没有相关性。由此可知，在年际尺度上，宁夏地区陆地生态系统的 WUE 波动主要由该区域的蒸散波动决定。

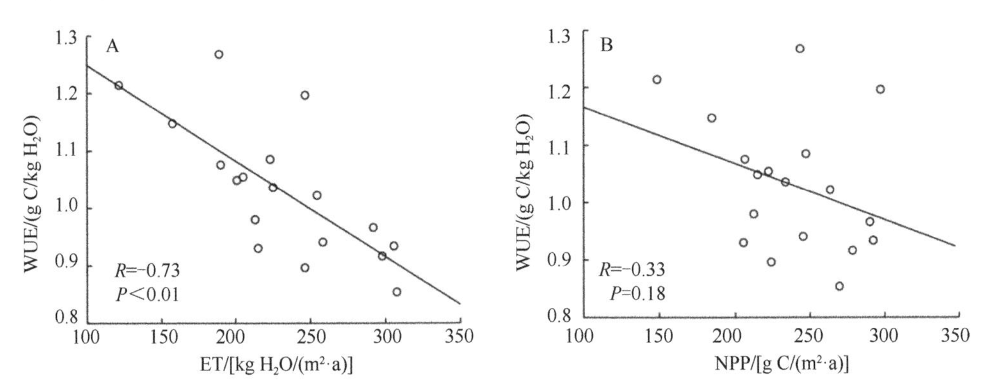

图 10-11 宁夏陆地生态系统年 WUE 与 ET、NPP 的相关性

宁夏从 2000 年以来的大面积退耕还林还草生态治理工程和扬黄灌溉开发是造成区域陆地生态系统 WUE 发生变化的主要原因，这些人为工程增加了区域生态系统的生产力，导致了一些生态系统发生类型转换，同时也增加了区域生态系统的耗水量。结合同期的 ET 和 NPP 变化趋势分析可得出，宁夏近十几年来陆地

生态系统的年 ET 和 NPP 均在升高，增速分别为 8.42 kg $H_2O/(m^2 \cdot a)$和 5.74 g $C/(m^2 \cdot a)$，即生态系统水汽交换和碳交换都在增强（图 10-12），但 ET 的增长速率要高于 NPP 的增长速率，从而导致整个陆地生态系统消耗水分生产干物质量的整体效率降低，即生态系统的 WUE 在逐渐降低（图 10-9B）。

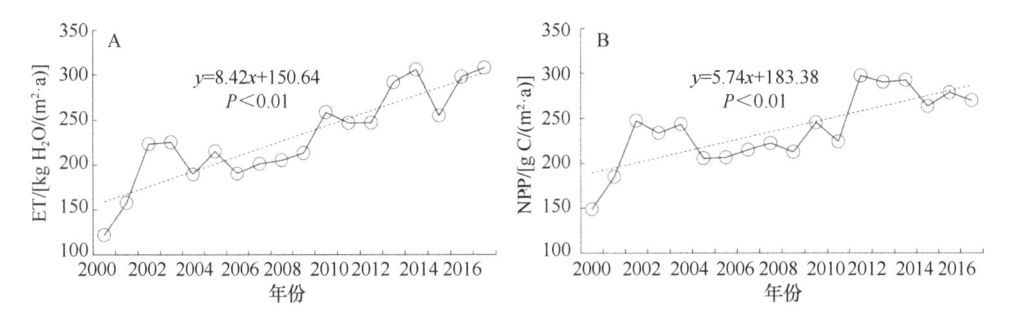

图 10-12　宁夏陆地生态系统 ET 及 NPP 的年际变化趋势

（2）年内 ET 与 NPP 变化对 WUE 的影响

从宁夏陆地生态系统的月 WUE 与同月 ET、NPP 的散点图可以看出，在年内的月时间尺度上，WUE 变化与 ET 呈显著正相关（图 10-13A），与 NPP 呈极显著正相关（图 10-13B），即年内 WUE 会随着 ET 和 NPP 的增强而升高，这与年际尺度上 ET、NPP 波动对 WUE 的影响不同，导致这一结果的原因与植被的年内季节性生长过程有关。宁夏地处我国西北地区东部，为典型的大陆性气候，四季分明，农田、草地和森林等生态系统的植被生长具有明显的季节性特征，陆地生态系统的生物量积累和水分耗散过程也具有明显的季节特征（图 10-14）。每年的 11 月到次年的 3 月植被基本处于休眠状态，这段时间陆地生态系统的 NPP 处于最低状态，平均每月为 2.13 g C/m^2；这几个月的 ET 虽为年内较低水平，但由于土壤存在微弱蒸发，因此有 11.88 kg H_2O/m^2 的月平均蒸散量。从 4 月份开始，植被开始复苏，

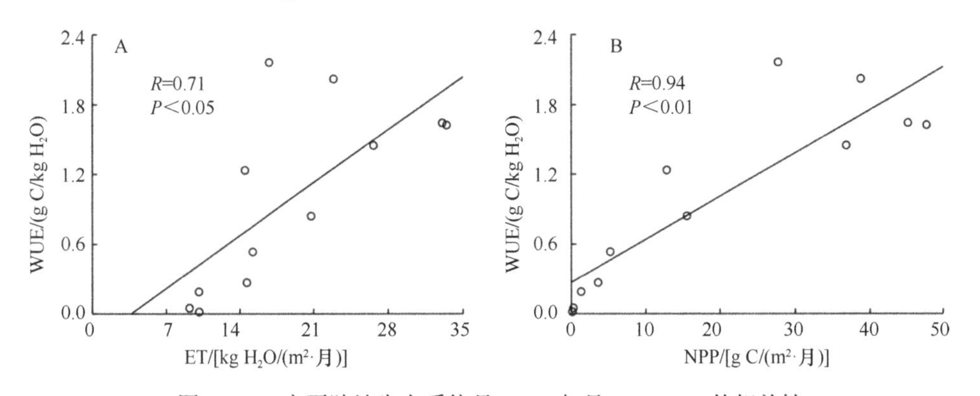

图 10-13　宁夏陆地生态系统月 WUE 与月 ET、NPP 的相关性

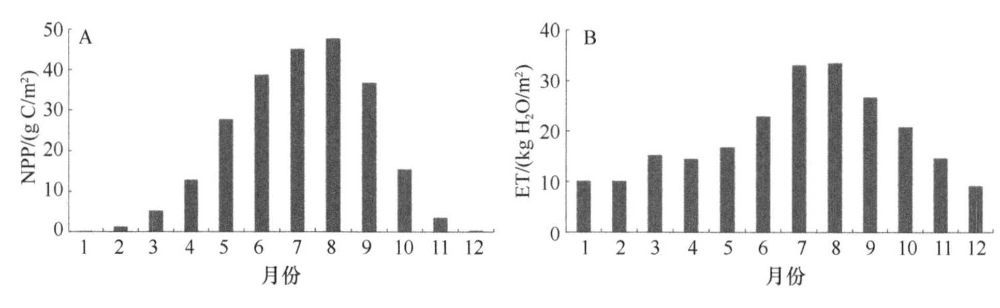

图 10-14　宁夏陆地生态系统 NPP 及 ET 的年内变化过程

陆地生态系统的 NPP 开始迅速增加，虽然 ET 也开始增加，但是不及植被生产力的增速，故导致生态系统 WUE 在年内出现随生长季变化的单峰形态（图 10-9A）。

（3）宁夏陆地生态系统 WUE 分区

由于在年际尺度上，决定 WUE 的主要影响因素为 ET，为了分析 ET 与 WUE 的空间分布关系，根据 ARCGIS 的自然断点分类法原则，将 ET 在 30～244 kg $H_2O/(m^2 \cdot a)$的区域分为 ET 低值区，244～665 kg $H_2O/(m^2 \cdot a)$分为 ET 高值区，将 WUE 在 0.50～1.05 g C/kg H_2O 的区域的分为 WUE 低值区，1.05～2.98 g C/kg H_2O 的分为 WUE 高值区。通过叠加分析 ET 与 WUE 的空间关系，将宁夏陆地生态系统蒸散及水分利用效率特征分为 4 类（图 10-15）。在宁夏中部干旱带主要为低 ET 低 WUE 区，这一区域主要以不同覆盖度的草原生态系统为主，均为生产力较弱的生态系统，蒸散中有较多的水分通过土壤蒸发消耗，故水分利用效率较低。南部山区大部分区域以及引黄灌区、清水河扬黄灌区为高 ET 高 WUE 区，这些区域植被以灌溉农田、成林林地和典型长芒草草原为主，陆地生态系统的生产力强，生态系统主要通过植被蒸腾耗散水分，故水分利用效率较高。北部贺兰山区、引黄灌区周边等主要为低 ET 高 WUE 区；而南部西吉、海原等丘陵旱地则表现为高 ET 低 WUE 区。

遥感尺度上，影响陆地生态系统 WUE 的因子主要为蒸散及植被生产力，本文利用 NPP 与 ET 估算不同生态系统的 WUE，其中，草原生态系统和林地生态系统的 WUE 多年均值分别为 0.99g C/kg H_2O 与 1.13 g C/kg H_2O，这与学者 Ito 和 Inatomi（2012）在研究全球陆地生物圈中利用模型估算的草地以及温带森林的 WUE 相近，但在农田以及荒漠等其他生态系统的值有差异。在宁夏陆地生态系统中，WUE 数值排序为：森林生态系统 > 农田生态系统 > 草原生态系统，这与 Lu 等（2010）采用 AmeriFLUX 的数据及遥感数据模拟的结果一致。另外，邹杰等（2017）发现中亚五国及中国新疆地区的生态系统水分利用效率在近 15 年中呈缓慢增长趋势，而本文得出宁夏地区年际尺度的 WUE 却在缓慢递减，这是由该区域植被 ET 增加迅速造成的。生态系统 WUE 还会受到气候变化和土地利用与土地覆盖变化（land-use and land-cover change，LUCC）的影响（杜晓铮等，2018；

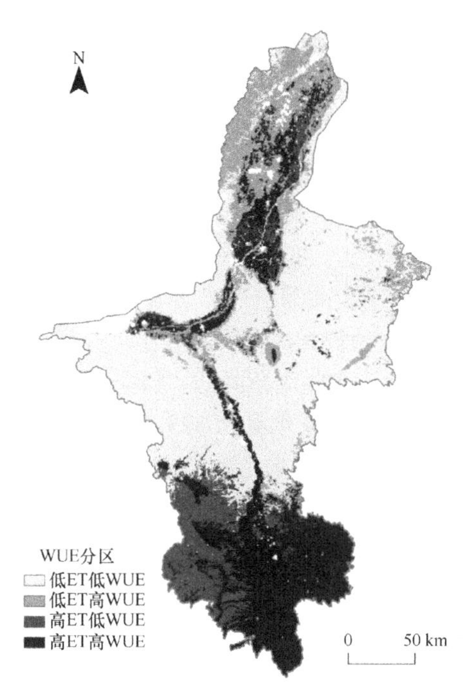

图 10-15　宁夏陆地生态系统 WUE 分区

Tian et al.，2011）。对于 WUE 逐年增加这样的结果，另一个原因是宁夏近 18 年的土地利用类型变化迅速，退耕还林造成大量的耕地转变林地，退耕还草将大量耕地转变成草地，扬黄农业开发又将大量荒漠草原垦殖为农田，这种植被类型间的转换造成生态系统总初级生产力增强，总耗水量增加，从而对 WUE 造成影响。在对植被生产力的计算中，国内学者李辉东等（2015）在对科尔沁草甸生态系统的研究中利用 GPP 估算 WUE，结果表明在年内 WUE 变化中，4 月末随着植被生长迅速增大，在 6 月末出现最大值，这与本次利用 NPP 估算 WUE 在年内的变化趋势基本相似。另外，本研究采用宏观遥感数据估算 WUE，与站点计算的 WUE 在尺度上存在差异，由于遥感产品在估算 ET 和 NPP 时会存在不可避免的噪声信息，这会造成 WUE 估算的误差，未来研究应首先用模型算法对 ET 和 NPP 产品进行像元精度分析，重建更高精度的区域尺度 WUE 数据。

10.4　盐池荒漠草原人工灌丛群落的碳水耦合分析

10.4.1　水分利用效率相关的环境因子的变化特征

采用实地测量和遥感相结合的方法，对 2016～2019 年盐池县人工灌丛群落的环境因子进行分析。结果表明：太阳辐射（global radiation，R_g）、空气温度（air temperature，T_a）、饱和水汽压差（VPD）和叶面积指数（LAI）有明显的年际变化模式，日最大值出现在夏季，而最低值出现在冬季（图 10-16）。2016～2019 年 R_g 的年平均值变化范围为 209.50～235.40 W/m^2。T_a 在冬季最低，2016～2019 年间的日平均 T_a 为 9.98℃，高于 1958～2017 年的年平均气温的 8.3℃；结果表明研究时段盐池县气候呈变暖的趋势。4 年间的平均地表温度（soil temperature，T_s）为 12.89℃，T_s 与 T_a 冬季在接近，但生长季高于 T_a。5～10 月人工灌丛群落生长旺盛，日 VPD 相对较高，对生态系统的光合和蒸散能力影响较大；与此同时，VPD 受气温和降水的影响波动较大，在降水较少，空气干燥的时段，其 VPD 高于其他时间，随着降水增加，VPD 逐渐降低。日降水量季节性分布明显，并伴有一定程度的随机暴雨。4 年最低年降水量为 323.20 mm，最高降水量为 393.30 mm，降水量在年内分配不规律，70%的降水主要集中分布在 6～9 月，偶尔出现强降水。4 年的年降水量明显高于 1958～2017 年的历史平均年降水量的 297 mm，表明研究时段盐池县气候处于相对湿润期。LAI 作为重要的生物因子之一， 在春季急剧增加，在夏季达到最大值，这与灌丛群落的生长节律与季节变化趋势一致。而日冠层

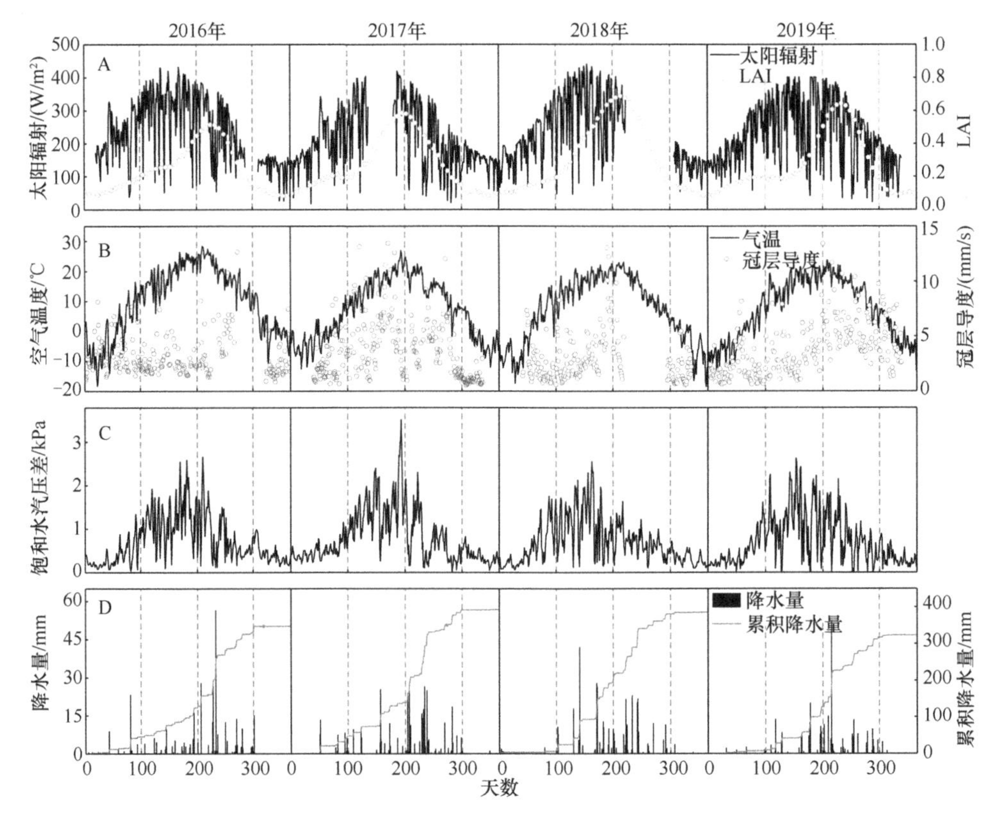

图 10-16 WUE 相关的环境因子的季节变化

导度（g_c）并没有周期性的变化规律，夏季大部分 g_c 高于冬季。

10.4.2 水分利用效率的变化特征

（1）WUE 的日变化特征

在温带季风气候和中间锦鸡儿灌丛的生理生态因子的影响下，碳和水通量呈明显的季节波动（图 10-17）。日 GPP 的变化主要与植物的生长状态相关，GPP 随着新叶的生长而增加，随着叶片的衰落而减少。因此，较高的日 GPP 出现在 6～8 月；2016～2019 年日 GPP 的峰值在 4.45～6.97 g C/m^2。该区域夏末秋初充足的季节性降水会导致出现较高的日蒸散量，长时间的干旱会导致 ET 下降，直到下一次降水事件来临。此外，ET 的主要水分来源于降水和地下水，因此，生长季的总降水量与总 ET 量之间存在着密切的关系。其中，2017 年的降水量最多，其 ET 量也最多。4 年间的日平均 ET 的峰值在 3.52～3.99 mm/d。在整个生长季节，2016～2019 年的平均日 GPP 和平均日 ET 量分别为 2.62 g $C/(m^2 \cdot d)$和 1.90 mm/d。作为碳水通量耦合定量指标，WUE 在生长季没有明显的单峰曲线，其变化相对稳定，波动较小，4 年间生长季的日 WUE 变化范围分别在 0.56～2.72 g C/kg H_2O、0.07～4.07 g C/kg H_2O、0.43～3.30 g C/kg H_2O 和 0.10～3.06 g C/kg H_2O，4 年的日平均 WUE 分别为 1.43 g C/kg H_2O、1.29 g C/kg H_2O、1.74 g C/kg H_2O 和 1.24 g C/kg H_2O。在日尺度上，植物的生理活动和陆地与大气之间的水通量受多种因素的影响，如 R_g、T_a、VPD 和降水（precipitation，Pre）。这些因素中的大多数在短时间内波动，从而导致 WUE 在日尺度上的波动较少。

（2）WUE 的月变化特征

为了减少日尺度上的碳和水通量的波动的影响，用累积法计算了 5～10 月的月 GPP 和 ET，然后用月 GPP 和 ET 计算月 WUE（图 10-18）。尽管在 2016 年和 2018 年因仪器故障缺少数据，但是在整个生长季灌丛生态系统的月 GPP 和 ET 呈单峰曲线分布。实际上，研究区的植被生长将在 10 月初停止，因此在整个生长期中，10 月的 GPP 和 ET 最低。因此，除了 10 月，WUE 在整个生长期都保持稳定。在整个生长季，GPP 和 ET 的变化趋势相同，从而抵消了 GPP 和 ET 之比（定义为 WUE）的变化，因此整个生态系统的月 WUE 变化较为稳定。除 2016～2019 年 10 月外，整个生长季节的每月 WUE 范围在 0.76～1.95 g C/kg H_2O。

10.4.3 水分利用效率变化的驱动机制

（1）驱动 GPP 和 ET 变化的因子

碳通量（GPP）、水通量（ET）与各个环境因子之间的关系如图 10-19 所示。

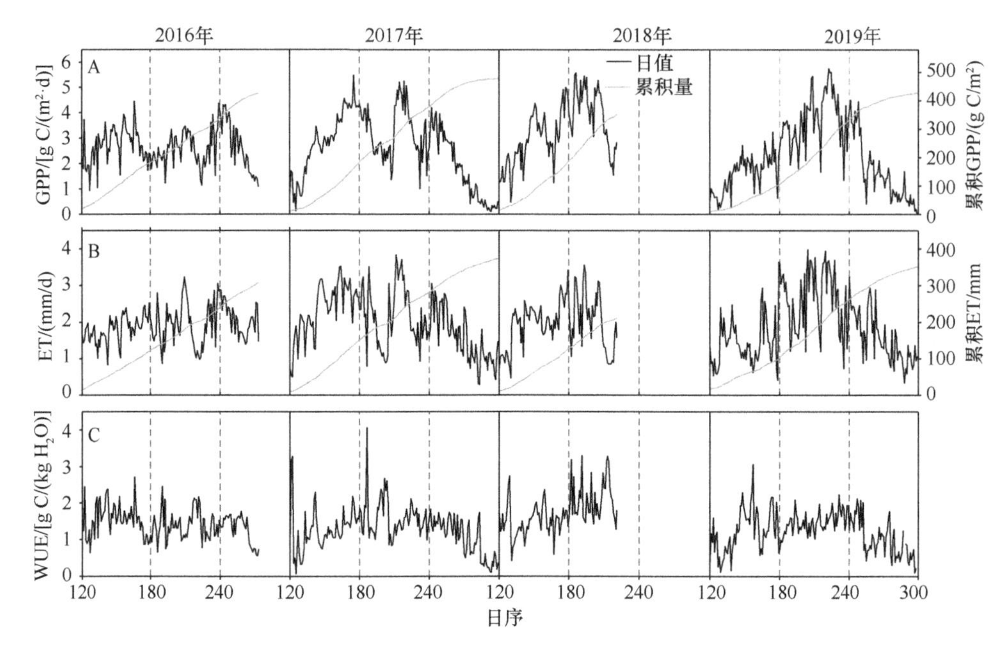

图 10-17　碳水通量的日变化特征

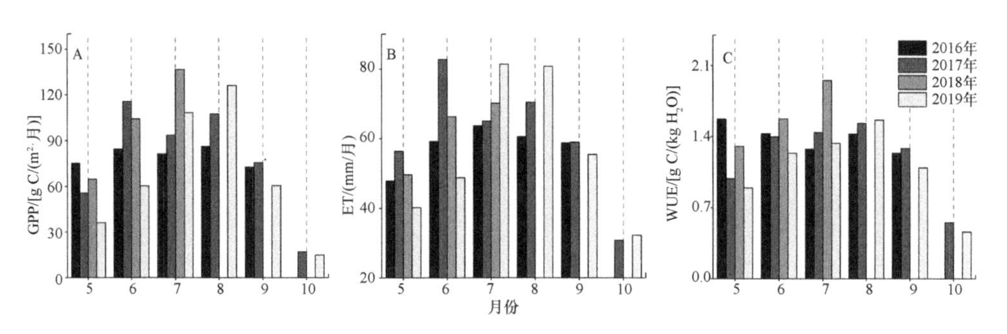

图 10-18　GPP、ET 和 WUE 的月变化

R_g、T_a、VPD、Pre 和 LAI 等 5 个生物环境因子与 GPP 和 ET 之间存在显著的相关性（$P < 0.05$ 或 $P < 0.01$）。然而，不同的生物环境因子对碳通量、水通量具有不同的驱动机制，因此各个因子对碳通量和水通量的响应机制存在差异。例如，作为大气蒸散的关键驱动力，当 VPD 低于 1.17 kPa 时，ET 随着 VPD 的增加而增加，这是因为较干燥的空气条件可能以蒸发和蒸腾的形式将更多的水从土壤表层与植物体内转移到大气中。然而，当 VPD 超过 1.17 kPa 时，越高的 VPD 将限制植物的蒸腾作用，植被在高的 VPD 条件下通过关闭气孔以避免过多的水分流失。与此同时，GPP 也得到了类似的结果，因为植物的光合作用（碳通量）与水通量耦合。从 GPP 与 R_g、ET 和 R_g 的关系中也观察到上述现象，因为较强的辐射可能

会限制植物的光合作用。相比之下，T_a、Pre 和 LAI 与 GPP 和 ET 呈线性关系，可以得出结论：降水的增加带来的更多水分供应，将促进生态系统与大气层之间剧烈的碳和水交换。g_c 与 GPP 和 ET 呈正线性关系，但由于 $P > 0.5$，因此在统计上没有意义。

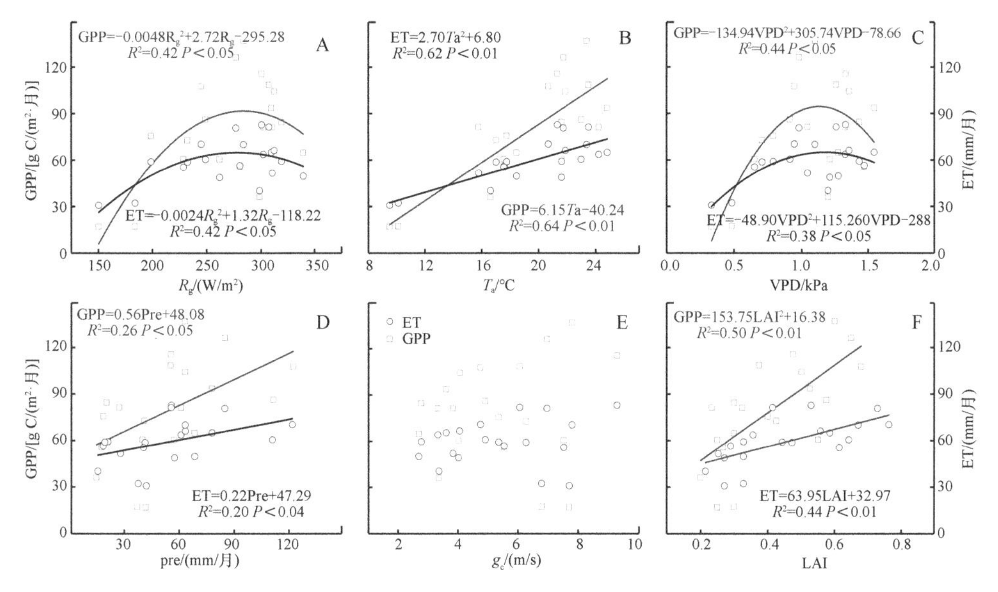

图 10-19　GPP 和 ET 的控制因子（彩图请扫封底二维码）

R_g. 太阳辐射；T_a. 空气温度；VPD. 饱和水汽压差；LAI. 叶面积指数；g_c. 冠层导度；Pre. 降水

（2）驱动 WUE 变化的因子

碳循环和水循环之间的耦合过程（定义为 WUE）对生物物理因素的响应也不同（图 10-20）。R_g 和 VPD 的增加将增强 WUE，但它们的增加趋势具有最大阈值，即 R_g 为 287 W/m^2 和 VPD 为 1.09 kPa。当 R_g 和 VPD 高于其最大阈值时，它们的增加将调节 WUE，使得 WUE 减少，这与它们在 GPP 和 ET 上的性能相似。然而，T_a 和 LAI 与 WUE 的关系均呈线性正相关关系（$P < 0.01$），这表明 T_a 和 LAI 的增加将促进生态系统的 WUE。该结果与前人的研究结果一致，即 LAI 是控制 WUE 的关键因素（Hu et al.，2008）。生态系统与大气之间的碳水交换将主要由灌木而不是盐池县荒漠草原的原始草本植物决定。随着 T_a 的升高，土壤表层水分会因高温而消耗殆尽，从而减少土壤蒸发。生态系统的蒸散量将主要取决于植物的蒸腾作用，因此，当生态系统捕获相同质量的二氧化碳时，其水消耗量将减少。但是，从统计角度来看，Pre 和 g_c 在 WUE 方面没有任何重要功能。

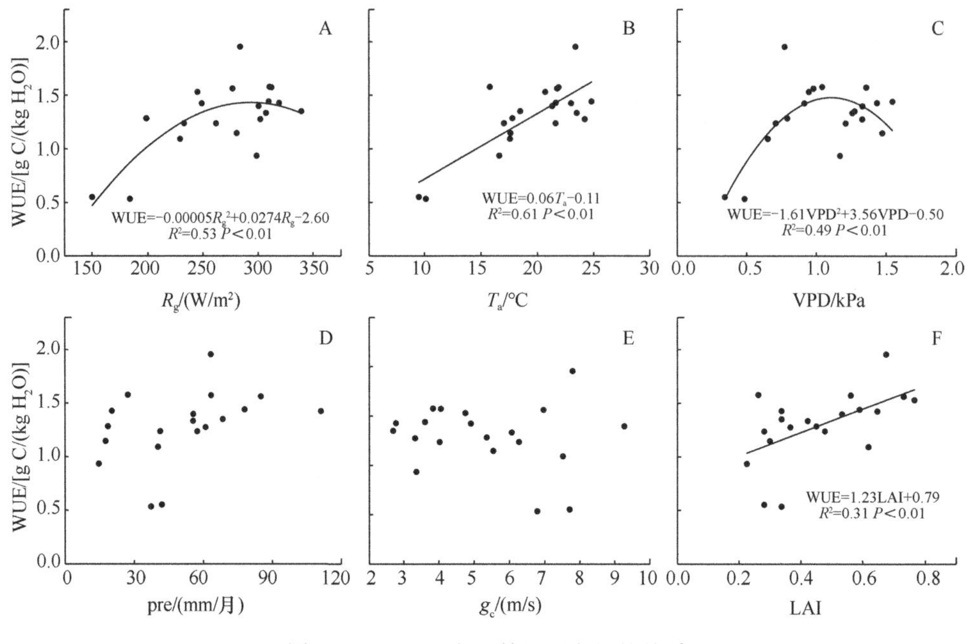

图 10-20 WUE 与环境因子之间的关系

已有文献报道，WUE 主要受 LAI、g_c和植被类型等生物因子及 R_g、T_a、VPD 与 Pre 等环境因子的影响（Hu et al.，2010；Liu et al.，2015；Zhang et al.，2014）。对于荒漠草原的人工灌丛生态系统，驱动 WUE 变化的生物物理因子主要是 R_g、T_a、VPD 和 LAI，这与前人研究的观点一致（Yu et al.，2008；Niu et al.，2011；Xiao et al.，2013）。生物物理因子对碳水通量耦合的驱动机制因生态系统类型而异（胡中民等，2009）。例如，混交林 WUE 与 R_g 呈负线性关系，同时 WUE 随着 VPD 的增加呈非线性下降趋势变化（Tong et al.，2014）。然而，在落叶阔叶林和北方针叶林等生态系统中，WUE 对 VPD 的响应并不显著（Krishnan et al.，2006；Law et al.，2002）。本研究的结果与之前关于 R_g 和 WUE 之间存在二次方程关系的认识有所不同。R_g 的增加会提高 WUE，直到 R_g 达到最大阈值，R_g 的增加对 WUE 具有调节作用。与 R_g 一样，VPD 对 WUE 的驱动机制与橡胶林生态系统的类似（Lin et al.，2018）。

（3）盐池荒漠草原人工灌丛群落的 WUE 与其他相似生态系统对比

WUE 是反映生态系统碳水循环过程的耦合指标。干旱半干旱地区主要受水资源的限制，因此，研究干旱半干旱区的 WUE 有利于加深对区域生态系统的稳定性和可持续性的认识。WUE 越高，表明生态系统在使用相同水量的情况下可以从大气中固定更多的碳。盐池县荒漠草原人工灌丛生态系统 2016～2019 年生长季的年平均 WUE 为 1.38 g C/kg H_2O，与同一地区落叶灌木混交林的 1.52 g C/kg H_2O 相近（Jia et al.，2016）。虽然 Jia 等（2016）的研究对象是灌木混交林，与本研究对象中间锦鸡儿灌丛存在差异，但两者的 WUE 值相似，这主要是因为它们处于相同的地理环境和气候地区，均受到人为活动的影响。然而，本研究区的 WUE 却高于大多数天然灌丛生态系统。Scott 等（2006a）发现，美国亚利桑那州东南部的奇瓦瓦沙漠灌丛的 WUE 为 0.96 g C/kg H_2O，该灌丛受到木本植物的侵蚀，以不同的灌木物种为主。额济纳绿洲的荒漠河岸林的 WUE 为（0.79±0.09）g C/kg H_2O（Ma et al.，2018）。在以柽柳灌丛为主的盐碱荒漠中，WUE 为 0.76 g C/kg H_2O，明显低于本研究得到的人工灌丛生态系统的 WUE（Liu et al.，2012）。因此，WUE 的差异主要取决于主导植物种类和当地气候的水分胁迫。同时，人为植被恢复所导致的灌丛物种侵入荒漠草原，即大量灌木在草本群落中同时生长，引起特殊的生态系统功能变化，可能是导致生态系统具有较高 WUE 的另一个因素。

10.5　盐池县荒漠草原碳水耦合特征——水分利用效率分析

10.5.1　总初级生产力和蒸散的耦合特征

碳水耦合的定量指标——WUE 主要是由 ET 和 GPP 来决定的，因此应该分析两者之间的变化关系。在年际尺度上，盐池县植被 ET 和 GPP 呈极显著性线性正相关（$P < 0.01$），植被生产力的增加会显著提高生态系统的水分消耗，即每消耗 1 mm 的水，植被就能固定 0.9853 g C/(m^2·d) GPP（图 10-21）。盐池县自 2000 年开始实施了一系列生态治理工程，促进区域植被覆盖度增加，植被生产力显著提升，同时也改变了区域蒸散的组分特征，也对区域 WUE 产生了一定程度的影响。

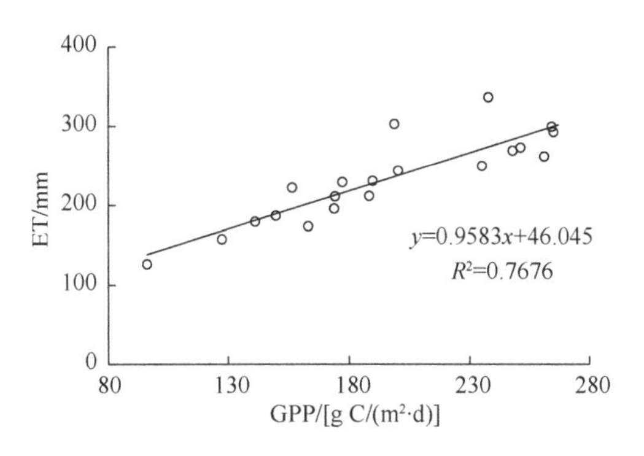

图 10-21　盐池县植被 ET 和 GPP 的相关性

10.5.2 水分利用效率的时空变化特征

(1) WUE 的时间变化特征

从 2000～2019 年盐池县植被 WUE 年际变化（图 10-22）可知，盐池县植被 WUE 年变化范围为 1.00～1.52 g C/kg H_2O，多年均值为 1.21 g C/kg H_2O，整体以每年 0.0046 g C/kg H_2O 的速率降低，但变化趋势不显著。结合 ET 和 GPP 的年际变化特征，近 20 年盐池县 ET 和 GPP 分别以 6.78 mm/a 和 7.25 g C/(m^2·a)的速率呈显著性趋势增加，可见盐池县生态系统的植被生长和水分消耗过程都在增强，但 ET 的增长速率和 GPP 的增长速率相差不大，致使植被消耗水分产出的生物量也保持在一个稳定变化范围，即年均 WUE 在波动中表现出一个稳定的变化趋势。盐池县植被 WUE 受人类活动和气候变化的影响，年际波动变化较大，尤其是气候变化。在 2000 年、2005 年、2010 年和 2017 年盐池县 WUE 呈明显的低值分布，这与 2000 年、2005 年和 2009 年宁夏境内的三次极端干旱事件导致生态系统的生产力和蒸散下降有关；而在 2004 年、2012 年和 2018 年植被 WUE 呈高值分布，在持续干旱后，植被生产力逐渐恢复，同时受当年及上一年高降水量的影响，植被恢复明显，WUE 也明显提升。

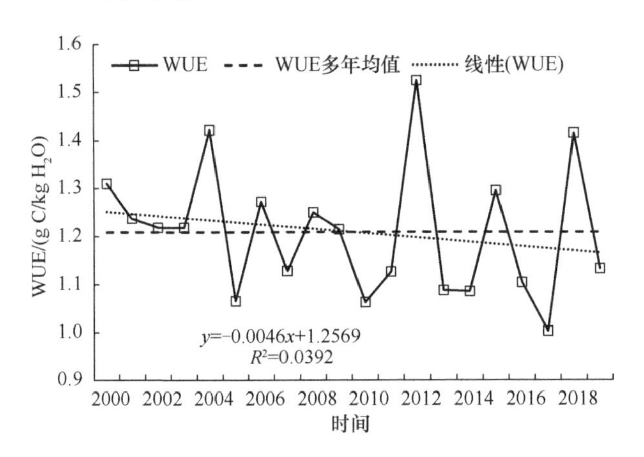

图 10-22　2000～2019 年盐池植被 WUE 的年际变化

(2) WUE 的空间变化特征

近 20 年盐池县植被 WUE 的多年均值具有明显的空间异质性，整体呈东北高、西南低；东北部受局地人为农林活动的影响，如近些年盐池县周边发展起来的灌溉农田和人工林地区导致较高的 WUE（图 10-23）。全县 WUE 的空间分布极差较大，变化范围在 0.62～1.78 g C/kg H_2O，年均 WUE 为 0.91 g C/kg H_2O，高值主要分布在东北部的花马池镇，同时在南部的麻黄山和惠安堡镇的中部均有局部高值区；而这些区域以高的 GPP 值和较低的 ET 值分布，这也说明了这些区域植被的水分利用效率较高。而低值主要分布在西南部以及西部的荒漠草原区，结合该区域 GPP 和 ET 的空间变化特征，该区域分布有相对较低的 GPP 值和较高的 ET 值，这部分地区较高的 ET 而产生较低的 GPP，可见该区域植被的水分利用效率较低。春季和夏季的水分利用效率在空间上表现出相似的变化特征，两者的变化范围分别为 0.68～1.74 和 1.08～2.64，夏季植被的水分利用效率明显大于其他季节；而秋季水分利用效率在空间上的分布与多年平均水分利用效率的分布相似，秋季的 WUE 的空间变化范围在 0.42～1.75，与春季在空间上的变化相似。

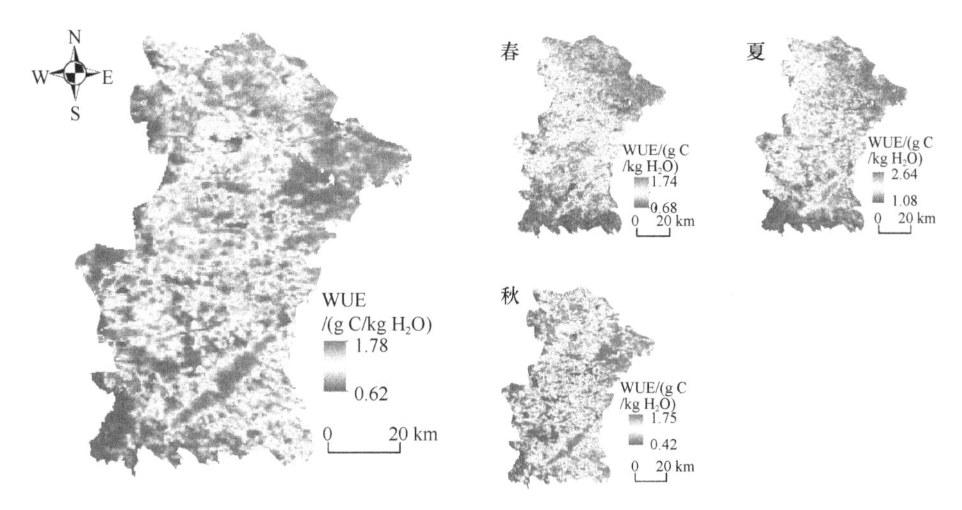

图 10-23　2000～2019 年盐池植被 WUE 的空间变化（彩图请扫封底二维码）

10.5.3　盐池县植被水分利用效率变化趋势

从近 20 年的 WUE 变化趋势及其显著性检验可见（图 10-24），盐池县植被 WUE 有 45.04%的区域呈上升趋势，其中达到显著性上升的仅占 1.41%；有 54.96%的区域呈下降趋势，其中达到显著下降的占 8.85%，主要集中分布在东北部花马池镇南部、青山乡东部、王乐井乡以及惠安堡的部分地区。盐池县植被 WUE 的赫斯特（Hurst）指数为 0.26～0.87，平均值为 0.52；而赫斯特指数大于 0.5 的持续性像元数占总像元数的 61.24%，呈持续性的像元占绝对优势，说明盐池县大部分地区植被 WUE 未来变化趋势与过去一致，在空间上主要分布在南部地区，在北部少量分布；赫斯特指数小于 0.5 的反持续性像元数占总像元数的 38.76%，趋势发生反转的比例相对较小。未来变化趋势检验结果表明：未来有 27.81%的区域呈持续上升趋势，主要分布在麻黄山乡南部、惠安堡镇南部与东北部，以及冯记沟镇南部和西部，在西北部呈斑块状分布；未来有 33.43%的区域呈持续下降趋势，主要分布在大水坑镇、惠安堡镇、花马池镇和王乐井乡南部以及青山乡北部；占全县21.17%的区域植被WUE未来会由下降转为上升，主要分布在青山乡、花马池镇北部、冯记沟乡的西部以及大水坑的东部和北部，以及王乐井乡的部分地区；33.43%的区域由上升转为下降，以斑块状分布在西北部以及东南部。

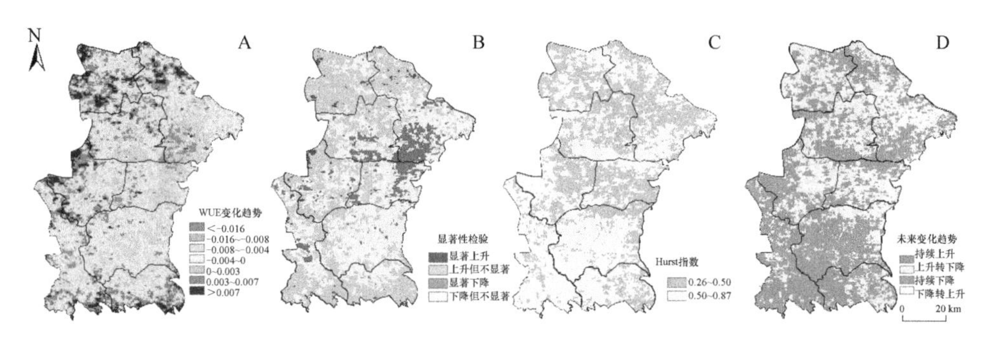

图10-24 盐池植被WUE变化趋势（A）、显著性（B）、赫斯特（Hurst）指数（C）及持续性（D）特征（彩图请扫封底二维码）

10.5.4 不同土地利用类型的水分利用效率变化特征

土地利用类型变化是区域环境改变的直接结果，它的变化在某种程度上影响区域的水文过程和植被生产力，而ET是地表水热平衡的重要组成部分，GPP是植被的总初级生产力。因此，探讨不同土地利用类型的WUE特征具有重要的研究意义。本文采用了2000年、2005年、2010年和2015年4期土地类型数据，分别代表2000～2004年、2005～2009年、2010～2014年和2015～2019年4个时间段宁夏盐池县的土地利用情况，分析不同时间段的不同土地类型的WUE变化特征。

从图10-25可知，2000～2004年各类土地利用类型（2000～2004年无水田）的WUE最高，而在2005～2009年达到最低，在随后的10年间逐步增加；盐池县自20世纪末开始实施一系列生态治理工程，建设初期区域植被生产力得到显著提升，2000～2004年的植被WUE显著提升；在2005～2009年受到持续性干旱的影响，导致区域各土地类型的WUE呈低值状态分布；在干旱后，植被生产力逐渐恢复，同时也受近年来盐池县降水量增多的影响，植被WUE增加，可见在气候变化和人类活动的双重干扰下，盐池县各土地利用类型的WUE在不同时间段呈不同的变化趋势。在各研究时间段，不同土地利用类型的WUE分布规律明显，整体表现为：有林地 > 疏林地 > 其他林地 > 高覆盖度草地 > 灌木林 > 水田 > 旱地 > 低覆盖度草地 > 中覆盖度草地。按照各土地利用类型所属的生态系统类型，可知在不同的研究时间段，生态系统WUE的变化整体表现为：森林生态系

统 > 农田生态系统 > 草原生态系统。

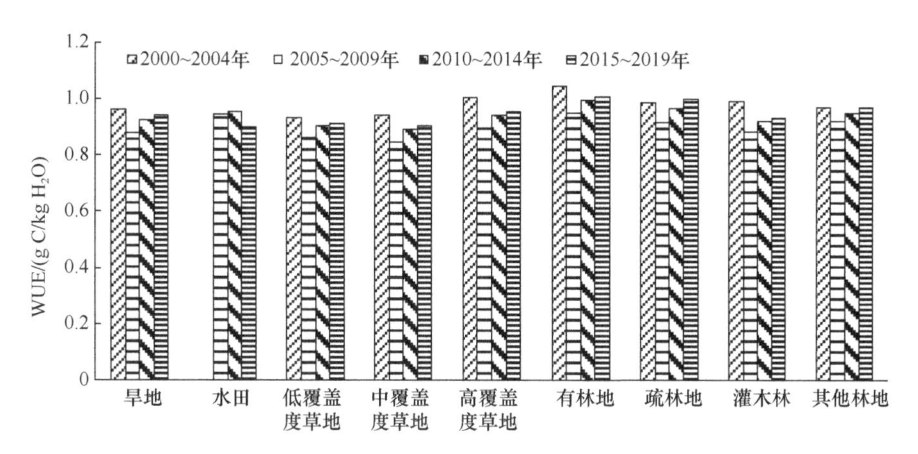

图 10-25　2000～2019 年不同土地利用类型水分利用效率（WUE）随时间变化特征

10.5.5　区域水分利用效率变化原因分析

采用 MODIS 的 GPP 和 ET 产品计算 WUE，在计算精度方面仍存在一定的不确定性，如 GPP 的估算采用最大光能利用率的固定值，然而地表各种植被类型的最大光能率均存在差异；同时气候要素、土壤类型等要素对该参数也有一定的影响（Sun et al.，2016）。ET 的计算精度受其反演算法、气候输入数据和其他输入变量等要素的影响，具有一定的不确定性（邹杰等，2017）。尽管如此，本研究结果仍能够反映出区域 WUE 的时空变化特征。

近几十年来，盐池县的植被变化比较显著（宋乃平等，2015；丹杨等，2019），而这一变化必将引起区域水分特征的变化，并反馈到区域生态系统的可持续性发展。本研究得到近 20 年盐池县植被 WUE 变化趋势不显著，但以每年 0.0013 g C/m^2 的趋势减弱，同时也侧面说明了生态治理工程尽管显著改善了盐池县土地退化过程，同时显著增加了植被覆盖度（丹杨等，2019），但是也加剧了当地的水分消耗，使区域的水资源压力持续增大，并逐渐接近区域水资源安全临界阈值（高海东等，2017），这将会对区域生态带来极大的危害，并抑制植被恢复的进一步发展，进而影响区域水资源安全。因此，需要合理评估和实施生态恢复工程，根据区域环境的生态水文特征筛选合适的物种值得进一步研究。

生态系统 WUE 不仅受系统内部植被的调控，同时也受外界环境条件的影响（杜晓铮等，2018）。GPP 和 ET 作为调控生态系统 WUE 的两个直接因子，受人类活动和气候变化的影响显著。生态治理工程不仅显著地增加植被覆盖度（丹杨等，2019），提高了生态系统的生产力，而且增大了生态系统的水分消耗（刘宪锋等，2018），改变了区域土壤蒸发和植被蒸腾的比例，植被蒸腾在蒸散组分中的比例增大。盐池县近 20 年 ET 的显著增加与区域生态植被恢复密切相关，反映了植被生长对提升区域 ET 的贡献更大。王雅舒等（2019）分析了退耕还林还草工程对黄土高原 ET 的影响，也认为 ET 的增加主要归因于植被增多。然而随着植被盖度增加，土壤蒸发占比减小，如果土壤水分出现持续减少，可能会使植被的生长受到限制，植被 WUE 也将受到影响。在水资源限制区域，温度和降水的年际变化对区域植被生长与水文循环过程具有重要的作用(Goyal, 2004; Liu and Yang, 2010)。盐池县近 20 年的年均降水为 306.84 mm，尤其近 10 年的年均降水量高达 340.97 mm，明显大于多年平均值，这有利于植被生长；然而降水作为干旱半干旱区的主要水源补给具有很大的不确定性，区域生态环境易受干旱胁迫的影响，持续性的干旱对区域植被 WUE 有显著的影响，植被受到水分胁迫导致长势不好或者大量死亡（Xue et al.，2015；Liu et al.，2015），从而显著降低区域植被 WUE。宁夏在 2000 年、2005 年和 2009 年出现了 3 次明显的极端干旱事件（杜灵通等，2015a），年 WUE 呈低值状态分布，进一步说明气候变化对区域 WUE 的变化具有极其重要的影响。

参 考 文 献

阿布都沙拉木·吐鲁甫, 买买提·沙吾提, 马春玥, 等. 2018. 基于 SEBAL 模型的渭-库绿洲蒸散量特征及影响因子研究[J]. 地球信息科学学报, 20(9): 1361-1372.

安相. 2017. 陕北黄土丘陵区草地生态系统碳通量及其影响因素研究[D]. 杨陵: 西北农林科技大学硕士学位论文.

白一茹, 王幼奇, 王建宇. 2015. 宁夏荒漠草原区参考作物蒸散量估算方法比较[J]. 灌溉排水学报, 34(11): 89-92.

包学锋, 占布, 特古斯. 2015. 近40年西乌珠穆沁旗牧草气候生产力变化特征分析[J]. 草原与草业, 27(1): 24-27.

包永志, 段利民, 刘廷玺, 等. 2019. 小叶锦鸡儿(*Caragana microphylla*)群落蒸散发模拟[J]. 中国沙漠, 39(4): 177-186.

鲍芳, 周广胜. 2010. 中国草原土壤呼吸作用研究进展[J]. 植物生态学报, 34(1): 713-726.

卞莹莹, 宋乃平, 王兴, 等. 2015. 荒漠草原区不同土地利用方式下土壤水分相对亏缺[J]. 水土保持学报, 29(1): 201-206.

蔡甲冰, 许迪, 刘钰, 等. 2011. 冬小麦返青后腾发量时空尺度效应的通径分析[J]. 农业工程学报, 27(8): 69-76.

曹明奎, 于贵瑞, 刘纪远, 等. 2004. 陆地生态系统碳循环的多尺度试验观测和跨尺度机理模拟[J]. 中国科学(D 辑: 地球科学), (S2): 1-14.

查同刚. 2007. 北京大兴杨树人工林生态系统碳平衡的研究[D]. 北京: 北京林业大学博士学位论文.

车彦军, 赵军, 张明军, 等. 2016. 不同气候变化情景下 2070-2099 年中国潜在植被及其敏感性[J]. 生态学报, 36(10): 2885-2895.

陈国南. 1987. 用迈阿密模型测算我国生物生产量的初步尝试[J]. 自然资源学报, 2(3): 270-278.

陈浩, 曾晓东. 2013. 植被年际变化对蒸散发影响的模拟研究[J]. 生态学报, 33(14): 4343-4353.

陈华, 杨阳, 王伟. 2016. 基于文献计量分析我国生态水文学研究现状及热点[J]. 冰川冻土, 38(3): 769-775.

陈丽茹, 陈伟月, 李秧秧, 等. 2016. 陕北水蚀风蚀交错带柠条适应不同生境的形态和生理可塑性[J]. 西北植物学报, 36(3): 573-578.

陈利军, 刘高焕, 冯险峰. 2001. 运用遥感估算中国陆地植被净第一性生产力[J]. 植物学报: 英文版, (11): 1191-1198.

陈婷, 郗敏, 孔范龙, 等. 2016. 枯落物分解及其影响因素[J]. 生态学杂志, 35(7): 1927-1935.

陈文波, 肖笃宁, 李秀珍. 2002. 景观指数分类、应用及构建研究[J]. 应用生态学报, 13(1): 121-125.

陈小平. 2018. 科尔沁沙丘-草甸湿地水热碳通量变化及响应机制研究[D]. 呼和浩特: 内蒙古农业大学硕士学位论文.

陈晓鹏, 尚占环. 2011. 中国草地生态系统碳循环研究进展[J]. 中国草地学报, 33(4): 99-110.
陈彦光. 2011. 地理数学方法: 基础与应用[M]. 北京: 科学出版社.
陈奕兆, 李建龙, 孙政国, 等. 2017. 欧亚大陆草原带 1982-2008 年间净初级生产力时空动态及其对气候变化响应研究[J]. 草业学报, 26(1): 1-12.
陈银萍, 牛亚毅, 李伟, 等. 2019. 科尔沁沙地自然恢复沙质草地生态系统碳通量特征[J]. 高原气象, 38(3): 650-659.
陈悦, 陈超美, 刘则渊, 等. 2015. CiteSpace 知识图谱的方法论功能[J]. 科学学研究, 33(2): 242-253.
陈智, 于贵瑞, 朱先进, 等. 2014. 北半球陆地生态系统碳交换通量的空间格局及其区域特征[J]. 第四纪研究, 34(4): 710-722.
程国栋, 肖洪浪, 傅伯杰, 等. 2014. 黑河流域生态-水文过程集成研究进展[J]. 地球科学进展, 29(4): 431-437.
程积民, 程杰, 杨晓梅, 等. 2012. 黄土高原草地植被碳密度的空间分布特征[J]. 生态学报, 32(1): 226-237.
程杰, 王吉斌, 程积民, 等. 2013. 黄土高原柠条锦鸡儿灌木林生长的时空变异特征[J]. 林业科学, 49(1): 14-20.
崔清涛, 阚丽梅, 刘清泉. 1994. 荒漠草原灌木与草本植物年度生物量测定分析[J]. 内蒙古林业科技, (3): 30-32, 39.
崔霞, 冯琦胜, 梁天刚. 2007. 基于遥感技术的植被净初级生产力研究进展[J]. 草业科学, 24(10): 36-42.
代景忠, 卫智军, 何念鹏, 等. 2012. 封育对羊草草地土壤碳矿化激发效应和温度敏感性的影响[J]. 植物生态学报, 36(12): 1226-1236.
代鹏超, 牛苏娟, 毋兆鹏, 等. 2017. 新疆精河流域实际蒸散发时空变化特征[J]. 生态与农村环境学报, 33(7): 600-606.
戴尔阜, 黄宇, 吴卓, 等. 2016. 内蒙古草地生态系统碳源/汇时空格局及其与气候因子的关系[J]. 地理学报, 71(1): 21-34.
丹杨, 杜灵通, 王乐, 等. 2019. 盐池县荒漠草原人工植被重建对区域生态系统蒸散的影响[J]. 水土保持通报, 39(5): 8-15, 39.
邓钰, 柳小妮, 闫瑞瑞, 等. 2013. 呼伦贝尔草甸草原土壤呼吸及其影响因子对不同放牧强度的响应[J]. 草业学报, 22(2): 22-29.
董利虎, 李凤日, 宋玉文. 2015. 东北林区 4 个天然针叶树种单木生物量模型误差结构及可加性模型[J]. 应用生态学报, 26(3): 704-714.
杜灵通, 候静, 胡悦, 等. 2015a. 基于遥感温度植被干旱指数的宁夏 2000-2010 年旱情变化特征[J]. 农业工程学报, 31(14): 209-216.
杜灵通, 刘可, 胡悦, 等. 2017. 宁夏不同生态功能区 2000-2010 年生态干旱特征及驱动分析[J]. 自然灾害学报, 26(5): 149-156.
杜灵通, 宋乃平, 王磊, 等. 2015b. 近30a气候变暖对宁夏植被的影响[J]. 自然资源学报, 30(12): 2095-2106.
杜晓铮, 赵祥, 王昊宇, 等. 2018. 陆地生态系统水分利用效率对气候变化的响应研究进展[J]. 生态学报, 38(23): 8296-8305.
段利民, 童新, 吕扬, 等. 2018. 固沙植被黄柳、小叶锦鸡儿蒸腾耗水尺度提升研究[J]. 自然资源学报, 33(1): 52-62.
段玉玺. 2008. 盐池县沙地造林的水分环境容量与区域生态用水研究[D]. 北京: 北京林业大学博士学位论文.
范晓梅. 2011. 长江源区植被覆盖变化对高寒草甸蒸散的影响及作物系数的确定[D]. 兰州: 兰州大学硕士学位论文.
范亚云, 郭玉川, 卢刚, 等. 2018. 艾比湖流域植被生态需水量[J]. 中国沙漠, 38(4): 865-871.
方精云, 刘国华, 徐嵩龄. 1996a. 我国森林植被的生物量和净生产量[J]. 生态学报, 16(5): 497-508.
方精云, 刘国华, 许嵩龄. 1996b. 中国陆地生态系统的碳库[M]. 北京: 中国环境科学出版社.
丰思捷, 赵艳云, 李元恒, 等. 2019. 内蒙古典型草原表层土壤有机碳储量差异及影响因素[J]. 中国草地学报, 41(2): 116-120.
封志明, 杨艳昭, 丁晓强, 等. 2004. 气象要素空间插值方法优化[J]. 地理研究, 23(3): 357-364.
傅伯杰. 2017. 地理学: 从知识、科学到决策[J]. 地理学报, 72(11): 1923-1932.
傅伯杰. 2018. 新时代自然地理学发展的思考[J]. 地理科学进展, 37(1): 1-7.
高冠龙, 冯起, 张小由, 等. 2017. 蒸散发模型结合微气象数据模拟陆面蒸散发研究进展[J]. 高原气象, 36(6): 1630-1637.
高海东, 庞国伟, 李占斌, 等. 2017. 黄土高原植被恢复潜力研究[J]. 地理学报, 72(5): 863-874.
高浩, 秦树高, 朱林峰, 等. 2016. 单株油蒿蒸腾耗水特征及其与环境因素的关系[J]. 水土保持通报, 36(2): 76-81.
高琼, 刘婷. 2015. 干旱半干旱区草原灌丛化的原因及影响-争议与进展[J]. 干旱区地理, 38(6): 1202-1212.
高学杰, 石英, 张冬峰, 等. 2012. RegCM3 对 21 世纪中国区域气候变化的高分辨率模拟[J]. 科学通报, 57(5): 374-381.
公延明, 胡玉昆, 阿德力 •麦地, 等. 2010. 高寒草原对气候生产力模型的适用性分析[J]. 草业学报, 19(2): 9-15.
龚婷婷. 2017. 中国北方荒漠区水碳通量变化规律研究[D]. 北京: 清华大学博士学位论文.
郭灵辉, 高江波, 吴绍洪, 等. 2016. 1981—2010 年内蒙古草地土壤有机碳时空变化及其气候敏感性[J]. 环境科学研究, 29(7): 1050-1058.
郭明英, 卫智军, 徐丽君, 等. 2011. 不同刈割年限天然草地土壤呼吸特性研究[J]. 草地学报, 19(1): 51-57.
郭璞, 解李娜, 满良, 等. 2019. 荒漠化草原锦鸡儿属灌丛扩增对牧草产量和植物多样性的影响[J]. 草业科学, 36(5): 1215-1223.
韩其飞, 罗格平, 李超凡, 等. 2014. 基于 BIOME-BGC 模型的天山北坡森林生态系统碳动态模拟[J]. 干旱区研究, 31(3): 375-382.
郝博, 闫文德. 2017. CENTURY 模型在杉木人工林生态系统的适用性研究[J]. 中南林业科技大学学报, 37(7): 99-104.
郝彦宾. 2006. 内蒙古羊草草原碳通量观测及其驱动机制分析[D]. 北京: 中国科学院植物研究所博士学位论文.
何慧娟, 卓静, 董金芳, 等. 2015. 基于 MOD16 监测陕西省地表蒸散变化[J]. 干旱区地理, 38(5): 960-967.
何玉斐, 赵明旭, 王金祥, 等. 2008. 内蒙古农牧交错带草地生产力对气候要素的响应——以多伦县为例[J]. 干旱气象, 26(2): 84-89.
贺庆棠, Baumartner A. 1986. 中国植物的可能生产力——农业和林业的气候产量[J]. 北京林业大学学报, 8(2): 84-98.
贺庆棠. 1986. 用生物量法对植物群体太阳能利用率的初步估算[J]. 北京林业大学学报, 8(3): 52-59.
侯光良, 游松才. 1990. 用筑后模型估算我国植物气候生产力[J]. 自然资源学报, 5(1): 60-65.
候静, 杜灵通, 张学俭. 2016. 压砂种植模式对地表热场景观格局的影响[J]. 干旱地区农业研究, 34(1): 264-271.
胡波, 孙睿, 陈永俊, 等. 2011. 遥感数据结合 BIOME-BGC 模型估算黄淮海地区生态系统生产力[J]. 自然资源学报, 26(12): 2061-2071.
胡化广, 张振铭, 吴生才, 等. 2013. 植物水分利用效率及其机理研究进展[J]. 节水灌溉, 11(3): 11-15.
胡悦, 杜灵通, 候静, 等. 2017. 基于 SPI 指数的宁夏中部干旱带 1960-2012 年干旱特征研究[J]. 干旱地区农业研究, 35(2): 255-262.
胡中民, 于贵瑞, 王秋凤, 等. 2009. 生态系统水分利用效率研究进展[J]. 生态学报, 29(3): 1498-1507.
黄金龙, 居为民, 郑光, 等. 2013. 基于高分辨率遥感影像的森林地上生物量估算[J]. 生态学报, 33(20): 6497-6508.
黄敬峰, 王秀珍, 蔡承侠, 等. 1999. 利用 NOAA/AVHRR 资料监测北疆天然草地生产力[J]. 草业科学, 16(5): 3-5.
黄康有, 郑卓, Cheddadi R, 等. 2007. CARAIB 陆地碳循环模型研究进展及其应用[J]. 热带地理, 27(6): 483-488.
黄小燕, 李耀辉, 冯建英, 等. 2015. 中国西北地区降水量及极端干旱气候变化特征[J]. 生态学报, 35(5): 1359-1370.
黄奕龙, 傅伯杰, 陈利顶. 2003. 生态水文过程研究进展[J]. 生态学报, 23(3): 580-587.
黄忠良. 2000. 运用 Century 模型模拟管理对鼎湖山森林生产力的影响[J]. 植物生态学报, 24(2): 175-179.
吉喜斌, 康尔泗, 赵文智, 等. 2004. 黑河流域山前绿洲灌溉农田蒸散发模拟研究[J]. 冰川冻土, 26(6): 713-719.
姜立鹏, 覃志豪, 谢雯, 等. 2006. 基于 MODIS 数据的草地净初级生产力模型探讨[J]. 中国草地学报, 28(6): 72-76, 82.
姜艳阳, 王文, 周正昊. 2017. MOD16 蒸散发产品在中国流域的质量评估[J]. 自然资源学报, 32(3): 517-528.
焦翠翠, 于贵瑞, 何念鹏, 等. 2016. 欧亚大陆草原地上生物量的空间格局及其与环境因子的关系[J]. 地理学报, 71(5): 781-796.
金丽芳, 徐希孺, 张猛. 1986. 内蒙古典型草原地带牧草产量估算的光谱模型[J]. 中国草原与牧草, 3(2): 51-54.
阚雨晨, 黄欣颖, 王宇通, 等. 2012. 干扰对草地碳循环影响的研究与展望[J]. 草业科学, 29(12): 1855-1861.
康绍忠, 熊运章. 1990. 干旱缺水条件下麦田蒸散量的计算方法[J]. 地理学报, 45(4): 475-483.
柯金虎, 朴世龙, 方精云. 2003. 长江流域植被净第一性生产力及其时空格局研究[J]. 植物生态学报, 27(6): 764-771.

拉巴, 除多, 德吉央宗. 2012. 基于SEBS模型的藏北那曲蒸散量研究[J]. 遥感技术与应用, 27(6): 919-926.

李柏. 2015. 不同荒漠生态系统生物结皮分布及水文特征研究[D]. 北京: 北京林业大学博士学位论文.

李柏延, 任志远. 2016. 银川盆地净初级生产力估算和趋势分析[J]. 中国农业科学, 49(7): 1303-1314.

李登科, 范建忠, 董金芳. 2011. 1981～2000年陕西省植被净初级生产力时空变化[J]. 西北植物学报, 31(9): 1873-1877.

李登秋, 居为民, 郑光, 等. 2013. 基于生态过程模型和森林清查数据的森林生长量估算对比研究[J]. 生态环境学报, 22(10): 1647-1657.

李菲, 张明军, 李小飞, 等. 2013. 1962-2011年来宁夏不同等级降水的变化特征[J]. 生态学杂志, 32(8): 2154-2162.

李凤民, 张振万. 1991a. 宁夏盐池长芒草草原和苜蓿人工草地水分利用研究[J]. 植物生态学与地植物学学报, 15(4): 319-329.

李凤民, 张振万. 1991b. 我国温带南部草原植物蒸腾特点研究[J]. 内蒙古大学学报(自然科学版), 22(3): 382-388.

李刚, 辛晓平, 王道龙, 等. 2007. 改进CASA模型在内蒙古草地生产力估算中的应用[J]. 生态学杂志, 26(12): 2100-2106.

李刚, 赵祥, 张宾宾, 等. 2014. 不同株高的柠条生物量分配格局及其估测模型构建[J]. 草地学报, 22(4): 769-775.

李根. 2014. 基于SEBAL和SEBS模型的鹰潭小流域蒸散发估算研究[D]. 南京: 南京信息工程大学硕士学位论文.

李辉东, 关德新, 袁凤辉, 等. 2014. 科尔沁温带草甸能量平衡的日季变化特征[J]. 应用生态学报, 25(1): 69-76.

李辉东, 关德新, 袁凤辉, 等. 2015. 科尔沁草甸生态系统水分利用效率及影响因素[J]. 生态学报, 35(2): 478-488.

李金燕. 2018. 宁夏中部干旱带盐池县植被生态需水规律研究[J]. 干旱区地理, 41(5): 1064-1072.

李凌浩, 王其兵, 白永飞, 等. 2000. 锡林河流域羊草草原群落土壤呼吸及其影响因子的研究[J]. 植物生态学报, 24(6): 680-686.

李美君, 杜庆, 张克斌, 等. 2016. 北方农牧交错带草地植被数量波动特征——以宁夏盐池县为例[J]. 东北林业大学学报, 44(1): 48-51.

李猛, 何永涛, 张林波, 等. 2017. 三江源草地ANPP变化特征及其与气候因子和载畜量的关系[J]. 中国草地学报, 39(3): 49-56.

李敏敏, 延军平. 2013. "蒸发悖论"在北方农牧交错带的探讨[J]. 资源科学, 35(11): 2298-2307.

李强, 周道玮, 陈笑莹. 2014. 地上枯落物的累积、分解及其在陆地生态系统中的作用[J]. 生态学报, 34(14): 3807-3819.

李琴, 陈曦, 刘英, 等. 2012. 干旱区区域蒸散发量遥感反演研究[J]. 干旱区资源与环境, 26(8): 108-112.

李泉, 张宪洲, 石培礼, 等. 2008. 西藏高原高寒草甸能量平衡闭合研究[J]. 自然资源学报, 23(3): 391-399.

李石华, 王金亮, 毕艳, 等. 2005. 遥感图像分类方法研究综述[J]. 国土资源遥感, 17(2): 1-6.

李思恩, 康绍忠, 朱治林, 等. 2008. 应用涡度相关技术监测地表蒸发蒸腾量的研究进展[J]. 中国农业科学, 41(9): 2720-2726.

李文华. 1978. 森林生物生产量的概念及其研究的基本途径[J]. 自然资源, (1): 71-92.

李小雁. 2011. 干旱地区土壤-植被-水文耦合、响应与适应机制[J]. 中国科学: 地球科学, 41(12): 1721-1730.

李小英, 段争虎, 陈小红, 等. 2014. 黄土高原西部人工灌木林土壤水分分布规律[J]. 干旱区研究, 31(1): 38-43.

李新荣, 张志山, 刘玉冰, 等. 2016 中国沙区生态重建与恢复的生态水文学基础[M]. 北京: 科学出版社.

李新荣, 张志山, 谭会娟, 等. 2014. 我国北方风沙危害区生态重建与恢复: 腾格里沙漠土壤水分与植被承载力的探讨[J]. 中国科学: 生命科学, 44(3): 257-266.

李玉强, 赵哈林, 赵学勇, 等. 2006. 不同强度放牧后自然恢复的沙质草地土壤呼吸、碳平衡与碳储量[J]. 草业学报, 15(5): 25-31.

李媛, 谢应忠, 王亚娟. 2016. 宁夏中部干旱带潜在蒸散量变化及影响因素[J]. 生态学报, 36(15): 4680-4688.

李正泉, 于贵瑞, 温学发, 等. 2004. 中国通量观测网络(ChinaFLUX)能量平衡闭合状况的评价[J]. 中国科学(D 辑: 地球科学), (S2): 46-56.

梁顺林, 李小文, 王锦地. 2013. 定量遥感: 理念与算法[M]. 北京: 科学出版社.

林慧龙, 常生华, 李飞. 2007. 草地净初级生产力模型研究进展[J]. 草业科学, 24(12): 26-29.

林家栋, 鹿洁忠. 1983. 蒸发测定和计算方法在我国的研究概况[J]. 气象科技, (4): 62-69.

刘博. 2015. 基于高分辨率影像的杭州西湖区绿地生物量研究[D]. 杭州: 浙江农林大学硕士学位论文.

刘昌明. 1997. 土壤-植物-大气系统水分运行的界面过程研究[J]. 地理学报, 52(4): 80-87.

刘晨峰, 张志强, 孙阁, 等. 2009. 基于涡度相关法和树干液流法评价杨树人工林生态系统蒸发散及其环境响应[J]. 植物生态学报, 33(4): 706-718.

刘存琦. 1994. 灌木植物量测定技术的研究[J]. 草业学报, 3(4): 61-65.

刘奉觉, 郑世锴, 巨关升, 等. 1997. 树木蒸腾耗水测算技术的比较研究[J]. 林业科学, 33(2): 22-31.

刘洪杰. 1997. Miami 模型的生态学应用[J]. 生态科学, 16(1): 52-55.

刘凯. 2013. 荒漠草原人工柠条林土壤水分动态及其对降水脉动的响应[D]. 银川: 宁夏大学硕士学位论文.

刘可, 杜灵通, 候静, 等. 2018. 2000-2014 年宁夏草地蒸散时空特征及演变规律[J]. 草业学报, 27(3): 1-12.

刘磊. 2010. 基于多源数据的森林生物量与生产力估算研究[D]. 南京: 南京林业大学硕士学位论文.

刘宁, 孙鹏森, 刘世荣. 2012. 陆地水-碳耦合模拟研究进展[J]. 应用生态学报, 23(11): 3187-3196.

刘任涛, 柴永青, 徐坤, 等. 2014. 荒漠草原区柠条固沙人工林地表草本植被季节变化特征[J]. 生态学报, 34(2): 500-508.

刘绍辉, 方精云, 清田信. 1998. 北京山地温带森林的土壤呼吸[J]. 植物生态学报, 22(2): 24-31.

刘宪锋, 胡宝怡, 任志远. 2018. 黄土高原植被生态系统水分利用效率时空变化及驱动因素[J].

中国农业科学, 51(2): 302-314.
刘宪锋, 潘耀忠, 张锦水, 等. 2013. 1960-2011年西北五省潜在蒸散的时空变化[J]. 应用生态学报, 24(9): 2564-2570.
刘欣, 陆家宝, 杨力军, 等. 1995. 荒漠草地四种灌木单株生物量估测方法[J]. 青海畜牧兽医杂志, 26(3): 28-29.
刘洋, 刘荣高, 陈镜明, 等. 2013. 叶面积指数遥感反演研究进展与展望[J]. 地球信息科学学报, 15(5): 734-743.
刘志红, McVicar T R, Niel V, 等. 2008. 专用气候数据空间插值软件ANUSPLIN及其应用[J]. 气象, 34(2): 92-100.
卢其尧, 林振耀. 1980. 我国水稻田蒸散量与灌溉量的初步研究[J]. 南京大学学报(自然科学版), (1): 145-159.
路倩倩, 何洪林, 朱先进, 等. 2015. 中国东部典型森林生态系统蒸散及其组分变异规律研究[J]. 自然资源学报, 30(9): 1436-1448
罗云建, 张小全, 王效科, 等. 2009. 森林生物量的估算方法及其研究进展[J]. 林业科学, 45(8): 129-134.
马良, 朱再春, 曾辉. 2017. NPP评估过程模型应用研究进展[J]. 中国沙漠, 37(6): 1250-1260.
马芮. 2018. 基于模型-数据融合的中国区域碳水通量动态模拟及分析[D]. 北京: 中国科学院大学(中国科学院遥感与数字地球研究所)硕士学位论文.
马文红, 方精云, 杨元合, 等. 2010. 中国北方草地生物量动态及其与气候因子的关系[J]. 中国科学: 生命科学, 40(7): 632-641.
马文红, 韩梅, 林鑫, 等. 2006. 内蒙古温带草地植被的碳储量[J]. 干旱区资源与环境, 20(3): 192-195.
马晓哲, 王铮. 2015. 土地利用变化对区域碳源汇的影响研究进展[J]. 生态学报, 35(17): 5898-5907.
马媛, 李钢铁, 潘羿壅, 等. 2017. 浑善达克沙地 3 种灌木生物量的预测模型[J]. 干旱区资源与环境, 31(6): 198-201.
马志良, 赵文强, 刘美, 等. 2018. 土壤呼吸组分对气候变暖的响应研究进展[J]. 应用生态学报, 29(10): 3477-3486.
闵骞. 2005. 道尔顿公式的应用研究[J]. 水利水电科技进展, 25(1): 17-20.
莫保儒, 蔡国军, 杨磊, 等. 2013. 半干旱黄土区成熟柠条林地土壤水分利用及平衡特征[J]. 生态学报, 33(13): 4011-4020.
牟乃夏, 刘文宝, 王海银, 等. 2012. ArcGIS 10地理信息系统教程：从初学到精通[M]. 北京: 测绘出版社.
穆少杰, 李建龙, 杨红飞, 等. 2013. 内蒙古草地生态系统近10年NPP时空变化及其与气候的关系[J]. 草业学报, 22(3): 6-15.
穆少杰, 周可新, 陈奕兆, 等. 2014a. 草地生态系统碳循环及其影响因素研究进展[J]. 草地学报, 22(3): 439-447.
穆少杰, 周可新, 陈奕兆, 等. 2014b. 内蒙古典型草原不同群落净生态系统生产力的动态变化[J]. 生态学杂志, 33(4): 885-895.
倪攀, 金昌杰, 王安志, 等. 2008. 半干旱风沙草原区草地潜热通量的特征[J]. 中国农业气象, 29(4): 427-431.

牛西午. 1998. 柠条生物学特性研究[J]. 华北农学报, 13(4): 123-130.

牛亚毅, 李玉强, 龚相文, 等. 2017. 沙质草地生长季生态系统碳净交换量特征及土壤呼吸贡献率[J]. 生态学杂志, 36(9): 2423-2430.

牛亚毅, 李玉强, 王旭洋, 等. 2018. 干旱年份沙质草地生态系统净 CO_2 通量年变化特征[J]. 草业学报, 27(1): 215-221.

欧妮尔. 2017. 内蒙古东部山杏与柠条灌木林地上碳储量模型研究[D]. 呼和浩特: 内蒙古农业大学硕士学位论文.

潘军, 宋乃平, 吴旭东, 等. 2014. 荒漠草原人工柠条林对土壤物理稳定性的影响[J]. 水土保持学报, 28(4): 172-176.

潘天石. 2018. BEPS 模型光合模块机理参数适用性分析及模拟应用[D]. 哈尔滨: 东北林业大学硕士学位论文.

彭海英, 李小雁, 童绍玉. 2014. 干旱半干旱区草原灌丛化研究进展[J]. 草业学报, 23(2): 313-322.

彭记永, 张晓娟. 2016. 麦田通量数据质量控制及能量闭合性分析[J]. 气象与环境科学, 39(4): 68-72.

朴世龙, 方精云, 郭庆华. 2001. 利用 CASA 模型估算我国植被净第一性生产力[J]. 植物生态学报, 25(5): 603-608.

朴世龙, 方精云, 贺金生, 等. 2004. 中国草地植被生物量及其空间分布格局[J]. 植物生态学报, 28(4): 491-498.

齐玉春, 董云社, 刘立新, 等. 2010. 内蒙古锡林河流域主要针茅属草地土壤呼吸变化及其主导因子[J]. 中国科学: 地球科学, 40(3): 341-351.

邱胜荣. 2020. 基于 logistic 模型的中国自然保护区增长动态分析[J]. 生态学报, 40(3): 1015-1020.

曲鲁平. 2016. 热浪对中国北方草地生态系统碳通量的影响研究[D]. 长春: 东北师范大学博士学位论文.

屈艳萍, 康绍忠, 王素芬, 等. 2014. 液流—株间微型蒸渗仪法测定新疆杨蒸发蒸腾量适用性分析[J]. 干旱地区农业研究, 32(3): 88-94.

渠翠平, 关德新, 王安志, 等. 2008. 基于 MODIS 数据的草地生物量估算模型比较[J]. 生态学杂志, 27(11): 2028-2032.

任庆福, 杨志勇, 李传哲, 等. 2013. 变化环境下作物蒸散研究进展[J]. 地球科学进展, 28(11): 1227-1238.

尚二萍, 张红旗. 2016. 1980s-2010s 新疆伊犁河谷草地碳存储动态评估[J]. 资源科学, 38(7): 1229-1238.

沈竞, 张弥, 肖薇, 等. 2016. 基于改进 SW 模型的千烟洲人工林蒸散组分拆分及其特征[J]. 生态学报, 36(8): 2164-2174.

施生旭, 童佩珊. 2018. 基于 CiteSpace 的城市群生态安全研究发展态势分析[J]. 生态学报, 38(22): 8234-8246.

施新民, 黄峰, 陈晓光, 等. 2008. 气候变化对宁夏草地生态系统的影响分析[J]. 干旱区资源与环境, 22(2): 65-69.

施雅风, 沈永平, 李栋梁, 等. 2003. 中国西北气候由暖干向暖湿转型的特征和趋势探讨[J]. 第四纪研究, 23(2): 152-164.

石磊, 盛后财, 满秀玲, 等. 2016. 不同尺度林木蒸腾耗水测算方法述评[J]. 南京林业大学学报(自然科学版), 40(4): 149-156.

史培军, 孙劭, 汪明, 等. 2014. 中国气候变化区划(1961～2010 年)[J]. 中国科学: 地球科学, 44(10): 2294-2306.

史晓亮, 杨志勇, 王馨爽, 等. 2016. 黄土高原植被净初级生产力的时空变化及其与气候因子的关系[J]. 中国农业气象, 37(4): 445-453.

寿文凯, 胡飞龙, 阿拉木萨, 等. 2013. 基于 SPAC 系统干旱区水分循环和水分来源研究方法综述[J]. 生态学杂志, 32(8): 2194-2202.

舒海燕. 2016. 浙江安吉毛竹林生态系统 CO_2 通量过程的研究[D]. 重庆: 西南大学硕士学位论文.

舒维花, 蒋齐, 王占军, 等. 2012. 宁夏盐池沙地不同密度人工柠条林土壤水分时空变化分析[J]. 干旱区资源与环境, 26(12): 172-176.

司建华, 冯起, 张小由, 等. 2005. 极端干旱条件下柽柳种群蒸散量的日变化研究[J]. 中国沙漠, 25(3): 380-385.

宋璐璐, 尹云鹤, 吴绍洪. 2012. 蒸散发测定方法研究进展[J]. 地理科学进展, 31(9): 1186-1195.

宋乃平, 杜灵通, 王磊. 2015. 盐池县 2000-2012 年植被变化及其驱动力分析[J]. 生态学报, 35(22): 7377-7386.

苏大学. 1994. 中国草地资源的区域分布与生产力结构[J]. 草地学报, 2(1): 71-77.

苏建平, 康博文. 2004. 我国树木蒸腾耗水研究进展[J]. 水土保持研究, 11(2): 177-179, 186.

孙成明, 孙政国, 刘涛, 等. 2015. 基于 MODIS 的中国草地 NPP 综合估算模型[J]. 生态学报, 35(4): 1079-1085.

孙海军, 郭壮武, 尤万学, 等. 2006. 盐池县人工封育草地植被恢复效果研究[J]. 宁夏农林科技, (6): 8-10.

孙睿, 朱启疆. 1999. 陆地植被净第一性生产力的研究[J]. 应用生态学报, 10(6): 757-760.

孙庆龄, 冯险峰, 刘梦晓, 等. 2015. 武陵山区植被净初级生产力遥感模拟与分析[J]. 自然资源学报, 30(10): 1628-1641.

孙善磊, 周锁铨, 石建红, 等. 2010. 应用三种模型对浙江省植被净第一性生产力(NPP)的模拟与比较[J]. 中国农业气象, 31(2): 271-276.

孙威, 毛凌潇. 2018. 基于 CiteSpace 方法的京津冀协同发展研究演化[J]. 地理学报, 73(12): 2378-2391.

孙伟. 2003. 松嫩草原贝加尔针茅群落土壤呼吸与个体水分生理生态研究[D]. 长春: 东北师范大学硕士学位论文.

孙晓敏, 袁国富, 朱治林, 等. 2010. 生态水文过程观测与模拟的发展与展望[J]. 地理科学进展, 29(11): 1293-1300.

孙燕瓷, 马友鑫, 曹坤芳, 等. 2017. 基于 BIOME-BGC 模型的西双版纳橡胶林碳收支模拟[J]. 生态学报, 37(17): 5732-5741.

孙羽, 张涛, 田长彦, 等. 2009. 增加降水对荒漠短命植物当年牧草生长及群落结构的影响[J]. 生态学报, 29(4): 1859-1868.

孙玉军, 张俊, 韩爱惠, 等. 2007. 兴安落叶松(*Larix gmelini*)幼中龄林的生物量与碳汇功能[J]. 生态学报, 27(5): 1756-1762.

孙政国, 陈奕兆, 居为民, 等. 2015. 我国南方不同类型草地生产力及对气候变化的响应[J]. 长江流域资源与环境, 24(4): 609-616.

孙政国, 陈奕兆, 居为民, 等. 2015. 我国南方不同类型草地生产力及对气候变化的响应[J]. 长江流域资源与环境, 24(4): 609-616.
陶波, 葛全胜, 李克让, 等. 2001. 陆地生态系统碳循环研究进展[J]. 地理研究, 20(5): 49-60.
陶冶, 张元明. 2013. 荒漠灌木生物量多尺度估测——以梭梭为例[J]. 草业学报, 22(6): 1-10.
陶贞, 沈承德, 高全洲, 等. 2006. 高寒草甸土壤有机碳储量及其垂直分布特征[J]. 地理学报, 61(7): 720-728.
田静, 苏红波, 陈少辉, 等. 2012. 近 20 年来中国内陆地表蒸散的时空变化[J]. 资源科学, 34(7): 1277-1286.
田阳. 2010. 盐池沙地防护林林木耗水特性及其结构配置研究[D]. 北京: 北京林业大学博士学位论文.
田玉强, 欧阳华, 徐兴良, 等. 2008 青藏高原土壤有机碳储量与密度分布[J]. 土壤学报, 45(5): 933-942.
佟斯琴, 张继权, 哈斯, 等. 2016. 基于 MOD16 的锡林郭勒草原 14 年蒸散发时空分布特征[J]. 中国草地学报, 38(4): 83-91.
童应祥, 田红. 2009. 寿县地区麦田能量平衡闭合状况分析[J]. 中国农学通报, 25(18): 384-387.
图雅, 刘艳书, 朱媛君, 等. 2019. 锡林郭勒草原灌丛化对灌丛间地草本群落物种多样性和生物量的影响[J]. 北京林业大学学报, 41(10): 57-67.
王根绪, 程国栋, 沈永平. 2002. 青藏高原草地土壤有机碳库及其全球意义[J]. 冰川冻土, 24(6): 10-17.
王海波, 马明国. 2014. 基于遥感和 Penman-Monteith 模型的内陆河流域不同生态系统蒸散发估算[J]. 生态学报, 34(19): 5617-5626.
王合云, 董智, 郭建英, 等. 2016. 不同放牧强度下短花针茅荒漠草原植被-土壤系统有机碳组分储量特征[J]. 生态学报, 36(15): 4617-4625.
王宏, 李晓兵, 李霞, 等. 2008. 中国北方草原对气候干旱的响应[J]. 生态学报, 28(1): 172-182.
王建军, 吴志强. 2009. 城镇化发展阶段划分[J]. 地理学报, 64(2): 177-188.
王江山, 殷青军, 杨英莲. 2005. 利用 NOAA/AVHRR 监测青海省草地生产力变化的研究[J]. 高原气象, 24(1): 117-122.
王军邦, 刘纪远, 邵全琴, 等. 2009. 基于遥感-过程耦合模型的 1988～2004 年青海三江源区净初级生产力模拟[J]. 植物生态学报, 33(2): 254-269.
王俊峰, 王根绪, 吴青柏. 2003. 青藏高原腹地不同退化程度高寒沼泽草甸生长季节 CO_2 排放通量及其主要环境控制因子研究[J]. 冰川冻土, 30(3): 408-414.
王朗, 徐延达, 傅伯杰, 等. 2009. 半干旱区景观格局与生态水文过程研究进展[J]. 地球科学进展, 24(11): 1238-1246.
王乐, 杜灵通, 丹杨, 等. 2020. 不同气候变化情景下荒漠草原生态系统碳动态模拟[J]. 生态学报, 40(2): 657-666.
王磊, 丁晶晶, 季永华, 等. 2009. 1981-2000 年中国陆地生态系统 NPP 时空变化特征分析[J]. 江苏林业科技, 36(6): 1-5.
王黎黎. 2016. 盐池县封育条件下草地生态环境演变态势及草场管理[D]. 北京: 北京林业大学博士学位论文.
王丽娟, 郭铌, 杨启东, 等. 2016. 基于 MODIS 遥感产品估算西北半干旱区的陆面蒸散量[J]. 高原气象, 35(2): 375-384.

王丽娟, 郭铌, 杨启东, 等. 2016. 基于 MODIS 遥感产品估算西北半干旱区的陆面蒸散量[J]. 高原气象, 35(2): 375-384.

王利兵, 胡小龙, 余伟莅, 等. 2006. 沙粒粒径组成的空间异质性及其与灌丛大小和土壤风蚀相关性分析[J]. 干旱区地理, 29(5): 688-693.

王孟本, 李洪建, 柴宝峰, 等. 1999. 树种蒸腾作用、光合作用和蒸腾效率的比较研究[J]. 植物生态学报, 23(5): 401-410.

王明昌, 刘镂, 江源, 等. 2015. 中国北方中部地区近五十年气温和降水的变化趋势[J]. 北京师范大学学报(自然科学版), 51(6): 631-635.

王鹏涛, 延军平, 蒋冲, 等. 2016. 2000—2012 年陕甘宁黄土高原区地表蒸散时空分布及影响因素[J]. 中国沙漠, 36(2): 499-507.

王芑丹, 杨温馨, 黄洁钰, 等. 2017. 灌丛化的蒸散耗水效应数值模拟研究——以内蒙古灌丛化草原为例 [J]. 植物生态学报, 41(3): 348-358.

王庆伟, 于大炮, 代力民, 等. 2010. 全球气候变化下植物水分利用效率研究进展[J]. 应用生态学报, 21(12): 3255-3265.

王绍强, 王军邦, 居为民. 2016. 基于遥感和模型模拟的中国陆地生态系统碳收支[M]. 北京: 科学出版社.

王韦娜, 张翔, 张立锋, 等. 2019. 蒸渗仪法和涡度相关法测定蒸散的比较[J]. 生态学杂志, 38(11): 3551-3559.

王新平, 康尔泗, 张景光, 等. 2004. 草原化荒漠带人工固沙植丛区土壤水分动态[J]. 水科学进展, 15(2): 216-222.

王新云, 郭艺歌, 陈林, 等. 2013. 荒漠草原不同林龄柠条灌丛生物量模型研究[J]. 生物数学学报, 28(2): 377-383.

王新云, 郭艺歌, 何杰. 2014. 基于多源遥感数据的草地生物量估算方法[J]. 农业工程学报, 30(11): 159-166, 294.

王兴昌, 王传宽. 2015. 森林生态系统碳循环的基本概念和野外测定方法评述[J]. 生态学报, 35(13): 4241-4256.

王兴鹏, 张维江, 马轶, 等. 2005. 盐池沙地柠条的蒸腾速率与叶水势关系的初步研究[J]. 农业科学研究, 26(2): 43-47.

王兴鹏, 张维江. 2006. 风蚀沙化过渡地带沙地凝结水时空变化的初步探讨[J]. 宁夏大学学报(自然科学版), 27(3): 266-269.

王旭, 闫玉春, 闫瑞瑞, 等. 2013. 降雨对草地土壤呼吸季节变异性的影响[J]. 生态学报, 33(18): 5631-5635.

王雅舒, 李小雁, 石芳忠, 等. 2019. 退耕还林还草工程加剧黄土高原退耕区蒸散发[J]. 科学通报, 64(Z1): 588-599.

王莺, 夏文韬, 梁天刚. 2010. 陆地生态系统净初级生产力的时空动态模拟研究进展[J]. 草业科学, 27(2): 77-88.

王幼奇, 樊军, 邵明安, 等. 2009. 黄土高原水蚀风蚀交错区三种植被蒸散特征[J]. 生态学报, 29(10): 5386-5394.

魏焕奇, 何洪林, 刘敏, 等. 2012. 基于遥感的千烟洲人工林蒸散及其组分模拟研究[J]. 自然资源学报, 27(5): 778-789.

温存. 2007. 宁夏盐池沙地主要植物群落土壤水分动态研究[D]. 北京: 北京林业大学硕士学位

论文.
吴戈男, 胡中民, 李胜功, 等. 2016. SWH 双源蒸散模型模拟效果验证及不确定性分析[J]. 地理学报, 71(11): 1886-1897.
吴俊君, 高志海, 李增元, 等. 2014. 基于天宫一号高光谱数据的荒漠化地区稀疏植被参量估测[J]. 光谱学与光谱分析, 34(3): 751-756.
吴利禄, 高翔, 褚建民, 等. 2019. 民勤绿洲-荒漠过渡带梭梭人工林净碳交换及其影响因子[J]. 应用生态学报, 30(10): 3336-3346.
吴荣军, 邢晓勇. 2016. 不同植被条件下实际蒸散的变化特征及其影响因子——以淮河流域为例[J]. 应用生态学报, 27(6): 1727-1736.
吴战平. 1993. 贵州植物气候生产力的估算[J]. 贵州林业科技, 21(1): 55-57.
夏军, 左其亭, 韩春辉. 2018. 生态水文学学科体系及学科发展战略[J]. 地球科学进展, 33(7): 665-674.
谢花林, 李波. 2008. 基于 logistic 回归模型的农牧交错区土地利用变化驱动力分析——以内蒙古翁牛特旗为例[J]. 地理研究, 27(2): 294-304.
谢巧云. 2017. 考虑红边特性的多平台遥感数据叶面积指数反演方法研究[D]. 北京: 中国科学院大学(中国科学院遥感与数字地球研究所)博士学位论文.
邢琦. 1989. NOAA 气象卫星监测锡林郭勒盟干草原产量动态的研究[J]. 内蒙古草业, (3): 52-58.
熊小刚, 韩兴国. 2005. 内蒙古半干旱草原灌丛化过程中小叶锦鸡儿引起的土壤碳、氮资源空间异质性分布[J]. 生态学报, 25(7): 1678-1683.
徐海红, 侯向阳, 那日苏, 等. 2011. 不同放牧制度下短花针茅荒漠草原土壤呼吸动态研究[J]. 草业学报, 20(2): 219-226.
徐洪灵, 张宏, 张伟. 2012a. 川西北高寒草甸土壤呼吸速率日变化及温度影响因子比较[J]. 四川师范大学学报(自然科学版), 35(3): 405-411.
徐洪灵, 张宏, 张伟. 2012b. 川西北高寒草甸土壤理化性质对土壤呼吸速率影响研究[J]. 四川师范大学学报(自然科学版), 35(6): 835-841.
徐希孺, 金丽芳, 赁常恭, 等. 1985. 利用 NOAA-CCT 估算内蒙古草场产草量的原理和方法[J]. 地理学报, 52(4): 333-346.
徐宗学, 赵捷. 2016. 生态水文模型开发和应用: 回顾与展望[J]. 水利学报, 47(3): 346-354.
许大全. 1997. 光合作用的“午睡”现象[J]. 植物生理学通讯, 33(6): 466-467.
许婧璟, 靳晓言, 强皓凡, 等. 2018. 新疆艾比湖流域潜在蒸散变化特征与成因分析[J]. 灌溉排水学报, 37(2): 89-94.
闫淑君, 洪伟, 吴承祯, 等. 2001. 自然植被净第一性生产力模型的改进[J]. 江西农业大学学报, 23(2): 248-252.
闫霜, 张黎, 景元书, 等. 2014. 植物叶片最大羧化速率与叶氮含量关系的变异性[J]. 植物生态学报, 38(6): 640-652.
颜廷武, 尤文忠, 张慧东, 等. 2015. 辽东山区天然次生林能量平衡和蒸散[J]. 生态学报, 35(1): 172-179.
颜韦. 2017. 中国典型陆地生态系统的生物量分配及其影响因素分析[D]. 上海: 华东师范大学硕士学位论文.
阳伏林, 周广胜. 2010. 内蒙古温带荒漠草原能量平衡特征及其驱动因子[J]. 生态学报, 30(21): 5769-5780.

杨保, 史锋, Sonechkin D M, 等. 2011. 过去千年气候变化重建研究新进展[J]. 中国沙漠, 31(2): 485-491.

杨存建, 刘纪远, 黄河, 等. 2005. 热带森林植被生物量与遥感地学数据之间的相关性分析[J]. 地理研究, 24(3): 473-479.

杨大文, 丛振涛, 尚松浩, 等. 2016. 从土壤水动力学到生态水文学的发展与展望[J]. 水利学报, 47(3): 390-397.

杨大文, 雷慧闽, 丛振涛. 2010. 流域水文过程与植被相互作用研究现状评述[J]. 水利学报, 39(10): 1142-1149.

杨大文, 徐宗学, 李哲, 等. 2018. 水文学研究进展与展望[J]. 地理科学进展, 37(1): 36-45.

杨红飞, 刚成诚, 穆少杰, 等. 2014. 近10年新疆草地生态系统净初级生产力及其时空格局变化研究[J]. 草业学报, 23(3): 39-50.

杨明秀, 宋乃平, 杨新国. 2013. 人工柠条林枝、叶构件生物量的分配格局与估测模型[J]. 江苏农业科学, 41(12): 331-333.

杨宪龙, 魏孝荣, 邵明安. 2016. 黄土高原北部典型灌丛枝条生物量估算模型[J]. 应用生态学报, 27(10): 3164-3172.

杨秀芹, 王国杰, 潘欣, 等. 2015. 基于GLEAM遥感模型的中国1980-2011年地表蒸散发时空变化[J]. 农业工程学报, 31(21): 132-141.

杨亚梅, 胡蕾, 武伟, 等. 2008. 贵州省陆地净初级生产力的季节变化研究[J]. 西南大学学报(自然科学版), 30(9): 123-128.

杨阳, 刘秉儒, 宋乃平, 等. 2014. 人工柠条灌丛密度对荒漠草原土壤养分空间分布的影响[J]. 草业学报, 23(5): 107-115.

杨勇, 李兰花, 王保林, 等. 2015. 基于改进的CASA模型模拟锡林郭勒草原植被净初级生产力[J]. 生态学杂志, 34(8): 2344-2352.

杨泽龙, 杜文旭, 侯琼, 等. 2008. 内蒙古东部气候变化及其草地生产潜力的区域性分析[J]. 中国草地学报, 30(6): 62-66.

杨治平, 张强, 王永亮, 等. 2010. 晋西北黄土丘陵区小叶锦鸡儿人工灌丛土壤水分动态研究[J]. 中国生态农业学报, 18(2): 352-355.

姚阔, 郭旭东, 南颖, 等. 2016. 植被生物量高光谱遥感监测研究进展[J]. 测绘科学, 41(8): 48-53.

姚兴成, 曲恬甜, 常文静, 等. 2017. 基于MODIS数据和植被特征估算草地生物量[J]. 中国生态农业学报, 25(4): 530-541.

殷鸣放, 杨琳, 殷炜达, 等. 2010. 森林固碳领域的研究方法及最新进展[J]. 浙江林业科技, 30(6): 78-86.

于贵瑞, 伏玉玲, 孙晓敏, 等. 2006. 中国陆地生态系统通量观测研究网络(ChinaFLUX)的研究进展及其发展思路[J]. 中国科学: D辑, 36(S1): 1-21.

于贵瑞, 高扬, 王秋凤, 等. 2013. 陆地生态系统碳-氮-水循环的关键耦合过程及其生物调控机制探讨[J]. 中国生态农业学报, 21(1): 1-13.

于贵瑞, 孙晓敏. 2006. 陆地生态系统通量观测的原理与方法[M]. 北京: 高等教育出版社.

于贵瑞, 王秋凤, 方华军. 2014a. 陆地生态系统碳-氮-水耦合循环的基本科学问题、理论框架与研究方法[J]. 第四纪研究, 34(4): 683-698, 682.

于贵瑞, 王秋凤. 2010. 植物光合、蒸腾与水分利用的生理生态学[M]. 北京: 科学出版社.

于贵瑞, 于秀波. 2014. 近年来生态学研究热点透视——基于“中国生态大讲堂”100 期主题演讲的总结[J]. 地理科学进展, 33(7): 925-930.

于贵瑞, 张雷明, 孙晓敏. 2014b. 中国陆地生态系统通量观测研究网络(ChinaFLUX)的主要进展及发展展望[J]. 地理科学进展, 33(7): 903-917.

于瑞鑫, 王磊, 杨新国, 等. 2019. 平茬柠条的土壤水分动态及生理特征[J]. 生态学报, 39(19): 7249-7257.

余海龙, 樊瑾, 牛玉斌, 等. 2019. 灌丛树干茎流与根区优先流对灌丛沙堆“土壤沃岛效应”的影响研究[J]. 草地学报, 27(1): 1-7.

余新晓. 2015. 生态水文学前沿[M]. 北京: 科学出版社.

岳平, 张强, 杨金虎, 等. 2011. 黄土高原半干旱草地地表能量通量及闭合率[J]. 生态学报, 31(22): 6866-6876.

张宝忠, 许迪, 刘钰, 等. 2015. 多尺度蒸散发估测与时空尺度拓展方法研究进展[J]. 农业工程学报, 31(6): 8-16.

张存厚, 王明玖, 张立, 等. 2013. 呼伦贝尔草甸草原地上净初级生产力对气候变化响应的模拟[J]. 草业学报, 22(3): 41-50.

张定海, 李新荣, 张鹏. 2017. 生态水文阈值在中国沙区人工植被生态系统管理中的意义[J]. 中国沙漠, 37(4): 678-688.

张果, 周广胜, 阳伏林. 2010. 内蒙古温带荒漠草原生态系统水热通量动态[J]. 应用生态学报, 21(3): 597-603.

张宏, 史培军, 郑秋红. 2001. 半干旱地区天然草地灌丛化与土壤异质性关系研究进展[J]. 植物生态学报, 25(3): 366-370.

张宏, 张伟, 徐洪灵. 2011. 川西北高寒草甸生长季土壤氮素动态[J]. 四川师范大学学报(自然科学版), 34(4): 583-588.

张宏斌. 2007. 基于多源遥感数据的草原植被状况变化研究[D]. 北京: 中国农业科学院博士学位论文.

张鸿燕, 耿征. 2009. Levenberg-Marquardt 算法的一种新解释[J]. 计算机工程与应用, 45(19): 5-8.

张金霞, 曹广民, 周党卫, 等. 2003. 高寒矮嵩草草甸大气-土壤-植被-动物系统碳素储量及碳素循环[J]. 生态学报, 23(4): 627-634.

张进虎. 2008. 宁夏盐池沙地沙柳柠条抗旱生理及其土壤水分特征研究[D]. 北京: 北京林业大学硕士学位论文.

张坤. 2007. 森林碳汇计量和核查方法研究[D]. 北京: 北京林业大学硕士学位论文.

张莉, 郭志华, 李志勇. 2013. 红树林湿地碳储量及碳汇研究进展[J]. 应用生态学报, 24(4): 1153-1159.

张美玲, 蒋文兰, 陈全功, 等. 2011. 草地净第一性生产力估算模型研究进展[J]. 草地学报, 19(4): 356-366.

张美玲, 蒋文兰, 陈全功, 等. 2014. 基于 CSCS 改进 CASA 模型的中国草地净初级生产力模拟[J]. 中国沙漠, 34(4): 1150-1160.

张璞进, 清华, 张雷, 等. 2017. 内蒙古灌丛化草原毛刺锦鸡儿种群结构和空间分布格局[J]. 植物生态学报, 41(2): 165-174.

张强, 王胜, 问晓梅, 等. 2012. 黄土高原陆面水分的凝结现象及收支特征试验研究[J]. 气象学报, 70(1): 128-135.

张荣华, 杜君平, 孙睿. 2012. 区域蒸散发遥感估算方法及验证综述[J]. 地球科学进展, 27(12): 1295-1307.

张淑兰, 于澎涛, 王彦辉, 等. 2011. 泾河上游流域实际蒸散量及其各组分的估算[J]. 地理学报, 66(3): 385-395.

张廷龙, 孙睿, 张荣华, 等. 2013. 基于数据同化的哈佛森林地区水、碳通量模拟[J]. 应用生态学报, 24(10): 2746-2754.

张文文, 郭忠升, 宁婷, 等. 2015. 黄土丘陵半干旱区柠条林密度对土壤水分和柠条生长的影响[J]. 生态学报, 35(3): 725-732.

张霞, 李明星, 马柱国. 2018. 近 30 年全球干旱半干旱区的蒸散变化特征[J]. 大气科学, 42(2): 251-267.

张宪洲. 1993. 我国自然植被净第一性生产力的估算与分布[J]. 资源科学, (1): 15-21.

张晓东, 刘湘南, 赵志鹏, 等. 2018a. 基于 Landsat 影像的宁夏盐池县植被景观格局变化特征[J]. 西北农林科技大学学报(自然科学版), 46(6): 75-84.

张晓东, 刘湘南, 赵志鹏, 等. 2018b. 基于像元二分法的盐池县植被覆盖度与地质灾害点时空格局分析[J]. 国土资源遥感, 30(2): 195-201.

张晓艳, 褚建民, 孟平, 等. 2016. 环境因子对民勤绿洲荒漠过渡带梭梭人工林蒸散的影响[J]. 应用生态学报, 27(8): 2390-2400.

张晓玉, 范亚云, 热孜宛古丽•麦麦提依明, 等. 2018. 基于 SEBS 模型的干旱区流域蒸散发估算探究[J]. 干旱区地理, 41(3): 508-517.

赵传燕, 程国栋, 邹松兵, 等. 2009a. 西北地区自然植被净第一性生产力的空间分布[J]. 兰州大学学报(自然科学版), 45(1): 42-49.

赵传燕, 沈卫华, 彭焕华. 2009b. 祁连山区青海云杉林冠层叶面积指数的反演方法[J]. 植物生态学报, 33(5): 860-869.

赵风华, 王秋凤, 王建林, 等. 2011. 小麦和玉米叶片光合-蒸腾日变化耦合机理[J]. 生态学报, 31(24): 7526-7532.

赵风华, 于贵瑞. 2008. 陆地生态系统碳-水耦合机制初探[J]. 地理科学进展, 37(1): 32-38.

赵俊芳, 延晓冬, 朱玉洁. 2007. 陆地植被净初级生产力研究进展[J]. 中国沙漠, 27(5): 780-786.

赵奎, 丁国栋, 吴斌, 等. 2009. 宁夏盐池毛乌素沙地柠条锦鸡儿茎流及蒸腾特征[J]. 干旱区研究, 26(3): 390-395.

赵龙, 王振凤, 郭忠升, 等. 2013. 黄土丘陵半干旱区柠条林株高生长过程新模型[J]. 生态学报, 33(7): 2093-2103.

赵威, 韦志刚, 郑志远, 等. 2016. 1964-2013 年中国北方农牧交错带温度和降水时空演变特征[J]. 高原气象, 35(4): 979-988.

赵文智, 吉喜斌, 刘鹄. 2011. 蒸散发观测研究进展及绿洲蒸散研究展望[J]. 干旱区研究, 28(3): 463-470.

赵亚楠, 周玉蓉, 王红梅. 2018. 宁夏东部荒漠草原灌丛引入下土壤水分空间异质性[J]. 应用生态学报, 29(11): 3577-3586.

赵宗慈, 罗勇. 1998. 二十世纪九十年代区域气候模拟研究进展[J]. 气象学报, 56(2): 225-246.

郑琪琪, 杜灵通, 宫菲, 等. 2019. 基于 GF-1 遥感影像的宁夏盐池柠条人工林景观特征研究[J]. 西南林业大学学报(自然科学), 39(1): 152-159.

郑中, 祁元, 潘小多, 等. 2013. 基于 WRF 模式数据和 CASA 模型的青海湖流域草地 NPP 估算研究[J]. 冰川冻土, 35(2): 465-474.

中华人民共和国农业部畜牧兽医司. 1994 中国草地资源数据[M]. 北京: 中国农业科技出版社.

周广胜, 张新时. 1995. 自然植被净第一性生产力模型初探[J]. 植物生态学报, 19(3): 193-200.

周静静, 马红彬, 周瑶, 等. 2017. 荒漠草原不同带间距人工柠条林平茬对林间生境的影响[J]. 草业学报, 26(5): 40-50.

周蕾, 王绍强, 陈镜明, 等. 2009. 1991 年至 2000 年中国陆地生态系统蒸散时空分布特征[J]. 资源科学, 31(6): 962-972.

周伟, 牟凤云, 刚成诚, 等. 2017. 1982—2010 年中国草地净初级生产力时空动态及其与气候因子的关系[J]. 生态学报, 37(13): 4335-4345.

朱岗昆. 1957. 中国各流域水量平衡的初步分析[J]. 气象学报, 28(1): 27-40.

朱林, 祁亚淑, 许兴. 2014. 宁夏盐池不同坡位旱地紫苜蓿水分来源[J]. 植物生态学报, 38(11): 1226-1240.

朱水勋, 李新通. 2014. 基于 AE 的拉市海保护区 NPP 估算及影响因子分析[J]. 福建师范大学学报(自然科学版), 30(3): 127-136.

朱文泉, 潘耀忠, 张锦水. 2007. 中国陆地植被净初级生产力遥感估算[J]. 植物生态学报, 31(3): 413-424.

朱学群, 刘音, 顾凯平. 2008. 陆地生态系统碳循环研究回顾与展望[J]. 安徽农业科学, 36(24): 10640-10642.

朱玉果, 杜灵通, 谢应忠, 等. 2019. 2000-2015 年宁夏草地净初级生产力时空特征及其气候响应[J]. 生态学报, 39(2): 518-529.

朱志辉. 1993. 自然植被净第一性生产力估计模型[J]. 科学通报, 38(15): 1422-1426.

祝佳. 2016. Landsat8 卫星遥感数据预处理方法[J]. 国土资源遥感, 28(2): 21-27.

邹杰, 丁建丽, 杨胜天. 2017. 近 15 年中亚及新疆生态系统水分利用效率时空变化分析[J]. 地理研究, 36(9): 1742-1754.

Alexandrov G A, Oikawa T, Yamagata Y. 2002. The scheme for globalization of a process-based model explaining gradations in terrestrial NPP and its application[J]. Ecological Modelling, 148(3): 293-306.

Allen R G, Pereira L S, Raes D. et al. 1998. Crop evapotranspiration: guidelines for computing crop water requirements, FAO irrigation and drainage paper 56[M]. Rome: Food and Agriculture Organization (FAO): 55-94.

Allen R G. 2011. REF-ET Reference evapotranspiration calculation software for FAO and ASCE standardized equations[M]. Idaho: University of Idaho.

Alton P, Fisher R, Los S, et al. 2009. Simulations of global evapotranspiration using semiempirical and mechanistic schemes of plant hydrology[J]. Global Biogeochemical Cycles, 23: GB4023.

Angassa A, Baars R M. 2000. Ecological condition of encroached and non-encroached rangelands in Borana, Ethiopia[J]. African Journal of Ecology, 38(4): 321-328.

Angassa A. 2014. Effects of grazing intensity and bush encroachment on herbaceous species and rangeland condition in southern Ethiopia[J]. Land Degradation & Development, 25(5): 438-451.

Asbjornsen H, Goldsmith G R, Alvaradobarrientos M S, et al. 2011. Ecohydrological advances and applications in plant-water relations research: a review[J]. Journal of Plant Ecology, 4(1-2): 3-22.

Aubinet M, Grelle A, Ibrom A U, et al. 1999. Estimates of the annual net carbon and water exchange of forests: the EUROFLUX methodology[J]. A dvances in Ecological Research, 30(1): 113-175.

Ball J T, Woodrow I E, Berry J A. 1987. A model predicting stomatal conductance and its contribution to the control of photosynthesis under different environmental conditions. In: Biggings J. Progress in Photosynthesis Research[M]. vol 4. Dordrecht: Martinus-Nijhoff Publishers: 221-224.

Bao G, Bao Y, Qin Z, et al. 2016. Modeling net primary productivity of terrestrial ecosystems in the semi-arid climate of the Mongolian Plateau using LSWI-based CASA ecosystem model[J]. International Journal of Applied Earth Observation and Geoinformation, 46: 84-93.

Berkelhammer M, Noone D C, Wong T E, et al. 2016. Convergent approaches to determine an ecosystem's transpiration fraction[J]. Global Biogeochemical Cycles, 30(6): 933-951.

Berry J A, Beerling D J, Franks P J. 2010. Stomata: key players in the earth system, past and present[J]. Current Opinion in Plant Biology, 13(3): 232-239.

Bierkens M F P. 2015. Global hydrology 2015: state, trends, and directions[J]. Water Resources Research, 51(7): 4923-4947.

Black T A, Hartog G D, Neumann H H, et al. 1996. Annual cycles of water vapour and carbon dioxide fluxes in and above a boreal aspen forest[J]. Global Change Biology, 2(3): 219-229.

Bounoua L, Collatz G J, Los S O, et al. 2000. Sensitivity of climate to changes in NDVI[J]. Journal of Climate, 13: 2277-2292.

Bowen I S. 1926. The ratio of heat losses by conduction and by evaporation from any water surface[J]. Physical Review, 27(6): 779.

Bradford J B, Hicke J A, Lauenroth W K. 2005. The relative importance of light-use efficiency modifications from environmental conditions and cultivation for estimation of large-scale net primary productivity[J]. Remote Sensing of Environment, 96(2): 246-255.

Broge N H, Leblanc E. 2001. Comparing prediction power and stability of broadband and hyperspectral vegetation indices for estimation of green leaf area index and canopy chlorophyll density[J]. Remote Sensing of Environment, 76(2): 156-172.

Burn D H, Hesch N M. 2007. Trends in evaporation for the Canadian prairies[J]. Journal of Hydrology, 336(1-2): 61-73.

Cao M, Woodward F I. 1998a. Dynamic responses of terrestrial ecosystem carbon cycling to global climate change[J]. Nature, 393(6682): 249-252.

Cao M, Woodward F I. 1998b. Net primary and ecosystem production and carbon stocks of terrestrial ecosystems and their responses to climate change[J]. Global Change Biology, 4(2): 185-198.

Cavanaugh M L, Kurc S A, Scott R L. 2011. Evapotranspiration partitioning in semiarid shrubland ecosystems: a two – site evaluation of soil moisture control on transpiration[J]. Ecohydrology, 4(5): 671-681.

Chapin F S, Carpenter S R, Kofinas G P, et al. 2010. Ecosystem stewardship: sustainability strategies for a rapidly changing planet[J]. Trends in Ecology & Evolution, 25(4): 241-249.

Chen J, Liu J, Cihlar J, et al. 1999. Daily canopy photosynthesis model through temporal and spatial scaling for remote sensing applications[J]. Ecological Modelling, 124(2): 99-119.

Chen J, Menges C H, Leblanc S G. 2005. Global mapping of foliage clumping index using multi-angular satellite data[J]. Remote Sensing of Environment, 97(4): 447-457.

Chen J, Paw U K T, Ustin S L, et al. 2004. Net ecosystem exchanges of carbon, water, and energy in young and old-growth douglas-fir forests[J]. Ecosystems, 7(5): 534-544.

Chen J, Wang C, Jiang H, et al. 2011. Estimating soil moisture using Temperature–Vegetation Dryness Index(TVDI)in the Huang-huai-hai (HHH) plain[J]. International Journal of Remote Sensing, 32(4): 1165-1177.

Chen L, Li H, Zhang P, et al. 2015a. Climate and native grassland vegetation as drivers of the community structures of shrub-encroached grasslands in Inner Mongolia, China[J]. Landscape

Ecology, 30(9): 1627-1641.
Chen Y, Xia J, Liang S, et al. 2014. Comparison of satellite-based evapotranspiration models over terrestrial ecosystems in China[J]. Remote Sensing of Environment, 140: 279-293.
Chen Y, Zhi L, Fan Y, et al. 2015b. Progress and prospects of climate change impacts on hydrology in the arid region of northwest China[J]. Environmental Research, 139: 11-19.
Collatz G J, Ribas-Carbo M, Berry J A. 1992. Coupled photosynthesis-stomatal conductance model for leaves of C4 plants[J]. Functional Plant Biology, 19: 519-538.
Cong Z, Yang D, Ni G. 2009. Does evaporation paradox exist in China[J]? Hydrology and Earth System Sciences Discussions, 13(4): 357-366.
Cornelia R, Farshad A, Lydie-Stella K, et al. 2018. Put more carbon in soils to meet Paris climate pledges[J]. Nature, 564(7734): 32-34.
Edwards W, Warwick N. 1984. Transpiration from a kiwifruit vine as estimated by the heat pulse technique and the Penman-Monteith equation[J]. New Zealand Journal of Agricultural Research, 27(4): 537-543.
Eldridge D J, Bowker M A, Maestre F T, et al. 2011. Impacts of shrub encroachment on ecosystem structure and functioning: towards a global synthesis[J]. Ecology Letters, 14(7): 709-722.
Evaristo J, Jasechko S, Mcdonnell J J. 2015. Global separation of plant transpiration from groundwater and streamflow[J]. Nature, 525(7567): 91-94.
Falge E, Baldocchi D, Olson R, et al. 2001. Gap filling strategies for long term energy flux data sets[J]. Agricultural and Forest Meteorology, 107(1): 71-77.
Farquhar G D, Caemmerer S V, Berry J A. 1980. A biochemical model of photosynthetic CO_2 assimilation in leaves of C3 species[J]. Planta, 149(1): 78-90.
Feng X, Fu B, Piao S, et al. 2016. Revegetation in China's Loess Plateau is approaching sustainable water resource limits[J]. Nature Climate Change, 6: 1019-1022.
Feng Z, Zhou G, Yu W, et al. 2012. Evapotranspiration and crop coefficient for a temperate desert steppe ecosystem using eddy covariance in Inner Mongolia, China[J]. Hydrological Processes, 26(3): 379-386.
Field C B, Randerson J T, Malmström C M. 1995. Global net primary production: combining ecology and remote sensing[J]. Remote Sensing of Environment, 51(1): 74-88.
Flerchinger G N, Marks D, Reba M L, et al. 2010. Surface fluxes and water balance of spatially varying vegetation within a small mountainous headwater catchment[J]. Hydrology & Earth System Sciences, 14(6): 965-978.
Franke R. 1982. Smooth interpolation of scattered data by local thin plate splines[J]. Computers & Mathematics with Applications, 8(4): 273-281.
Gang D, Gou J, Chen J, et al. 2011. Effects of spring drought on carbon sequestration, evapotranspiration and water use efficiency in the songnen meadow steppe in northeast China[J]. Ecohydrology, 4(2): 211-224.
Gao T, Xu B, Yang X, et al. 2013. Using MODIS time series data to estimate aboveground biomass and its spatio-temporal variation in Inner Mongolia’s grassland between 2001 and 2011[J]. International Journal of Remote Sensing, 34(21): 7796-7810.
Gao X, Peng S, Wang W, et al. 2016a. Spatial and temporal distribution characteristics of reference evapotranspiration trends in Karst area: a case study in Guizhou Province, China[J]. Meteorology and Atmospheric Physics, 128(5): 677-688.
Gao Y, Liu L, Jia R, et al. 2016b. Evapotranspiration over artificially planted shrub communities in the shifting sand dune area of the Tengger Desert, north central China[J]. Ecohydrology, 9(2): 290-299.

Gitelson A A, Verma S B, Vina A, et al. 2003a. Novel technique for remote estimation of CO_2 flux in maize[J]. Geophysical Research Letters, 30(9): 1486.

Gitelson A A, Viña A, Arkebauer T J, et al. 2003b. Remote estimation of leaf area index and green leaf biomass in maize canopies[J]. Geophysical Research Letters, 30(5): 1248.

Gitelson A A. 2004. Wide dynamic range vegetation index for remote quantification of biophysical characteristics of vegetation[J]. Journal of Plant Physiology, 161(2): 165-173.

Goetz S J, Prince S D, Goward S N, et al. 1999. Satellite remote sensing of primary production: an improved production efficiency modeling approach[J]. Ecological Modelling, 122(3): 239-255.

Govind A, Chen J, McDonnell J, et al. 2011. Effects of lateral hydrological processes on photosynthesis and evapotranspiration in a boreal ecosystem[J]. Ecohydrology, 4(3): 394-410.

Goyal R K. 2004. Sensitivity of evapotranspiration to global warming: a case study of arid zone of Rajasthan(India)[J]. Agricultural Water Management, 69(1): 1-11.

Haboudane D, Miller J R, Pattey E, et al. 2004. Hyperspectral vegetation indices and novel algorithms for predicting green LAI of crop canopies: modeling and validation in the context of precision agriculture[J]. Remote Sensing of Environment, 90(3): 337-352.

Hamby D M. 1994. A review of techniques for parameter sensitivity analysis of environmental models[J]. Environmental Monitoring & Assessment, 32(2): 135-154.

Han Q, Luo G, Li C, et al. 2014. Modeling the grazing effect on dry grassland carbon cycling with BIOME-BGC model[J]. Ecological Complexity, 17: 149-157.

Heimann M, Keeling C D. 1989. A three dimensional model of atmospheric CO_2 transport based on observed winds, II, model description. In: Peterson D H. Aspects of Climate Variability in the Pacific and Western America[M]. vol 55. Washington, D.C.: Geophys. Monogr. Ser.: 240-260.

Hong J, Kim J. 2011. Impact of the Asian monsoon climate on ecosystem carbon and water exchanges: a wavelet analysis and its ecosystem modeling implications[J]. Global Change Biology, 17(5): 1900-1916.

Hu Z, Li S, Yu G, et al. 2013. Modeling evapotranspiration by combing a two-source model, a leaf stomatal model, and a light-use efficiency model[J]. Journal of Hydrology Amsterdam, 501(25): 186-192.

Hu Z, Yu G, Fan J, et al. 2010. Precipitation-use efficiency along a 4500-km grassland transect[J]. Global Ecology and Biogeography, 19(6): 842-851.

Hu Z, Yu G, Fu Y, et al. 2008. Effects of vegetation control on ecosystem water use efficiency within and among four grassland ecosystems in China[J]. Global Change Biology, 14(7): 1609-1619.

Hu Z, Yu G, Zhou Y, et al. 2009. Partitioning of evapotranspiration and its controls in four grassland ecosystems: application of a two-source model[J]. Agricultural and Forest Meteorology, 149(9): 1410-1420.

Huang J, Li Y, Fu C, et al. 2017. Dryland climate change: Recent progress and challenges[J]. Reviews of Geophysics, 55(3): 719-778.

Hunt J E, Kelliher F M, McSeveny T M, et al. 2004. Long-term carbon exchange in a sparse, seasonally dry tussock grassland[J]. Global Change Biology, 10(10): 1785-1800.

Huxman T E, Wilcox B P, Breshears D D, et al. 2005. Ecohydrological implications of woody plant encroachment[J]. Ecology, 86(2): 308-319.

Ibáñez M, Castellví F. 2000. Simplifying daily evapotranspiration estimates over short full – canopy crops[J]. Agronomy Journal, 92(4): 628-632.

IGBP Terrestrial Carbon Working Group. 1998. The terrestrial carbon cycle: implications for the Kyoto protocol[J]. Science, 280(5368): 1393-1394.

Innis G S. 1978. Grassland Simulation Model[J]. Soil Science, 126(5): 316.

IPCC. 2007. Climate Change 2007: The Physical Science Basis[M]. Cambridge, New York: Cambridge University Press.

Ito A, Inatomi M. 2012. Water use efficiency of the terrestrial biosphere: a model analysis focusing on interactions between the global carbon and water cycles[J]. Journal of Hydrometeorology, 13(2): 681-694.

Ito A, Oikawa T. 2002. A simulation model of the carbon cycle in land ecosystems(Sim-CYCLE): a description based on dry-matter production theory and plot-scale validation[J]. Ecological Modelling, 151(2): 143-176.

Jasechko S, Sharp Z D, Gibson J J, et al. 2013. Terrestrial water fluxes dominated by transpiration[J]. Nature, 496: 347-350.

Jenkinson D S, Adams D E, Wild A. 1991. Model estimates of CO_2 emissions from soil in response to global warming[J]. Nature, 351(6324): 304-306.

Ji X, Zhao W, Kang E, et al. 2016. Transpiration from three dominant shrub species in a desert-oasis ecotone of arid regions of Northwestern China[J]. Hydrological Processes, 30(25): 4841-4854.

Jia X, Zha T, Gong J, et al. 2016. Carbon and water exchange over a temperate semi-arid shrubland during three years of contrasting precipitation and soil moisture patterns[J]. Agricultural and Forest Meteorology, 228-229: 120-129.

Jiang C, Ryu Y. 2016. Multi-scale evaluation of global gross primary productivity and evapotranspiration products derived from Breathing Earth System Simulator (BESS)[J]. Remote Sensing of Environment, 186: 528-547.

Jiao Y, Lei H, Yang D, et al. 2017. Impact of vegetation dynamics on hydrological processes in a semi-arid basin by using a land surface-hydrology coupled model[J]. Journal of Hydrology, 551: 116-131.

Jordan C F. 1969. Derivation of leaf-area index from quality of light on the forest floor[J]. Ecology, 50(4): 663-666.

Jung M, Reichstein M, Ciais P, et al. 2010. Recent decline in the global land evapotranspiration trend due to limited moisture supply[J]. Nature, 467(7318): 951-954.

Kato T, Tang Y, Gu S, et al. 2006. Temperature and biomass influences on interannual changes in CO_2 exchange in an alpine meadow on the Qinghai-Tibetan Plateau[J]. Global Change Biology, 12(7): 1285-1298.

Katul G G, Oren R, Manzoni S, et al. 2012. Evapotranspiration: a process driving mass transport and energy exchange in the soil-plant-atmosphere-climate system[J]. Reviews of Geophysics, 50(3): RG3002.

Kaufman Y J, Tanre D. 1992. Atmospherically resistant vegetation index (ARVI) for EOS-MODIS[J]. IEEE Transactions on Geoscience and Remote Sensing, 30(2): 261-270.

Kim H, Hwang K, Mu Q, et al. 2012. Validation of MODIS 16 global terrestrial evapotranspiration products in various climates and land cover types in Asia[J]. KSCE Journal of Civil Engineering, 16(2): 229-238.

Knapp A K, Briggs J M, Collins S L, et al. 2008. Shrub encroachment in North American grasslands: shifts in growth form dominance rapidly alters control of ecosystem carbon inputs[J]. Global Change Biology, 14(3): 615-623.

Kowalczyk E A, Wang Y, Law R M, et al. 2006. The CSIRO Atmosphere Biosphere Land Exchange (CABLE) model for use in climate models and as an offline model[R]. Csiro Marine and Atmospheric Research Technical Paper Csiro: 13-42.

Krishnan P, Black T A, Grant N J, et al. 2006. Impact of changing soil moisture distribution on net ecosystem productivity of a boreal aspen forest during and following drought[J]. Agricultural

and Forest Meteorology, 139(3-4): 208-223.
Kumagai T, Nagasawa H, Mabuchi T, et al. 2005. Sources of error in estimating stand transpiration using allometric relationships between stem diameter and sapwood area for *Cryptomeria japonica* and *Chamaecyparis obtusa*[J]. Forest Ecology and Management, 206(1-3): 191-195.
Kursa M B, Rudnicki W R. 2010. Feature selection with the Boruta package[J]. Journal of Statistical Software, 36(11): 1-13.
Kyaw T, Gao W. 1988. Applications of solutions to non-linear energy budget equations[J]. Agricultural and Forest Meteorology, 43(2): 121-145.
Landsberg J, Waring R. 1997. A generalised model of forest productivity using simplified concepts of radiation-use efficiency, carbon balance and partitioning[J]. Forest Ecology and Management, 95(3): 209-228.
Lauenroth W K, Bradford J B. 2006. Ecohydrology and the partitioning AET between transpiration and evaporation in a semiarid steppe[J]. Ecosystems, 9(5): 756-767.
Law B E, Falge E, Gu L, et al. 2002. Environmental controls over carbon dioxide and water vapor exchange of terrestrial vegetation[J]. Agricultural and Forest Meteorology, 113(1-4): 97-120.
Lawton J H. 1995. Ecological experiments with model systems[J]. Science, 269(5222): 328-331.
Lei H, Yang D. 2010. Interannual and seasonal variability in evapotranspiration and energy partitioning over an irrigated cropland in the North China Plain[J]. Agricultural and Forest Meteorology, 150(4): 581-589.
Lettenmaier D P, Alsdorf D, Dozier J, et al. 2015. Inroads of remote sensing into hydrologic science during the WRR era[J]. Water Resources Research, 51(9): 7309-7342.
Leuning R, Gorsel E V, Massman W J, et al. 2012. Reflections on the surface energy imbalance problem[J]. Agricultural and Forest Meteorology, 156: 65-74.
Li D, Pan M, Cong Z, et al. 2013. Vegetation control on water and energy balance within the Budyko framework[J]. Water Resources Research, 49(2): 969-976.
Li J, Okin G S, Alvarez L, et al. 2008. Effects of wind erosion on the spatial heterogeneity of soil nutrients in two desert grassland communities[J]. Biogeochemistry, 88(1): 73-88.
Li X, Yang Z, Li Y, et al. 2009. Connecting ecohydrology and hydropedology in desert shrubs: stemflow as a source of preferential flow in soils[J]. Hydrology & Earth System Sciences, 13(7): 1133-1144.
Liao J, Huang Y. 2014. Global trend in aquatic ecosystem research from 1992 to 2011[J]. Scientometrics, 98(2): 1203-1219.
Lieth H, Box E. 1972. Evapotranspiration and primary productivity[J]. Climatology, 25(2): 37-46.
Lieth H, Whittaker R H. 1975. Primary productivity of the biosphere[M]. Berlin, Heidelberg: Springer-Verlag.
Lin Y, Grace J, Zhao W, et al. 2018. Water use efficiency and its relationship with environmental and biological factors in a rubber plantation[J]. Journal of Hydrology, 563: 273-282.
Liu B, Xu M, Henderson M, et al . 2004. A spatial analysis of pan evaporation trends in China, 1955–2000[J]. Journal of Geophysical Research Atmospheres, 109(D15): D15102.
Liu J, Chen J, Cihlar J, et al. 1997. A process-based boreal ecosystem productivity simulator using remote sensing inputs[J]. Remote Sensing of Environment, 62(2): 158-175.
Liu J, Chen J, Cihlar J. 2003. Mapping evapotranspiration based on remote sensing: an application to Canada's landmass[J]. Water Resources Research, 39(7): 1189.
Liu Q, Yang Z. 2010. Quantitative estimation of the impact of climate change on actual evapotranspiration in the Yellow River Basin, China[J]. Journal of Hydrology, 395(3-4): 226-234.

Liu R, Li Y, Wang Q. 2012. Variations in water and CO_2 fluxes over a saline desert in western China[J]. Hydrological Processes, 26(4): 513-522.

Liu Y, Xiao J, Ju W, et al. 2015. Water use efficiency of China's terrestrial ecosystems and responses to drought[J]. Scientific Reports, 5: 13799.

Lobell D B, Hicke J A, Asner G P, et al. 2002. Satellite estimates of productivity and light use efficiency in United States agriculture, 1982-1998[J]. Global Change Biology, 8(8): 722-735.

Lu X, Zhuang Q. 2010. Evaluating evapotranspiration and water-use efficiency of terrestrial ecosystems in the conterminous United States using MODIS and AmeriFlux data[J]. Remote Sensing of Environment, 114(9): 1924-1939.

Ludwig J A, Wilcox B P, Breshears D D, et al. 2005. Vegetation patches and runoff-erosion as interacting ecohydrological processes in semiarid landscapes[J]. Ecology, 86(2): 288-297.

Luo J, Ying K, Bai J. 2005. Savitzky-Golay smoothing and differentiation filter for even number data[J]. Signal processing, 85(7): 1429-1434.

Luo X, Chen J, Liu J, et al. 2018. Comparison of Big-Leaf, Two-Big-Leaf, and Two-Leaf upscaling schemes for evapotranspiration estimation using coupled carbon-water modeling[J]. Journal of Geophysical Research: Biogeosciences, 123(1): 207-225.

Ma N, Zhang Y, Szilagyi J, et al. 2015. Evaluating the complementary relationship of evapotranspiration in the alpine steppe of the Tibetan Plateau[J]. Water Resources Research, 51(2): 1069-1083.

Ma X, Feng Q, Su Y, et al. 2018. Characteristics of ecosystem water use efficiency in a desert riparian forest[J]. Environmental Earth Sciences, 77(10): 2-12.

Manninen A T, Ulander L. 2001. Forestry parameter retrieval from texture in CARABAS VHF-band SAR images[J]. IEEE Transactions on Geoscience and Remote Sensing, 39(12): 2622-2633.

Matson P A, Parton W J, Power A G, et al. 1997. Agricultural intensification and ecosystem properties[J]. Science, 277(5325): 504-509.

Matthias D C K. 1998. Transient enhancement of carbon uptake in an alpine grassland ecosystem under elevated CO_2[J]. Arctic and Alpine Research, 30(4): 381-387.

McCabe M F, Wood E F. 2006. Scale influences on the remote estimation of evapotranspiration using multiple satellite sensors[J]. Remote Sensing of Environment, 105(4): 271-285.

Mcgill W B. 1996. Review and classification of ten soil organic matter (SOM) models[J]. Evaluation of Soil Organic Matter Models, 38: 111-132.

McKinley D C, Blair J M. 2008. Woody plant encroachment by Juniperus virginiana in a mesic native grassland promotes rapid carbon and nitrogen accrual[J]. Ecosystems, 11(3): 454-468.

McVicar T R, Roderick M L, Donohue R J, et al. 2012. Global review and synthesis of trends in observed terrestrial near-surface wind speeds: Implications for evaporation[J]. Journal of Hydrology, 416(3): 182-205.

Melon P, Martinez J M, Toan T L, et al. 2001. On the retrieving of forest stem volume from VHF SAR data: observation and modeling[J]. IEEE Transactions on Geoscience and Remote Sensing, 39: 2364-2372.

Meyer G, Black T A, Jassal R S, et al. 2017. Measurements and simulations using the 3-PG model of the water balance and water use efficiency of a lodgepole pine stand following mountain pine beetle attack[J]. Forest Ecology and Management, 393(11): 89-104.

Miao H, Chen S, Chen J, et al. 2009. Cultivation and grazing altered evapotranspiration and dynamics in Inner Mongolia steppes[J]. Agricultural and Forest Meteorology, 149(11): 1810-1819.

Miner G L, Bauerle W L, Baldocchi D D. 2017. Estimating the sensitivity of stomatal conductance to photosynthesis: a review[J]. Plant Cell Environ, 40(7): 1214-1238.

Mlambo D, Nyathi P, Mapaure I. 2005. Influence of *Colophospermum mopane* on surface soil properties and understorey vegetation in a southern African savanna[J]. Forest Ecology and Management, 212(1-3): 394-404.

Monteith J L. 1965. Evaporation and environment[J]. Symposia of the Society for Experimental Biology, 19: 205-234.

Monteith J L. 1972. Solar radiation and productivity in tropical ecosystems[J]. Journal of Applied Ecology, 9(3): 747-766.

Mu Q, Zhao M, Running S W. 2011. Improvements to a MODIS global terrestrial evapotranspiration algorithm[J]. Remote Sensing of Environment, 115(8): 1781-1800.

Myneni R B, Hoffman S, Knyazikhin Y, et al. 2002. Global products of vegetation leaf area and fraction absorbed PAR from year one of MODIS data[J]. Remote Sensing of Environment, 83(1-2): 214-231.

Newton A C, Hill R A, Echeverria C, et al. 2009. Remote sensing and the future of landscape ecology[J]. Progress in Physical Geography, 33(4): 528-546.

Ni J. 2004. Estimating net primary productivity of grasslands from field biomass measurements in temperate northern China[J]. Plant Ecology, 174(2): 217-234.

Nish R, Unkrichb C L, Smythe E , et al. 2000. Comparison of riparian evapotranspiration estimates based on a water balance approach and sap flow measurements[J]. Agricultural and Forest Meteorology, 105: 271-279.

Niu S, Xing X, Zhang Z, et al. 2011. Water-use efficiency in response to climate change: from leaf to ecosystem in a temperate steppe[J]. Global Change Biology, 17(2): 1073-1082.

Ojima D, Dirks B, Glenn E, et al. 1993. Assessment of C budget for grasslands and drylands of the world[J]. Water Air and Soil Pollution, 70(1): 95-109.

Ojoyi M, Mutanga O, Odindi J, et al. 2016. Application of topo-edaphic factors and remotely sensed vegetation indices to enhance biomass estimation in a heterogeneous landscape in the Eastern Arc Mountains of Tanzania[J]. Geocarto International, 31(1): 1-12.

Oki T, Kanae S. 2006. Global hydrological cycles and world water resources[J]. Science, 313(5790): 1068-1072.

Ono K, Maruyama A, Kuwagata T, et al. 2013. Canopy-scale relationships between stomatal conductance and photosynthesis in irrigated rice[J]. Global Change Biology, 19(7): 2209-2220.

Ortega-Farias S, Carrasco M, Olioso A, et al. 2007. Latent heat flux over Cabernet Sauvignon vineyard using the Shuttleworth and Wallace model[J]. Irrigation Science, 25(2): 161-170.

Parton W J, Scurlock J M O, Ojima D S, et al. 1993. Observations and modeling of biomass and soil organic matter dynamics for the grassland biome worldwide[J]. Global Biogeochemical Cycles, 7(4): 785-809.

Parton W, Schimel D, Cole C, et al. 1987. Analysis of factors controlling soil organic matter levels in great plain grasslands[J]. Soil Science Society of America Journal, 51: 1173-1179.

Peng H, Li X, Li G, et al. 2013. Shrub encroachment with increasing anthropogenic disturbance in the semiarid Inner Mongolian grasslands of China[J]. Catena, 109: 39-48.

Penman H L. 1948. National evaporation from open water, bare soil and grass[J]. Proceedings of the Royal Society of London: Series A, Mathematical and Physical Sciences, 193(1032): 120-145.

Peterson T, Golubev V, Groisman P. 1995. Evaporation losing its strength[J]. Nature, 377(6551): 687-688.

Petrokofsky G, Kanamaru H, Achard F, et al. 2012. Comparison of methods for measuring and assessing carbon stocks and carbon stock changes in terrestrial carbon pools. How do the accuracy and precision of current methods compare? A systematic review protocol[J].

Environmental Evidence, 1(1): 2-21.
Philip J R. 1966. Plant water relations: Some physical aspects[J]. Annual Review of Plant Physiology, 17(1): 245-268.
Potter C S, Klooster S A. 1997. Global model estimates of carbon and nitrogen storage in litter and soil pools: response to changes in vegetation quality and biomass allocation[J]. Tellus B: Chemical and Physical Meteorology, 49(1): 1-17.
Potter C S, Randerson J T, Field C B, et al. 1993. Terrestrial ecosystem production: a process model based on global satellite and surface data[J]. Global Biogeochemical Cycles, 7(4): 811-841.
Priestley C H B, Taylor R J. 1972. On the assessment of surface heat flux and evaporation using large-scale parameters[J]. Monthly Weather Review, 100(2): 81-92.
Ramoelo A, Skidmore A K, Cho M A, et al. 2012. Regional estimation of savanna grass nitrogen using the red-edge band of the spaceborne RapidEye sensor[J]. International Journal of Applied Earth Observations & Geoinformation, 19(1): 151-162.
Rana G, Katerji N. 2000. Measurement and estimation of actual evapotranspiration in the field under Mediterranean climate: a review[J]. European Journal of agronomy, 13(2-3): 125-153.
Roderick M L, Farquhar G D. 2002. The cause of decreased pan evaporation over the past 50 years[J]. Science(5597), 298: 1410-1411.
Rondeaux G, Steven M, Baret F. 1996. Optimization of soil-adjusted vegetation indices[J]. Remote Sensing of Environment, 55(2): 95-107.
Rouse J, Haas R, Schell J, et al. 1974. Monitoring vegetation systems in the Great Plains with ERTS[J]. NASA special publication, 351: 309.
Ruhoff A L, Paz A R, Walter C, et al. 2012. A MODIS-based energy balance to estimateevapotranspiration for clear-sky days in brazilian tropical savannas[J]. Remote Sensing, 4(3): 703-725.
Running S W, Coughlan J C. 1988. A general model of forest ecosystem processes for regional applications I. Hydrologic balance, canopy gas exchange and primary production processes[J]. Ecological Modelling, 42(2): 125-154.
Ryu Y, Baldocchi D D, Kobayashi H, et al. 2011. Integration of MODIS land and atmosphere products with a coupled-process model to estimate gross primary productivity and evapotranspiration from 1 km to global scales[J]. Global Biogeochemical Cycles, 25(4): GB4017.
Ryu Y, Kang S, Moon S K, et al. 2008. Evaluation of land surface radiation balance derived from moderate resolution imaging spectroradiometer (MODIS) over complex terrain and heterogeneous landscape on clear sky days[J]. Agricultural and Forest Meteorology, 148(10): 1538-1552.
Schaffrath D, Vetter S H, Bernhofer C. 2013. Spatial precipitation and evapotranspiration in the typical steppe of Inner Mongolia, China – A model based approach using MODIS data[J]. Journal of Arid Environments, 88: 184-193.
Schlesinger W H, Jasechko S. 2014. Transpiration in the global water cycle[J]. Agricultural and Forest Meteorology, 189-190: 115-117.
Schwinning S, Sala O E. 2004. Hierarchy of responses to resource pulses in arid and semi-arid ecosystems[J]. Oecologia, 141(2): 211-220.
Scott R L, Huxman T E, Cable W L, et al. 2006a. Partitioning of evapotranspiration and its relation to carbon dioxide exchange in a Chihuahuan Desert shrubland[J]. Hydrological Processes, 20(15): 3227-3243.
Scott R L, Huxman T E, WilliamsD G, et al. 2006b. Ecohydrological impacts of woody-plant

encroachment: seasonal patterns of water and carbon dioxide exchange within a semiarid riparian environment[J]. Global Change Biology, 12(2): 311-324.

Shen M, Piao S, Jeong S, et al. 2015. Evaporative cooling over the Tibetan Plateau induced by vegetation growth[J]. Proceedings of the National Academy of Sciences of the United States of America, 112(30): 9299-9304.

Shuttleworth W J, Wallace J. 1985. Evaporation from sparse crops-an energy combination theory[J]. Quarterly Journal of the Royal Meteorological Society, 111(469): 839-855.

Song C, Yuan L, Yang X, et al. 2017. Ecological-hydrological processes in arid environment: past, present and future[J]. Journal of Geographical Sciences, 27(12): 1577-1594.

Soubie R, Heinesch B, Granier A, et al. 2016. Evapotranspiration assessment of a mixed temperate forest by four methods: eddy covariance, soil water budget, analytical and model[J]. Agricultural and Forest Meteorology, 228-229: 191-204.

Soussana J, Allard V, Pilegaard K, et al. 2007. Full accounting of the greenhouse gas (CO_2, N_2O, CH4) budget of nine European grassland sites[J]. Agriculture Ecosystems & Environment, 121(1): 121-134.

Still C J, Berry J A, Collatz G J, et al. 2003. Global distribution of C3 and C4 vegetation: carbon cycle implications[J]. Global Biogeochemical Cycles, 17(1): 1006.

Su Z. 2002. The Surface Energy Balance System (SEBS) for estimation of turbulent heat fluxes[J]. Hydrology earth system sciences, 6(1): 85-100.

Sun G, Sun J, Zhou G. 2009. Water and carbon dynamics in selected ecosystems in China[J]. Agricultural and Forest Meteorology, 149(11): 1789-1790.

Sun Q, Wang Y, Chen G, et al. 2018. Water use efficiency was improved at leaf and yield levels of tomato plants by continuous irrigation using semipermeable membrane[J]. Agricultural Water Management, 203: 430-437.

Sun Y, Piao S, Huang M, et al. 2016. Global patterns and climate drivers of water-use efficiency in terrestrial ecosystems deduced from satellite-based datasets and carbon cycle models[J]. Global Ecology and Biogeography, 25(3): 311-323.

Sutanto S J, Wenninger J, Coendersgerrits A M J, et al. 2012. Partitioning of evaporation into transpiration, soil evaporation and interception: a comparison between isotope measurements and a HYDRUS-1D model[J]. Hydrology and Earth System Sciences, 16(8): 2605-2616.

Swinbank W C. 1951. The measurement of vertical transfer of heat and water vapor by eddies in the lower atmosphere[J]. Journal of Meteorology, 8(3): 135-145.

Tang R, Shao K, Li Z, et al. 2015. Multiscale validation of the 8-day MOD16 evapotranspiration product using flux data collected in China[J]. IEEE Journal of Selected Topics in Applied Earth Observations & Remote Sensing, 8(4): 1478-1486.

Tenhunen. 1996. Diurnal and seasonal patterns of ecosystem CO_2 efflux from upland tundra in the foothills of the brooks range[J]. Arctic and Alpine Research, 28(3): 328-338.

Thenkabail P S, Enclona E A, Ashton M S, et al. 2004. Accuracy assessments of hyperspectral waveband performance for vegetation analysis applications[J]. Remote Sensing of Environment, 91(3-4): 354-376.

Thornton P E, Hasenauer H, White M A. 2000. Simultaneous estimation of daily solar radiation and humidity from observed temperature and precipitation: an application over complex terrain in Austria[J]. Agricultural and Forest Meteorology, 104(4): 255-271.

Thornton P E, Law B E, Gholz H L, et al. 2002. Modeling and measuring the effects of disturbance history and climate on carbon and water budgets in evergreen needleleaf forests[J]. Agricultural and Forest Meteorology, 113(1): 185-222.

Thornton P. 2010. BIOME-BGC version 4.2: Theoretical framework of BIOME-BGC[Z]. Technical documentation.

Tian H, Chen G, Liu M, et al. 2010. Model estimates of net primary productivity, evapotranspiration, and water use efficiency in the terrestrial ecosystems of the southern United States during 1895-2007[J]. Forest Ecology and Management, 259(7): 1311-1327.

Tian H, Lu C, Chen G, et al. 2011. Climate and land use controls over terrestrial water use efficiency in monsoon Asia[J]. Ecohydrology, 4(2): 322-340.

Tong X, Zhang J, Meng P, et al. 2014. Ecosystem water use efficiency in a warm-temperate mixed plantation in the North China[J]. Journal of Hydrology, 512: 221-228.

Uchijima Z, Seino H. 1985. Agroclimatic evaluation of net primary productivity of natural vegetations (1) Chikugo model for evaluating net primary productivity[J]. Journal of Agricultural Meteorology, 40(4): 343-352.

Van Auken O W. 2000. Shrub invasions of North American semiarid grasslands[J]. Annual Review of Ecology and Systematics, 31(1): 197-215.

Vermote E F, Saleous N E, Justice C O, et al. 1997. Atmospheric correction of visible to middle-infrared EOS-MODIS data over land surfaces: background, operational algorithm and validation[J]. Journal of Geophysical Research Atmospheres, 102(D14): 17131-17141.

Wang K, Dickinson R E. 2012. A review of global terrestrial evapotranspiration: observation, modeling, climatology, and climatic variability[J]. Reviews of Geophysics, 50(2): RG2005.

Wang Q, Watanabe M, Ouyang Z. 2005. Simulation of water and carbon fluxes using BIOME-BGC model over crops in China[J]. Agricultural and Forest Meteorology, 131(3-4): 209-224.

Wang T, Zhang J, Sun F, et al. 2017. Pan evaporation paradox and evaporative demand from the past to the future over China: a review[J]. Wiley Interdisciplinary Reviews: Water, 4(3): 1207.

Webb E K, Pearman G I, Leuning R. 1980. Correction of flux measurements for density effects due to heat and water vapour transfer[J]. Quarterly Journal of the Royal Meteorological Society, 106(447): 85-100.

Wei S, Dai Y, Liu B, et al. 2013. A China dataset of soil properties for land surface modeling[J]. Advances in Modeling Earth Systems, 5(2): 212-224.

White M A, Thornton P E, Running S W, et al. 2000. Parameterization and sensitivity analysis of the BIOME-BGC terrestrial ecosystem model: net primary production controls[J]. Earth interactions, 4(3): 1-85.

Wilson K, Goldstein A, Falge E, et al. 2002. Energy balance closure at FLUXNET sites[J]. Agricultural and Forest Meteorology, 113(1-4): 223-243.

Xiao J, Sun G, Chen J, et al. 2013. Carbon fluxes, evapotranspiration, and water use efficiency of terrestrial ecosystems in China[J]. Agricultural and Forest Meteorology, 182-183: 76-90.

Xu X, Shi Z, Li D, et al. 2015. Plant community structure regulates responses of prairie soil respiration to decadal experimental warming[J]. Global Change Biology, 21(10): 3846-3853.

Xue B, Guo Q, Otto A, et al. 2015. Global patterns, trends, and drivers of water use efficiency from 2000 to 2013[J]. Ecosphere, 6(10): 174.

Yang D, Sun F, Liu Z, et al. 2006. Interpreting the complementary relationship in non-humid environments based on the Budyko and Penman hypotheses[J]. Geophysical Research Letters, 33(18): L18402.

Yang F, Zhou G. 2011. Characteristics and modeling of evapotranspiration over a temperate desert steppe in Inner Mongolia, China[J]. Journal of Hydrology, 396(1): 139-147.

Yepez E A, Huxman T E, Ignace D D, et al. 2005. Dynamics of transpiration and evaporation following a moisture pulse in semiarid grassland: a chamber-based isotope method for partitioning flux components[J]. Agricultural and Forest Meteorology, 132(3): 359-376.

Yin Y, Wu S, Dai E. 2010. Determining factors in potential evapotranspiration changes over China in the period 1971-2008[J]. Chinese Science Bulletin, 55(29): 3329-3337.

Yu G, Ren W, Chen Z, et al. 2016. Construction and progress of Chinese terrestrial ecosystem carbon, nitrogen and water fluxes coordinated observation[J]. Journal of Geographical Sciences, 26(7): 803-826.

Yu G, Song X, Wang Q, et al. 2008. Water-use efficiency of forest ecosystems in eastern China and its relations to climatic variables[J]. New Phytologist, 177(4): 927-937.

Yu G, Wen X, Sun X, et al. 2006. Overview of ChinaFLUX and evaluation of its eddy covariance measurement[J]. Agricultural and Forest Meteorology, 137(3-4): 125-137.

Yu G, Zhu X, Fu Y, et al. 2013. Spatial patterns and climate drivers of carbon fluxes in terrestrial ecosystems of China[J]. Global Change Biology, 19(3): 798-810.

Yu G, Zhuang J, Yu Z. 2001. An attempt to establish a synthetic model of photosynthesis-transpiration based on stomatal behavior for maize and soybean plants grown in field[J]. Journal of plant physiology, 158(7): 861-874.

Yuan W, Liu S, Yu G, et al. 2010. Global estimates of evapotranspiration and gross primary production based on MODIS and global meteorology data[J]. Remote Sensing of Environment, 114(7): 1416-1431.

Zhang J, Ding Z, Han S. 2002. Turbulence regime near the forest floor of a mixed broad leaved/Korean pine forest in Changbai Mountains[J]. Journal of Forestry Research, 13(2): 119-122.

Zhang K, Kimball J S, Nemani R R, et al. 2010. A continuous satellite-derived global record of land surface evapotranspiration from 1983 to 2006[J]. Water Resources Research, 46(9): W09522.

Zhang K, Kimball J S, Nemani R R, et al. 2015. Vegetation greening and climate change promote multidecadal rises of global land evapotranspiration[J]. Scientific Reports, 5: 15956.

Zhang X, Susan Moran M, Zhao X, et al. 2014. Impact of prolonged drought on rainfall use efficiency using MODIS data across China in the early 21st century[J]. Remote Sensing of Environment, 150: 188-197.

Zhang Y, Song C, Sun G, et al. 2016. Development of a coupled carbon and water model for estimating global gross primary productivity and evapotranspiration based on eddy flux and remote sensing data[J]. Agricultural and Forest Meteorology, 223: 116-131.

Zhao M, Running S W. 2011. Response to comments on "drought-induced reduction in global terrestrial net primary production from 2000 through 2009"[J]. Science, 333(6046): 1093.